中文翻译版

未来军事医学丛书

原　著　尤金·戈德菲尔德（Eugene C. Goldfield）

主　译　李长芹　左振宇　王　凯

Bioinspired Devices

仿生装置

模拟自然界的组装和修复过程

Emulating Nature's Assembly and Repair Process

科学出版社

北京

图字号：01-2018-8131

内 容 简 介

本书共分为三个部分，运用系统论工具融合科学、工程学和临床医学领域前沿与基础知识。第一部分通过探讨自然界生物灵感来源，自然界构建装置的物理约束，自然界不同尺度的结构、材料、系统和各种仿生方法等介绍了新一代仿生装置的科学基础；第二部分通过对神经影像技术、神经发育学的考察及神经系统重构案例分析等探讨了自适应和人类神经系统对于神经假体装置和神经康复技术研发的启示；第三部分展望了神经假体、神经康复装置及康复机器人等装置研发的技术挑战，同时还探讨了新兴技术带来的人-机器关系改变。

本书适合生物、医学、工程交叉领域的研究者、管理者、投资者和学生阅读参考。

图书在版编目（CIP）数据

仿生装置：模拟自然界的组装和修复过程/（美）尤金·戈德菲尔德（Eugene C. Goldfield）著；李长芹，左振宇，王凯主译. —北京：科学出版社，2021.3

书名原文：Bioinspired Devices: Emulating Natures's Assembly and Repair Process

ISBN 978-7-03-068347-2

Ⅰ. ①仿… Ⅱ. ①尤… ②李… ③左… ④王… Ⅲ. ①仿生装置-研究 Ⅳ. ①Q811

中国版本图书馆 CIP 数据核字（2021）第 044946 号

责任编辑：盛 立 / 责任校对：张小霞
责任印制：赵 博 / 封面设计：龙 岩

科学出版社 出版
北京东黄城根北街 16 号
邮政编码: 100717
http://www.sciencep.com
天津市新科印刷有限公司 印刷
科学出版社发行 各地新华书店经销
*
2021 年 3 月第 一 版 开本：720×1000 1/16
2021 年 3 月第一次印刷 印张：24
字数：480 000
定价：98.00 元
（如有印装质量问题，我社负责调换）

For Beverly

前　　言

脑部疾病及损伤影响个体和人际的行为，如何对其进行治疗和改善是我们这个时代所面临的最大的挑战之一。令人疑惑的是，人类大脑的进化、发育和生态过程自相矛盾，使我们在生命周期的某些特定时刻极易受到灾难性的伤害，如脑瘫、脑卒中和精神分裂症。通过生物启发工程（biologically inspired engineering）或仿生工程（bioinspired engineering），也就是模仿自然界如何构建与修复生物和行为生态系统，我们将更好地治愈我们自己、修复我们彼此之间以及我们与环境的关系。世界各地实验室中，生物学、医学和行为科学等领域的研究者们正在应用生物启发工程或仿生工程，来解决我们这一时代面临的一些重要问题，诸如：大脑如何工作？复杂系统如何自我修复？宿主和微生物如何通过互利共生的社会关系建成大规模群落？

为了解决上述问题，本书探讨了自然界是如何建造、建造了什么，自然界如何修复老化或受损系统，科学家和工程师如何模拟自然界的组装和修复过程等一系列问题。并非所有仿生技术都采用了相同的方法。在这里，我采用哈佛大学怀斯仿生工程研究所（Harvard Wyss Institute for Biological Inspired Engineering）和波士顿儿童医院（Boston Children's Hospital）分别开发的方法作为组织框架。我与前者的工程师在仿生装置领域合作接近十年，在后者从事儿科研究并任职长达 20 年。怀斯仿生工程研究所方法的核心是模拟生物组织如何自我组织和自然调节，而波士顿儿童医院的儿科专业经历促使我认识到系统“最初构建”与“自我修复”之间的相似性。

本书内容既源自我个人的经验，但又远远超出了个人经验的范畴，书中深入探讨了许多实验室、临床机构和工程设施开展的工作，包括材料学、机器人学、微流体学、生物打印等领域的广泛主题，将其置于构建神经系统损伤修复装置的背景下，用于创建超出患者个体和医学范畴的神经康复环境。从“知情人视角”介绍了怀斯仿生工程研究所正在开展的仿生装置研究，同时也介绍了世界其他实验室的前沿工作。通过探讨我在音乐、艺术和自然史方面（包括笔者最喜欢的经典电影、电视剧）的经历和兴趣相关设备来阐述个人的观点。未来技术的早期预见会提供非常有用的信息（常常很幽默），不仅因为它们允许我们想象什么，还因为它们漏掉了什么。

本书更新了笔者在 1995 年撰写的拙作《涌现形式》（*Emergent Forms*）中提出的动态系统的观点（Goldfield，1995；Thelen and Smith，1994）。动力学研究提供了一种方法学，用于研究系统如何跨越不同物种在多个时间尺度上演化，系统如何在特定物种成员的生命范围内演化，以及时、分、秒范围内的人类个体表现变化。接下来的几年里，我的目标是将动态系统原则应用于神经运动残疾儿童康复医疗器械的开发，包括帮助婴儿进食的装置以及帮助发育迟缓儿童行走的装置（Goldfield et al. 2012）。

这种动态系统性超出了个体范畴，还包括维持与恢复功能的支撑环境。它把个体和环境视为更大整体的一部分，双方之间存在某种共生（symbiose）关系。的确，从共生的角度来看，宿主–细菌的共同体、成人–儿童间的交流互动，都可以作为构建下一代机器人装置的模型，这些机器人装置将成为人类的伙伴。例如，神经元和神经胶质之间的共生可以为构建自我修复的生物混合装置（biohybrid devices）奠定基础，生物混合装置包括神经假体、生活在人体内部的微型纳米机器等。但是，我们还没有完全认识与了解生物之间的伙伴关系。例如，生物系统的组成部分即使不断发生变动和替换，但仍然能够维持其基本功能。因为血液细胞或皮肤细胞是在人体内产生的，所以替换过程本身就是一个巨大的奇迹。然而，神经元突触连接只有在某些特定发育时期，才能够以新的方式组装、分解和重新组装。

高中时我想成为一名生物学家，但也喜欢机械。在大学本科时，原以为自己会成为一名工程师，但我为大脑所吸引，对心智如何产生以及发育为何需要如此之多的途径深感兴趣。所以，研究生时我转到了发展心理学专业。从博士后开始，我对大脑和行为之间的关系痴迷了长达几十年的时间。在我的学术生涯中，我试着模仿自然界和社会关系来为发育迟缓儿童构建治疗装置。在行为层面上，人类的技能和彼此间关系似乎在一个类似于自然界共生的社会环境中得以发展。成人不是简单模仿的模型，也不仅仅是正面和负面强化的来源。相反，成人通过反复的触觉、视觉和声音交流沟通来建立身体与信息的耦合。孩子们在成人构建、修改和解构的结构化支持学习环境中学会走路、说话和使用工具。或许正是通过这些关系，我们可以制造出更成功的机器人，使其成为我们的社会伙伴，并制造在生活中可以信任的装置。

为什么需要这本书？随着我们进入 21 世纪的第二个十年，智能化、安全，与人体无缝集成等各种装置的研发，已成为国家卫生和科学议程中的高度优先事项。仿生工程的部分挑战在于，解决方案需要在生物学、物理学、材料科学、神经科学、认知科学、数学和计算机科学及生物力学各领域之间建立新的交叉融合。科学、工程和临床医学之间的交叉融合体现在本书三个部分的章节安排中。第一部分介绍了新一代仿生装置的科学基础。第一章探讨了自然界中许多生物灵感的来源，从昆虫翅膀到智能受体系统等。第二章是对自然界构建装置的物理约束的思考，包括比例法则、机械力学对进化形式的影响，以及自然界如何利用物理定律开展工作。第三章通过不同尺度互补结构模式的形成，分析材料功能属性如何产生，同时介绍了自然界构建的各类装置：用于探索结构化能量阵列的智能感知装置、用于执行移动和交流等独特行为模式的专用装置等。第四章介绍了生产制造材料、传感器、促动器和软体机器人的仿生方法，重点是可模拟生物自组装过程的技术，包括折纸和微制造技术等，例如“弹出”（pop-ups）技术。

第二部分包括三章，用比较的视角探讨了兼具自适应性和脆弱性的人类神经系统。第五章重点介绍了为记录规模庞大、结构复杂的神经系统神经元而开发的各类影像学技术；该章还探讨了大脑的具身化：网络交互功能如何利用身体在环境中的生物物理特性发挥作用。第六章继续比较的主题，考察了神经系统的发育和脆弱性，该章强调了人类脑力优势如何通过高成本的新陈代谢得以实现，从而使得这一网络化组织的基本连接枢纽非常容易受到伤害。第七章主要介绍神经系统重构的比较案例及其对神经假体装置和神经康复的意义，包括了蝾螈神经回路的再生、从蝌蚪到青蛙的蜕变以及鸟鸣技能习得的突触可塑性。

第三部分探讨了构建神经假体和神经康复装置的挑战，以及新兴技术如何改变我们对人和机器之间关系的看法。第八章介绍了整合大脑、身体和装置的神经假体技术的发展前景。我认为，一台装置要能够真正得以实现，需要再次借鉴自然界中共生关系的生物学特点。生物器官和人工合成器官之间的功能界限在哪里？作为正常功能的一部分，神经系统是否能产生一个“虚拟体”，即使失去其一部分组成部件也能维持功能，或者在发生疾病（如精神分裂症）时功能变得紊乱？第九章介绍了应用动态自适应辅助过程的装置进行神经康复的方法，控制系统通过该过程可以自主增加或缩小可用资源或“基元”（primitives，例如生物肌肉或人工合成促动器）之间的耦合连接。最后一章展望了有可能成为人体一部分的各种装置设备，例如，可以监测和修复神经系统的纳米机器人，以及作为人类家庭成员的康复机器人，包括担当家庭护理员与其他亲社会角色的医疗保健机器人等。

本书的读者包括那些沉浸在生物、医学、数学、物理和化学等高深内容中并被科学技术新思想所激励的学生。本书旨在鼓励这些读者坚强面对他们在学习研究中面临的艰巨挑战，鼓励他们探索发现新的临床医疗方法。本书也是写给那些认为自己具有颠覆性、创新性思维的科学家和临床医生，他们可能致力于研发新的临床医疗先进设备，为临床医学带来革命性的突破。重要的是，本书的读者还包括这些装置设备的潜在最终用户，让他们得以一窥未来几十年将成为我们生活组成部分的先进技术。当技术能够更好地支持和维持某些功能全部或部分丧失的生命体时，在生命的最初和最后阶段罹患严重脑损伤（例如，早产儿的围产期脑损伤和老年性脑卒中）但仍能存活的个体数量将不断增加。我们面临的共同挑战将是超越生存发展，促进创伤后健康优化。

我很幸运，从研究生阶段起就一直有机会与优秀的同事和朋友们一起工作。二十多年来，我的灵感来自波士顿儿童医院和哈佛医学院附属医院同事们的临床工作及开创性研究。近十年来，我还与哈佛大学怀斯仿生工程研究所各学科的科学家和工程师们密切合作。作为临床、科学和工程实验室思想碰撞交流的一部分，这本书是我学习成果的具体体现。

我在波士顿儿童医院的主要导师是彼得·沃尔夫（Peter Wolf）博士，今年在我写作时他刚刚以 90 岁高龄退休。彼得是一名被瑞士著名心理学家让·皮亚杰（Jean Piaget）的思想所吸引的精神病学家，是一位将婴儿观察力和神经科学与音乐洞察力相结合的天才，他帮助我解答了大脑和行为之间关系的很多难题。我的部门主管大卫·德马索（David DeMaso）是一位儿童精神病学家，多年来对我一直非常慷慨，因为他知道，联邦政府的经费资助存在不确定性。布瑞恩·施耐德（Brian Snyder）博士是一位骨科医生及脑瘫诊所主任，他帮助我真正了解了临床上脑瘫患者治疗所面临的挑战。简·纽伯格（Jane Newberger）博士邀请我参观了心脏病诊室，了解接受心脏直视手术婴儿的喂养难题。卡罗·布诺莫（Carlo Buonomo）博士和波士顿儿童医院婴儿喂养团队开展了许多关于婴儿吞咽的研究项目合作。我感谢他们让我观测记录荧光透视检查，并运用他们的丰富经验为我解释说明。安·汉森（Ann Hansen）博士带领我参观了波士顿儿童医院的新生儿重症监护室（NICU），让我对重病早产婴儿的治疗深感敬畏。贝斯·以色列女执事医疗中心（BIDMC）新生儿科主任德韦恩·帕斯利（DeWayne Pursley）博士为我提供了进入婴儿保育室和新生儿重症监护室的机会，使我能够对早产婴儿开展研究。我的同事和朋友文森特·史密斯（Vincent Smith）博士一直为我提供大力支持，并且帮助我在NICU开展了多项研究。我非常感谢上述所有这些临床科学家的支持，并非常高兴在本书写作过程中分享他们的成果经验。

怀斯仿生工程研究所所长唐纳德·因格贝尔（Don Ingber）博士在创所之初就热情邀请我加入他们的研究团队，我直到现在还在怀斯研究所继续担任兼职。近十年来，唐纳德帮助我去追求那些“跳出常规思维框架”的想法，并为我提供了怀斯仿生工程研究所丰富的技术资源。我的研究平台负责人吉姆·柯林斯（Jim Collins）博士鼓励我开展可穿戴装置的研究工作，首席高级工程师吉姆·涅米（Jim Niemi）则确保我能够接触到构建这些装置所需的工程技术人员和材料。怀斯研究所机器人和计算机科学领域的同事，尤其是拉迪卡·纳格帕尔（Radhika Nagpal）和罗伯·伍德（Rob Wood），他们在各自专业领域的高深造诣令我叹为观止。

我在研究生院结识的几位教授和同学，现在仍然对我的思维产生着重要的影响，他们的想法贯穿了本书。其中包括特维、肖和梅斯三人小组，以及我们的朋友埃利奥特·萨尔茨曼（Elliot Saltzman）。迈克尔·特维（Michael Turvey）和鲍勃·肖（Bob Shaw）向我介绍了物理定律在了解知觉和行为方面的作用，比尔·梅斯（Bill Mace）一直与我们分享他对吉布森斯（Gibsons）工作的热情，是互相合作的典范。埃利奥特·萨尔茨曼在我的整个职业生涯中始终都是一位向导，分享“有趣的东西”，提供关于任务动力学的指导，并确保我了解如何获得经费资助的机会。

多年来，我非常幸运地得到了美国国立卫生研究院（National Institutes of Health）和国家科学基金会（National Science Foundation）的大力支持。在过去的十年里，美国国家科学基金会信息物理系统

（Cyberphysical Systems）计划的大卫·科曼（David Corman）、海伦·吉尔（Helen Gill）、西尔维亚·斯宾格勒（Sylvia Spengler）和温迪·尼尔森（Wendy Nilsen）特别鼓励我努力弥合临床科学和先进技术之间的鸿沟，我真诚地向他们表示感谢。在写这本书时，家人和朋友都非常耐心并给予了我支持。我的妻子贝弗莉（Beverly）和女儿安娜（Anna）一直与我分享她们的想法，确保我们总是享受美味佳肴，并为我提供爱和鼓励。我的朋友总是敞开他们的家门，与我们一起庆祝节日和分享假期。这种支持环境一直是我努力工作的关键因素。

我真诚地感谢现在已经从哈佛大学出版社退休的迈克尔·菲希尔（Michael Fisher），是他首先意识到了将我的想法变成著作的可能性。我现在的编辑珍妮丝·奥代特（Janice Audet）一直努力确保本书写作的顺利进行。珍妮丝对于我的初稿给予了热情的鼓励，她对音乐、文化及自然科学的热情，帮助我确定了本书的基调。我非常感谢他们！

目　　录

第一部分　自然界建造与修复过程的生物学启示

第二部分 神经系统的结构、功能、发育和脆弱性

第三部分 了解和模仿自然界的损伤反应

第一部分

自然界建造与修复过程的生物学启示

自然界通过自我组装的方式进行建造：数以百万计独立行动的白蚁可以建造数米高的空气冷却巢穴。自然界的结构能够利用所有可用的能量资源：飞行昆虫的胸腔为共振结构，可以储存能量并在随后释放能量，为每次翅膀拍打动作提供动力。自然界建立了相互连接的受体网络，这些受体网络能够发挥智能装置的作用，包括里程表、罗盘以及太阳与天体导航系统。自然界还建造了毛毛虫等各种软体动物，通过多个体节顺序振动的方式来移动身体，使得其不断附着与松开所处的基底。受自然界的启发，科学家们试图努力了解动植物如何运用物理法则来开展工作，例如，鱼类利用液体流动产生的涡流进行运动，或者通过集合成群创造出信息相互连接的新型“生物体”以吓阻潜在的捕食者。工蜂之间通过互相传递信息来建造和修复蜂巢，这表明，应对损伤的重建过程可能涉及与自然界最初建造该结构相同的基本过程。虽然每个机器人的能力有限，工程师和计算机科学家受自然界自组装与修复方法的启发，使用独立的微型机器人团队为不断增长和变化的结构添加部件。昆虫扑翼机器人是由“弹出”并迅速就位的各个部件组装制造而成的。软体机器人能够选择性地对内部小室充气和放气，实现波浪形的运动步态。本书第一部分各章节（第一章至第四章）将围绕自然界如何建造，自然界建造了什么，以及如何模拟自然界建造与修复过程等主题展开深入探讨。

第一章
组成复杂系统的仿生装置

科幻小说和电影常常预示着新的技术方向。所以，在从波士顿飞往日本的长途旅程中，我很激动地观看了 2014 年度奥斯卡获奖动画片《超能陆战队》(*Big Hero Six*)。该片巧妙地介绍了如何建造机器人来帮助人类，涉及了从集群机器人到社交机器人等一系列架构。影片中，处于机器人架构系列一端的微型机器人集群，能够相互连接在一起形成高大的移动结构，不禁让人想起热带雨林中的蚂蚁把自己连在一起建造桥梁和筏子的方式（Foster et al.，2014）。但是，对于我和这部电影的许多其他观众来说，最能吸引我们的机器人毫无疑问是大白（Baymax）。作为人类的健康伴侣，大白能够通过传感器实时检测发现伤病者并确定其症状，从而预测个人是否面临着生理或心理损伤的危险，随后可以开展一些治疗措施（包括医疗建议和实际干预）。因此，大白展示了亲社会机器人伴侣的可能性。

大白的设计指明了机器人未来能力发展的一个方向。机器人的身体是一个混合体，是硬件和软件组成部件之间权衡的产物（Bartlett et al.，2015），能够在形状和功能上进行转换，易受脆弱性的影响，能够呈现不同的行为模式。柔软枕头般的外部身体是超常舒适性的再现，而坚硬的内部结构则包含了各种支撑结构和电源。因为这部电影是用来娱乐和教育的，这种身体设计提供了精彩闹剧的机会。当柔软外体的弹性丧失、内部电量耗尽时，大白成了一个摇摆不定、功能不太好、非常滑稽的角色。大白能够表现出不同的行为模式，当加载新的程序，并且身体增加了硬壳、翅膀、战斗手臂和火箭推进大腿后，大白变身为超级英雄“救援”模式。但这些行为模式之间并不互相排斥。事实上，亲社会模式和救援模式逐步形成了一个新的、易于识别的“人格个性”。大白成为这一社会单位不可缺少的成员，这个社会单位由五位年轻的成年人类组成，他们与这个机器人一样，能够将自己变身为发挥集体作用的超级英雄，开展各类亲社会与拯救行动，即所谓的超能陆战队。

科幻小说允许作家违反物理法则，但生物学是真实的。蚁人（Antman）既可以变身为昆虫大小，也可以变身真人大小；蜘蛛侠（Spiderman）可以承载自身体重很多倍的负荷，就像蚂蚁在昆虫尺度的时候一样。但是，在昆虫尺度上占据主导地位的力量与人类尺度上的力量并不一样。还有一些超级英雄手持能够阻挡子弹的盾牌，穿着能够比四肢伸展更长距离的服装等。材料科学在物理定律的约束下工作，并在物理定律的约束下拓展其可能的边界。例如，在 1941 年，瑞士工程师乔治·德·梅斯特拉尔（George de Mestral）狩猎之后回家时发现，他的外套和猎犬的身上都牢牢粘有一些带毛刺的种子。梅斯特拉尔通过显微镜仔细观察这些种子，发现了毛刺能够有效附着在衣服和动物皮毛上的方式：钩状抛射体。他仿照这种方式，最终用尼龙织成了带钩或线圈的织物，其功能与天然毛刺完全相同。这一神奇的发明——尼龙搭扣（Velcro）于 1958 年引入美国。在 21 世纪，生物材料学家们开始制造一种自适应粘接材料，它不仅能够模仿自然界的建造过程，而且还能模仿自然界的自我修复。

一、生物学启示

几个世纪以来，哲学家、自然科学家、修补匠和工程师都对赋予昆虫战胜捕食者能力的翅脉和材料特性（Tanaka et al.，2011）深感兴趣，或为壁虎在非常陡峭的垂直表面上对抗重力行动提供支撑的足部刚毛范德瓦尔斯力而备受启发（Autumn et al.，2006；Hawkes et al.，2015；Heepe and Gorb，2014）。生物启发（biological inspiration）的材料与装置设计制造方法有一种共识，即自然系统已经形成“足够好的解决方案”以便在不确定性环境中生存。生物启发方法通过采用这些相同的原理来解决复杂困难的工程问题，如建造受损神经系统修复装置，致力于发现如何将自然原理转化为工程实践。生物启发装置一般基于复合材料，通常包括传感器、促动器和控制系统（Dunlop and Fratzl，2010；Fratzl and Barth，2009）。自然界的传感器是“智能装置”，能够主动穿越结构化能量场来揭示复杂变量，如身体尺度的信息（Turvey and Carello，2011）。肌肉作为自然界的促动器，担负多种功能并利用身体的物理特性，如其顺应性，来产生“力”（Dickinson，2000；Nishikawa et al.，2007）。最后，生物控制系统的特征在于自适应网络，包括从分散到集中的一系列结构，并具有反馈和前馈回路（Revzen et al.，2009）。

生物发育跨越了从微观到宏观等多个空间尺度的过程，构建自适应分层组织结构，这些结构坚固耐用、功能多样，并且被组织成分散式网络。从比较的角度来看，神经系统重塑本身就是一个以不同方式表达自己的发育过程（参见第六章和第七章）：蝾螈可以再生被切断的尾巴或四肢并完全恢复神经连接；当蝌蚪身体吸收其尾巴和腿芽时，脊髓通过单轴模式生成系统重组其自身；人类神经系统一开始产生过量的突触连接，然后通过基于活动的竞争过程，选择性地消除相对较弱的突触连接。自组装的多空间尺度，以及进化、发育和可塑性（学习）的多时间尺度，都为工程和计算机科学提供了生物学方法启发：进化是形态计算的基础（参见 Bongard，2011；Bongard et al.，2006）；人类个体发育为类人机器人提供了灵感，例如 iCub[①]（Natale et al.，2016；Shaw et al.，2013）；动物在结构化环境中相互作用的神经回路形成过程激发了类动物机器人的控制系统，如机器七鳃鳗和机器蝾螈（Ijspeert，2014）；自然界的自我修复能力启发了能够适应身体部件丧失的机器人（图 1.1）。

---

① iCub 机器人是意大利科学家制作的一个人形机器人，它能自己学习如何使用弓箭射击目标。

图 1.1　一个六足机器人的自适应步态，其中一个肢体被实验摘除。机器人在前腿断掉后仍能够自动学习继续保持行走。图片由 Jean Baptiste Mouret 提供。Antoine Cully / UPMC，根据创作共享署名授权协议

（一）自然界如何建造

对于自然界如何在所有尺度上进行建造的生物学启示，一个原则性的出发点是个体（细胞、动物、群落）和周围保护性营养环境之间的不可分割性，营养环境通过传递能量实现内部和外部世界（如细胞及其细胞外基质，动物及其皮肤，人类群落及其分享的食物、能量和通信系统）之间的无缝连接（表 1.1）。例如，在细胞水平上，细胞的重新排列可在细胞外基质内产生力线，形成弯曲和折叠组织、管状与分支结构和器官回路等。在昆虫的尺度上，蜘蛛的感官系统在一个机械振动的世界中与蜘蛛网的振动特性相互协调。从单个昆虫的尺度来看，蜘蛛网就是某种意义上的营养环境。在蜘蛛网中，蜘蛛身体的促动器是神经机械系统，它协调利用振动信息模式来定位捕获的猎物。在脊椎动物中，外周和中枢神经系统通过丰富的结构化信息场移动身体。人类不像蜘蛛那样，将其蜘蛛网局限在单一的生态位（niche）中。相反的是，我们随身携带信息检测与保护网穿越多个生态位。我们的神经系统网络在密集的结构化机械与生物化学场内产生平行的电活动回路。这些平行的电活动回路是在多个时间尺度上进行信号传输的手段，从超快时间（零延迟）到可能持续整个生命周期的时间延迟。机械传导发生于负责综合感觉运动控

制的器官内，包括肌肉、肌梭和高尔基肌腱等器官。血液流动通过密集的血管网络，力线以声速通过组织机械传导，以及神经肌肉接头处的机械势能和化学能交换，使得每一块肌肉都成为信息驱动的热力学引擎。我们的社会体系包括了允许我们分享地球有限能源资源的标准。

表 1.1　动物及其连接环境资源的网络

动物/网络	资源连接
黏液菌（盘基网柄菌）/微管网络	全身网络改变形状以连接食物源
蜘蛛/ 振动物体	用于捕食的蜘蛛网；用于求偶的植物、落叶、岩石和沙子等
蚂蚁/化学物质和抗生素	在通道中觅食用于导航的化学物质；用于真菌养殖的抗生素
桡足类、虾类和软体动物/珊瑚网络	用于放牧、捕食的食物网

（二）自然界建造了什么

自然界在所有尺度上塑造生命组织和神经系统网络结构的发育过程，建造了特殊用途的装置和器官系统，并为自然界建造奠定了基础（详见第三章）。本书采用综合性方法考察了自然界的装置，重点强调感知与动作、通信网络，以及贯穿发展和学习的自适应行为。综合性、功能性的感知方式使人们关注到智能感知装置（Turvey and Carello，2011；Runeson，1977），即能够检测结构化信息丰富模式的感觉器官（包括眼睛、耳朵、鼻子、嘴巴及皮肤），例如，特定生态环境下全身尺度范围内的可供性与梯度等（Gibson，1986；Goldfield，1995）。这些装置智能化的原因不仅是它们有能力检测复杂关系模式，而且是它们能够通过引导身体运动来发现可用的信息。在环境中定位和移动智能感知装置的动作系统（Goldfield，1995）通过不断修整而进化（Jacob，1977）。自组装的肌肉群能够迅速而短暂地组织起来，将感觉器官转变成主动感知系统（即眼睛扫描，转动耳朵，手在物体表面移动指尖）。事实上，柔性组装、在环境中主动动作而发挥功能及多功能性这些特点，为构建用于视、听、触、嗅的人工装置提出了重大挑战。例如，我们能够建造出一个仿生眼，但我们如何将它集成到一个包含眼睛、头部和身体运动的控制系统中，以便在结构化环境中进行主动定向。

自然界实现感知装置智能化的另一种方式，是使它们能够与执行相同功能（尽管具体表现形式多种多样）的其他动物在物理上和信息上相互连接。以最小尺度的动物生命为例，当细菌聚集成群时，当黏液阿米巴形成移动“足”时，当蚂蚁和蜜蜂觅食时，当蝴蝶环球航行数千英里穿越海洋和大陆时，它们从相互连通中产生了新的功能。在中等尺度的小型脊椎动物中，鸟儿通过歌声调节有限资源的竞争与合作，鱼群的集体游动创造了一个信息上相互联系的更大型“生物”，其大小足以吓跑捕食单个小鱼的潜在捕食者。非人灵长类动物用手和脸做出各种姿势、大声呼喊嚎叫、小声抱怨、兴奋尖叫等。这种沟通方式非常适合在相对较小的社会群体中保持凝聚力和合作，并与其他社会群体划清边界。暂且不论好坏与否，人类借助于电子设备互相交流，使我们能够在全球范围内传递我们的思想，以及与类人猿相似的情感范畴。

我们现在已经有能力建造智能装置，如机械手臂、增强受伤或衰老身体功能的机器人，以及与我们交流沟通以发现如何提供帮助（或者我们如何帮助它们）的社会机器人。未来几十年的挑战将是利用生物学原理来解决人体与复杂人工合成系统相整合所产生的巨大难题，这类难题包括但不限于以下几种：

- 我们能修复、再生或替换部分甚至完全切断的脊髓吗？
- 我们能恢复脑卒中后的感觉运动功能吗？
- 我们能恢复盲人的视力吗？
- 我们能保护发育中的神经系统免受损伤吗？

利用生物学原理对脊髓损伤、脑卒中、失明和发育脆弱性提供工程解决方案的挑战之一是，认识到发育中的神经系统是复杂身体的一部分，身体既具有内在的力学特性，又与外部物理世界进行能量交换，我们能够制造出构建错综复杂生命网络的装置吗？

二、组成复杂网络的仿生装置

能够在中枢或外周神经系统与人体之间建立连接的仿生装置必须是复杂性、异构性、自适应性系统，能够替换或恢复丧失的功能。深入了解自然界修复其网络的自适应过程，将为尝试构建受损神经系统网络修复装置提供帮助。我们考察了昆虫构建的各类网络化结构，以及自然界的损伤修复解决方案，对于阐明如何运用仿生装置重塑受损神经系统具有指导意义。

蜘蛛网是一种通信网络，其球形结构由丝质材料构成（Buehler，2010）。美味的飞行昆虫触碰到蜘蛛网后引起振动，被蜘蛛体表敏感的梨形缝机械换能器检测到（Barth，2004；Fratzl and Barth，2009）。非线性的蜘蛛丝球形结构使得蜘蛛网非常坚固，但局部仍然易受损坏（Cranford et al.，2012）。蜘蛛作为一个成功的捕食者，必须能够修复蜘蛛网的任何局部损坏，并通过机械换能智能装置测量球形结构的丝线间距来修复蜘蛛网（Turvey and Carello，2011）。蜘蛛网修复装置是一种可以产生蜘蛛丝纤维的纺纱式装置。多个腺体产生的液体在蜘蛛腹腔内混合后从纺丝管中排出。不同腺体产生的液体能够形成特殊性质的蜘蛛丝，用来建造蜘蛛网的不同结构部件。正如第四章中所要介绍的，材料科学家现在能够模拟蜘蛛的纺丝过程，制造出复杂的微纤维（Kang et al.，2011）。

蚂蚁巢穴内的隧道也呈现为网络结构，蚂蚁利用隧道在分布广泛的真菌农场内运输和觅食。例如，农场的正常维持必须防止有害细菌的生长，蚂蚁可以产生一种天然抗生素——斗牛蚁素（Myrmicacin），并将其喷洒到整个真菌农场（Currie et al.，1999）。自然界还赋予了蚂蚁测量距离的智能感知装置，可以充当它们在觅食隧道里通行的里程表，蚂蚁还能产生和检测化学信息素，用于与同伴的沟通（Wolf，2011）。蜂群是一种采集与分配食品的大型网络集合体。蜜蜂使用具有抗菌特性的蜂胶（树脂或蜂蜡）作为免疫系统样网络的一部分，以减少蜂群内的疾病传播（Simone-Finstrom and Spivak，2010）。众所周知，蜜蜂在飞行中还利用蜂群内部的振动和摇摆舞来向它们的同伴传达食物的位置和距离（Menzel，2012；Frisch，1967）。昆虫使用智能感知装置及网络自适应修复的这些经验，可以应用到神经修复装置的神经工程学领域，用于修复和恢复受损的神经系统，这正是本书第八章和第九章的主题。

西班牙伟大的神经科学家拉蒙·伊·卡哈尔（Ramon y Cajal）曾经指出，人类神经系统就像“无法穿越的丛林”，有 850 亿个神经元和 100 万亿个突触（Azevedo et al.，2009），但仅仅细胞或连接的数量并不是神经系统复杂的原因。鹦鹉和鸣禽的大脑所含神经元是同等质量灵长类动物大脑的两倍，因此它们具有更高的神经元堆积密度（Olkowicz et al.，2016）。神经系统的复杂性还在于其是由极端异质化部件组成多层次、多尺度、复杂且高度结构化网络的结果（Carlson and Doyle，2002）。

我们的身体是极其复杂的系统，由不同的个体群落组成（见第十章）。妊娠期间形成的胎盘提供了母亲和胎儿之间的双向交流：母亲的免疫系统通过胎盘传递抗体，胎儿系统则向母亲发送化学信息（Guttmacher et al.，2014）。此外，我们与微生物群落——细菌、真菌、病毒和古细菌共享我们的身体空间，这些微生物为我们提供了人类细胞不必自己进化的遗传变异和基因功能（Grice and Segre，2012；Sommer and Backhed，2013）。我们是全功能体生物（holobiont），是微生物群落的一部分（Charbonneau et al.，2016）。几乎人类婴儿一出生，就可以立即在其胃肠道中发现微生物生态系统，即微生物组（Palmer et al.，2007；Koenig et al.，2011）。我们体内的能量调节生态系统在人类基因组与微生物组之间的相互作用中（Grice and Segre，2012）、在骨骼形成与能量代谢的关系中（Karsenty and Oury，2012）、在突触信号复合物（分子机器）对突触结构的丰富与精简中（Grant，2012）都显而易见。

让我们将视角转移到行星尺度上，生物复杂性的生态学意义会变得更加清晰。生命形式通过与环境和其他生命形式交换资源（能量、代谢物、信息）而生存和繁衍，从而构成生态系统的一部分，其资源可能是丰富的、紧张的或枯竭的。地球上生命的基本宏观单位是生态系统，如雨林、海洋和珊瑚礁。例如，地球生物有 150 万个物种，其中近四分之一由真菌组成，这些真菌通过化学物质利用复杂的细胞外信号和细胞反应进行信息交流（Leeder et al.，2011）。在地球幸存的雨林中，真菌在外观和生活方式上都极其丰富多样。例如，南美洲和中美洲的切叶蚁能够将植物叶片切碎，以便于一种在其他地方不存在的营养真菌生长，这种真菌可以分解植物纤维供昆虫利用（Marent，2006；Hölldobler and Wilson，2009）。

珊瑚礁被称为“海洋中的热带雨林”，其中有着复杂的食物网络，包括鱼类、滤食性无脊椎动物（海绵、海鞘）及营养共生的单细胞藻类（Knowlton，2008）。从对微生物有利的角度来看，海洋是一个巨大的、异质性、梯度性世界。不同物种通过不同的觅食方式来利用这种异质性，例如，一些海洋细菌可以用螺旋鞭毛推进身体，而另一些无法移动的细菌则摄食下沉的有机碎屑（Stocker，2012）。采用各种方式检测梯度浓度并追随其来源，在各种空间尺度及其他类型的生态系统中也都显而易见，例如，盘基网柄菌（*Dictyostelium discoidum*）（黏菌）形成运动伪足期间的环磷腺苷分子受体（Camazine et al.，2001）（图 1.2）、检测和分析营养物质位置信息的昆虫受体器官（Hölldobler and Wilson，2009），以及人类小脑独特结构形成期间的攀缘纤维细胞膜位点（Hashimoto et al.，2009）等。

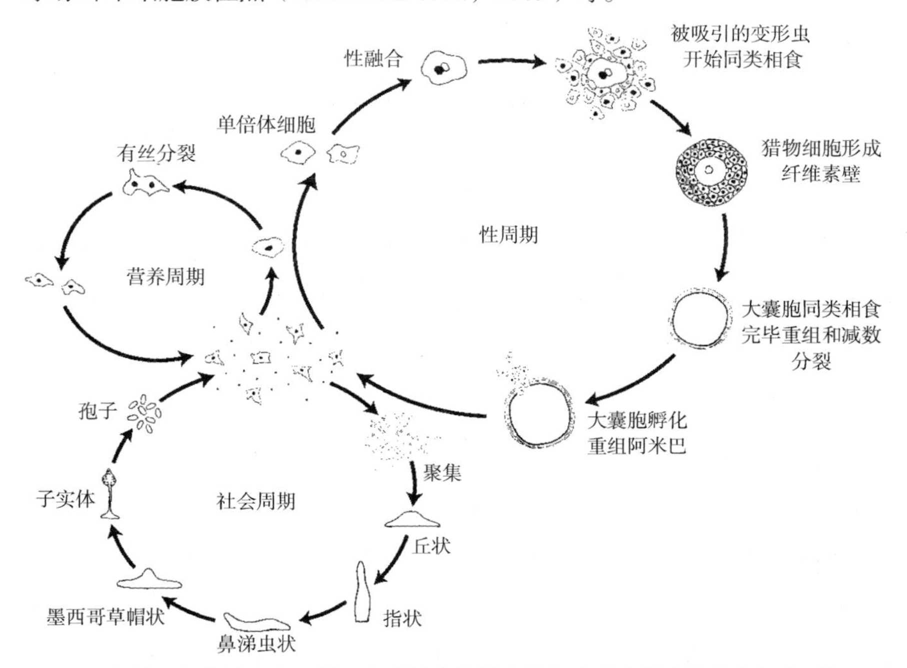

图 1.2　盘基网柄菌的生命周期。这种单倍体社会性阿米巴在其生命的大部分时间里经历了营养生长周期、捕食土壤中的细菌及定期有丝分裂等不同阶段。当食物匮乏时，则进入性周期或社会周期。在社会周期中，数以千计的阿米巴围绕环腺苷酸（cAMP）聚集形成运动伪足，并趋光移动最终形成子实体。在性周期中，阿米巴围绕 cAMP 和性信息素聚集，两个相对的细胞交配融合，然后开始消耗其他被吸引的细胞。一些猎物细胞在被消耗之前于整个群体周围形成纤维素壁。当同类相食的行为结束后，巨型二倍体细胞成为一个坚硬的大囊胞，大囊胞经过重组和减数分裂，最终孵化出数百个重组体。本图未按比例绘制。绘制者 David Brown 和 Joan E. Strassmann 授权转载

三、复杂系统的自组织

物理和生物过程都具有自组织（self-organization）的特征。据卡马秦等（Camazine et al.，2001）介绍，自组织发生于系统低级组件之间的局部相互作用。自组织系统的特征是随机波动、反馈回路和对称性破缺（Camazine et al.，2001）。生物系统中的对称性破缺是打破均一性的过程（Li and Bowerman，2010）。在自组织生物系统中，如胚胎，对称性破缺可由随机波动引发，然后通过一个或多个反馈回路不断放大（Karsenti，2008；Wennekamp et al.，2013）。放大随机波动的反馈回路主要来自生化过程和机械过程之间的相互作用，这些过程不断调节彼此的行为从而产生与维持不对称性（Li and Bowerman，2010）。生物对称性破缺得到充分研究的一个实例是单细胞秀丽线虫胚胎中前后轴的建立（Goehring and Grill，2013），其对称性破缺依赖于生化分区缺陷（PAR）蛋白网络和机械（肌动蛋白-肌球蛋白）网络之间的相互作用。PAR 的前后轴网络形成了相互拮抗的负反馈，导致局部自我放大的反馈回路。这种波动被放大后将产生细胞质液体流，其流动方向遵循由细胞骨架层沿前后轴和最终极化产生的机械梯度（Wennekamp et al.，2013）。

更普遍而言，自组织模式可以持续较为短暂（昆虫群体；Mirollo and Strogatz，1990），或者持续几十年（活体组织）或更长的时间合作建造结构，如白蚁丘、城市和社会（Camazine et al.，2001；Turner，2010）。而物理结构只能简单地腐蚀或崩溃。生物系统（如大脑）的连接性可根据物种特异性遗传调节信号（如凋亡）而退化、部分崩溃和重塑，或作为对机械应力和损伤的适应性反应而重建（Volpe，2009）。了解自然界中自组织模式的另一种方式是思考自然界所建造物体的不规则性——分形几何学结构（Kelty-Stephen et al.，2013）。分形物体的一个明确特征是自相似性，即部件与整体形状相似。例如，肺组织的显微图像显示，肺泡的分支结构与气道的较大分支之间具有相似性（Goldbergerr and West，1987）。自然界所建造物体的分形性在随时间发展的生物学过程中也显而易见，例如，动物细胞质膜中的离子通道电流和蛋白质，可以使钠离子和钾离子流入或流出细胞（Liebovitch et al.，2006）。人类在执行诸如行走或阅读等任务组织表现的差异性反映了分形噪声（fractal noise），即部件过程多尺度时间组织中的自相似性。当我们行走、交谈、阅读以及与他人交流时，分形噪声可能反映了在多尺度时间组织中发挥作用的控制回路的协调（Riley et al.，2012）。在所有时间尺度控制回路中的分形噪声则表明：神经系统回路内的能量交换与环境中的身体，将随着时间推移，不可避免地紧密联系在一起。

四、鲁棒性、具身化、可预测性、智能化、自修复、涌现性、发育性的系统

前面的章节主要是为了理解生物系统的复杂性。生物器官是相互联系的复杂网络，它们的相互作用使得其组成部分不可分割，以免它们失去其涌现性。我们怎样才能开发出与自然界复杂程度相当的装置，从而在生物系统和人工合成系统之间实现无缝连接？我们能够模仿生物系统中进化演变产生的生物过程吗？设计用于辅助行为功能（如运动）的人工可穿戴设备是否能够实现与小型脊椎动物（如蛇、七鳃鳗或蝾螈）相同的自适应性、可扩展性和容错性？为了回答这些问题，我接下来将探讨自然界是如何实现生物系统以下这七个基本特征的：鲁棒性、具身化、可预测性、智能化、自修复、涌现性、发育性，我们可以根据这些特征来建模人工合成装置。

（一）鲁棒性

复杂系统都具备鲁棒性（robust）；也就是说，尽管其组成部件环境存在波动，但系统本身仍然能够保持稳定（Carlson and Doyle，2002）。微生物是地球上最古老和主要的生命形式，部分原因在于它们的鲁棒性。正如怀斯研究所研究人员帕梅拉·西尔弗（Pamela Silver）所指出的，微生物在亿万年中保持鲁棒性的关键在于形成微生物群落。这种群落允许微生物间相

互接触、交换基因、竞争资源或提供资源，并影响其周围微生物的生长（Hays et al.，2015）。

鲁棒性的另一个例子是神经回路保持目标回路性能的能力，而不受正在进行的神经元通道与受体转换的影响（Gjorgjieva et al.，2016；Marder and Taylor，2011）。自然界建造的鲁棒系统，其特征在于性能权衡。例如，飞行昆虫在其起飞行为中如何在速度和稳定性之间进行权衡（Card，2012）；爬行动物如何利用太阳能加热身体而不是利用体内的热量传送系统；灵长类神经系统如何在布线成本、拓扑价值及简并度之间进行权衡（Edelman and Gally，2001）。自然网络由一些高度保守的功能组成，而另一些功能则可以不断修补。自然界还通过构建控制系统来实现鲁棒性，控制系统的基础是探索大量解决方案并从中找到有效的方法（Loeb，2012）。正是基于这样的观点，即解决方案本质上必须能发挥作用，而不一定是最优的。潜在解决方案的多样性促进了系统的鲁棒性。例如，自然界中昆虫和蜂鸟都发现了盘旋飞行的鲁棒解决方案。

自然界不需要对一切都保持鲁棒性，只要对所遭遇的实际干扰保持鲁棒性即可（Lander，2007）。自然界的解决方案是权衡，在干扰发生频率和无法补偿干扰的缺点之间取得平衡（Lander，2007）。例如，在苍蝇等一些飞行生物中（Card and Dickinson，2008）存在可以预见的捕食者，自然界可能用传感器激活的逃跑机制来补偿它们，这种逃跑机制比较快速，不需要高度集中式神经系统的高能量消耗。其他的动物（如章鱼）已经进化出“混合”神经系统，它们使用广泛分布式神经元网络来快速响应更可预测的干扰，并为风险较高的决策保留代价更高的集中组织式神经元网络（Zullo et al.，2009）。占据多种生态位的动物，如首次登上陆地的四足动物（Daeschler et al.，2006）、鸟类、飞行动物，以及生活在陆地和水中的动物，更有可能遇到不可预测的干扰。在这些动物中，能量消耗大、高度集中的神经系统能够促进对新事物的积极探索，而将后果较小、更可预测干扰的适应留给局部神经网络。

（二）具身化

细胞经过亿万年的进化，先后形成了原核、真核和多细胞等不同形态及身体构造（Davidson and Erwin，2006；Knoll and Carroll，1999；Raff，1996）。脊椎动物的身体构造大约形成于6亿年前并保守至今，其特征为细长的双侧结构、两端开口、内部通道相连接（Kirschner and Gerhart，2005）。然而，进化生物学常常欠缺对不完整身体构造的论述，除非它在其生态位的物质、表面和场中具身化（Gibson，1966；Goldfield，1995）。因此，在本书中，具身化（embodied）是指智能体（即动物或机器人）身体、神经系统和环境之间的互利与动态（能量共享）耦合；它是一种相互关系，其控制分布于整个系统组件。生命系统和仿生合成系统，如某些机器人（Pfeifer et al.，2007），将环境作为其发挥功能不可分割的部分，因为它们需要与环境交换能量以应对各种机会和挑战。

自然界扩展个体特征边界的一种方式是将环境资源附加到身体上。这些资源可以为动物提供在生物性禀赋中所不具备的营养、保护或类似工具的功能。我们以十足目甲壳动物寄居蟹为例加以说明。大多数寄居蟹的腹部没有钙化骨骼的保护，易受干燥影响以及捕食者的攻击。为了保护自身，寄居蟹会寻找中空的物体，通常是腹足类动物的空壳，作为自己的保护性外壳（Briffa and Mowles，2008）。随着寄居蟹体形的不断增大，它们会经常更换不同大小、重量和形状的外壳，还可能将海葵附着在壳上（Hazlett，1981）。

大多数寄居蟹的腹部弯曲，螯（爪）大小明显不对称，这使得它们能够抓住螺旋性空壳并把自己塞进去。因此，被寄居蟹占据的外壳就成为了其身体的延伸。寄居蟹会广泛探索每一个可能的新壳，利用其触角探测贝壳释放的化学信息从而确定其中的钙含量。它们还用螯足和步足来巧妙地处理贝壳，确定其大小、重量和类型，并可能添加海葵来帮助贝壳保持平衡（Briffa and Mools，2008）。对一种陆栖寄居蟹——灰白陆寄居蟹（*Coenobita rugosus*）的研究表明，这种动物在半隔断式廊道内行走时能够学会保持新外壳稳定的动作（Sonoda et al.，2012）。当实验中向外壳添加板状塑料延伸物时，寄居蟹能迅速学会将塑料板纳入为其身体的延伸物，以便绕着隔断移动，而不会让塑料板接触到隔断。寄居蟹的步足能够适应不同的功能。第四对和第五对步足适合支撑外壳，而行走则由第二和第三对步足共同承担（Chapple，2012）。寄居蟹在没有外壳的情况下行走时经常翻倒，这表明外壳的重量实际上能使寄居蟹的运动保持稳定。

仿生装置的设计愿景是它们能够无缝参与身体器官和系统的功能，也就是说，它们能够具身化。在机器人学文献中，具身化是指大脑、身体和环境之间的交互和动态耦合，以及整个过程中的分布式控制与处理（Pfeiffer et al.，2007）。因此，在与环境交换能量和信息时，具身化的装置是能够与生物系统共享控制以执行功能任务的装置。但是目前很少有机器人或其他设备符合这一定义，其中一个挑战是不了解具身化人工合成装置怎样才能真正与生物系统共享控制。本书的论点是，为了与受损神经系统共享控制，仿生装置必须被设计成更为互利共生的、多功能的系统，而不是被动的机器。未来几代的仿生装置将生活在我们身体内部，可以像衣服一样穿戴，以无缝方式扩展我们的身体功能，或者照顾我们并提供所需帮助（见第十章）。关于具身化，我们可以从生物系统中学习到什么呢？

哲学家安迪·克拉克（Andy Clark）的工作是讨论具身化的一个出发点，他关于具身化的思想在认知科学中具有广泛的影响（参见 Clark，1997，2003，2008）。克拉克（Clark，2008）对 3 种不同程度的具身化作出了关键的区分：轻度具身化、中度具身化和深度具身化。区别在于控制和命令决策与执行目标导向任务主体之间的联系。一个“轻度具身化”的智能体（生物的或人工合成的）拥有身体和传感器，它们与世界进行闭环相互作用，但是身体只负责执行命令。“中度具身化”智能体拥有硬连线架构，能够引导传感器定位某些特定信息，然后引导其接近信息源。在这两种情况下，身体结构设计都无法预测意外事件，或改变自身配置使现有能力适应新的需求。相比之下，一个“深度具身化”的智能体遵循进化和发育路径的指导，能对意外事件做出开放式的内部和（或）身体上的适应。基于深度具身化的心智是“混杂的身体与世界探索……系统不断地重新谈判其自身局限、组成、数据存储和界面”（Clark，2008）。

本书将克拉克的具身化分类方法延伸应用于各类装置的区分，不仅根据它们做出控制决策的能力，而且还根据装置的材料组成，使用感觉信息提供装置到身体和神经系统的反馈，以及它们与身体对能源的共享程度。轻度具身化装置的例子包括轮椅、没有身体/大脑感觉反馈的假手和假脚，以及没有身体/大脑感觉反馈的外骨骼。所有这些装置都只能执行预先编程的控制命令，所采用的感觉反馈无法直接提供给用户，其电池电源为了安全起见与用户保持隔离。轮椅基本上是电动的，不能支撑腿部运动。有些假肢和外骨骼设计有参与机器人和身体之间动能和势能传递的部件（Goldfarb et al., 2013; Rouse et al., 2014），并利用传感器恢复使用者的触摸体验（Tabot et al., 2013），但它们在使用神经系统信号进行控制决策方面仍然存在局限（Thakor，2013）。

计算机控制的肌肉顺序激活（如功能性电刺激或FES；Corbett et al., 2013）和植入式人工器官（如视网膜下视觉植入物，Hafed et al.，2016）跨越了界限，成为中度具身化的装置。当前的轻度具身化装置无法实现深度具身化的原因是它们缺乏从装置到神经系统的多层次输出，为佩戴者提供“拥有感”的心理体验。正如我在第三章中所要讨论的，实现深度具身化面临的这种根本性障碍需要通过主动信息拾取提供多感官反馈。此外，深度具身化装置的制造材料需要活体细胞与人工合成基质（如主要成分为水凝胶）的相互整合（参见 Nawroth et al.，2012）。这种混合装置要想切实可行，它们必须共享细胞能源，组成部件能够修理或更换（也许由纳米级的“神经胶质机器人”团队来实施），并且在部件不断更换的情况下仍能可靠工作。换句话说，深度具身化装置的生物和人工合成部件之间的边界将在计算性、物质性和经验性上变得模糊不清。深度具身化装置将与我们进入真正的互利共生关系，但目前我们还没有取得成功（见第十章）。

现在有相当多的证据表明，来自身体部位的感官信息对于该部位的心理拥有感体验至关重要。然而，如何将我们所了解的主动感知器官（如皮肤表面、视觉系统和听觉系统）的信息拾取过程整合到假肢等深度具身化的人工装置中，仍然是一项艰难的技术挑战。詹姆斯（James）和埃莉诺·吉布森（Eleanor Gibson）对身体感知系统通过多种手段检测同一非模态信息的主动探索过程进行了深入研究（参见 Gibson，1986；Goldfield，1995；Turvey and Carello，2011），从而为生物启发提供了灵感来源。每个感知系统都对感知器官相对于环境结构主动运动所揭示的模式化信息进行转换。对不同感知模态获得的信息进行相互关联，可以加强神经元网络的突触连接，并为身体拥有感心理状态的产生提供基础（参见 Deisseroth Etkin and Malenka，2015，关于神经激活状态与心理状态产生之间关系的看法）。

（三）可预测性

对预测未来装置原型的描述就像是一个人凝视水晶球。医学领域没有水晶球，但是预测未来却是至关重要的需求，因为有效的治疗取决于在疾病造成不可逆损害或系统失效之前进行疾病的鉴定识别。根据基于传统控制理论的内稳态原理，健康系统自我调节以降低变异性并维持生理稳定（Cannon，1929）。然而，波士顿贝斯·以色列女执事医学中心的心脏病学家和动力学家阿里·戈德伯格（Ary Goldberger）已经建立了一个叫作“生理网”（physionet）的生理学数据库，它表明生理时间序列包含了以非线性为特征的“隐藏信息”（Goldberger et al.，2002）。这些数据暗示了身体调节系统具有不同的稳态作用，即在极具复杂性的一系列功能范围内维持系统：处于混沌的边缘（见第二章）。处于混沌边缘的生命系统是健康的系统。相反，一个或多个生理系统濒临灾难性故障（如心脏病发作）的个体表现为复杂性的丧失（Goldberger et al.，2002）。那么也许正如我在第九章中所讨论的，可以诊断性地使用这种隐藏信息来预测系统故障。

大脑本身就是一个能够预测动作的器官。这种面向未来的信号把身体运动系统正在进行的活动报告给感觉器官，这种信号被称为伴随放电（corollary discharge）（Crapse and Sommer，2008）。伴随放电的一个实例来自施耐德等（Schneider Nelson and Mooney，2014）开展的研究，该研究测量了自由活动小鼠从活动开始到活动相关信号传递到听觉皮质的相对时间。

施耐德等（Schneider et al.，2014）发现，各类自然活动在活动前和活动过程中会强烈抑制听皮质兴奋细胞的突触活动。这意味着，内在的动作特异性信号负责准备和引导听觉系统对信息的拾取，也许可以将身体运动信息与外在感受环境信息源相互区别。另一个与神经康复装置设计特别相关的例子是可以预测动作的皮质活动的产生。例如，最近关于猴子伸取行为的研究发现存在一个准备阶段，预期大脑皮质群体动力学状态在这一阶段会首先移动到一个初始值，随后才开始精确的运动相关活动（Shenoy Sahani and Churchland，2013）。运动系统可以首先以此为起点来启动动作，然后通过感觉反馈来改善、细化动作。

在大脑本身的发育过程中，尚未成熟的回路（如大脑皮质中的回路）首先通过早期发育回路（如丘脑）准备发挥作用。在接下来的阶段，感觉信息传入，早期回路根据动物个体经验进行调节完善（参见 Blankenship and Feller，2009）。由此创建了新的神经回路，包括内部动作的准备阶段，随后将外部活动映射到现有模式上以便加以改进（详见第六章）。损伤后神经可塑性似乎也涉及神经回路恢复到早期准备状态的过程，以便对现有回路进行再分化，使得个体主动产生新的损伤后体验（详见第七章）。因此，神经系统的功能、发育和可塑性都为机器人装置控制电路的设计，重塑受损神经系统的其他干预措施提供了信息，并为神经康复提供了发展框架（详见第九章）。

（四）智能化

我们正处在类人机器人、可穿戴软体机器人、生物混合机器人新纪元的前夜，这些机器人装置设备足够智能，能够帮助我们进行日常生活活动，保护我们免受伤害，并在受伤时帮助我们痊愈。但是是什么使得这些装置智能化呢？机器人和其他智能辅助装置的生物启发方法促使我们转向自然界寻求答案。我们首先从哪里开始？虽然盘基网柄菌缺乏神经系统，但它表现出了令人惊讶的复杂行为，从而成为实验生物学家和神经科学家们研究智能行为最常用的研究对象，并亲切地称其为“迪奇”（dicty）。迪奇是一种社会性阿米巴，生活在土壤中，以细菌和其他微生物为食（Fets Kay and Velazquez，2010）。几十年的深入研究已经表明，迪奇能够：①利用受体检测趋化性梯度，以及朝向或远离特定营养物的推进机制；②在探索和利用现有营养资源之间转换；③对干扰作出强力反应，包括性能权衡；④将其组成细胞转化成肉眼可见的器官，例如子实体和伪足；⑤构建便携式外鞘作为掩蔽居所[阿米巴中的冠砂壳虫（*Difflugia corona*）所具有的一种能力]（Bonner，2010；Hansell，2005；Reid et al.，2012）。

迪奇令人印象深刻的能力对“智能”意味着什么？智能可能在动物生命最早进化过程中已经出现，并且它的一些基本特征在所有物种中高度保守。随后的进化发展可能使动物能够从自己物种的成员和其他物种身上，在更加多样化的生态位中，在越来越长的时间里，在越来越大、越来越复杂的网络里，在离“家”越来越远的距离上，更快地学习。动物是智能的，因为它们的生物学功能能够适应多个时间尺度（即进化、个体发育和行为）。例如，在进化的时间尺度上，通过基因的功能分组、基因调控网络（Davidson and Erwin，2006）完成所谓的进化修补（Jacob，1977）。基因调控网络由调控基因和信号基因组成，它们帮助确定哪些基因激活或失活。在动物身体的胚胎发育期间，调控基因对彼此及其他基因进行调控，每个调节基因能够响应多个传入信号并同时调控多个其他基因（Erwin and Davidson，2009）。进化发育生物学（evolutionary developmental biology）或称进化发生学（Evo Devo）是一个相对比较年轻的领域（Carroll，2008；Gilbert，2001；Hall，2006；Raff，1996），其产生的原因是发现了进化创新源自调控机制，这种调控机制可以修改发育事件（个体发育）的相对时间（Carroll，2008）。自然界通过顺式调控基因，可以将具有某一功能的器官转变成具有新的功能的器官。例如，节肢动物不同体节部位的功能多样化（Carroll et al.，2005），另一个例子是角蝉（tree hopper）（参见 Prud'homme et al.，2011）。

动物行为主要是围绕主动获取不断变动的资源供应、应对生态位中不可预测事件等过程而进行。分子、细胞和神经元自适应网络的进化已经在昆虫和动物的群落组织中实现了这些目标。这里，我们重点介绍为人工合成网络提供灵感的自适应生物网络的三个特征：简并性（degeneracy）、情境感知智能（context-aware intelligence）、分布式决策共识（distributed consensus for decision making）。在简并性系统中，结构不同的部件能够执行相同功能或产生相同的结果输出（Edelman and Gally，2001），这是生物系统的普遍特性。情境感知智能这一特征是指系统获取或主动探索环境，从可用信号中提取有意义信息，这些信息对于正在进行的行为非常有用。这方面的例子是动物的感觉受体系统，包括各类主动躯体感觉系统：在探索过程中拾取振动信息的胡须（Kleinfeld and Deschenes，2010），穴居动物鼻部的表皮器官（Catania，2012），以及鱼类检测水流流体动力学的侧线器官（Coombs，2014）。对于选择性世界中的生物决策系统，做出决定的行为方式可能来自各种影响力在整个系统中多层次的并行竞争，通过所谓的"分布式共识"实现最终决策（Cisek，2012）。这种决策方式不仅在脊椎动物的神经系统中显而易见（Cisek and Kalaska，2010），而且在诸如蜂群之类的社会性昆虫等大型群体中也非常突出（Leadbeater and Chittka，2007）。

动物具有智能的一个例子就是它们能够找到维持生命的资源，如食物和水。海洋软体动物加州海兔（*Aplysia californica*）证明了最早的神经系统如何适应保守的解剖结构以便摄食（Nishikawa et al.，2007）。这种适应似乎涉及口球（buccal mass）这种摄食结构的功能互补状态顺序激活发生改变。口球内有一个肌肉结构——舌突起（odontophore），又称为抓握器，其表面覆盖着一个柔软有齿的软骨片，称为齿舌（radula）。抓握器有两个互补的状态：打开–关闭和伸展（朝颌部移动）或朝食管移动（收缩）。通过调节这些状态（打开、关闭、伸展、收缩）的时机，口球可以产生不同的功能反应，分别用于进食、咬合、吞咽和排泄。神经系统也发生进化，将颌骨与其他结构较弱地结合在一起，提供摄入和吞咽的泵送功能，正如第一种有颌鱼类那样。最早的脊椎动物类似于现代的七鳃鳗，它们是无颌鱼。胚胎学研究阐明了第一种有颌鱼是如何通过改变神经嵴细胞迁移途径的调节过程而进化的。颌骨形成的差异似乎是细胞迁移事件在时间上的差异（Kuratani et al.，2001）。在无颌鱼中有一种称为鼻垂体板（naso-hypophyseal plate）的结构，其在神经嵴细胞迁移之前形成屏障。相比之下，在有颌脊椎动物中，鼻垂体板的早期分离允许颅神经嵴细胞进入咽弓，那些迁移到第一咽弓的神经嵴细胞形成下颌（下颚）和上颌突（上颚）。

随着鱼类等水生动物不断四处移动捕食，其肌肉变得更大更强壮。双侧对称的身体结构可能促进了激动–拮抗肌群的顺序激活，以利用这些强大的肌肉进行游泳运动。新陈代谢对氧气需求的增加促进了鳃从现有组织的进化。当一只生活在水中的脊椎动物开始占据浅水区和边缘生境等生态位时，物理力量对其身体的影响发生了显著变化（Downs et al.，2008）。水是一种中性浮力环境，但气态介质不是。对于鱼类而言，从水中吸取氧气需要使用鳃弓与鳃盖将水泵过鳃部，因为水是一种相对黏性的介质。提塔利克鱼（*Tiktaalik rosae*）作为一种从鱼类向陆栖四足动物过渡的脊椎动物，它适应了这些变化，拥有附肢和肋骨，能够支撑身体抵御全部重力负荷，呼吸系统不再完全依赖水中呼吸，其颈部能够使头部独立运动（Daeschler et al.，2006）。鱼类能够定位自己的整个身体以便使口部对准猎物。提塔利克鱼的附肢主要是立足于地面以抵御重力，但是颈部能力得到改善，能使口部朝向食物。提塔利克鱼的头部也非常适合于摄食，因为它是由鳃骨、鳃盖、上腭和下颌之间相互联系形成的更加坚固的结构。

提塔利克鱼等动物从水中向陆地的过渡，导致了对内部肺的选择性压力，产生了将流入气流与液体、食物分离开的内部分流器和阀门系统。哺乳动物的口腔解剖、牙列和饮食的改变可能促进了其大脑结构规模的增大和分化及咀嚼和吞咽机制的产生，能够在吞咽之前就将食物分解。动物通过同一解剖路径将空气输送到肺部、将食物输送到肠部的需求，可能促进了更多地利用感官信息，调节机械和肌肉部件结构配置的快速转换，并形成了保护气道免遭食物穿透的机制。在从四足步态向两足步态过渡的过程中，脑部较大的比较灵敏的灵长类动物和早期原始人，如拉密达地猿（*Ardipithecus ramedus*）或简称为阿迪（Ardi）（Potts，2012；White et al.，2009），能够用手把食物送进嘴里，这样就可以挑选和摄取特定的食物。这些高度灵活两足灵长类动物计划能力的增强，使得它们得以进入新的生态位，探索和选择新的食物来源。我们的近亲灵长类可以在社会凝聚群体的安全范围内更悠闲地进食，品尝它们所采集的不同食物的各种口味和质地。

（五）自修复

人体由一组令人惊叹的内部网络组成，能够进行自修复（表 1.2）。复杂系统可以使用与原始生长相同的原则来修复或替换现有形式。修复可能性所受的限制与生长新结构所受的限制过程相同（例如，敏感期和关键期）。我们以骨生长和骨重建的过程为例加以说明。骨不仅是骨骼器官，而且是与能量代谢密切相关的内分泌器官。骨骼也是以特定方式对环境刺激做出反应的受力器官（Karsenty，2003）。例如，骨组织含有一种特殊类型的细胞——破骨细胞，其功能是在某些条件下吸收或破坏宿主组织（Harada and Rodan，2003）。骨重建过程中需要破坏骨骼，这一过程消耗大量的能量。骨骼中的机械受体对物理应变、应力和压力非常敏感，并且可能通过涉及许多器官系统（包括大脑）的一组复杂反馈回路影响骨重建（Ehrlich and Lanyon，2002；Thompson et al.，2012）。

表 1.2　内部网络的自适应性自修复与重塑

网络	适应性修复过程
血液循环系统	血管发生和血管生成
中枢神经系统	神经可塑性的稳态调节
皮肤	伤口愈合
骨骼	成骨细胞和破骨细胞的内分泌调节
肌肉和肌腱	卫星细胞和肌内膜的机械调控

骨骼具有多种功能，反映了脊椎动物的进化，以及人类骨骼、大脑和其他身体器官之间在生长和衰老过程中的复杂相互作用。脊椎动物进化出两种截然不同的骨骼：①密质骨（cortical bone），由矿化的硬质胶原同心层组成，主要存在于长骨干中；②松质骨（cancellous bone），由庞大的、相互连接的海绵状骨小梁网络组成（Karsenty，2003）。人体的矿化骨骼是钙的储存库，甲状旁腺激素（PTH）作为调节性刺激物严格控制血浆钙水平（Ca^{2+}）（Zaidi，

2007）。骨骼也是内分泌器官，因为控制能量代谢的分泌蛋白（激素）骨钙素（osteocalcin）只能由成骨细胞产生（Lee et al.，2007）。成骨细胞来源于骨髓间充质细胞，首先构建骨架，然后建立骨架形状以获得最大弹性。另一种类型的细胞——破骨细胞，来源于造血干细胞，通过再吸收主要松质骨的表面来维持骨矿物质的内稳态（Zaidi，2007）。骨沉积和再吸收之间的精细平衡对于骨骼大小、形状和完整性的准确发育至关重要（Kronenberg，2003）。

（六）涌现性

根据戈德斯坦（Goldstein，1999）的观点，当复杂系统的自组织过程中出现新颖而连贯的结构、模式和属性时，就会产生涌现性（emergent）这种现象。涌现性行为具有以下特点：①具有所观察复杂系统中以前没有观察到的特征；②无法从较低层次或微观组分中加以预测或推断；③作为宏观综合整体出现，随着时间推移往往保持一定程度的一致性，这种一致性跨越了较低层次的组分；④作为一个复杂的系统随着时间的推移而演变与发展（Goldstein，1999）。在细菌“生物膜”的微观尺度上，个体与支持环境之间关系中的涌现性非常明显。生物膜是微生物的集合体，其中的细胞通常沉浸在由聚合物组成的自生性细胞外基质中，因此彼此之间或与表面黏附在一起（Flemming et al.，2016）。细菌与细胞外基质的关系表现出涌现性的支持功能，包括结构和稳定性；捕捉资源并保留具有消化能力的酶；社会交互以形成微生物群落（Flemming et al.，2016）。例如，海绵状的生物膜和细胞外基质为资源捕获提供了吸附特性，影响生物膜与环境之间对营养物质、气体和其他分子的交换。此外，细胞外基质是一种防御堡垒：生物膜细胞分泌的细胞外酶类形成稳定的复合物，对脱水具有极强的抵抗力（Flemming et al.，2016）。

根植于社会母体中的人类行为也具有涌现性。以说话为例，其最早的形式包括了大量重复的辅音和元音，称为牙牙学语（Iverson，2010）。我的女儿安娜有两位发育科学家父母，所以贝弗莉和我有一个衣柜，里面装满了安娜幼年成长的各种录音和录像。我们的最爱之一是她开始咿呀学语的声音，这令我们异常喜悦。最初发出这些声音时需要比较短暂的努力，然后就像打开了一个开关，咿呀声会持续几分钟。安娜的牙牙学语是一种涌现现象吗？这些牙牙学语的声音满足了前面的四个特点。而且，由于她的牙牙学语发生在社会背景下，我们兴奋地回应她，重复和改变她所说的话。这是安娜进一步发展语言能力的基础，也是她与日益复杂的沟通技巧相关的社会进步的基础步骤。

涌现性也是了解大脑疾病和精神病理学病因的一个基本概念，如自闭症谱系障碍（ASD）和精神分裂症。与安娜不同的是，患有自闭症谱系障碍的儿童在社会沟通和语言方面表现出早期缺陷（Frith and Happé，2005）。涌现性与发育如影随形，精神病理学的病因反映了发育特定关键时期发生的涌现性故障。第十章中的证据分析表明，从宏观到微观绕了一圈之后，微生物与子宫内正在发育的神经系统之间的相互作用可能是一个关键节点，由此引发了最终导致精神疾病的一系列级联事件。

（七）发育性

灵长类神经系统的一个基本的物种特异性特征是皮质的发育不是简单加成性的，相反，是从神经元和突触连接的过度丰富开始的。然后，由于主动探索行为和社会互动，个体体验对连接性进行微调，一些连接得到加强，而另一些连接则消失，这是一个受到关键期开启和关闭调节的过程。健康神经系统在关键期开启与关闭中的发育性重塑，可能为发育性精神病理学（如精神分裂症）提供了重要的线索。

复杂神经系统具有鲁棒性，但是在发育过程中组装它们时所发生的错误并不总能得到自然界的纠正。后期行为可能与神经系统形成中这些非常早期的发育事件有关。我们在此讨论一下神经系统发育扰乱对特定类型 γ-氨基丁酸（GABA）能中间神经元——小清蛋白阳性中间神经元（PVI）的影响。PVI 是抑制性、快速放电、快速传递信号（刺激后早期放电）的中间神经元，它们在正常脑功能中的基本作用是调节主要神经元（兴奋性神经元）的活性（Hu et al，2014）。然而，尽管 PVI 在平衡兴奋性活动以产生振荡方面起着关键作用，但它们并不仅仅是神经网络稳定剂。PVI 还有助于高级计算，如海马区中的路径整合，以及参与调控神经可塑性和学习（Hu et al.，2014）。在精神分裂症患者中常常发现，在多个脑区 PVI 中选择性表达的一种编码蛋白质的基因发生了突变（Lewis et al.，2005）。这些突变可能扰乱为大脑皮质神经元迁移提供分子指导的过程（Ayoub and Rakic，2015）。此外，PVI 在代谢上是“饥饿的”，因此容易受到氧化应激的影响。错误时间发生的可塑性不仅导致中间神经元本身的损伤，还会损害其四周的围神经元网和形成髓鞘的少突胶质细胞，从而改变兴奋–抑制平衡，并使神经回路功能丧失稳定性（Do Cuenod and Hensch，2015）。PVI 对于网络中神经元群体的整合和分离至关重要（Sporns，2013b），并且调节参与高级认知功能的 30～80 Hz 大脑皮质伽马波段振荡，例如，注意力和社会认知（Siegle et al.，2014）。随着时间的推移，神经回路的这种不稳定性可能最终导致成人发生以精神分裂症为特征的精神障碍行为（Green Horan and Lee，2015）。

五、仿生装置：跨越鸿沟

对于致力于生物技术临床应用发展的科学家和工程师来说，一个冷酷的事实是，很少有医疗设备能够成功离开实验室进入临床应用。正如哈佛大学化学家和怀斯仿生工程研究所研究人员乔治·怀特赛兹（George Whitesides）所指出的：“在大多数领域，科学研究转化为商业设备都是一项困难、昂贵的任务，但在医学领域尤为艰巨”（Kumar et al.，2015）。美国政府对这一挑战的反应之一是设立了“催化剂”（Catalyst）计划，这是一个由“临床和转化服务奖”（Clinical and Translational Service Awards，CTSA）资助的面向全美医学研究机构的联邦项目。例如，哈佛大学“催化剂”计划的目标是：①缩短实验室成果应用于患者治疗所需的时间；②鼓励社区参与临床研究工作；③培训下一代临床和转化研究人员（详见 CTSA 网站，http: //ctsa.web.org）。在过去十年中，哈佛的“催化剂”计划在促进转化医学研究方面取得了成功，但是其任务并不是具体确定和解决生物工程与生物技术领域的挑战。

为了回应哈佛大学教务长重新审视未来生物工程对整个大学的挑战，一个跨学科的教师团队建议利用“自然界如何建设、控制和制造”为基础成立了一个新的生物工程研究所。哈佛大学怀斯仿生工程研究所（Wyss Institute for Biologically Inspired Engineering）在2008年获得了哈佛基金的启动经费，并在2009年获得汉斯约格·怀斯（Hansjorg Wyss）捐赠的1.25亿美元后正式成立（http: //www.wyss.harvard.edu/）。其宗旨任务如下：

> 怀斯仿生工程研究所旨在发现自然界建造生命体的工程原理，并利用对这些原理的深入洞察来创造仿生材料和设备，推动医疗保健领域的革新，并创造一个更可持续的世界。在医学领域，该研究所正在研发创新材料、装置和疾病重编程技术，模拟生物组织和器官如何自我组织和自我自然调节。了解生物系统如何建造、循环利用和控制，也将指导开发全新方法来构建建筑物、转换能源、控制生产和改善我们的环境。

本书重点介绍了怀斯仿生工程研究所正在开展的研究工作，但也不排斥其他研究机构的成果。作为怀斯仿生工程研究所的兼职研究人员，我很荣幸能站在局内人的角度看待问题。但是我从更广阔的角度看待问题，包括了正在与怀斯仿生工程研究所合作的其他机构，如我目前所在的波士顿儿童医院，以及更广泛的科学界所做的工作。本书从仿生方法的角度，对重建受损神经系统的材料和装置进行了思考。重要的是，要注意并非所有受生物学启发的方法都是相同的。怀斯仿生工程研究所采用的方法明确了：①模拟机械生物学原理（例如，流动和力对组织的影响），作为多尺度利用发育过程的方法；②模拟自然界维持整个机体动态内稳态的调节系统（例如，基因调控网络以及神经元–神经胶质相互作用）；③模拟自组织的集体行为（例如，局部“主体”“聚集成群”），作为构建具有涌现性功能的装置的基础。

在怀斯仿生工程研究所独特的科研合作环境下，生物灵感加速了新技术的发现，甚至是意想不到的技术。一个例子是怀斯仿生工程研究所创始所长唐·因格贝尔（Don Ingber）领导研发的芯片器官（详见第二章）。

这种微流体系统与其他实验室芯片技术的区别在于，它模拟了机械力对细胞功能以及健康和疾病的影响，这是一种逆向工程（Ingber，2016）。该技术遵循了机械生物学的第一原则：将活细胞置于微流体环境中，模拟特定身体器官的机械力学特性，如健康（Huh et al.，2010）或患病的肺脏（Benam et al.，2016）。

怀斯仿生工程研究所核心研究人员乔治·丘奇（George Church）、吉姆·柯林斯（Jim Collins）、尼尔·乔希（Neel Joshi）和帕姆·希尔弗（Pam Silver）在生物网络和细胞装置领域的发现带来了突破性的技术，包括个人基因组学（Ball et al.，2012）、可编程细菌（Kotula et al.，2014）等。怀斯仿生工程研究所核心研究人员马哈德万（L. Mahadevan）与怀斯研究所教授、工程奇才詹妮弗·刘易斯（Jennifer Lewis）合作在数学领域取得的突破，已经跨越了“四维”生物打印材料的门槛，这些材料能像植物一样进行流体控制的生长（Gladman et al.，2016）。怀斯仿生工程研究所核心研究人员拉希卡·纳格帕尔（Radhika Nagpal）在分散控制系统方面的进展，以及怀斯仿生工程研究所核心研究人员罗伯特·伍德（Rob Wood）在微型机器人技术方面的进步，使笔者在幼儿可穿戴机器人方面的工作成为可能（参见Goldfield et al.，2012）。

撰写本书所面临的一个挑战是，在怀斯仿生工程研究所令人兴奋的研究工作背景下，在全世界各实验室令人眼花缭乱的进展步伐背景下，深入思考如何模拟自然界装配和修复过程的问题。

第二章
自然界如何建造：物理定律、形态发生与动力学系统

力是无形的，但力所推动的粒子，能够被我们的眼睛、耳朵和皮肤感知到，或是借助于诸如云室、显微镜和运动捕捉相机等设备来检测。在视觉、听觉、嗅觉、味觉和触觉器官的辅助下，我们能够感受到尘埃、空气分子的压缩和稀释、水滴、化学分子、沙粒和运动的物体。粒子在静止的空气中可以进行随机布朗运动，但热梯度、化学梯度或力线能够将其随机波动稳定成有组织的模式。它们获取电荷的倾向或化学亲和力也会使粒子之间相互吸引或排斥。当大量粒子运动时，相互吸引的粒子往往共同运动，相互排斥的粒子之间则形成分层和边界。当它们遇到密闭空间时，拖尾粒子会跟随由领头粒子产生的力线，并旋转产生涡流。

当粒子停止运动时，它们会留下受力作用的物理痕迹。例如，沙粒在被快速移动的空气沿着地表传送时，因存在速度差异而形成沙丘。随着沙粒的聚集，沙丘会不断堆积而产生“风寂区”（wind shadow），风寂区的风速受到抑制，从而减慢沙粒的移动速度，使它们沉降到地表（Goehring and Grill, 2013）。在风寂区范围之外不断重复上述过程，从而形成了沙丘与沙谷连绵不绝的特征性地貌。粒子作用力的物理轨迹可能产生更大的地质模式。例如，作曲家菲利克斯·门德尔松（Felix Mendelssohn）在他的《赫布里底群岛序曲》（*Hebrides Overture*）中，用声音捕捉到了芬加尔洞穴（Fingal’s cave）

中柱状节理的回声及其令人瞩目的视觉特征。1828 年，门德尔松在苏格兰之旅中曾经参观过芬加尔洞穴。仔细观察洞穴中这些柱子的横截面，会发现它们大致呈六边形。这些图案在几何学上类似于材料中形成和扩展的裂纹，这些物质最初是流动的，然后在基底移动层和环境热源交界处固化（Goehring Mahadevan and Morris，2009）。

活细胞也是由机械力（如细胞外的力）推动的粒子，但重要的是，细胞已经发展出受体系统，能够检测其他互相吸引或排斥的粒子，并且有能力沿着吸引力或排斥力梯度推进自身运动。此外，细胞还进化出了反馈回路和激励机制，可以选择性地调节它们沿吸引力或排斥力梯度推动自己。相互吸引的细胞一起运动，相互接触细胞之间的互反馈回路导致了更宏观的集体性生物组织的出现。当细胞在基础生长组织和环境之间形成细胞层时，其留下的痕迹显示出与门德尔松在芬加尔洞穴观察到的六边形裂纹相同的模式。例如，鳄鱼头部鳞片的图案源自皮肤层受到应力时产生的裂缝，这种应力是由其下方的面部和下颌骨骼快速生长造成的（Milinkovitch et al.，2013）。我们如何才能理解细胞既受到力的引导，推动它们沿着梯度和力线移动，又同时利用内部能量流动选择一些行为途径而非其他行为途径的过程？这个问题不仅适用于微观尺度上的单个细胞，也适用于由微观部件组成的、行为表现为目标导向型主体的网络，如动物、人类、机器等。

一、达尔西·汤普森：生长与形式

在 20 世纪之交，生物学家达尔西·汤普森（D'Arcy Thompson）在其名为《论生长与形式》（*On Growth and Form*，1942）的经典著作中提出，细胞形状，蜂巢小室，珊瑚和软体动物外壳，动物体表条纹图案都受到物理定律的支配，并且可以用数学形式来表达。汤普森（1917）提供了一种独特的观点，有助于了解能量场和生命组织假定形式之间的关系，并在当时极具革命性地提出，生物组织像无生命物质一样能够显示作用于它的“力图”。汤普森认识到，非生物物质所受的机械应力以及相同物理力下生物形式的生长都具有共同的模式。因此，他认为骨骼形态学的演变，可以参照梁桁因负重载荷引起的拉伸和压缩。

汤普森在自然材料结构及其允许形式之间发现了基本的数学尺度关系，这暗示了自然界在不同尺度上的自组装结构中具有潜在的异构性特征。自汤普森于1917年出版《论生长与形式》一书以来，显微镜近一个世纪的发展已经在小到纳米尺度（甚至更小）的结构中证实了汤普森的许多数学见解。正如偕老同穴属（*Euplectella*）海绵的骨架所示，生物材料的自组装包括将各组成部分相互连接，在微观尺度上形成独特的几何结构，然后将已经建立的几何结构连接在一起，在层次体系中形成更大尺度的新的几何结构（Aizenberg et al.，2005）。在极端负荷下，宏观尺度上的稳定性结构可能会在更微观的尺度上崩塌，因为作用于结构上的力通过反馈回路会最终倾泻到那些无法抵抗这些力的几何构件上。跨越不同尺度层次的几何结构，在提供灵活性和稳定性的同时也存在异构性和尺度依赖脆弱性，这是制造仿生材料面临的最严峻挑战之一。

海马提供了一个听起来更像伊索寓言的故事。海马的尾巴经过改进，在捕食小型甲壳类动物时，可以紧紧抓住海草以维持其在水中的垂直姿势（Neutens et al.，2014）。当用尾巴抓住基底物时，海马可以转动头部将口靠近猎物，并通过吸食方式将猎物通过吻部吸入口腔（van Wassenbergh et al.，2013）。换言之，尾部在进食时起到锚定的作用。海马尾巴是最为奇特的一种结构。它不是圆柱形的，而是四方形的：它的关节骨骼由L形骨板围绕中心椎骨的骨甲构成（Neutens et al.，2014；Porter et al.，2015）。海马尾巴的结构和其能够抓住海草之间有联系吗？为了探讨这个问题，波特等（Porter et al.，2015）对海马尾巴的四方形几何形状以及组成该几何形状的三个关节进行了模拟，并与圆柱形模型相比较。球窝关节连接相邻的椎骨并限制其弯曲。与圆柱形模型相比，连接相邻节段骨板的钉槽式关节能够更有效地限制四方形的扭转。在体外冲击和压缩实验中，四方形的骨板相互滑动，使其比圆柱形模型更坚固、更强壮、更有弹性。物理模拟表明，自然界的四方形设计非常适合海马吸食的功能要求。

在《论生长与形式》一书中，汤普森还提出了一个转换理论，认为一种植物或动物的形态与另一种植物或动物的形态存在关联性。例如，为了将一种植物或动物的身体转变成另外一种，他将其身体轮廓画在一张笛卡尔网格纸上，然后改变网格的几何形状。汤普森通过这种网格式方法，将一种鱼类完全转换为另一种生物的形态。从这种生长形态转换方法中能够学到的最重要的教训是，如同网格上的点一样，发育过程是以协调而非零散的方式发生的（Arthur，2006）。值得注意的是，这种转换方法把植物或动物的成熟形态视作已经安排好的，而没有考虑在其最初起源时自然界对这种形态生长发育过程的影响。

二、图灵与形态发生

机械力同生物化学过程一起，在进化与个体发育中细胞前体形成复杂系统的过程中发挥重要作用，生物学家对此观点接受非常缓慢。自 1917 年《论生长与形式》出版以来，研究这类问题的生物学分支学科，包括机械生物学、胚胎学和进化生物学，发展一直比较缓慢，也证明了这种观点。随着孟德尔遗传学和达尔文自然选择理论 “现代进化综合论”（modern evolutionary synthesis）在接下来 20 年内的曙光初现，发育生物学的重点转向了群体思维（population thinking），即微小的遗传变化如何影响其周围环境的表型（Mayr，1982）。

然而，在科学家中也有一些例外，他们充分认同，机械力与生化过程相互协调影响细胞的形态和行为。其中一位是生物学家保罗・韦斯（Paul Weiss，Weiss and Garber，1952），他在 20 世纪四五十年代进行了一系列实验，系统操纵细胞生长基质的性质以诱导应力，然后观察其对细胞形状的影响。与汤普森一样，韦斯证明了基质的力学性能与细胞形状之间存在因果关系。

阿兰・图灵（Alan Turing）是第二位对包括数学和生物学在内许多领域都做出卓越贡献的科学家。当然，最著名的是他提出了现在被称为“图灵机”（Turing machine）的理论，为现代计算科学和控制论奠定了基础。在第二次世界大战关键时期，阿兰·图灵领导了破解德国“英格玛密码”（Enigma Code）的行动。图灵在 1952 年出版的《形态发生的化学基础》（*The Chemical Basis of Morphogenesis*）一书中思考了胚胎发育如何在任意时刻展现其分子和力学状态（Reinitz，2012）。为了做到这一点，图灵创造了一个术语“形态发生原”（morphogen），这是一个抽象的组织分化诱导分子模型（Reinitz，2012）。图灵进一步提出了一个理想化胚胎的数学模型，该胚胎最初由浓度均匀的形态发生原组成，随后从中产生各种发育模式。

30 多年后，图灵的形态发生原抽象概念成为现实，在黑腹果蝇（*Drosophila melanogaster*）的合子中发现了第一个形态发生原，即 Bicoid 转录因子（Frohnhofer and Nusslein-Volhard 1986），了解发育生物学家称为形态发生（morphogenesis）的模式形成方式的核心是反应–扩散机制（Guillot and Lecuit，2013）。形态发生是指通过细胞移动、细胞–细胞相互作用、细胞集体行为、细胞形状改变、细胞分裂和细胞死亡来塑造生物体（Keller，2013）。形态发生同时发生在亚细胞重排的较短时间尺度上和组织形成的较长时间尺度上。形态发生的过程已经在上皮组织的力学结构中得到了深入研究，上皮是由致密增殖细胞组织成层状并通过强大的细胞—细胞黏附接触连接在一起的（Guillot and Lecuit，2013）。上皮在胚胎中的功能是提供结构完整性，并且担负病原体屏障和发挥防止脱水的作用（Purnell，2013）。在组织水平上，上皮呈现独特的六边形细胞拓扑形状，每条边是相邻两个细胞的连接线，每个顶点是三个或更多细胞之间的接触点（Guillot and Lecuit，2013）。六边形拓扑结构的形成，似乎是因为细胞快速增殖和维持结构完整性两方面的因素（Gibson et al.，2006）。短时间（少于几分钟）或长时间（数十分钟）的上皮组织拉伸实验，发现机械力对细胞形状会产生看似自相矛盾的影响。在前一种情况下，细胞改变形状，并导致组织几何形状也发生变化，但在后一种情况下，细胞开始表现出流体行为和组织流动（Guillot and Lecuit，2013）。那么，我们如何理解这些现象？

三、形态发生过程的体内成像

形态发生体内成像面临一个基本的技术挑战，即细胞运动、细胞与细胞相互作用、细胞集体行为和细胞死亡过程，发生在数百纳米到几毫米的空间尺度上以及数毫秒到数天的时间尺度上（Keller，2013）。光片照明显微镜（light-sheet microscopy）使用激光照射 1μm 厚的物体，用物镜收集报告分子发射出的荧光，从而获得数百万像素的完整图像（Keller，2013）。获得这些图像后，可以使用可视化工具和物理模型来解释结果数据。我们可以实际观察到细胞在微观尺度上的发育过程如何转化为宏观形式的涌现。

最近，出现了一种称为 IsoView 显微镜的超分辨率成像技术，它能够显著提高大型多细胞生物的空间成像分辨率，如果蝇和斑马鱼（Chhetri et al., 2015）。IsoView 显微镜通过使用扫描空间偏移高斯光束对样品进行照明，可同时获得样品的 4 个正交视图（Liu and Keller，2016）。科学家用这种新技术获得了令人惊叹的图像，继而提出一个新的问题，即形态发生如何通过遗传、细胞和机械信号的相互作用而突现。伦博尔德等（Gilmour Rembold and Leptin，2017）提出，组织塑形来自从形态发生原到形态发生的反复过程：基因调控网络负责控制特定的组织成形过程在何时何地发生，并且与蛋白质和机械影响相互作用，提供动态反馈并调节它们的活性。那么，基因调控网络动态反馈的本质又是什么？

四、张力平衡与机械生物学的兴起

当一位或多位科学家汇集来自不同学科的批判性观察并提出非显而易见的假设时，就可能产生科学进步，创造出全新的研究领域，这一过程可能需要几十年的时间。怀斯研究所创办负责人唐・因格贝尔（Don Ingber）提出细胞为张力平衡性（tensegrity）结构，就是基于这样的假说（Ingber and Jamieson，1985）。因格贝尔将张力平衡应用于细胞结构，是基于他在 20 世纪 70 年代学生时代的想法，该观点促成了机械生物学（mechanical biology）和机械疗法（mechano-therapeutics）在 21 世纪的兴起（Shin and Mooney，2016）。我前面已经介绍过，达尔西·汤普森认为机械力是生物体成长发育的根本影响因素。最值得注意的是，对于恐龙等已经灭绝的动物的化石遗迹，达尔西·汤普森试图推断出机械力如何塑造其骨骼解剖结构。然而，直到我们将软组织添加到那些骨骼上（例如，通过现代计算机模拟和有限元建模），我们才清楚坚硬结构如何通过与肌肉和肌腱的张力连接保持机械稳定。的确，博物馆的展品如果没有被仔细地连接在一起，它们就会坍塌[就像我最喜欢的一部由加里·格兰特和凯瑟琳·赫本主演的电影《育婴奇谭》（*Bringing Up Baby*，1938）那样]。我前面还介绍了阿兰·图灵在 1952 年提出的形态发生的反应–扩散机制：一种缓慢扩散的局部激活剂和一种快速的长程抑制剂，通过它们之间的相互作用创造出空间结构模式。现在我们知道机械力能够以声速通过生物组织（比扩散快 100 万倍），所以长程机械应力可能参与了长度超出扩散尺度的生物化学模式的形成（Howard Grill and Bois，2011）。

（一）细胞

因格贝尔的细胞形态发生张力平衡假说（Ingber，1998，2006）为图灵的形态发生原生化过程和达尔西·汤普森的力线观点之间提供了一个非显而易见的关键性联系。马姆莫托和因格贝尔（Mammoto and Ingber，2010）认为，活细胞的形态是由张力完整性或张力平衡来控制的，其形状产生于张力和压缩力之间的平衡，并建立了一种等长张力或预应力的状态（图 2.1）。细胞骨架结构通过张力平衡提供了细胞内分子信号转导的力学机制：可溶性形态发生原可能部分通过诱导细胞和组织的力学变化发挥作用，进而反馈调节控制形态发生细胞集体运动的化学信号。为了解释这一假说，以及其对于启发促进细胞重塑工程装置的意义，我转向探讨胚胎发生过程中的关键发育步骤，以及机械力如何影响其中的三个基本过程：细胞分裂、原肠胚形成和形态发生（表 2.1）。正如沃兹尼亚克等（Wozniak and Chen，2009）所总结的，胚胎发生的开始阶段，合子增殖产生囊胚，然后形成胚囊。原肠胚形成期将囊胚转化成原肠胚，其具有特征性的胚层（通常是三个）：外胚层、中胚层和内胚层。这一转化过程包括祖细胞的分类筛选，以及通过根尖收缩和内部运动将中胚层和内胚层定位在未来的外胚层之下。这一系列事件被称为外包（epiboly）及嵌入（intercalation），然后这些新生胚层不断扩大变薄。最后，胚胎通过收缩和伸展过程，中间变窄、前后延长。

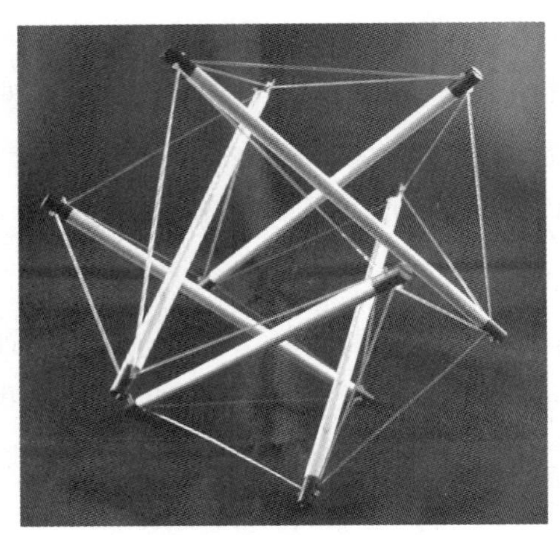

图 2.1 张力平衡结构。一种由木杆和尼龙绳组成的三支柱张力平衡模型。支柱之间不是直接接触的，而是通过与一系列连续的张力元件相连接而悬空敞开并保持稳定的。图片由 Donald E. Ingber 提供并授权引用

表 2.1 机械力在胚胎发生过程中的作用

发育过程	机械力的作用
细胞不对称分裂	细胞骨架中产生的机械力通过与拮抗微管建立细胞骨架的力平衡来调节纺锤体的位置，从而导致桑葚胚细胞的不对称分裂
胚泡形成	细胞外基质物理力和机械性能（硬度）的局部变化，有助于控制基因转录，驱动细胞的命运转换
细胞筛分	祖细胞筛分为三个不同的胚层（外胚层、中胚层和内胚层）。三个胚层具有不同的表面张力特性，防止发生随机混合
轴形成	组织同时发生称为会聚伸展（convergent extension）的收缩和伸长，将整个胚胎从圆形转变为细长形
组织折叠和内陷	细胞间相互黏附产生细胞机械力的耦合，导致上皮细胞顶端收缩，发生组织内陷
背侧封闭形成中空管	背侧表皮质前缘的肌动蛋白索产生牵引力，将表皮边缘拉向中线。同时，细胞形状改变也会产生向中线的额外牵引力，从而闭合形成中空管

资料来源：T. Mammoto，A. Mammoto，D. Ingber（2013），Mechanobiology and developmental control，Annual Review of Cellular and Developmental Biology，29，27-61.

张力平衡可能提供了个体水平细胞行为与组织水平集体架构之间的联系（Blanchard and Adams，2011）。细胞通过什么方式参与集体迁移？一种可能性是存在一种自组织机制，细胞自身相互作用动力学通过该机制导致了从细胞重排到集体流动行为的转变。通过自组织方式从个体行为转变到集体行为，首先需要细胞间相互通信，即细胞必须作为传感器。施加在细胞上的机械力通过应变力机制，可以穿越组织长距离传播，从而使细胞表现为机械传感器（Ingber，2006；Kollmannsberger et al.，2011）。集体行为自组织的第二个可能性是，将每个细胞的输出信号联系在一起并反馈为细胞输入信号，即作为正反馈源（Brandman and Meyer，2008）。科尔曼斯伯格等（Kollmannsberger et al.，2011）总结了机械信号以有序形式放大到更宏观尺度的方法：

> 当多个细胞之间通过机械连接或细胞外基质连接时，单个细胞对机械信号的响应将传递到其他细胞并形成反馈回路，从而扩大细胞相互作用的范围。在多细胞组织中可以产生协同行为，如机械力学模式的增殖和分化、细胞外基质排列或曲率控制的组织生长。由此形成了远大于个体细胞之间相互作用范围的远距离有序形式。

在考虑胚胎发生和器官发生过程中的机械力作用之前，我首先简要介绍如何在细胞尺度上更为可行地测量力。目前用于在细胞水平测量力的仪器包括两种专门的显微镜：使个体细胞表面变形并记录力曲线的原子力显微镜（Krieg et al.，2008），测量已知弹性（杨氏模量）基质上所培养单个细胞的牵引力显微镜（Li et al.，2009）。怀斯研究所开发了一项新技术，利用延时荧光显微镜原位重建细胞大小三维形状的微滴，该微滴在活体组织内因为细胞之间的相互接触而变形。每个微滴都具有力传感器的功能，因为它具备已知的力学性质，而其球面平衡形状发生的变形可以揭示作用于其上的力，并可以通过共聚焦显微镜和计算机图像分析加以确定（Campas et al.，2014）。例如，塞尔万等（Serwane et al.，2017）采用这种技术发现，斑马鱼胚胎发育期间的身体延长涉及组织力学沿前后轴发生的空间变化。

（二）组织与器官

所有这些令人瞩目的技术都揭示了机械力如何控制组织和器官的发育。在胚胎发育早期，细胞骨架微管和肌动蛋白肌丝之间的物理相互作用可以调节纺锤体位置，以控制桑葚胚的非对称及对称性细胞分裂（Grill and Hyman，2005）。在胚囊形成过程中，细胞外基质（ECM）机械特性和物理力的局部变化，如硬度，似乎对驱动细胞“命运”转换的基因转录起到积极的控制作用（Mammoto et al.，2013）。在祖细胞分化为三个胚层的过程中，每一胚层都显示出不同的表面张力特性，从而防止发生随机混合（Halder et al.，2012）。可收缩的细胞骨架网络在黏附于底层 ECM 和邻近的细胞表面产生内向张力，以此作为组织折叠和嵌套的基础（Mammoto et al.，2013）。胚胎组织的伸长是由作用于细胞间连接处的牵引力所推动，这种牵引力通过诱导中间外侧方向的缩短（会聚）和前后方向的伸展而伸长组织（Mammoto et al.，2013）。最后，组织的生长调节，如果蝇的翅膀发育，涉及中心定位细胞的基因调控生长抑制，这些细胞被物理压缩。同时，外周细胞的增殖速度减慢，因为其生长已经超出了形态发生原梯度的影响。最终结果是整个翅膀的均匀生长。

能够进一步说明细胞反应和机械-化学环境之间相互影响的例子，是在器官发生期间管状结构的分支式架构。在胃肠道、循环系统的心脏和血管以及肺等生物器官中，分支架构的形态发生非常明显。尼尔森与格列霍恩（Nelson and Gleghorn，2012）研究证实，自然界为了构建管状结构，采取了一种上皮细胞片包裹与发芽的过程。当上皮片被诱导形成管状时就会出现分支形态发生：上皮的增厚区域诱导其细胞成楔形，使上皮组织局部弯曲。这个过程不断重复，导致器官产生分形样的分支模式，如肺部。随着肺在胎儿发育阶段的成熟，特定的机械力学环境促进其功能整合。呼吸运动、分泌、蠕动、流动、肌动球蛋白收缩性和不同的材料特性都与胎儿时期的肺部发育有关（Nelson and Gleghorn，2012）。

五、涌现形式

对于那些最初生活在海洋中，然后迁移到陆地上的动物，其进化遗产提出了这样一个问题，即水流中的机械力影响可能会参与生物组织新功能的形成。研究这种可能性的一种方法是寻找目前继续在水陆过渡边界环境中生存的动物。其中一种动物是大西洋弹涂鱼（*Periopthalmus barbarous*），它是能够在陆地上长时间觅食的鱼类中最为成功的物种之一（Michel et al.，2015）。弹涂鱼最奇怪的特征是它们从水中爬到陆地上时，口腔内会充满水。弹涂鱼没有舌头，但是在其捕食和随后的食物口内运输过程中，会把嘴里的水当作"流体力学舌头"（Michel et al.，2015）。为了利用水作为舌头，弹涂鱼从嘴里吐出半月形的水团来包围猎物，然后把被水包围的猎物吸回嘴里。这种水的"伸缩运动"与低等四足动物的舌运动在运动学和功能上非常相似。此外，弹涂鱼在使用流体力学舌头时的舌骨运动学，与其近缘物种两栖动物蝾螈用来支撑真正舌头的舌鳃骨在结构上极为相似（Michel et al.，2015）。

机械力还会诱导脊椎动物特有的胚胎肠管的生长模式。例如，萨文等（Savin et al.，2011）通过实验和数学模型证明，组织尺度的机械力在确定不同脊椎动物特有的肠环数量和幅度方面发挥作用。他们对不同类型的肠管和肠系膜进行了分离实验，其设想是肠系膜在肠管上产生的特定机械力至少在肠环形成中发挥部分作用。比较的关键在于，分离要么使两个器官相互连接，要么使它们完全分开。后一种分离方式导致肠管展开成为直管，肠系膜松弛成为薄而均匀的片层。因此，这两个器官在生长过程中相互产生互补性的机械影响，从而形成各自独特的几何形状。在进一步的实验中，萨文等（Savin et al.，2011）建立了肠道（采用橡胶管）和肠系膜（采用弹性薄片）的物理模型，其尺寸与特定的脊椎动物相符，并根据该模型预测每种动物将会形成的肠环圈数。该模型精确地预测了物种特异性的肠环数量和幅度，表明机械力在器官形成过程中做出了重要贡献。

机械力对于促进器官发生过程中的流动模式发挥关键性作用，有一个非常突出的实证，即运动性纤毛功能障碍在原发性脊柱侧凸（脊椎动物脊柱弯曲变形）中起重要作用（Grimes et al.，2016）。一些特殊细胞的表面分布有细长的运动纤毛，它们可以延伸到细胞外的空间，并在那里产生包括脑脊液（CSF）在内的细胞外液体的定向流动。在脊椎动物的脊髓形成过程中，脑室内的室管膜细胞纤毛发生极化搏动，打破了左右对称的流动。然而，在特发性脊柱侧凸的斑马鱼突变模型中，一个特定的斑马鱼基因发生突变，使其表现出人类相应疾病的所有特征。斑马鱼模型显示，在胚胎发生过程中纤毛运动受到破坏似乎对发育脊柱的弯曲产生严重影响。格里姆斯等（Grimes et al.，2016）使荧光微球在突变和正常斑马鱼的脑室内移动，据此来跟踪脑脊液的流动。微球在正常斑马鱼中有很强的前后方向流动现象，但在突变体中，微球表现出不规则的轨迹并且流速显著降低（Grimes et al.，2016）。这些研究结果支持了纤毛驱动的脑脊液流动在脊柱发育中起关键作用的假说，并且不规则性流动是原发性脊柱侧凸的潜在生物学原因。

六、能量流的机械约束与细胞网络的涌现

活细胞是“可激发介质”（excitable media），可以聚集形成复杂组织，并有能力引导能量流动用于生长分化和新形态的涌现（Newman，2012）。在进化与发育过程中，细胞聚集体通过复杂方式引导能量流动，如通过网络的形成，可以涌现出新的功能（Nicosia et al.，2013）。形成的大脑具有许多独特的功能区，具有很高的生存价值。然而，布线成本受到空间尺度的限制（即大脑中不同脑区彼此之间的距离较大）。对于高生存价值的网络新架构及伴随的布线成本约束，自然界的进化解决方案是在本地聚集和远程连接之间采取性能折中的方式（Bullmore and Sporns，2012）。在人类，这种“小世界”大脑网络的连接线路不仅在建造、运行和维护上代价高昂，而且正如第六章中展示的，构建人类大脑的发育过程还会导致特定结构的脆弱性以及逐步失效的倾向。

自然界如何引导能量流动来构建复杂网络？达尔西・汤普森从数学上证明了生物形态的生长可以理解为从一种形状到另一种形状的几何变换。虽然他已认识到，不同的材料结构可以对生长转换产生限制，但神经生物学家

直到最近才开始考虑机械力对细胞生长几何形状转换的潜在影响（Hilgetag and Barbas，2006；Taber，2014）。这些相互影响包括寻路轴突如何对神经组织施加机械应力，神经管转变为更复杂的实体几何形状如何导致纤维通路发生弯曲和其他形状变化。

神经胚胎学最近的发现表明，神经回路途径可能遵循形态发生（机械性和化学性）的生长梯度。韦登等（Wedeen et al.，2012）的发现证实了神经回路遵循形态发生生长梯度的基本原则，他们发现非人灵长类动物和人类的大脑纤维通路形成了一个基于胚胎发育的头部–尾部、内侧–外侧、背部–腹部主轴的直线三维网格。韦登等（Wedeen et al.，2012）应用弥散磁共振成像绘制了纤维通路的路径交叉和路径邻接图谱。当他们计算相邻区域内的路径时，如恒河猴的额叶区域，他们发现横向的胼胝体路径和纵向的扣带路径像编织品一样互相交叉。韦登认为，该架构为普遍存在的层状结构提供了纤维基底，广泛存在于大脑白质及所有受测物种（即眼镜猴、狨猴、猫头鹰猴、恒河猴和人类）同源结构中的所有定向和弯曲中。他们假设，网格结构可以提供整个大脑内的轴突寻路手段，而不仅仅是有限的一小部分通路。韦登及其同事的最新研究（Mortazavi et al.，2017）为这一假说提供了进一步的支持，他们综合运用磁共振动态增强（dMRI）纤维束成像、轴突束追踪和轴突免疫组织化学方法，证明了轴突纤维通过几何网格三个垂直主轴之间近似直角的微小急转弯在白质深层穿行（Mortazavi et al.，2017）。

这些发现表明，薄层几何结构上的神经胚胎学变化可能为涌现新的神经回路架构创造了机会。考察这种可能性的一种方法是在神经系统发育的三维形状转变期间比较其神经回路架构。道格拉斯和马丁（Douglas and Martin，2004，2012）将神经系统呈分段式、轴对称神经上皮管形式时的回路与前脑形成时涌现的回路进行了比较。前脑有两个主要分区：更靠近头侧的端脑和更靠近尾侧的间脑。端脑的背侧皮质形成神经元皮质层，在人类中为特征性的六层皮质。道格拉斯和马丁指出，前脑协调框架的修饰诱导了神经回路组织原之间的相互作用。但是，新皮质回路新功能的涌现机会受到其几何形状基本为二维层状结构的限制，其结果是相互拼接形成位于皮质层部分区域的异质区。例如，运动皮质由被“模糊边界”分隔开的“斑块、重叠和破碎”区域组成（Graziano and Afflalo，2007）。

七、组织原

20 世纪初生物学分支学科的兴衰，以实验胚胎学领域的“组织原”（organizers）研究最为典型（参见 de Robertis，2006）。斯佩曼（Spemann）和曼戈尔德（Mangold）在 1924 年开展了胚胎学领域最著名的一项实验，证明动物的发育是由细胞间的连续诱导产生的，即由一组细胞或组织中心向相邻细胞发出分化的信号（de Robertis，2006）。斯佩曼发现发育过程是由组织中心所诱导，并为其赢得了 1935 年诺贝尔生理学或医学奖。但在 1941 年，当科学家发现盐溶液也能够在外植体上诱导神经组织时，组织原观念和整个实验胚胎学领域都失去众望。这使得该领域的研究整整倒退了 40 年。

部分受到生物学家维克多·汉柏格（Viktor Hamburger）1988 年介绍斯佩曼早期工作的回忆录的鼓舞，具有 20 世纪末分子生物克隆技术的实验室克隆了斯佩曼发现组织原的内源性因素。现在已知，斯佩曼所谓的组织原是通过分泌由骨形态发生蛋白（Bmp）和 Wnt 家族中拮抗剂组成的“鸡尾酒”来产生分化信号（de Robertis，2006）的。胚胎自我调节似乎由多个信号中枢诱导（例如，在胚胎的两极），以形成分泌蛋白相互作用的网络：背侧中枢分泌脊索蛋白和抗背侧化形态发生蛋白，而腹侧中枢分泌 Bmp 蛋白（de Robertis，2006）。同样，在神经系统发育中，两个主要信号中枢负责组织神经管的背侧–腹侧模式：背侧顶板分泌 Bmp 和 Wnt 蛋白，而腹侧底板分泌“音猬因子”（sonic hedgehog，Shh）蛋白（Kiecker and Lumsden，2012）。多个组织原通过相邻组织之间的诱导信号事件来调节神经发育，但明显受到细胞谱系界限的限制（Kiecker and Lumsden，2012）。

八、表观遗传场景

康拉德·沃丁顿（Conrad Waddington）于 1957 年出版的《基因策略》

（*The Strategy of the Genes*）一书，是生物学众多分支学科，包括发育生物学、发育神经生物学、发育心理生物学、发展心理学在内的科学家的必读经典。该书提出了细胞发育的一个强有力的视觉隐喻：表观遗传场景。表观遗传场景被描绘成一个球体沿起伏不平的山丘与山谷表面滚下，最后落入山谷。沃丁顿在书中解释说，球体是发育胚胎中细胞的视觉表现，并且这种场景的独特拓扑特征在于具有分岔点，球体在分岔点处根据胚胎诱导因子和（或）同源基因的作用，可以沿着不同的路径移动（Slack，2002）。沃丁顿受到了法国动力学家亨利·庞加莱（Henri Poincare）研究工作的深刻影响，随后生物学家使用动力学系统工具箱，将表观遗传场景描述为吸引子（attractors）的特殊分布（Ferrell，2012）。

胚胎发育过程中形成了许多不同类型的细胞，产生了空间分布模式，细胞形态也发生了重大变化。各区域内的每一个细胞，如未来的生殖层（外胚层、中胚层和内胚层），都有特定的细胞命运，即未来它将发育成什么。一个细胞通过与其他细胞的相互作用从而在功能上与其他细胞区别开来，这个过程被称为诱导（Wolpert et al.，2007）。在细胞命运诱导期间，例如，在非洲爪蟾（*Xenopus laevis*）早期胚胎的中胚层诱导期间，一个细胞或一组细胞产生一种诱导性刺激，可以导致另一个细胞呈现新的功能（Dale Smith and Slack，1985）。细胞命运可以通过“黏性”山谷拓扑结构的潜在变化，并影响滚动球体的行为来建模（Ferrell，2012）。随着细胞分化，表观遗传场景由单一稳定状态的一个山谷变为由山脊分隔的多个山谷。根据这一模型，每种可供选择的细胞命运都对应一个稳定状态。当一个山谷变成由中间山脊分开的两个山谷时，这个过程称作分岔（bifurcation）。分岔的出现是因为系统中包括了正反馈，即细胞分化调节因子通过反馈回路促进其自身的合成。系统的稳定状态可以通过一个潜在框架加以描述，该框架类似于物理场景，斜坡陡度的增加为球体提供动力。对于已经产生分岔的系统，两个稳定稳态（stable steady states）分别位于两个山谷的底部，左侧的稳定稳态具有势能的全局最小值，而不稳定稳态位于山脊顶部（Ferrell，2012）。

九、生物系统如何利用物理不稳定性构建装置

电视上重播的邪典电影《绿魔先生》（*Little Shop of Horrors*，1960），促使我购买了我的第一盆室内植物——捕蝇草（Venus flytrap）。虽然我并不真的期望我的植物会长成电影中“小奥黛丽”那样的吃人形状。尽管如此，我还是努力设法让植物关闭捕虫夹并吃掉了一只倒霉的苍蝇。那是我所养植物的最后一餐。在高中时，我知道了查尔斯·达尔文（Charles Darwin），达尔文也被一种植物用来吞噬昆虫的“奇妙”装置迷住了，他在 1875 年写的一本关于“食虫植物”的书。然而，直到我开始阅读有关生物系统调控物理机制的文章之后，我才明白了捕蝇草关闭捕虫夹的具体方法（Forterre et al., 2005）。

怀斯研究所的数学家马哈德万（L. Mahadevan）用植物进行了许多巧妙的实验，以证明自然界如何利用弯曲弹性表面的非线性力学反应来开展工作（参见 Vaziri and Mahadevan，2008 对高斯曲率的数学描述）。当表面的某些部分比其他部分生长得更多时，就会产生做功能量源，从而导致“生长应力”（Cerda and Mahadevan，2003）。例如，亚洲香水百合（*Lilium Casablanca*）在盛开过程中，花瓣边缘会皱起，这是由于花瓣边缘相对于花瓣中心具有不同的生长速率（Liang and Mahadevan，2011）。当应力不均匀时就会发生一种特殊的生长应力，足以导致平面屈曲和弯曲，这种现象被称为“跳跃屈曲”（snap buckling）（Koehl et al.，2008）。

跳跃屈曲使得捕蝇草的捕虫夹可在大约 100 ms 内关闭。福泰尔等（Forterre et al.，2005）对捕蝇草的叶片曲率进行了测量和建模，他们将亚毫米级的紫外荧光点涂在叶子的外表面，并用高速摄像机记录其关闭过程，发现了叶片弯曲和拉伸变形模式相耦合的双曲率。他们提出，当叶片上的触发纤毛受到触碰时，捕蝇草立即调节叶片的自然曲率，释放出预先储存的弹性能量以便快速闭合。更普遍地来讲，植物和真菌的非肌肉性液压运动（膨胀/收缩、跳跃屈曲和爆破压裂）可根据运动持续时间与最小尺寸运动部件之间的关系来分类（Skotheim and Mahadevan，2005）。

福泰尔等（Forterre et al.，2005）利用了一套由高速摄像机检测应力、解剖实验修正叶片曲率、物理和数学建模组成的工具，确定了因叶子几何形状本身而引起的不稳定性，这是植物叶片在 100 ms 接触时间内突然闭合以捕捉昆虫的作用机制。每一片叶子都有一个双曲面，也就是说，它在两个相互垂直的方向上弯曲。当叶子变形时，它的中间面同时弯曲和伸展。植物在受到刺激时，能够主动地改变叶子的其中一个曲率，从而释放出快速闭合所需的能量。叶片一旦合上，其中所含的水分就会诱发一种快速发生的、类似于罐子一样的阻拦作用，从而把猎物困住。

物理不稳定性可以为自然界构建捕食功能所需的快速响应装置提供其他机会。例如，马哈德万等（Concha et al.，2015）在蠕虫方面的研究工作表明，物理不稳定性可能驱动天鹅蠕虫（velvet worm）一种注射器式系统的几何放大，这种注射器式系统可以喷射出黏液射流，将混乱猎网中的猎物缠绕和固定。孔查等（Concha et al.，2015）通过高速摄影、解剖实验以及物理和数学建模发现，射流的特征性振荡运动是由于逐渐收缩的黏液储存器、射出射流的惯性效应以及口棘（oral papilla）弹性之间的相互作用。口棘的物理模型——弹性管演示了流体流过时随着速度的增加如何产生不稳定性。因此，天鹅蠕虫可以利用黏液快速流过又长又软的管口产生的不稳定性，以及这种不稳定性导致的射流振荡来缠住它们的猎物。

十、动力学系统与临界性

行为动力学模型主要基于数学微分方程，它根据支配系统的物理定律来反映系统状态变量的时间动态（Breakspear，2017）。在力学系统中，这些微分方程来自牛顿第二定律，而在神经系统中，微分方程来自神经元的生物物理特性（Breakspear，2017）。动力学系统具有一组代表性的“特征”（signatures）。动力学系统的特征属性之一是，当各分量（分子、磁性体、神经元）的波动在所有长度尺度上突然变得相互关联时，就会发生宏观行为的转变，例如，从液态转变为气态、磁场极性的变化或大脑局部场电位的变化。

这种行为是由什么支配的？临界性假说（criticality hypothesis）指出，远离平衡的动力学系统在有序和混沌之间的交界处发挥作用（Chialvo，2010）。当控制系统行为的参数发现一个“临界点”（critical point）时，动力学系统就会发生宏观行为的转变。我们设想一下，对物质物理状态温度和压力参数空间的探测，这里的“探测”是指波动使系统穿过由温度和压力界定的不同空间。在一定的温度和压力参数值下，系统将发生相变，其参数的微小变化可导致宏观行为的定性变化（如液态和气态之间）。在某些“临界点”，波动（例如，液体的密度）可以在从分子水平到宏观水平的所有长度尺度上相互关联（Bialek et al.，2014）。

自然界已经利用临界性在动植物中建造了一系列生物装置，这些生物装置处于混沌的边缘，其行为表现涉及不同稳态之间的转换。混沌系统提供了非常有价值的随机性，以及预测不确定未来的能力（Crutchfield，2012）。自然界通过选择性地稳定混沌从而对其加以利用。自然界控制混沌的一个例子是对时滞反馈（time-delayed feedback）的利用（Scholl，2010），即选择一个控制信号，它与某些输出变量的值差成正比。正如在第五章中所讨论的，自然界可能利用处于混沌边缘的神经回路来构建具有突现功能的神经系统网络。表 2.2 中列出了动力学系统的其他特征。

表 2.2　动力学系统的其他特征

特征	描述
稳定性和自适应灵活性（stability and adaptive flexibility）	内在波动可使系统远离吸引子。感知和动作的功能是稳定围绕吸引子的行为，同时保持自适应灵活性
对称性破缺（symmetry breaking）	时空缺陷可使动力系统失谐，并使系统远离吸引子。当发生对称性破缺时，其结果导致产生干草叉形状的分岔状态
具身化（embodiment）	由于环境中神经机械系统相互作用的混合性质，可能会产生从一个连续向量场跳到另一个新向量场条件所需的力
维度坍塌（collapse of dimensionality）	动物的神经和机械架构能够有效地将高维动力学系统坍塌为低维动力学系统
目标和控制（goals and control）	行为目标通过调谐控制使动力学系统适应给定环境中不同的行动机制，来约束主体在其控制架构工作区内的动作

资料来源：P. Holmes，R. Full，D. Koditscheck，& J. Guckenheimer（2006），The dynamics of legged locomotion：Models，analyses，and challenges，SIAM Review，48，207-304.

十一、吸引子（基元）

如果我们伸出手指来触摸门把手，手的轨迹趋向稳定平衡。一个婴儿看到旋转的吊车就会兴奋地踢腿、挥胳膊、尖叫。推孩子荡秋千，秋千可能处于状态空间界限内但不会进入稳定轨道。用手转动弯曲手柄或握住球拍，反复击打被橡皮筋拴着的小球。上述这些行为都呈现为状态空间的拓扑轨迹，并构成了有限集合的“吸引子”（attractors）或“基元”（primitives）（Dominici et al., 2011; Flash and Hochner, 2005; Hogan and Sternad, 2012, 2013; Ijspeert et al., 2013）。手指触摸门把手的轨迹表现出点吸引子的行为，钟摆是周期吸引子，心脏跳动的强迫振荡是混沌吸引子。力学阻抗被认为是管理物体与表面接触及物理相互作用的吸引子（Hogan and Sternad, 2012）。这些特殊的吸引子动力学特征已经被认为是动作的基本构建体，或者说是动作的“基元”（Flash and Hochner, 2005; Hogan and Sternad, 2013; Ijspeert et al., 2013）。通过各种操作或变换，例如，脊柱力场的矢量求和（MussaIvaldi and Bizzi, 2000），或者通过更复杂的连续元件之间的协同构音（Sosnik et al., 2004），可以将基元组装成复合体。

至少从20世纪80年代以来，行为科学家就提出了基元的概念，用来表征说话时口腔有节奏运动的协调动力学中的涌现行为（Saltzman and Kelso, 1987）、演奏弦乐四重奏的音乐家的手（Winold et al., 1994），以及婴儿看到吊车时兴奋舞动的胳膊与腿（Hsu et al., 2014）。有三个研究团队对引入这种方法发挥了重要的影响：①艾略特·萨尔茨曼（Elliot Saltzman）和斯科特·凯尔索（Scot Kelso），发表了有关任务动力学的理论论文（Saltzman and Kelso, 1987, 以及 Kelso, 1995 对早期工作的回顾）；②彼得·库格勒和迈克尔·特维，出版了关于节奏行为自组装的有影响力的著作（Peter Kugler and Michael Turvey, 1987, 以及参见 Turvey, 2007 对后续协作的综述）；③埃瑟·泰伦（Esther Thelen）对婴儿踢腿和伸取行为的动力学及发展进行的具有里程碑意义的研究（Thelen and Smith, 1994; Thelen and

Ulrich，1991；Thelen，2000；Thelen et al.，2001）。在这三种情况下，行为组织都可以通过一小组相互耦合的非线性动力学系统的数学模型（微分方程或差分方程）来捕捉。非线性动力学在行为基本规律发展模型中具有重要作用，现其已成为生物力学、运动控制、神经行为学和神经力学等领域的标准工具（参见 Holmes et al.，2006）。

从动力学系统的角度来看，自然界可以通过将自持振荡器耦合在一起来构建敲手指、呼吸、说话和走路等普遍的人类节奏行为。特维（Turvey，1990）确定了自持振荡器的四个组成部分：①振荡组件，既能保护过冲又能使系统恢复平衡；②能量源，弥补摩擦损失；③门通道，在准确的时间内向振荡组件提供数量合适的能量；④控制门通道的反馈组件。正如英国物理学家瑞利（Rayleigh）在乐器和电路中发现的，控制门通道的反馈组件是速度和速度立方之和。荷兰无线电工程师范德波尔（van der Pol）发现电阻与电流的平方有关（Turvey，1990）。所有这些振荡器都可以在数学上描述为运动方程，并且可以耦合为单一函数的一部分。耦合混合振荡器是模拟复杂系统特殊行为的有力工具，例如，双手节奏运动的时空行为（Kelso et al.，1981；Kay et al.，1987）。动力学系统运动方程中的另一组重要成分是参数。参数这一术语发生变化的时间尺度比状态变量更慢（Warren，2006）。对参数的影响可以是机体化的，例如，肌肉的刚度和阻尼特性受到脊柱系统或环境的调节，或者使用节拍器驱动振荡行为的频率。

例如，凯伊等（Kay et al.，1987）饶有兴趣地揭示了一种基本的吸引子动力学过程，该动力学可以解释在人类受试者执行两种个人操作特征变换任务中所观察到的行为，该任务是在水平平面上屈曲和伸展腕关节（桡腕关节）。研究人员在实验中首先建立了受试者的“舒适率”（comfortable rate），然后使用节拍器来调节他们周期性移动手腕的频率。在单手情况下，实验人员将频率（按 1 Hz 的幅度）从 1 Hz 增加到 6 Hz，发现振幅反向下降。为了对这种行为的基本动力学进行建模，凯伊（Kay et al.，1987）将范德波尔和瑞利振荡器组合在一起构建了混合振荡器，然后将受试者数据与模型方程模拟所得的数据进行比较。在实际行为以及由混合振荡器模型驱动的模拟中发生了相同变化，证实了该任务行为的基本动力学。然而，要了解不断变化的目标和环境机会如何影响吸引子的布局，就需要我们超越基元的概念，关注萨尔茨曼和凯尔索（Saltzman and Kelso，1987）所称的“任务动力学”（task dynamics）。

十二、任务动力学

科学家们在位于康涅狄格州纽黑文的霍金斯实验室（Haskins Laboratory）所取得的最著名的成就或许是提出了言语感知运动理论（motor theory of speech perception）（Liberman et al.，1967；Liberman and Mattingly，1985；Galantucci et al.，2006）。该理论认为，人类言语感知受到了人类言语产生的特殊方式的影响。霍金斯实验室的科学家们还破译了这种语言密码，使得在计算机上创建合成语音成为可能。利伯曼等（Liberman et al.，1967）通过揭开语言密码这一自然界的重要秘密，为机器能够与人类通信的革命性突破奠定了基础。即使在 50 年之后，运动理论仍然不断引发科学家的研究兴趣，并从人类婴儿研究中得到了新的支持（案例参见 Bruderer et al.，2015）。

霍金斯实验室目前仍然是语音和手势生成动力学系统方法（Byrd and Saltzman，2003；Saltzman et al.，2008），以及更普遍的人类行为运动控制建模的重要中心。20 世纪 90 年代末，我有幸在霍金斯实验室度过了一个暑假，还参加了康涅狄格大学艾略特·萨尔茨曼教授关于行为动力学系统的研究生课程。该课程中有一项作业是学习如何玩杂耍，以便我们能够了解它的基本动力学（参见 Beek，1989）。唉，我手脚笨拙得令人绝望。但我的努力并没有完全白费，因为我的女儿安娜拾起了这份教材，并在 10 岁左右迅速成为一名非常熟练的杂耍者。她很快就能用软方块、小球和塑料小鸡玩杂耍。多年来，艾略特教授的动力学系统数学教程对我的科学工作很有帮助，我永远感激他向我推荐了比尔·埃文斯（Bill Evans）的爵士钢琴，最初他让我注意到了耶鲁大学合作公寓（Yale Co-Op）垃圾桶里一张名为《给黛比的华尔兹》（*Waltz for Debby*）的 CD（当时仍然可以听 CD）。艾略特的研究方法叫作任务动力学（task dynamics），在本书中占有中心地位，我在这里作一个简短的介绍（感兴趣的读者可参阅 Byrd and Saltzman，2003；Saltzman and Byrd，2000；Saltzman et al.，2008 获取关于任务动力学的更多技术细节）。然后在第八章中，我将利用任务动力学来解决神经修复学中的一项重大挑战——将身体动力学与环境感知场以及机器人装置相耦合（Warren，2006）。任务动力学表征了行为是如何从任务空间内各目标之间的关系中产生的，任务空间包括吸引子的布局、身体的生物力学特性以及器官穿越环境时主动获取的信息（Saltzman and Kelso，1987；Warren，2006）。更普遍来讲，任务空间包括了最小数量的相关维度（任务变量或任务–空间轴）以及最少的任务动力学运动方程组（Saltzman and Kelso，1987）。

十三、基元的发展起源

彼得 · 沃尔夫（Peter Wolff）20 世纪 60 年代在哈佛大学读书时就对兽医学感兴趣，但最终却成为了精神病学家。沃尔夫对音乐节奏非常着迷，希望借此了解神经运动障碍，受到冯 · 霍尔斯特（von Holst，1939）早期硬骨鱼振荡研究的激励，他把注意力转向人类婴儿和动物的节奏行为。沃尔夫提出了非常重要的观点，即动物和人类婴儿中普遍存在的节奏行为是了解基础动力学生成系统的一个窗口（Dreier et al.，1979）。冯 · 霍尔斯特在鱼类中发现，一只鱼鳍的振荡行为会影响另一只鱼鳍，并且提出了可了解不同类型协调影响的数学原理。受这项工作和人类婴儿行为的启发，沃尔夫对他本人和其他家庭的婴儿进行了一系列经典观察（参见 Wolff，1960），发现了呼吸与运动模式中睡眠与清醒行为状态的涌现（Wolff，1987）。他还对人类婴儿和其他哺乳动物，如山羊幼崽（Wolff，1973）的奶嘴安抚行为（非进食吸吮）进行了最早的观察，为"中心"节律提供了比较的视角。

20 世纪 90 年代中期，当我回到波士顿儿童医院加入沃尔夫的精神科时，他鼓励我追随冯 · 霍尔斯特的工作，为此我开发了测试程序，针对正常发育的婴儿和由于早产引起出生并发症而处于危险之中的婴儿，研究基础动力学系统在其行为协调性发展中的作用（参见 Goldfield and Wolff，2002）。我与理查德·施密特（Richard Schmidt，现为圣十字学院动力学家）和圣母学院心理学家保拉·菲茨帕特里克（Paula Fitzpatrick）开展了一项初步研究，该研究以冯·霍尔斯特的工作为出发点，将婴儿胸腹部的呼吸运动理解为一个耦合振荡系统（Goldfield Schmidt and Fitzpatrick，1999）。我们从冯·霍尔斯特在黄花鱼鱼鳍节奏性摆动中发现生物振荡器的基本诱导现象开始。冯·霍尔斯特注意到，每片鱼鳍都试图将另一片鱼鳍移动到其固有频率，这种频率在单独振荡时表现出来，并把这种现象称为“磁吸效应”（magnet effect）。如果鱼鳍之间的耦合过程足够强，它就会使鱼鳍的振荡：①固定在不同于鱼鳍固有频率的耦合频率；②成为同步相位，即它们的周期相位保持恒定关系。在进一步的实验中，冯·霍尔斯特发现每个振荡器都试图保持自己的特性，他称之为“维持倾向”（maintenance tendency）：每个振荡器都试图将另一个振荡器拉动或吸引到其频率。冯·霍尔斯特由此推论，振荡行为的生物协调具有两个相互关联的特性：协同耦合过程和竞争失谐过程（Goldfield et al.，1999）。如果协同与竞争过程保持平衡，两个振荡器将具有恒定的相位——1∶1 锁相或称为绝对协调。但如果竞争过程占据主导地位，两个振荡器将继续相互影响，例如，一个振荡器在其周期内与另一个振荡器重叠。冯·霍尔斯特称之为相对协调（Goldfield et al.，1999）。

我们的目标是确定足月婴儿胸腹呼吸节律与早产儿相比的协调性。为此，我们测量了静息呼吸时的胸腹部运动，并使用了一种称为互谱分析的技术来计算它们的相对相位：0° 相位角表明这两种节律完全同步，而 180° 相位角表明这两种节律是完全反相的。研究发现，平均相位在–30° 到+71° 之间，对于大多数婴儿来说，在呼吸周期中腹部运动领先于胸部运动。一组有呼吸系统并发症史的高危早产儿与健康足月儿和普通早产儿相比，表现出最大程度的胸腹相位滞后（Goldfield et al.，1999）。然后，我们检查了是否能够通过两个相互作用的振荡器之间的协作和竞争性影响来建模胸腹部呼吸节律，并以它们的相对相位为指标。为此，我们遵循了前面介绍的成人手指和肢体振动研究中制定的建模策略。

我们用一个运动方程来表示：①以振荡器固有解耦频率之间的差异为指标的竞争影响；②以耦合项为指标的协同影响；③表征系统固有波动的高斯白噪声过程（Haken Kelso and Bunz，1985；Schmidt et al.，1993）。我们还确定了呼吸频率是否可以作为协调的控制参数，以降低其稳定性。我们对于了解正常发育婴儿和早产儿在协调方面的差异特别感兴趣，因为胸腹部振荡的竞争和协同过程之间存在关联。该模型确定了高危早产儿呼吸相位滞后的两种产生方式：通过更强的频率失谐，或通过更弱的胸腹部耦合。我们发现，呼吸相位滞后随着协调强度的降低而增加，从图形上看，相位滞后的过零点斜率（相干性）发生了明显的系统变化（Goldfield et al.，1999）。

戈尔德菲尔德等（Goldfield et al.，1999）证实了婴儿呼吸中的耦合振荡动力学，由此提出了基元起源的问题；在子宫和出生时显而易见的基元如何与后续模式相关；基元是否为婴儿时期发展的其他功能特异性“动作系统”的基础，包括运动和伸取等（参见 Goldfield，1995）。这些问题在发育神经生物学（Jacobson and Rau，2005；Preyer，1885）、发育心理生物学（Michel and Moore，1995）、发展心理学（Adolph and Robinson，2013）等领域，以及动物和人类胎儿行为研究（例如，de Vries Visser and Prechtl，1982）、运动（Thelen and Fisher，1983）和伸取行为（Thelen et al.，1993）的动力学系统方法研究等中具有非常悠久的历史。

多米尼奇等（Dominici et al.，2011）对踏步行为背后的运动基元进行了比较研究。他们使用肌电图记录仪检查人类新生儿的肌肉激活模式，并将其与大龄儿童以及现有的成年动物数据进行比较。为了确定肌肉激活的模式，他们将一种称为非负矩阵分解（non-negative matrix factorization）的技术应用于肌电图，将所有阶段汇集在一起（Dominici et al.，2011）。他们发现，新生儿踏步中存在肌肉激活的几种主要模式——三种基本正弦波形的加权组合，其中两种模式也存在于幼儿中。此外，幼儿表现出在新生儿中并不明显的其他两种模式，更类似于向成人的过渡形态。与大鼠、猫、猕猴和珍珠鸡相比，人类新生儿的模式也更加明显。多米尼奇等（Dominici et al.，2011）

从这些数据中得出结论——运动是从通用基元开始构建的。但是，新生儿模式是在脊髓中进行硬连线而不需要经验吗？我们能从动物胚胎行为研究中学到什么，以帮助了解所有哺乳动物行为所依据的基元性质，并且也许可以在此基础上构建机器基元用于共享控制神经修复装置。

彼得·沃尔夫认识到，有组织行为的最早形式不仅可以在新生儿醒着的时候观察到，而且在他们睡着、入睡时和从睡梦中醒来的时候也可以观察到。他称其为组织变化行为状态（Wolff，1987）。这种颇有先见之明的观点不仅启发了大脑功能静息状态的发现（见第五章），而且激励了数十年来对胎儿和新生儿睡眠和觉醒中自发行为起源的研究。例如，一个令人惊讶的发现是，大鼠胎儿主动睡眠期间的自发性肌阵挛抽搐在提供感觉反馈以改进感觉运动回路方面发挥作用（Blumberg Marques and Iida，2013）。如同在视觉系统发育中看到的视网膜波一样，脊髓产生的抽搐似乎是让发育中的运动皮质做好准备，以便在出生后接受感觉输入（Blumberg et al.，2015）。

像沃尔夫一样，埃瑟·泰伦（Thelen，1989，2000）认识到新生儿和大龄婴儿自发性自创活动为了解行为起源提供了一个独特的窗口，并领导开展了一系列研究，深入了解及探究行为如何将最早的新生儿活动转化为功能性能力。联想到当前的神经力学研究，泰伦和她的学生通过观察部分身体浸于水中的婴儿，提出了一个非常著名的论断，即婴儿踏步受到自身身体生物力学性质及重力的影响（Thelen et al.，2002）。她关于伸取行为的研究使行为发育领域重新认识到，多样性对于将自发产生行为的内在动力学转变为功能特定、目标导向行为所起的作用（Thelen et al.，1993）。根据这种观点，伸取行为发育的“基元”并不单纯是肌肉激活模式，而是各部件的异构组装（Thelen et al.，1993）。婴儿对这种部件组装的探索，使他们能够发现如何控制自身身体行为以实现目标，例如，伸手够取一个玩具。

十四、呼吸动力学与装置发展

呼吸节律产生于脑干腹侧呼吸柱的突触耦合微回路网络（Smith et al.，

2013）。这些神经回路的环状循环结构有可能利用调制影响来产生多种呼吸节律模式以及它们之间的自适应转换（Smith et al.，2013）。抵达脑桥的皮质中脑和小脑感觉运动传入，以及抵达延髓孤束核的外周感觉传入，为这些神经回路提供兴奋性驱动（Smith et al.，2013）。同样的神经回路可以通过神经调节被重新配置，产生不同类型的呼吸活动，包括平静正常呼吸，作为唤醒机制一部分的深呼吸，以及严重缺氧时的喘息（Koch et al.，2011）。呼吸节律的多样性以及它们根据不同场景进行转换是否存在动力学基础？网络兴奋性是否为控制从稳定的周期性活动发展到混乱的非周期性活动的一项参数？

为了研究呼吸节律形成的动力学基础，德尔·内格罗等（Del Negro et al.，2002）将目光投向了庞加莱映射（Poincare map），这是动力学家工具箱中的常用工具，可用来对新生大鼠和人体呼吸节律的基本动力学进行几何形状的诊断。庞加莱映射是散点图，时间序列中的每个数据点 $x(n)$ 都是相对于邻近数据点 $x(n+1)$ 绘制的（Kantz and Schreiber，1997）。例如，庞加莱映射可以用来区分：①由正常分布的单点簇组成的、具有噪声的简单周期系统；②产生多个不同数据点的周期性调制系统（“混合模式”振荡器）；③具有环形结构的准周期系统。德尔·内格罗等（Del Negro et al.，2002）发现人类新生儿呼吸的特点是，具有正常分布点簇的吸气—呼气有限循环稳定模式，以及过渡到具备独特环形结构的准周期呼吸。因此，新生儿的人体呼吸网络被周期性地调节、去稳定化，然后又恢复到稳定的呼吸。

呼吸网络神经回路所产生的涌现性节律只是呼吸行为复杂集成系统的一部分。密切协调的呼吸输出还取决于：①支配膈膜、胸壁和上呼吸道肌肉的前运动呼吸神经元与呼吸运动神经元之间的突触连接；②肺部机械刺激感受器和外周化学感受器的传入活动（Gauda and Martin，2012）。因此，早产儿呼吸暂停可由中枢呼吸网络、外周和中枢化学感受器及机械感受器，以及胸壁和上呼吸道软组织的顺应性导致（Di Fiore et al.，2013）。

目前就职于得克萨斯大学的大卫·佩达华（David Paydarfar）是一位新生儿神经科医生，也是一名呼吸控制动力学方面的专家（参见 Forger and

Paydarfar，2004）。不同呼吸行为形式涌现时的非线性网络特征激励他提出了一项基于动力学的干预策略，以促进呼吸暂停症状早产儿恢复健康呼吸。这种策略既考虑到了新生儿呼吸模式之间转换的内在性（内源性）波动作用，也考虑到了机械感觉输入对非线性系统的稳定作用。布洛赫-索尔兹伯里等（Bloch-Salisbury et al.，2009）设想，铺设一个与仰卧新生儿背部皮肤表面物理接触的实验床垫，让其产生小振幅的噪声输入，有可能将中枢呼吸系统的状态从阈下无节律活动转变为有节律呼吸。布洛赫-索尔兹伯里等在试验中，将早产儿放置在内嵌有促动器的床垫上，床垫以 10 min 为间隔产生多次噪声性机械感觉刺激（即随机共振）。在试验过程中，受试婴儿表现出了呼吸间隔变异性的降低，血氧去饱和的持续时间减少了 65%。史密斯等（Smith et al.，2015）在类似设计的 SR 床垫研究中，对早产儿（平均胎龄 30.5 周、出生体重 1409 g）进行了随机交叉研究，记录早产儿的呼吸暂停、心动过缓和血氧去饱和事件。史密斯等（Smith et al.，2015）报告称，早产儿在接受 SR 床垫刺激的两个、三个或四个干预期间，血氧去饱和事件减少了 20%～35%。

大卫・佩达华在其早期开展的成年人研究中，使用了动力学家工具包中的另一个重要工具：相位重置（phase resetting），研究了吞咽对呼吸的作用（Paydarfar et al.，1995）。相位重置揭示了内源性节律的一个关键特征：在振荡持续期间传递扰动刺激时，对扰动的响应将根据具体的振荡周期相位而不同（Glass，1998）。因此，在周期循环中特定位置所传递刺激的响应差异性，可以作为揭示系统基础动力学的另一种手段。佩达华等（Paydarfar et al.，1995）发现，成人的呼吸周期对吞咽扰动表现出不同的反应，这取决于呼气、吸气之间转换时的吞咽位置。他们的结论是，产生呼吸模式的基础振荡系统对吞咽期间发生的离散式扰动具有周期依赖性响应。

我自己对早产儿的临床和转化工作也同样受到了吞咽和呼吸之间相互作用的动力学的启发。早期部分工作的例子是开发了一种称为主动奶瓶的早产儿辅助喂养装置（参见 Goldfield，2007）。主动奶瓶背后的核心观点是，观察到的婴儿进食模式由多个子系统组成，每个子系统都有自己的发育速度。特定协调模式的出现不仅取决于每个单独组件的持续发育（例如，阵发性吸吮的时长），还取决于各组件彼此间的兼容性。单个组件的发育可以是异步的，甚至是回归的。此外，任何一个单独组件都可能妨碍与其他组件的协调发育。对于了解早产儿口腔进食而言，发育中可能存在的一个或多个限速因素尤其值得注意，这些早产儿具有可能限制稳定进食模式组织的多种并发症，包括呼吸窘迫和胃食管反流等。

人们相信，稳定进食模式的发育反映了个体组件如何组织为具有单一功能的实体。当这些组件共同作用以保持进食过程完整的功能时，这一点是显而易见的。例如，口腔进食需要将吸吮、吞咽和呼吸协调为一个功能系统，以便从乳头中吸吮出乳汁并将其通过咽部吞咽到食管和胃。当乳头中没有乳汁流出时，非营养性吸吮中的下颌振荡可能与呼吸系统耦合，形成每呼吸两次时吸吮三次的稳定模式。当乳汁开始流出时，吸吮和呼吸之间的功能关系继续保持，但它们的协同模式改变为每呼吸一次时吸吮两次。

在从呼吸功能转变为吞咽功能期间，咽部会迅速改变其形状并与其他解剖表面接触，这种在摄动情况下维持稳定进食模式的适应性过程也非常突出。咽部是空气进入肺部和营养物进入食管和胃肠道的共同解剖路径。呼吸和吞咽互不相容：当气道打开时吞咽会导致物体进入肺部。因此，咽部在每次吞咽时都必须重新配置其呼吸功能，封闭气道并使营养物质通过咽部。由于呼吸周期中每次呼吸的持续时间短暂，所以吞咽仅有非常有限的“时机窗口”。

主动奶瓶的设计基于鼻孔下方呼吸传感器和奶嘴中压力传感器的持续感觉输入，通过奶瓶内的计算机控制微泵来控制奶瓶奶嘴的乳汁流速。主动奶瓶可以根据婴儿进食问题的临床诊断，包括吸吮能力弱、吞咽与呼吸不协调等，对奶流进行控制，实现基于每个婴儿具体能力的个性化定制。根据婴儿的吸吮、吞咽和呼吸记录，临床医生使用主动奶瓶诊断软件来设置吸吮和呼吸参数的阈值，确定乳汁的流速。例如，我们考虑婴儿从鼻胃管进食（因此完全绕过吸吮和吞咽过程）转换到完全口腔进食的情况。首先，临床医生让婴儿从主动奶瓶进食少量乳汁，同时继续用鼻胃管进食，为开始奶瓶进食做好准备。在分析从主动奶瓶记录中得到的图形和数字数据后，临床医生可以得出结论，吸吮相对于呼吸在临床上显著增加，氧合水平高且稳定，表明婴儿已经准备好开始口腔进食，可在鼻胃管喂养 30 min 后进食剩余的乳汁。因此，主动奶瓶诊断为帮助医生决定婴儿何时开始口腔进食提供了客观依据。

第三章
自然界建造了什么：材料和装置

贯穿整个自然界的中心主题是互补性（complementarity），即在对立倾向之间保持平衡（Kelso and Engstrom，2006；Marder，2012）。自然界建造物体的互补性可能反映了自然界如何将远离平衡的亚稳态系统（如神经系统）内部能量流与所获取的环境信息流相耦合来建造物体（Haken，1983；Kugler and Turvey，1987；Warren，2006）。这种将对立倾向相互耦合的中心主题明确存在于以下各方面：张力平衡的预应力（Ingber，2006）；通过中间神经元互连的神经系统回路实现兴奋和抑制之间的稳态平衡（Marder，2011）；神经控制系统利用身体力学性能实现感觉运动功能，如在陆地、水中和空中的运动（Cowan et al.，2014）；稳态可塑性（Hensch，2014；Turrigiano，2011）；人类大脑皮质发育期间突触连接最初的过度丰富（Innocenti and Price，2005）及随后的细胞凋亡或细胞程序性死亡（Buss et al.，2006）（上述现象都将在本书第二部分各章节中讨论）。

自然界如何建造及建造什么之间存在互补性的中心主题，解决了开放系统与环境连续交换能量和物质的一个基本矛盾：如何在物质周转和活动干扰的情况下保持鲁棒、稳定的功能运行（Marder，2012）。举例来说，在神经元中，尽管存在持续性的蛋白质周转和功能扰动，但调节系统仍能维持鲁棒的电信号（Marder，2012）。在行为水平上，利用身体可用的新陈代谢资源临时组装和分解运动、饮食、交流等功能系统，并通过感知系统获得的信息流对其加以稳定（Goldfield，1995；Turvey and Fonseca，2014；Warren，2006）。

尽管构成要件存在变异性，如肌肉群形成的协同作用，但主体与环境之间的功能关系仍然稳定（Goldfield，1995）。

互补功能属性可能产生于建造它们的自组装过程。例如，第二章介绍的玻璃海绵就是一个美丽的悖论（Aizenberg et al.，2005）。玻璃本身非常脆弱易碎，但是其在逐步变大的空间尺度上的结构揭示了自然界如何有能力驯服玻璃脆性，将它用作建造材料。在纳米尺度上，二氧化硅球被嵌入有机基质黏合层内，形成微米级的弯曲刚性复合梁。在宏观尺度上，玻璃海绵是一种由对角斜脊加强的圆柱形、方格形、笼形结构（Aizenberg et al.，2005）。因此，自然界建立了层次性结构，将多尺度的物理行为组合成具有涌现性宏观特性的材料。生物材料除了具有层次结构外，还具有抗断裂性、多功能性、适应性行为和自修复性等特点（表 3.1）。

表 3.1　生物材料的特性

特性	描述	示例
层次结构（hierarchical structure）	海绵中的层次结构将硅纳米球以同心层形式排列成纤维，并将纤维集束成硅基体梁，形成一个机械阻力的玻璃笼架	海绵、木材、骨骼、肌腱、韧带、皮肤、角膜等
抗断裂性（fracture resistance）	生物矿化复合材料能够产生断裂韧性（抵抗裂纹的产生与扩展）	软体动物壳，如鲍鱼壳（珍珠层）
多功能性（multifunctionality）	快速可逆地改变结缔组织的硬度	无脊椎动物的真皮，如北大西洋海参（*Cucumeria frondosa*）
自适应行为（adaptive behavior）	重塑	骨小梁
自我修复（self-healing）	材料自动或自主修复或愈合损伤的能力	植物微脉管网络（用于扩散分布愈合剂的集中式网络）

资料来源：P. Fratzl & F. Barth（2009），Biomaterial systems for mechanosensing and actuation，Nature，462，442-448.

在行为动力学的宏观尺度上（Warren，2006），动作和感知是互补的：吸引子动作动力学中的关键点在于感觉系统获得的信息流具有互补的形式，为能量和信息流创建一组无缝循环回路。本章在讨论诸如移动、伸取和抓握、手势和说话、饮食等行为时，着重于目标导向适应性行为的专用装置和智能感知装置所获取信息之间的互补关系（Runeson，1977；Turvey et al.，2011）。对此关注的问题包括：

- 材料层次结构中的界面是什么？
- 连接物理和生物世界的信息的本质是什么？
- 为了在环境中主动探索与开展工作而进化出来的感知器官和任务专用装置的性质是什么？

一、自然界的活体材料

生命体生长过程和产品所产生的生物固体材料能够模拟环境固体的物理性质。拉伸材料，如蜘蛛丝、纤维素（植物）、甲壳素（昆虫外骨骼）、胶原（动物肌腱）及复合物（动物骨骼）等，都可抵抗拉伸应力（Vogel，2003）。柔韧材料，包括节肢弹性蛋白（昆虫翅膀铰链中的肌腱）、柔韧复合物（水母身体的凝胶基质和动物软骨与皮肤），都可以调节材料在应力去除后的形状恢复速度与程度（Vogel，2003）。而刚性材料，如节肢动物表皮、动物骨骼、角蛋白、木材、海绵、珊瑚、蛋壳和牙釉质，都能以极小的变形抵抗应力，并且具有高度的各向异性（即它们的机械响应取决于受力方向）（Vogel，2003）。

诸如骨骼和木材之类的材料能够适应其小生境的自然环境力，包括重力、风力和周围材料基质等。它们的特征是具有特殊形状、内部结构、纤维方向和复合结构（表 3.2）。例如，长骨在发育过程中不断去除内侧表面的材料并将其沉积在外侧表面上，从而形成了中空圆柱体的形状，而木材从一开始，其中空管大小即为最终直径（如竹子）（Weinkamer et al.，2011）。骨小梁的生长通过将所有材料沿主要受力方向配置（参见沃尔夫定律），可以起到桁架的作用以避免弯曲。木材组织通过产生内应力（软木对抗压缩，硬木对抗张力）进行重新定向来应对受力变化（Weinkamer et al.，2011）。骨骼的纤维由几何结构平行排列组成，其受力是单向的，螺旋缠绕可以提高其伸展性，而生长中的树木根据树龄的不同，通过控制微纤丝的角度以不同的方式适应变化：幼树通过树干弯曲来应对外力，而老树则必须防止弯曲导致树干断裂，因此需要一定的刚度（Weinkamer et al.，2011）。

表 3.2 骨骼和木材的机械适应策略

策略	骨骼	木材
形状	空心圆柱体的生长是不断从内表面去除材料并将其沉积在外表面（例如，长骨的发育过程）	从直径已经确定的空心管开始（如竹子）
内部架构	骨小梁充当桁架以避免弯曲：其在生长时沿主要受力方向配置所有材料（参见沃尔夫定律）	木材组织为响应受力变化，通过产生内应力而重新定向（例如，在柔软木材中对抗压缩，在坚硬木材中对抗张力）
纤维定向	骨骼是一种复合物，采取平行排列等特殊的纤维几何结构，其中的受力是单向性的，并通过螺旋缠绕提高伸展性	树木在生长中通过控制微纤丝角（MFA）来适应树木的大小。幼树通过树干弯曲来应对外力（如动物的攀爬），需要柔性（高 MFA）材料。相比之下，老树则必须防止树干弯曲导致断裂，因此需要一定的硬度（低 MFA）
纳米复合结构	骨骼由两种材料组成，一种坚硬但脆弱，另一种坚韧而柔软，可以在多个层次上形成坚硬、坚韧的复合物	在木材中，坚硬的纤维素纤丝嵌入到由半纤维素和木质素组成的柔软基质中，能够释放压力

资料来源：R. Weinkamer & P. Fratzl（2011），Mechanical adaptation of biological materials—the examples of bone and wood，Materials Science and Engineering C，31，1164-1173.

自然界还可利用纤维来建造自适应结构。荷叶表面的纳米纤维使荷叶具有超疏水性，可让携带灰尘和昆虫的水滴自动滚落以保持叶面清洁（Pokroy et al.，2009）。在玻璃海绵中，高长宽比的二氧化硅纤维不仅具有优异的力学性能，而且能有效导入环境光线（Aizenberg et al.，2005）。通过控制光线透射和聚焦可以发现海洋生物存在的信号。壁虎的每只脚由 50 万根刚毛纤维组成，每只刚毛顶端都有约 1000 nm 大小的铲状匙突（Autumn et al.，2002）。这种多尺度的纤维状集合体使壁虎脚掌的可逆性黏附机制成为可能，这种黏附机制能够抓住物体表面并选择性释放（Autumn et al.，2006）。鱼类和两栖动物的体表有纤维状纤毛，其基部与毛细胞相连，能够检测水流的变化（Coombs et al.，1989；Sane et al.，2009）。

自然界在材料形成自适应过程中的最显著特征是大量运用复合材料（表 3.3 和表 3.4）。通过将复合材料自组装成具有界面的分层结构，自然界材料实现了看似矛盾的要求，既足够坚硬以支撑受力，又足够坚韧以抵抗裂纹扩展（Barthelat and Buehler，2016；Dunlop and Fratzl，2010；Dunlop Weinkamer and Fratzl，2011）。自然界的界面负责改善材料韧性，连接不同材料，实现材料塑性变形，允许材料作为运动或应力的促动器等（Barthelat et al.，2016；Dunlop et al.，2011）（表 3.5）。例如，在玻璃海绵骨骼和珍珠层中发现的蛋白质层，作为柔性界面可提高固有脆性材料的抗断裂性。研究发现，将贻贝软体连接到坚硬岩石基底的足丝，以及牙齿的釉牙本质界，存在力学特性的梯度变化，它们都是在不同性能材料之间起桥梁或关节作用的界面（Dunlop et al.，2011）。龟壳的缝合线和骨骼中发现的非胶原蛋白层等界面，受外力作用容易变形（Barthelat et al.，2016；Dunlop et al.，2011）。松果鳞片应对干燥和湿润的运动也是一种界面，能够产生改变其各组成部分相对方向的力（Dunlop et al.，2011）。

表 3.3　自然界应用复合结构进行模式能量的相互作用与控制示例

特性	示例
电	鱼类的感觉器官
磁	细菌
光散射	鸟类羽毛和蝴蝶翅膀鳞片的明亮结构
光传输与聚焦	海绵的基刺

资料来源：J. Dunlop & P. Fratzl（2010），Biological composites，Annual Review of Materials Research，40，1-24.

表 3.4　自然界应用复合结构进行受控促动示例

受控促动的类型	示例
膨胀/收缩	植物中的纤维素角度
弯曲	云杉枝条将具有较小微纤丝角（用于拉伸应力）的上部组织与具有较小微纤丝角（用于压缩）的下部组织结合在一起
跳跃失稳	捕蝇草利用弹性屈曲失稳可在 0.1s 内捕捉昆虫，这是基于弹性位能的储存和突然释放
爆炸式破裂	组织撕裂导致薄层发生快速几何形状变化

资料来源：J. Dunlop & P. Fratzl（2010），Biological composites，Annual Review of Materials Research，40，1-24；L. Mahadevan（2005），Physical limits and design principles for plant and fungal movements，Science，308，1308-1310.

表 3.5　生物材料的内部界面

类别	描述	示例
提高材料韧性	引入柔性界面提高固有脆性材料的抗断裂性能	在海绵骨骼和珍珠层中发现的蛋白质层
连接不同材料	作为不同特性材料之间的桥梁或接头	将贻贝软体连接到坚硬岩石基底的足丝，以及牙齿的釉牙本质界，存在力学特性梯度
实现材料塑性变形	容易发生变形以应对外界作用力	龟壳缝合线或骨骼中的非胶原蛋白层
材料作为运动或应力的促动器	产生的力可改变其组成部件的相对方向	松果鳞片在干燥和湿润条件下的运动

资料来源：J. Dunlop, R. Weinkamer, & P. Fratzl(2011), Artful interfaces within biological materials, Materials Today，14，70-78.

二、生命装置

已故生物学家斯蒂芬·沃格尔（Steven Vogel）在 1988 年出版的著名作品《生命装置》(*Life's Devices*) 一书，以及最近出版的《比较生物力学》(*Comparative Biomechanics*)(2013) 一书中，向新一代学者介绍了支配达尔西·汤普森所揭示结构形式的物理定律。比较生物力学的一个研究重点就是材料。沃格尔（Vogel，2013）对固体材料的特性进行了分类，并研究了自然界如何将这些材料用于特定生物功能的实例。拉伸材料展现出的强度表明了它如何应对可能破坏其结构完整性（如蜘蛛丝、外骨骼、动物肌腱和骨骼）的外力。柔韧材料（例如，昆虫翅膀铰链的肌腱、水母的凝胶基质、动物软骨和皮肤）能够在遭受应力时恢复一定程度的弹性，刚性材料（如节肢动物角质层、珊瑚、蛋壳和牙釉质）能够以极小的变形抵抗所受应力并具有高度的各向异性（即它们的力学响应取决于受力方向）。因此，沃格尔描述的是固体的本来面目，而不是它们在生长发育过程中的自组装。

比较生物力学把物理世界和生物世界联系在一起。例如，它解释了植物和动物如何适应流动模式，利用力和介质推进自身，利用丰富多样的身体形式履行功能等。然而，比较生物力学作为生物学的一门分支学科，并没有探索动物与流动模式相互作用时所获取信息的性质，动物如何利用这些流动模式来指导行为，或者动物如何了解在不可预测环境中采取行动的可能性。了解自然界利用各种空间和时间尺度上的可用材料建造专门装置的出发点，是在地球上生活的年轻生命体的行为。这种行为的部分证据来自在加拿大不列颠哥伦比亚省伯吉斯页岩（Burgess shale）中发现的一种中寒武世动物残骸（Conway Morris，1998；Knoll，2003）。科学家在这些有 5.05 亿年历史的岩石中发现了非常古老的一种动物，将其称为“口索动物”（acorn worms），它们生活在单独的管状结构中。每个管子中的个体动物遗骸形状、位置及其喙的形状表明它们能够自由移动，构建管子，并在发生应激时能够离开其管状栖息地（Caron Morris and Cameron，2013；Gee，2013）。由此表明，早在 5 亿年前，生物体就能自由移动并建造庇护所。伯吉斯页岩中还发现了最早软体动物生活方式的其他有关线索，更确切地说，是水生个体的进食装置，这些个体生活在 4000 万～5000 万年后，以蓝藻细菌生物质作为食物。乌海蛭（*Odontogriphus omalus*）是一种软体动物，具有称为齿舌的软体动物进食结构，以及用于移动的阔足（Caron et al.，2006）。奇虾目（Anomalocarid）的大型水生生物，如筛状奇虾（*Tamisiocaris borealis*），有专门用于滤食的前附肢（Vinther et al.，2014）。因此，在口索动物之后相对较短的历史时间内，动物在水中活动，寻找食物，并使用专门的器官来摄食可用资源。

这些动物的身体形态以及它们的探索、运动和摄食行为在数亿年间相对比较保守（Kirschner and Gerhart，2005）。然而，在随后数亿年的进化中，自然界发明了组成部件形状、尺寸和配置的无数变化样式，这些变化能够以不同的方式实现相同的行为。以恐龙为例，它们是怎么消失的，我们和其他动物如何与这些（间或）生活在几千万年前的巨型生物联系在一起？科幻小说和电影展现了我们对这些动物的无穷想象力。举个例子，畅销书《恐龙帝国》（*Dinotopia*）描绘了一个岛屿，岛上居住着海难幸存者和具有意识能力的恐龙，它们之间和平地生活在一起（Gurney，1992）。还有一些电影想象恐龙并没有完全灭绝，例如，《地心历险记》（*Journey to the Center of the Earth*）中，恐龙在地幔深处生存；《恐龙当家》（*The Good Dinosaur*）中描写了错列历史（alternate history），小行星没有撞击地球并导致白垩纪末期

（K-T）的大灭绝，恐龙一直存活到现在。还有一些电影则暗示了恐龙进化成鸟类的过程，比如《侏罗纪公园》（*Jurassic Park*）的开场一幕。这些都非常有趣。但现代科学告诉我们的真实故事可能更加吸引人（参见 Xu Zhou et al.，2014 的系统综述）。两足食肉恐龙（三叠纪兽脚类恐龙，triassic theropod）的骨骼结构被重新改造以适应新的功能，因为其体形在 5000 万年的时间里从 163 kg 减小到 0.8 kg（Lee et al.，2014）。白垩纪早期化石显示兽脚类恐龙具有羽毛（Norell et al.，2005；Zhou，2014），而且这些羽毛很可能有彩色图案（Li et al.，2014）。白垩纪早期五翼小盗龙（*Microraptor*）的羽毛最初具有的是非空气动力学功能，后来逐渐适应形成了可以飞行的升降功能（Dyke et al.，2013）。起源于恐龙并在鸟类身上仍然明显的适应性过程是什么？进化发育生物学或演化发生学（evo devo）领域的科学家们发现，保守的基因网络控制胚胎的发育，进化时间尺度上的适应性形态变化是由发育机制实现的（Carroll et al.，2005；Carroll，2008）。

三、多时间尺度重构：演化发生

在自然界中存在着戏剧性的个体发育变换，从而在进化的时间尺度上实现了物种特有的形式和功能的改变。有三个因素可导致动物身体部位因功能不同而变形（Carroll et al.，2005；Coyne，2005）。首先，大多数动物共享一组类似的“工具箱基因”，它们负责调控不同基因模块的发育（Carroll，2008）。这些基因能够产生调节蛋白，在 5 亿多年间一直高度保守。例如，同源基因或 *Hox* 基因是一个调节基因家族，其沿着大多数后生动物的前后轴表达，可能通过改变椎体节段的数量而在特定的轴向变异进化中发挥作用（Burke et al.，1995）。身体形态进化的第二个因素是组织的模块化：双侧对称动物的身体形态涉及可以独立进化的重复性节段。例如，顺式调控模块（通常）是非编码基因组 DNA 的短片段，包括控制基因表达的成簇转录结合位点（具有增强子、绝缘子和沉默子）（Lemaire，2011）。这些模块组织形成网络，其中一些变化的影响比其他的变化影响更大（Erwin and Davidson，

2009）。模块化可以解释龙虾祖先身体部件——肢体，如何改造形成龙虾的各种专用装置：触角、口器、螯钳、步足、游泳足、尾巴等（Coyne，2005）。身体形态进化的第三个因素是多样化（diversification）手段保存重要功能。其中一种多样化观点认为，关键性发育控制基因（如棘鱼的 *Pitx1*）的调控区域发生突变，可以选择性改变其在特定结构中的表达，同时在其他部位保留动物生存所需的表达（Shapiro et al.，2004）。

对于节段性动物的演化发生学研究，有助于深入了解自然界如何重构现有形式以实现新功能：①保留一部分节段，同时变换其他节段；②通过权衡构建鲁棒系统。在轴向生长过程中，重复节段可以提供高度的鲁棒性，因为部分节段可以转换为新的功能，同时不会干扰原来的（保留）节段。例如，在甲壳类动物中，附肢是用于进食还是用于移动，在分类学顺序上存在形态差异（Mallarino and Abzhanov，2012）。这些差异的起源可以在胚胎发育过程中观察到：按照某些顺序，一个叫作 T1 的附肢开始时非常像腿，但是在经历了一系列变化后最终成为口器。在分子水平上，这些变化是由 *Hox* 基因引发的，*Hox* 基因负责调控前后主轴的结构和功能同一性（Mallarino and Abzhanov，2012）。*Hox* 表达控制的实验研究表明，基因调控网络可以显著影响附肢是用于运动还是进食（Liubicich et al.，2009）。

甲壳类动物的十个附肢就像一把“瑞士军刀”，能够执行多种功能：头后部节段的附肢是颚钳装置的一部分，用来压碎食物并将其送入口中。在龙虾（但并非全部甲壳类动物）中，经过改造的胸部附肢被称作颚足（jaw-feet），其在形态上与口器相似。现有的基因调控证据表明，胸部附肢在进化过程中转变成颚足，也许是为了让龙虾在摄食方面具有竞争优势（Liubicich et al.，2009）。利用颚足实现多种功能并在不同功能之间切换，其神经控制系统也必须通过重构现有神经回路过程而演化发展（Nishikawa et al.，2007）。例如，马德尔和布赫尔（Marder and Bucher，2007）已经证明，神经调节物质能够重新配置回路动力学，并且个体神经元可以在不同功能回路之间切换。

现在，科学家们通过综合应用新的技术方法，有可能研究脊椎动物肢体进化中的发育遗传学变化如何与形态多样性相互关联（Moore et al.，2015）。

这种变化之一是足趾数目的减少，在四趾的猪、三趾的啮齿动物、两趾的骆驼、单趾的马等进化过程中，形态学上足趾数目从基础的五趾（五指）不断减少（Cooper et al.，2014）。动物足趾数目的变化是为了承担特殊功能并适应各自的生态环境，如沙砾、草地、岩石等不同的运动支撑表面。库珀等（Cooper et al.，2014）及洛佩兹–里奥斯等（Lopez-Rios et al.，2014）的研究证实，足趾数目减少涉及两个发育过程：早期的肢芽模式，后期的足趾前体重构与生长。早期肢芽模式包括了信号分子"音猬因子"（SHH）表达中的极性，以及外胚层顶嵴（AER）中成纤维细胞生长因子的影响；重构则是因细胞死亡和增殖导致 AER 退化（Huang et al.，2014）。发育过程与新功能进化之间关系的一个代表性例证，是啮齿动物跳鼠双足进化过程中骨骼的重构和足趾减少（Moore et al.，2015）。在向双足动物转化的过程中，跳鼠的后肢伸长，三个中跖骨融合成一块骨头，增加跖骨对弯曲受力的抵抗，使得后肢能够支撑整个体重（Moore et al.，2015）。后肢伸长的功能结果是步长增加，促使足趾数目减少从而减少肢体的转动惯性，或许还可以通过减少推动肢体运动及改变方向所需的能量而具备能量优势（Moore et al.，2015）。

四、身体和神经系统：比例关系

在物理限制对身体形态和神经系统演化的影响中，大脑、身体、环境和行为之间存在着复杂的比例关系。神经系统的演化已经将身体的弹性力学特性转变成用于执行适应性功能的专用装置，以确保在不可预测的环境中生存。即使是最小的动物也能够实现身体定位（趋性）、运动、摄取食物、形成社会团体以及相互交流。体形较小的动物，发展出了具有集体功能的大型社会网络，包括建造遮蔽场所和"农场"（Hölldobler and Wilson，2009）。大型动物则进化出了内部网络和多功能附肢来执行这些相同的功能（Hall，2006）。这些情况表明，多功能性可能是针对丰富能量波动环境中的众多行动可能性，生物体所采取的一种自适应解决方案。

尽管地球上的生命极其复杂多样，但关键的生物过程，如基础代谢率和心率，在根据身体大小进行缩放方面表现出优雅的简单性。缩放比例遵循幂律法则，$Y=Y_0M^b$，身体质量可以扩展多个数量级（West and Brown，2005）。指数 b 通常为 1/4 的倍数，而且这种比例似乎构成并限制了许多生物时间尺度（生长速率、妊娠时间、生命周期）。基础代谢率与体重之间的关系可以反映分支网络的基本特性，即进化以最小的功率损耗将资源输送到身体细胞（West，2012）。这种关系可由分层空间填充（分形）血管网络容积与其端点数目之间的比例关系来确定。

有关体型、生物力学、动作神经控制之间关系的多项发现，可以通过大型动物和小型昆虫的比较加以说明。一个是肢体质量较大动物的神经系统可以利用动量，但是小型昆虫不能。例如，在马和人类的运动中，腿部摆动时肌肉加速，动作电位在最初的短暂爆发后消失，接下来依靠动量来维持肢体运动（Hooper，2012）。相比之下，印度竹节虫（*Carausius morosus*）在整个摆动过程中，其运动神经元都持续放电（Berg et al.，2015）。这是因为肌肉的被动力随肌肉横截面积而变化，但肢体质量随肢体体积而变化。因此，在肢体较大的动物中，肌肉的被动力相对于肢体质量非常小，以至于动量和重力就足以支配肢体力学。在肢体较小的动物中，肌肉的被动力相对于肢体的质量是如此之大，以至于重力和动量都显得微不足道。

神经控制与身体大小的比例关系所导致的第二个不同之处在于，在大型动物中，不管重力方向如何，身体部位（如手指）都采取平衡姿势，拮抗肌施加相等和相反的力。在站立姿势时（头部朝上），人体肩膀在身体两侧保持放松；如果身体旋转 180° 头部向下，人体肩膀则完全伸展。但对于竹节虫而言，在缺乏肌肉神经活动的（实验）情况下，四肢呈现出与重力无关的恒定姿势（Hooper et al.，2009）。这种差异对于运动控制的一个结果是，对于大型动物，神经系统必须监测重力方向，计算在这种姿势下运动所需的肌肉收缩。昆虫等小型动物则不需要监测重力。

即使是具有自然界中最小的大脑，如线虫和蜘蛛，其行为也能够适应它们的生态位（Eberhard and Wcislo，2011），但是对于不可预知的事件，其行为习惯受到更多的限制。相比之下，脑和身体较大的动物具有行为灵活性和事件预测能力的特征，昆虫个体的这些特点则不显著。昆虫需要“聚集成群”，通过化学梯度及其他形式的梯度在信息和物理上彼此联系，通过自组装和重组等集体行为来应对生态位的变化（Hölldobler and Wilson 2009）。在这两种情况下，通过微观部件的协同重排而突现出低维行为。

根据一种叫作哈勒定律（Haller’s rule）的异速比例关系（Eberhard and Wcislo，2011），较小的动物其大脑相对身体而言较大。微型动物，如蜘蛛、昆虫和其他无脊椎动物，会牺牲身体的一些形态学结构以适应它们不成比例的较大神经系统（Quesada et al.，2011）。蜘蛛依靠其尺寸局限的圆网传送的机械信息源捕捉猎物，每个圆网都能满足单个昆虫的新陈代谢需要。对于蜘蛛个体来说，精确编织圆网所需要的神经系统，与其头部相比是如此之大，以至于不得不分布到身体的其他部位。社会昆虫可以克服建造机械传感器（圆网）的尺寸限制，这些昆虫一起工作来构建能够执行多种类型工作的装置，包括温度调节和食物储存。随着可供利用的生态位需要不同类型的工作，社会性昆虫进化出了更大的感官器官，用于传递化学扩散梯度或光线流，以及将昆虫个体神经系统信息互通的能力（Camazine et al.，2001；Turner，2000）。昆虫利用携带相同信息的结构梯度来指导不同类型的工作，并使得处于微观尺度的昆虫能够将其个体资源贡献给更宏观尺度上的社会群体行为。例如，蜜蜂在微观尺度上有丰富的行为习惯，并且在蜂巢集体行为的尺度上涌现其功能：个体建造六角形蜂巢，操纵花粉将其粘到身体的特定位置，表演“舞蹈”向其他蜜蜂传达食物来源位置，通过颤抖发热育雏等（Chittka and Niven，2009）。

五、能够探测结构化能量的自然构建器官

（一）吉布森与生态物理学

自然界各类物种都进化出了自己的传感器阵列，用于检测化学物质的扩散（如蚂蚁）、模式光的流动（如鸟类飞行期间）和机械振动的级联（如蜘

蛛探测网中猎物）。心理学家（也是第一位生态物理学家）詹姆斯·吉布森（James Gibson，1966，1986）的见解是，尽管不同动物进化出的器官形态各不相同，但这些传感器阵列可以获取相同的信息。为了揭示信息，动物只需要主动移动它们的身体器官通过阵列，便可检测用于指导适应性行为的模式。吉布森“生态现实观”（vision of ecological reality）的核心是，动物与环境之间的关系构成了解运动和交流等行为功能的基本分析单元（Gibson，1966，1986）。例如，要想了解动物如何利用信息指导行为，需要分析感觉器官在其周围结构化能量场中的移动方式（例如，视觉器官的光线流）。动物移动通过这些能量场所揭示的信息，取决于该动物产生的各种位移。以鸟类在空气介质飞行时的光学信息为例，当鸟儿直线飞行时，相对于移动观测点有一个流经头部的场结构。从鸟自身的观测点来看，外流中心确定了其远近和方向，并且随着方向的变化，外流中心也发生变动。能量场随其结构的相对密度或梯度而变化，并可能吸引鸟类接近或远离梯度源。

吉布森通过环境中的物质和表面来描述能量场的结构，动物可以主动移动其感觉器官通过这些能量场，它们是生物与世界及其内部事物相互关系生态学的基础。在主动探索行为期间，信息随时间的流动逐渐揭示了所处世界的表面拓扑结构、附属物、开口、外壳、嵌入和重叠。每一种动物的特定生态位都由特定事件经历组成，这些事件将生物体区别于移动的无生命物体（如平移、隐约出现、放大缩小、径向流动、透视变换）、物体间的相互作用（如变形、增生–缺失、共同性、阻塞）、生物体特有事件（如生长/衰变、运动）、状态变化（如固体熔化成液体、建造、破坏）。吉布森认为，地球上所有动物之间的潜在联系是它们的移动能力。不管形态和受体种类有何不同，所有的动物都能够揭示运动引起的某些不变的变换，如物体表面。然而，有些动物由于其神经系统具有不同的进化或发育状态以及大小、形态和能力，能够揭示其他动物所不能揭示的信息。还有一些动物虽然可以获得相同的信息，但却能够选择或使用与其他动物不同的信息。

眼睛就是一个很好的例子。自然界用来将光线转换为视觉的装置丰富多样，证明了光学结构的信息承载潜力，以及特定生态位对身体器官进化的要求与身体大小限制之间的权衡折中。水中游泳、地面行走、空中飞翔的体形相对较大动物，在可活动的头部有两只可以移动的眼睛，能够检测全波长光谱的光线，从而实现各类生境中的高视觉空间分辨率。巨型深海鱿鱼[例如，大王乌贼（*Architeuthis*）]的眼睛是所有动物中最大的，它们在深海中的可视范围很远，这有助于它们避开捕食的抹香鲸（Nilsson et al.，2012）。招潮蟹（Fiddler crabs）的眼睛位于长长的、垂直的柄上，提供了与其生态位相适应的全景视野，即潮间带滩涂的平坦地形（Zeil and Hemmi，2006）。鸟类视觉系统对紫外波长光线特别敏感，从而增强了它们在飞行中探测快速运动物体、追捕猎物和逃避捕食者的能力（Rubene et al.，2010）。相比之下，昆虫的复眼是由大量微小的小眼（ommatidia）组成的嵌合体，其提供的全景视野，也可以忽略的失真性为代价换取高空间分辨率（Floreano et al.，2013）。

尽管脊椎动物和昆虫的眼睛有着截然不同的设计，但是构成它们视觉能力基础的神经回路至少有两个突出的相似之处（Masland，2012；Sanes and Zipursky，2010）。第一，昆虫和脊椎动物都利用光感受器将光转换为相对简单的电信号：在哺乳动物中，这些电信号由视网膜表面不同大小孔径的细胞传送，以便进行不同的编码（Masland，2012）；而在苍蝇中，细胞被组织成类似于晶体的重复柱状结构（Sanes and Zipursky，2010）。第二，不同的功能是由相互平行的通路介导的，这些通路在视觉信息传递到大脑之前对其进行多种方式的转换。上述相似性支持了这样一种观点，即自然界在不同物种的神经回路结构上比较保守，即使用于传输模式化能量的器官已经适应了不同动物的特殊需求（Sanes and Zipursky，2010）。

科学家分别测量了四足动物的眼眶大小和眼睛在头骨中的位置，以及其与鱼类和四足动物视觉生态学的相互关系，揭示了眼睛如何同时在水中和空中发挥功能，从而赋予某些动物具有适应优势。麦克维尔等（MacIver et al.，2017）提出，身体部分淹没水中的有利位置允许某些眼睛较大、眉骨高出水面的动物（如现存的鳄鱼）在空气中看得足够清晰，从而能够目视搜索远处的干燥陆地以寻找美味的猎物。根据他们的“布埃纳维斯塔”（Buena Vista）假说，眼睛用这种方式进行探索促进了从鳍到足趾的转变，最终使有腿四足动物离开水域去靠近、捕捉和进食陆地上的猎物。麦克维尔等（MacIver et al.，2017）发现测量的眼眶大小、颅骨长度与校准后的四足动物从水中向陆地过渡的时间存在着密切关系，从而支持了他们提出的假设。

（二）功能可供性

功能可供性（affordances）概念是感知和动作生态学研究方法的核心（Gibson，1986；Goldfield，1995；Warren，2006）。功能可供性是一种动作的机会，取决于环境与个人动作能力之间在特定时刻的相互适应性（Fajen et al.，2008；Gibson，1986；Warren，1988）。功能可供性具有三个关键特征，使得其与诸如信息论方法中的信息观点区分开来。首先，功能可供性是根据动作能力定义的相互关系属性，它们不是物体或环境本身所固有的。其次，功能可供性是前瞻性的，揭示了主动探索的机会。最后，功能可供性是动态的，随着行为体在结构化环境中的运动而产生和消失（Fajen et al.，2008）。沃伦（Warren，1984）的经典研究阐明了功能可供性的关系特性，他在研究中使用相同单位来测量身体特性、腿长（*L*）和台阶高度（*R*）。沃伦（Warren，1984）发现，研究所得的无量纲比率（*R*/*L*）能够预测受试者是否认为楼梯台阶可以攀爬。这个无量纲数值称为身体标度比或动作标度比或 π 比（pi ratio）。在更普遍的形式中，采用行为主体的 π 比环境属性 E 和行为相关属性 A 来研究功能可供性的安排，包括成人和儿童（Soska and Adolph，2014）对物体的伸取和抓握（Carello et al.，1989；Choi and Mark，2004）。

对伸取动作的功能可供性研究揭示，个体对通过伸长手臂、弯腰伸手或站立（图 3.1）等动作是否能够拿到物体的感知是由所要拿到物体的距离与高度的标度比决定的（Choi and Mark，2004；Gardner et al.，2001）。功能可供性还揭示了特定伸取方式的可能边界。当环境和个人行为系统之间关系属性的比率达到功能可供性的边界时，就会突现出其他更稳定的功能可供性，并且会自动重新配置行为以适应不同的伸取方式。功能可供性不仅引导感知，而且还促进了对实际行动方式的选择。例如，弗兰恰克等（Franchak et al.，2012）要求受试者判断他们是否可以在不转动肩膀的情况下走过水平开口，以及不用低头穿过垂直开口。最后试验参与者实际上都穿过了开口。结果表明，他们转动肩膀所得到的空间比低头留给自己的空间要大。与身体垂直弹跳所需的空间相比，转动肩膀可能为身体侧向摆动留下了更多的空间，这表明功能可供性不仅与身体尺寸相关，而且还与具体动作存在比例关系（Franchak et al.，2012）。

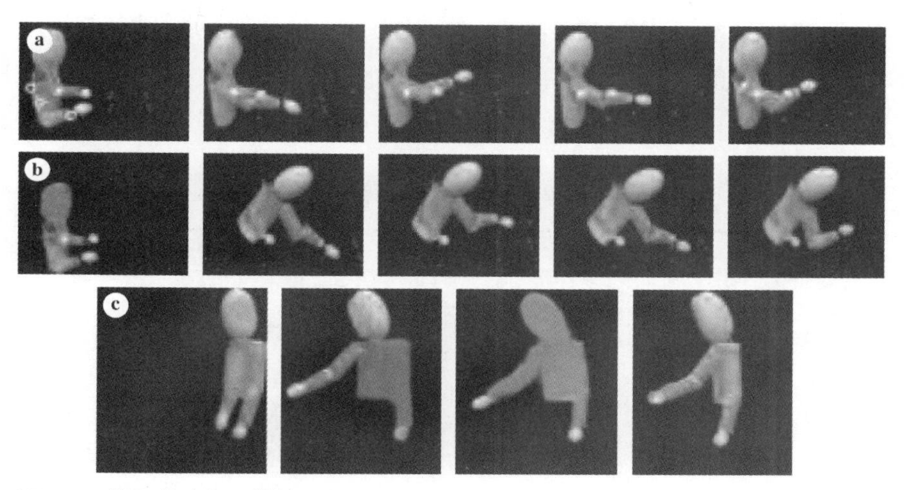

图 3.1　伸取的功能可供性。是否可以通过（a）伸长手臂、（b）弯腰并伸长手臂或（c）起立来拿到物体，取决于所要拿到物体的距离与高度的比例。源自作者未发表的数据

六、机械传导智能装置

达尔西·汤普森的经验提醒我们，动物器官大小的增加是有限度的，例如，弱光条件下的眼睛。然而，除了尺寸变化之外，自然界还为指导动物行为的器官找到了另一种解决方案——使用其他类型的受体系统来传递与模式化光线中可用结构等效的信息（表 3.6 和表 3.7）。例如，鱼类不仅用眼睛引导自己通过水生态位，而且还借助于称为外周侧线（peripheral lateral line）的机械感觉系统（Coombs et al.，1989）。侧线系统由表层神经丘组成，它们位于皮肤表面的凹陷或基座中（或作为独立的受体）。此外，还有另外一种

类型的神经丘，称为管状神经丘。这两种类型的神经丘都是机械感觉器官，其毛细胞非常类似其他脊椎动物前庭系统的毛细胞（Mogdans and Bleckmann，2012）。不再用眼睛指导导航、捕食等行为，而是采用机械感觉器官取代视觉的一个极端例子是墨西哥丽脂鲤（*Astyanax mexicanus*）这种硬骨鱼类（Yoshizawa et al.，2010）。目前发现这种硬骨鱼有两种形式：一种是水面栖息，另一种是洞穴栖息的盲眼形式，后者被称为穴居鱼。吉泽等（Yoshizawa et al.，2010）用盲眼穴居鱼进行了一组实验，证明了表层神经丘的机械感觉功能是如何从最初水面栖息形式的侧线进化而来，以便增强穴居鱼对水振动干扰的检测，从而发现食物。

表 3.6 检测复杂变量的动物智能感知装置

动物	智能感知装置
蚂蚁	里程仪
蜜蜂	个体和群体里程仪
螃蟹	步幅积分器
蚂蚁、蜜蜂、黄蜂	制导系统工具箱
苍蝇	飞行和高度控制器
迁徙的蝴蝶和鸟类	时间补偿的太阳罗盘
鸟类、海豹、人类、粪金龟	天文（银河）导航

资料来源：M. H. Dickinson（2014），Death Valley，Drosophila，and the Devonian toolkit，Annu Rev Entomol，59，51-72；B. Holldobler & E. O. Wilson（2009），The superorganism，New York：Norton；M. Wittlinger，R. Wehner，&H. Wolf（Eds.），The ant odometer：Stepping on stilts and stumps，Science，312，1965-1967.

表 3.7 机械传导所用的智能感知装置

信息探测	智能感知装置
轻柔触碰	秀丽隐杆线虫的鼻子上有特殊的感受器，可以感知轻柔触碰
应力	蜘蛛的应力检测器由表皮、膜垫和丝状（复合）裂口器官组成。表皮是一种复合材料，在蛋白质基质中有纤维强化层，赋予其特定的机械性能。蜘蛛腿部的跗骨推动表皮膜垫，使裂口器官压缩变形。这些部件的综合机械性能可以作为检测机械振动的高通滤波器
气流	蜘蛛在受到外力时，每一根触毛都会在与身体外骨骼的结合处弯曲，并表现出弹性恢复力
液体流动	鱼类的侧线系统是一种生物力学过滤器，由体表的一簇神经丘或机械感觉毛细胞组成。由于它们与凝胶状结构耳蜗穹顶存在联系，因此可以检测液体流动

续表

信息探测	智能感知装置
捕食昆虫	胡须是哺乳动物毛发特化形成的一种感觉器官。啮齿类动物（如小鼠、鼩鼱）可以主动摆动胡须来探测、追踪和捕捉昆虫猎物
捕食软体食物	星鼻鼹鼠的星状器官就像一只“触觉眼睛”：它拥有所有哺乳动物中密度最高的机械感受器和神经末梢
捕食鱼类	触角蛇类的头部长有一对突出的附肢。这些蛇全部为水生，以鱼类为食。每根触角都类似于一根胡须，外形像鳞状附肢。这些触角有着密集的神经支配，对水中的振动极其敏感

资料来源：P. Fratzl & F. Barth（2009），Biomaterial systems for mechanosensing and actuation，Nature，462，442-448；K. Catania（2012），Tactile sensing in specialized predators—from behavior to the brain，Current Opinion in Neurobiology，22（2）：251-258.

“小小虫”（lowly worm）是已故作家理查德·斯凯瑞（Richard Scarry）众多儿童绘本读物中出现的一个受人喜爱的角色。小小虫笑容迷人，洋洋得意地戴着一顶标志性的绿色帽子，身着衬衫和短裤，只穿一只鞋。在《人们整天都在做什么？》（*What Do People Do All Day*?，1979）中，人们看到小小虫正在仔细考察新道路计划，也许他是忙碌镇工人（猪、狐狸、兔子、狗和熊）的顾问，指导他们用机器挖土、运土。这本书对拟人蠕虫的描述充满了启示，因为小小虫的生物学同伴们是利用物理原理钻孔、挖洞、掩埋和挖掘各种颗粒介质的大师（Dorgan et al., 2005; Che and Dorgan, 2010; Dorgan, 2015）。下面让我们来看一看海生环节动物沙蚕（*Nereis virens*）挖掘洞穴的过程。多尔根等（Dorgan et al.，2005）用具有类似力学性能的明胶模拟泥浆沉积物，并使用偏振光来观察沙蚕在其周围挖掘的洞穴，发现了盘状裂缝的证据，它们从沙蚕的背部和腹部向外打开。

令人惊讶和出乎意料的发现是，沙蚕的挖洞行为旨在扩散这条裂缝！这个物种的蠕虫伸出其咽部向外扩散裂纹，产生背腹向的力施加到裂缝壁上，然后结合起伏和蠕动向前移动。解剖学上的另一物种，须鳃虫（*Cirriformia moorei*）向前移动到裂缝顶端后，身体向前延伸并变粗以便将裂缝横向加宽（Che and Dorgan，2010）。然后蠕动波沿着身体传播，使体壁向前移动。换句话说，这种蠕虫用它的身体前部作为楔子来向前推动裂缝（Dorgan，2015）。

显然对于线虫（*C. elegans*）等其他蠕虫，机械感觉器官确实是检测身体与颗粒状介质力学特性之间关系的智能装置（Schafer，2016）。唉，小小虫和这些蠕虫生物都不是有腿动物，虽然它们能够挖掘和重新排列局部的颗粒物，但它们的解剖学工具箱中并没有可以拖拽或刮取颗粒的装置，就像甲壳动物和陆栖穴居动物用来挖洞的腿部那样（Dorgan，2015）。

陆栖穴居动物保留了视觉系统以便进行地面活动，但对于地下捕食行为而言，它们主要依靠触觉器官，利用特化的哺乳动物毛发（胡须）或表皮（鼻触手）（Catania and Henry，2006）。例如，环绕星鼻鼹鼠鼻孔的 22 条鼻触手（每侧 11 条）是一种触觉器官，在鼹鼠脸部中间形成了星状的突出外表（Catania，2012）。这种以小型软体动物（每种动物都提供少量的能量）为食的捕食者，其最大的适应优势就是通过迅速捕食，将捕捉和食用每只动物的新陈代谢成本降至最低。星状器官非常适合开展高精度的检测：其直径只有 1 cm，但却覆盖着 25 000 个称为艾默尔器官（Eimer's organ）的表皮触觉圆顶（乳头），由 10 万多根有髓神经纤维支配。星状器官的另一个显著特征是其功能使它看起来更像是扫描四周环境的视网膜表面，而不是鼻子。与视觉器官进行类比的另外一个非常恰当的原因是，每一侧的第 11 条触手都是一个触觉中央窝。但是星状器官功能类似于“触觉眼”的最令人信服的证据，是观察到每个半星的触手和触觉中央窝在三叉神经主感觉核（PrV）、丘脑、躯体感觉皮质的第四层中都有映射。三叉神经感觉核包含 11 个楔形区域，是与每条触手相对应的三叉神经映射，并且触觉中央窝在初级体感皮质中过度表达（Catania et al.，2011）。

七、昆虫感知装置有多智能

昆虫占据了地球上你能想象到的所有生态位：它们在地下生活和工作，并在草叶和树木间觅食（蚂蚁和甲虫），在空中飞翔（蝴蝶和蜻蜓），甚至在池塘和湖泊的水面行走（水黾）（Hu et al.，2003；Bush and Hu，2006）。它们将巢穴作为四处活动的基地，其活动范围可以绵延数千或数万英里，跨越全年多个季节（Merlin et al.，2012）。昆虫为了确定活动路线，白天可以利用天空的偏振光信息（Weir and Dickinson，2012），夜晚可以参照月亮和银河系的位置（Dacke et al.，2013），确定其巢穴位置与当地地形的关系（Buehlmann et al.，2012）。那么，昆虫究竟是用什么生物装置来发现自己的路线呢？

飞虫“果蝇”（*drosophila*）用于寻找路线的装置范围实例来自迈克尔·狄金森（Michael Dickinson）对死亡谷开放沙漠中标记和再捕获经典实验的重新思考（Dickinson，2014）。实验中释放了成千上万只果蝇，然后直接测试它们是否能在不适宜居住的地形干扰下长距离飞行到两个可居住的绿洲之一（最远达 14.6 km）（Coyne et al.，1982）。只有极少数果蝇能够到达这两片绿洲中的任何一个。迪金森（Dickinson，2014）提出，一小部分果蝇能够在一夜之间穿越沙漠，而且是在大脑中没有储存任何飞行计划或自动驾驶仪的情况下做到了这一点。事实上，果蝇的飞行可能是由重复迭代的动作组成，每一次动作都由当地环境引发，并由许多昆虫物种中常见的装置技能加以指导。这种与果蝇行为的内在动力学、局部生态位中可用的丰富信息紧密联系，重复迭代、信息引导的行动过程被称为共识主动性（stigmergy）。连续性动作如何与随时间变化的局部可用信息相结合，促使昆虫使用一整套装置来指导长途旅行呢？

迪金森（Dickinson，2014）提出，这些果蝇为了开始穿越死亡谷的旅程，首先启动一套起飞序列动作，其突出特点是摆好中间的一组腿来推动它们离开支撑表面。果蝇最初的航向可能以固定的曲线模式为特征，包括不断躲避碰撞的直线飞行（Frye et al.，2003）。为了在曲线飞行时保持航向不变，果蝇可能使用天空罗盘来读取偏振光（Weir and Dickinson，2012）。在继续飞行时，这些果蝇可能通过主动跟踪视觉范围中的地平线边缘来调整飞行高度（Straw et al.，2010）。当果蝇接近它们的目的地—— 一组香蕉诱饵陷阱时，很可能受到陷阱的气味羽流引导，并根据其浓度梯度飞抵降落点。为了安全降落，每只果蝇的动作都是朝向着陆点、减速、向前伸展双腿、与支撑面接触。因此，果蝇在漫长的旅途中很可能使用了天空罗盘、光流检测器和气味羽流跟踪器，这些装置都是根据一系列局部环境中的导航要求而被紧密结合在一起的。

对于那些成千上万只未能飞抵香蕉陷阱的果蝇，有一些可能遭遇到了以它们为食的霞光蜻蜓（*Libellula cyanea*）。蜻蜓如何追踪并捕捉到以曲线模式飞行的苍蝇呢？捕猎蜻蜓的觅食模式从伏击捕食到主动捕食存在连续性的变化（Combes et al.，2012）。伏击捕食者通常隐蔽等待毫无戒备的苍蝇接近，然后突然加速发起攻击捕捉猎物；而主动捕食者则进行长时间的搜索、追逐以发现并捕获猎物（Combes et al.，2012）。目前一个悬而未决的问题是，像蜻蜓这样的飞行昆虫在跟踪目标时，如何能够将视野内因自身运动输出而产生的信息与外部扰动信息（如空气湍流）区别开来。一种可能是蜻蜓的拦截转向动作由神经机制引导，该神经机制在当前状态和控制信号确定的情况下能够预测系统的未来状态，即所谓的正向模型（forward model）（Webb，2004）。

研究人员在霍华德·休斯医学院（HHMI）珍妮雅农场研究园区（Janelia Farm campus）的蜻蜓室内飞行场地中，对蜻蜓捕获猎物的捕食行为进行了实验研究（Mischiati et al.，2015）。实验中使用了包含 18 部相机的运动捕捉系统，测量自由飞行蜻蜓的头部和身体方位，人工猎物（旋转小珠）在计算机控制下沿着悬挂在两个高度可调滑轮之间的金属丝来回移动。实验的理论依据是蜻蜓头部能够预测性地引导身体方向。如果神经机制能够预测性引导蜻蜓的行为，那么负责跟踪猎物的头部转动应该能够引导身体转动，使其对准猎物的飞行路线，为发起攻击做好准备。米斯奇亚蒂等（Mischiati et al.，2015）在实验中发现，蜻蜓转动头部使目标始终被注视，并使身体朝向猎物的运动方向，同时保持在猎物的正下方。研究发现，蜻蜓在预期发起攻击时其头部会利用目标的中心定位身体方向，这对于感知系统的“智能化”具有重要意义：动物前瞻性地利用它们的感知系统来获得信息以便调节身体采取动作，并反过来用其动作来定位感知系统。陆栖昆虫物种的这种行为进一步说明了感知和动作之间根本的互补性。

蚂蚁广泛使用智能感知装置进行导航，包括用于检测化学信息素梯度的化学感受器官（Hölldobler and Wilson，2009）、用于构建导航矢量的罗盘（Wehner，1997），以及用于测量距离的里程计或测距仪（参见 Wolf，2011）。沙漠中几乎没有什么地标，所以确定行进距离最可靠的参考是测量身体与地面的相对距离，即步数和步长。一系列实验表明，沙漠蚂蚁通过步伐积分计来测量它们到食物源的距离（Wittlinger et al.，2006；Steck et al.，2009；Bolek et al.，2012）。实验中首先训练蚂蚁在离巢 10 m 远的喂食器处采集食物，然后捕捉它们通过实验处理控制蚂蚁腿部长度，处理方式包括将胫骨切短为“残肢”，从而减少大约 30%的步长，或是将胫骨粘上“高跷”，增加 30%以上的步长（Wittlinger et al.，2006）。如果蚂蚁仅仅依靠计步器来确定距离，那么当食物放置在离巢穴一定距离的地方时，那些残肢缩短的蚂蚁会将食物到巢穴的距离低估 30%，而那些粘有高跷的蚂蚁则会将食物到巢穴的距离高估 30%以上。结果表明，由于负荷和速度对步数都有影响，因此蚂蚁不是仅仅计算步数，而是综合考虑步长和步数对步伐进行合计，也就是说它们是对步伐进行积分计算。由此得出的结论是，蚂蚁测量距离采取的是步伐积分计（Wolf，2011）。

蟑螂利用触角测量身体和环境之间距离的方式，进一步说明了昆虫如何使用身体特性来衡量感知和行动（Mongeau et al.，2013）。蟑螂在其自然栖息的巢穴内，利用触角——一种被动式机械感觉器官来跟踪身体到洞壁的相对距离，以避免在高速逃跑过程中发生碰撞。在高速跑动过程中，触角会从静止时的“向前”方向被动地切换为“向后”方向。在跑动过程中体表触毛与洞壁接触的机械感觉信息促使触角转换为向后的方向，可以近乎零时滞的检测身体与洞壁表面之间的距离。

八、预应力：听觉和触觉中的跨尺度机械传导

身体器官是集成了从纳米分子（10^{-9}m）微观尺度到宏观尺度（10^{-2}m）各种功能的系统。下面我们以人类听觉系统为例进行探讨（Gillespie and Muller，2009；Hudspeth，2014；Vollrath et al.，2007）。哺乳动物的耳朵作

为功能器官，是声学放大器、频谱分析仪以及三维惯性导航系统（Hudspeth，1989，2014）。因格贝尔（Ingber，2006）认为，跨越不同空间尺度实现机械转导的方式是使系统始终处于机械张力或预应力下：在宏观尺度上，鼓膜和听小骨（非常小的骨骼）被肌肉加强，使系统处于机械张力之下；在耳蜗内的介观尺度上，卵圆窗诱发耳蜗内的流体压力波，引起基底膜的细胞外基质（ECM）发生相应振动。在微观和纳米尺度上，耳蜗柯蒂氏器感觉上皮中特征性的成束外毛细胞将声音信号放大，并接受传出神经的支配，而内毛细胞由传入神经元支配，将声音信息传送到神经系统（Zhao and Muller，2015）。在毛细胞的纤毛中有机械门控离子通道，纤毛通过顶端连接或由蛋白质复合物组成的细胞外微丝相互联系，可以门控机械传导通道（Zhao and Muller，2015）。纤毛顶端连接可以作为弹簧，对离子通道进行机械门控。纤毛顶端连接的弹簧状结构表明它们也可能是预应力的，即它们通过静止张力对物理信号做出即时响应。因格贝尔（Ingber）指出：

> 自然界已经开发出一种巧妙的机械转导策略，采用了跨越多个尺度的层次结构（系统内系统），由肌肉、骨骼、细胞外基质、细胞和细胞骨架微丝组成张力网络，将应力集中到特定的机械转导分子（2006）[815]。

特维和丰塞卡（Turvey and Fonseca，2014）设想，肌肉、结缔组织和骨骼中跨空间尺度的预应力可以为机械转导提供传输介质，这种现象在触觉中非常明显。他们观点的核心是，身体的肌肉、结缔组织网络和骨骼（MCS）器官系统具有张力平衡系统的典型特征（参见第二章对张力平衡的讨论）。在他们看来，MCS 的功能形态单位是：

> 肌肉、结缔组织和骨骼组织的串联式组织结构，其中的感受性结构集中在不同组织的过渡区域。这种自响应黏弹性架构既是主动的（其肌肉组织产生收缩力），又是被动的（其结缔组织传递张力，其骨骼组织承受压缩力）。此外，它似乎在所有的关节部位发生重复（2014）。

脊柱是一个很好的例子，展示了肌肉和结缔组织如何相互连接并以三角形模式进行组织，从而为腰部区域提供机械支撑：当实验去除脊柱中的骨骼时，结缔组织网络仍保持完整性。因此，如同耳朵作为听觉器官，身体组织的预应力结构使得整个身体都成为了触觉器官。

九、肌肉性静水骨骼

一些软体动物具有肌肉性静水骨骼（muscular hydrostats），即一个由肌肉体壁包围的充满液体的内腔（Kier，2012；Kurth and Kier，2014）。体腔内的液体能够对抗体积变化，因此肌肉收缩不会使液体显著压缩。由此产生的内压增加为多种功能提供了可能性，包括支撑、肌肉拮抗、机械放大和力量传递（Kier，2012）。功能分化的实现有一部分就是通过将肌肉纤维排列成圆形、纵向的几何形状，或将身体分割成环节动物那样的不同隔片或节段，如蚯蚓。

许多软体动物的结构，如普通章鱼（*Octopus vulgaris*）的腕，缺乏环节动物那种充满液体的空腔。相反，这些结构被称为“肌肉性静水骨骼”（Kier and Smith，1985；Smith and Kier，1989），由密集的三维排列的肌肉与结缔组织纤维组成。肌肉性静水骨骼的一个特点是肌肉可以选择性收缩，使其中一个维度减小同时另一个维度增加（Kier，2012）。实现器官形状的选择性变化主要是通过构成其特定结构的肌肉纤维的收缩作用。伸长是由横向、径向或环形排列的肌肉纤维收缩引起的：直径缩短减小从而长度增加（Kier，2012）。相比之下，弯曲是由一侧的纵向肌肉纤维选择性收缩，以及横向、环形或径向肌肉组织同时收缩引起的（Kier，2012）。

具有器官伸长、缩短、弯曲、扭转和刚度可变能力的为头足类动物，例如章鱼，这种聪明的猎手和工具使用者，显示出了使用腕实现多种功能的能力。章鱼有八条腕，每一条腕的顶端都有一排复杂精密、极具特点的主动吸盘，能够执行站立、移动、捕捉猎物、打开双壳贝类、伸取目标、抓握、梳理、挖建遮蔽所等各种功能（Hochner，2008）。章鱼身体肌肉性静水器官的灵活性和多功能性引出了一个问题，即其如何协调众多肌肉来执行特定的任务。章鱼拥有密集分布的神经系统，其5亿个神经元大部分位于身体外周，紧靠身体和环境之间的信息流动部位（Hochner，2012）。分布式控制系统使得章鱼能够通过其肌肉性静水骨骼的促动器特性，简单利用八条腕就能完成复杂的任务，例如视觉引导的伸取动作。

章鱼的手腕在任何固定的位置都没有关节。相反，遵循前面确定的肌肉性静水骨骼的原理，腕可以在任何需要的部位发生弯曲。这种功能将肌肉结构的高维性大大减少到仅仅三个自由度：两个用于腕底的方向，第三个用于调节腕弯曲的传播速度（Gutfreund et al.，2006）。为了形成一种特殊用途的、准关节式的进食结构，章鱼神经系统把腕从底部到顶部依次分成近端、中端和远端三个部分。远端部分的动作就像一只手，通过吸盘抓取食物，而近端和中端部分则像前肢，可以把食物送入口中（Sumbre et al.，2005）。章鱼的例子是自然界利用柔性架构控制身体部位的一种解决方案，对于构建具有丰富动力学能力的神经修复装置具有重要意义，这些能力可以被内建到假肢中，利用来自神经网络的简单激活信号形成意图，具体细节将在第八章中进一步探讨。

十、自然界中的泵

自然界建造了高度专门化的泵来获取营养，以满足不同动物物种的特殊代谢需求。例如，蜂鸟表现出独特的高代谢活性，为悬停及敏捷快速空中机动所需的惊人翅膀拍击率提供能量。为了满足自身的能量需求，蜂鸟会优先寻找花蜜这种高能量密度的营养源。蜂鸟的喙特别适合于深深插入花冠中快速吸取花蜜。然而，蜂鸟用舌头吸取花蜜的方式一直存在着一些争议。采用高速摄影、花朵形状模拟、精确测量花蜜从花流动到喙的研究，得出了意想不到的结论，花蜜在蜂鸟舌头内的运动不是人们曾经以为的毛细管作用。相反，蜂鸟的舌头是弹性微泵（Rico-Guevara et al.，2015）。其他动物物种则利用它们特殊的解剖结构快速组装成饮水泵。

众所周知，狗在饮水时常常弄得到处都是，因为它们是不完整的脸颊解剖结构，导致无法采用吸吮式饮水方式（Crompton and Musinsky，2011）。取而代之，狗采用了一种“开放式泵送”（open pumping）的机制来喝水：舌头形成“勺状”，伸入水面时将水花溅起，当水由于惯性而黏附在快速缩回的舌头上时会产生一个水柱，为狗咬含水柱提供一个短暂的时间窗口（Gart et al.，2015）。为了研究狗如何控制水柱特性以供饮用，加特等（Gart et al.，2015）用玻璃棒对狗的舌头进行了物理模拟，他们将玻璃棒以特定的加速度插入水浴中然后从水浴中提出。就像狗的舌头一样，当玻璃棒向上运动时，会产生水柱和夹断（pinch-off），并且抽取的体积与棒的加速度呈正相关。因此，狗似乎能够控制舌头缩回的加速度，并且必须确定咬含时间，以便在水柱夹断的瞬间闭上嘴巴。和狗共同生活的人都知道，水碗里的东西很可能会弄得满地都是。很显然，这种混乱场面是因为所有的狗都采用了这种开放式泵送过程，而不仅仅是我们的狗才这样。

狗的舌头和其他哺乳动物一样，是附着在骨骼（舌骨）上的静水骨骼。它能够迅速改变形状并且精确贴附到口腔内多个器官的表面上，或者伸到口腔之外（Bramble and Wake，1985；Hiiemae and Crompton，1985）。科学家已经成功开展了一些成像和建模研究，直接测量正交排列的肌肉纤维如何在帮助组织变形的同时保持其体积（Mijailovich et al.，2010；Gaige et al.，2007；Gilbert et al.，2007）。米贾洛维奇等（Mijailovich et al.，2010）采用磁共振成像和弥散锥体示踪成像技术，显示和测量了肌纤维群体的方向一致性（局部应变向量的对齐方式）。舌肌结构组成的核心区域是包裹在纵向排列纤维中的正交排列与交叉纤维群，所有这些纤维群与外向连接的外部纤维群相互结合在一起。因此，舌头是一种特殊形式的肌肉性静水骨骼，因为它显示出的驱动力不受任何外部骨骼结构（内肌群）的束缚，而是受限于外部肌肉和外部骨骼结构的力学关系。

静水骨骼性舌头的软组织和肌肉结构揭示了其结构如何在身体内外边界处提供混合功能。舌头足够柔软，可以向口腔内的其他软组织施加压力而不会造成损伤，而且还能够改变形状和硬度从而伸出口腔外以获得营养。对于固态食物，舌头在口腔内移动食团以便咀嚼和加工后吞咽。对于液体营养物，通过舌头与腭部和咽部表面接触的推进肌力直接吞咽（Goldfield et al.，2006，2017）。从解剖学上讲，舌头处于气道、声带和外部大气环境之间的交界处。自然界通过进化发展，可以利用同一组肌肉的变形和变硬，与口腔内表面进行接触从而调节呼出空气分子的流动，使它们携带高度结构化的声能阵列（Goldfield et al.，2017）。

人类吞咽动作涉及的肌肉群和器官还可能发挥其他功能，包括呼吸和说话（Crompton et al.，2008）。吞咽动作需要灵活运用这些肌肉群，以便吞咽器官快速改变形状以及它们相互接触的时机和力量，从而发挥不同的功能。在呼吸空气的哺乳动物中，摄取食物要求舌头和呼吸器官之间动态耦合，以便能够在植物性模式（维持生命）和进食模式之间快速转换。例如，新生儿在母乳或奶瓶喂养中学会吸吮牛奶所面临的挑战（Goldfield，2007；Goldfield et al.，2017）。咽部是通向肺部和消化道的共同解剖路径，受到机械感受器、热感受器和化学感受器组成的复杂网络的介导。咽部肌肉通过产生和释放收缩力，可以选择空气或食物的流动方向（Miller，2002）。在植物性模式下，脑干呼吸控制网络的吸引子动力学产生一个吸气–呼气的循环（Feldman et al.，2013），将呼吸节奏与口面部的感知觉结合起来（Kleinfeld et al.，2014），并调控与舌部和咽部吸引子动力学的耦合（Smith et al.，2013）。在转换为吞咽动作的过程中，感知引导的脑干网络引发了肌肉群的重组，使得咽部形状结构被重新配置（Jean，2001）。

在母乳喂养和奶瓶喂养过程中，人类婴儿的舌头和咽部如何共同作用将乳汁送入口中？人们所熟悉的吮吸模式可以认为是将舌头这一多功能器官柔性组装成一种容积泵（Goldfield，2007；Goldfield et al.，2017；Vogel，2003）。容积泵将连续性流体聚集到有限的空间中，然后压缩流体所在封闭空间的体积，迫使其通过特定的出口排出，并产生使流体移动的压力差。在婴儿吮吸过程中，口腔、唇、下颌和舌咽部肌肉群之间通力协作将乳汁吸入口腔，嘴唇紧密包裹在乳头和乳晕周围，将聚集的乳汁团挤入一个狭小空间，乳汁团周围组织的弹力足以建立针对特定体积的一定压力。在吞咽过程中产生的解剖结构收缩与开放限定了流体的通道，使得食团在通过咽部被强制泵送到食管上括约肌的旅程中，不会意外进入气道（Sawczuk and Mosier，2001）。

十一、从吸引子动力学到功能

（一）行为模式

移动、寻找食物、避开捕食者、摄食和饮水、沟通交流，这些都是我们这个星球上动物们首选的、稳定的行为模式（Goldfield，1995；Kugler and Turvey，1987；Reed，1988；Warren，2006）。当动物被特定的环境资源吸引或排斥时，每一种行为模式都形成自身资源的快速、暂时性组装，以便产生特定的吸引子动力学（attractor dynamics）。根据动物的具体解剖学资源，例如其附肢的大小、形状和肌肉组织，具有相同吸引子动力学基础的每一种行为模式可以通过不同的方式来实现。通过与固体表面接触来移动身体的动物进化出了滑行、爬行和步行的运动模式；生活在水中的动物用游泳作为它们的运动方式；拥有翅膀的动物则能够通过滑翔或拍打翅膀在空中飞行。动物已经进化出了行为模式内的组织结构转换——例如，在陆地上从行走变成奔跑，或在飞行中悬停而不是改变空间位置；以及同一附肢在不同功能之间的转换——例如鱼类在水中使用鱼鳍推进或过滤食物（Koehl，2004）。青蛙是一种生活在水陆交界处的两栖动物，当其处于蝌蚪形态时，利用尾状附肢在完全水环境中游泳。但在许多蛙类的变态发育过程中以及个体生命周期内，尾部被身体吸收，其功能被四肢替换用以游泳和行走（参见第七章）。在其他脊椎动物胚胎发生的发育过程中，附肢在个体发育时期从早期脊椎动物的特征形态转变为陆地、水中及空中哺乳动物不同运动方式中的一种。

（二）个人观点

我在博士后期间的主要科研项目是研究婴儿如何利用身体运动的内在动力学来运动（参见 Goldfield，1989）。刚刚掌握了动力学系统工具的我，被学步前婴儿两个有趣的节奏现象所吸引。彼得·沃尔夫向我指出了这两个现象，并且我在检索和阅读了米尔特·麦格劳（Myrtle McGraw，1943；Gottlieb，1998）和阿诺德·盖塞尔（Arnold Gesell，1946；Thelen and Adolph，1992）关于婴儿爬行的经典文献后兴趣更加浓烈。首先，沃尔夫在临床上观察到，正常发育婴儿在开始爬行之前经常四肢来回摇晃，这是许多节奏性婴儿的“刻板行为”（stereotypies）之一（参见 Thelen，1979，1981，1996）。其次，用脚掌和胳膊在地上支撑身体的婴儿会兴奋地弯曲与伸展腿部，仿佛在“弹跳”（bouncing）。实际上，当婴儿被竖直放在系有弹簧的安全带中时，他们会欢快地不断弹跳（Goldfield et al.，1993）。从动力学系统的观点来看，这两种节奏运动在现象学上似乎都表现为吸引子动力学，因此它们可能是产生诸如运动之类的功能行为的核心。我的主要假设是，婴儿可以通过探索其身体运动的动力学，发现如何将身体资源组装成用于运动的功能装置，并能够系统性地改变它们，以实现自身的目的。

当时我还没有能够测量婴儿摇摆动力学的动作捕捉系统，但我能在波士顿地区的婴儿家庭中进行纵向视频观察，以更好地了解摇摆的潜在意义。发展心理学家乔治·米歇尔（George Michel）当时在哈佛大学与彼得·沃尔夫一起工作，目前在北卡罗来纳大学任教，他对手部使用横向不对称性的作用提出了一些看法，这些想法也影响了我。在那段时间里，我和米歇尔共同开展了一些关于婴儿伸取物体的研究（Goldfield and Michell，1986a，b），因此，我在婴儿学习爬行的动力学纵向视频中，同时还评估了每个婴儿的利手性。这是一个很好的决定，因为它帮助解决了一个关于婴儿摇摆的谜题。当婴儿第一次独立地用手和膝盖支撑自己时，身体与地面的四个接触点形成了对称性的支撑。因此，当他们试图通过固定脚部、伸展腿部向前移动时，手推地板逐渐施加的相等和相反的力会导致身体来回摇摆活动。对于婴儿和我来说，难题是弄清楚身体是如何摆脱这种力的平衡的，答案原来是牵涉到了利手性。婴儿逐渐学会移动他们的身体，使他们惯用的那只手能够自由抬离地面并伸向前方。这样就剩下了三点支撑，既足以防止婴儿跌倒；同时也允许他们向前爬行。换言之，固有的手部使用横向不对称性可能打破了婴儿摇摆中的生物力学对称性，产生由腿部摆踢并驱动手部位置的连续循环，这种突现行为我们称之为“爬行”（Goldfield，1989）。

为了探究行为的基本动力学性质，如直立踢腿，动力学家利用模型来制作和测试关于系统行为的预测。他们采取了基于运动方程式的任务动力学建模形式（Saltzman et al.，2006），或者基于机器人的物理和算法架构（Berthouze and Goldfield，2008）。作为学步前婴儿家庭纵向记录的一部分，我给每个家庭提供了一台名叫“婴儿蹦蹦乐”（Jolly Jumper）的市售婴儿弹跳器。这使我能够每周记录婴儿学习弹跳的进展。我和布朗大学的比尔·沃伦（Bill Warren）、康涅狄格大学的布鲁斯·凯（Bruce Kay）一起研发了婴儿位于弹跳器作为可调节强迫质量弹簧系统的模型（Goldfield et al.，1993）。强迫质量弹簧的方程式，在等号一侧包括了一些规律性、周期性的能量输入源（如婴儿踢腿产生的力），在等号另一侧包括了质量、刚度和阻尼等系统的参数，反映弹簧的物理特性。然后我们测试了模型的预测效果，发现其与观察到的婴儿行为具有很好的一致性。婴儿弹跳的机器人建模进一步扩展了这项工作，确定了控制机器人探索自身行为方式的方程式所产生的学习模式，是否与我们在婴儿纵向记录中所观察到的模式相同（Berthouze and Goldfield，2008；另参见第九章）。

（三）生物力学与动力学

学习弹跳可能与学习走路之间没有直接关系，事实上，弹跳更像是跑步而不是走路。行走的经典生物力学模型是基于某些版本的倒立单摆系统（经典模型参见 McMahon，1984），该模型认为，肢体一旦开始摆动就会沿着固定轨迹运动，即完全在重力的作用下运动。但是，神经肌肉力量如何发起摆动并在整个步态周期中维持其运动呢？曾经在康涅狄格大学工作，目前就职于波士顿大学，受过良好训练的动力学家、生物力学专家、理疗师肯·霍尔特（Ken Holt）与他以前的学生、目前在巴西米纳斯吉拉斯联邦大学工作的塞尔吉奥·丰塞卡（Sergio Fonseca），共同提出了一种擒纵机构驱动、阻尼型、混合型倒立单摆系统（参见 Holt et al.，1996；Holt et al.，2000）。这个模型中采用一个类似于钟表擒纵机构的机制来替代在循环期间损失的能量（例如摩擦损失的能量），并且在钟摆振荡的适当相位释放出能量脉冲（Holt et al.，2006）。学习走路的幼儿会逐渐发现他们身体的摆动和弹簧动力学特性（Holt et al.，2006）。该模型还成功预测了脑瘫儿童中动作过度僵硬对步态周期的影响（Fonseca et al.，2001，2004）。

十二、导航：神经吸引子和行为动力学

对自然界观察细致入微的人，比如查尔斯·达尔文（Charles Darwin），已经注意到大多数动物能够始终保持它们与“家园”的相对位置，这种对自身运动的整合叫作路径整合（path integration）（McNaughton et al.，2006）。头部方向（HD）细胞广泛分布在大脑边缘系统，其利用动物头部在水平面上的方向进行路径整合，而与动物所处位置和正在进行的行为无关（Taube，2007）。科学家假设 HD 细胞为圆形排列，呈现出环形吸引子的动力学特性，并且通过兴奋和抑制之间相互作用的过程，在环上产生局部的、自我维持的“碰撞”（bump）动作（Knierim and Zhang，2012）。

导航如果仅仅依靠路径整合，随着时间流逝会不断累积误差，因此自然界的导航系统利用感知信息来更新路径整合的内在动力学。有两项研究证实了导航的环境驱动与内源贡献之间的关系。第一项研究在哺乳动物中证实，环形吸引子即使在没有前庭或其他感觉输入的情况下仍能保持其时间组织结构。佩拉凯等（Peyrache et al.，2015）研究确定了时间相关的 HD 神经元群（称为动作包，activity packet）是否在小鼠转动头部以及睡着时，沿着一个虚拟的环移动。佩拉凯等（Peyrache et al.，2015）研究发现，动作包在快速眼动睡眠期间的移动与清醒时相似，这是环形吸引子动力学的有力证据。

确定识别导航所涉及大脑网络吸引子动力学的第二项研究，是测量果蝇等的更为简单的神经系统的活动。有大量文献记载显示，昆虫利用路径整合和太阳偏振光相关感觉信息进行导航（Heinze and Homberg，2007）。西利格和杰亚拉曼（Seelig and Jayaraman，2015）目前已经确定了环形吸引子在果

蝇地标定位与路径整合中实际的神经动力学特征。在果蝇中，中央复合体（CX）尤其是椭球体（EB）参与导航。西利格和杰亚拉曼（Seelig and Jayaraman，2015）使用双光子成像和基因编码钙指示剂（参见第五章），监测头部固定果蝇在发光二极管（LED）场地内的气垫球上行走时，其中央复合体的神经反应，该研究是在珍妮雅农场研究园区（Janelia Farms）开展的。该研究获得了多项突出发现，支持导航过程中的环形吸引子模型，包括神经活动组织产生局部势阱、基于自身运动的势阱移动以及黑暗环境中势阱位置的漂移。因此，对哺乳动物和昆虫的研究共同支持了大脑网络产生吸引子动力学作为导航装置的观点。

昆虫和哺乳动物导航时神经路径整合的证据提出了一个基本问题，即行为功能（如导航和摄食等）如何从不同物种的特定神经吸引子动力学与其生态位中可用信息之间的相互作用中突现（Goldfield，1995）。这个问题不仅对于了解大脑和行为（见第五章），而且对于控制自主机器人（见第四章），以及设计与生物系统无缝整合并具有突现功能的机器人辅助装置（见第八章和第九章；参见 Krakauer et al.，2017）都具有重要意义。我之前讨论了吉布森对结构化环境中特有的信息梯度、不变性和功能可供性的发现成果。这些信息如何成为绘制大脑和环境地图的手段呢？

有证据表明，甚至在只拥有最简单神经回路的动物中，如秀丽隐杆线虫（*C. elegans*），用于导航和摄食的基本智能感知装置也都特化发展成可以检测随时间变化的化学梯度的波动。加藤等（Kato et al.，2014）记录了感觉神经元的钙离子反应以及嗅觉探索行为，发现成年线虫能够改变它们头部摆动与转动的频率，以便跟随实验操纵的气味浓度的变化。值得注意的是，它们在两个不同的时间尺度上改变行为：头部定位发生在化学梯度变化的数秒钟内，头部翻转的频率则为每次一分钟左右。智能感知装置引导摄食行为具有更进一步的进化优势，可能涉及增强对感知干扰的鲁棒性。例如，软体动物海兔（*Aplysia sp.*）的摄食行为似乎突现于神经回路架构，这种架构使得对感觉输入的一系列响应成为可能（Lyttle et al.，2017）。

但是，虽然蠕虫和软体动物在如何利用可用感觉信息来探索其生态位中的食物方面可能是“智能的”，但是大脑神经回路的更大规模集合可能已经进化为动作引导感知装置的组装，这些感知装置对更广泛的感觉信息具有鲁棒性。有证据表明，小鼠大脑皮质的伽马振荡可以汇聚皮质下神经回路集合，形成调节觅食导航行为的特定网络（Carus-Cadavieco et al.，2017；另见第五章）。因此，小鼠在摄食期间的导航行为可能产生于某些行为周期驱动皮质下回路的皮质同步化（cortical synchronization），并且受到在线感觉信息的指导（Goldfield，1995；Goldfield et al.，1993）。我将在第五章中进一步探讨皮质同步化在行为动力学中的可能作用。但在结束本章之前，将简单介绍吸引子环境布局对人类导航行为动力学的贡献。

对人类在虚拟环境中导航行为的神经影像学研究证实，特定大脑区域负责跟踪自身运动（平移和旋转）以更新对自身位置和方向的掌握了解（Chrastil et al.，2016）。其他的研究表明，在动物探索行为期间，颞叶内侧的位置细胞受到强烈的 θ 节律的调节（见第五章），使得位置细胞在每个 θ 周期中被激活以便它们能够“向前看”，在面临选择的位点探索多条不同路径（Pfeiffer and Foster，2015）。环境中的这些选择位点究竟是什么？一种可能性是吸引子和排斥子的分布情况。

布朗大学的比尔·沃伦（Bill Warren）和他的学生一直在进行一项关于人类探索及其内在行为中结构化环境吸引子布局的研究项目（参见 Warren，2006）。为了进行验证，沃伦和现就职于伦萨拉尔理工学院（Renssalaer Polytechnic Institute）的学生布雷特·法扬（Brett Fajen）开展了一系列研究，受试者佩戴头戴式显示器，在由地面、球门柱、障碍柱，以及移动目标和障碍物组成的计算机虚拟环境中行走（参见 Fajen and Warren，2003；Warren and Fajen，2008）。研究人员采用运动跟踪系统来揭示每位参与者如何接近环境吸引子（球门柱）和远离排斥子（障碍柱）。然后将参与者的行为与一组常微分方程仿真结果进行比较，这组方程定义了运动方向（头部朝向）的吸引子和排斥子。从这个动力学系统的角度来看，导航环境中的全局路径产生于与这些吸引子与排斥子的局部相互作用。在这些研究中，有可能成功模拟个体如何转向静止目标、避开障碍物、拦截移动目标、避开移动障碍物等。在另一组研究中，一组受试者被要求跟随一名随机增加或降低步行速度的同伴（Rio et al.，2012；Rio et al.，2014）。研究中，基于光学扩展归零的速度匹配模型能够获取一个人跟随另一个人的行为动力学。综上所述，这些研究支持了如下观点，即在结构化环境中导航时，人类会接近吸引子而远离排斥子。这些研究的意义在于，神经活动中突现的吸引子与环境吸引子和排斥子的布局之间存在着天然的亲和力，这一重要关系将在第五章中进一步讨论。

第四章
用自然界的方法构建装置

在 1989 年上映的黏土动画短片《月球野餐记》(*A Grand Day Out*)中，华莱士和沉默聪明的宠物狗格罗米特建造了一枚自制火箭，以便去月球旅行。当然，月球是由奶酪制成的，华莱士是个奶酪迷。当他们在月球着陆后，华莱士和格罗米特铺上野餐毯，摆好餐具，但对他们所吃的奶酪品种却困惑不解。很快他们发现自己并不孤单，月球上有一个轮式机器人，看起来像一台 20 世纪 50 年代的芥末色英国烤箱。我们不知道这台机器是如何到达月球的，但其行为对于如何构建一个自适应(虽然是投币式的)机器人来说是一个幽默的尝试。华莱士在机器人的投币槽里放了十便士，但是没有任何反应。直到他和格罗米特走开，硬币才在面板上显示出来，机器人才从明显很长的小睡中醒来。机器人的伸缩式手臂从侧部伸出，打开底部抽屉并在其中翻找东西，最终找到了一个望远镜并把它插入一个插座。当华莱士和格罗米特的野餐毯被聚焦在镜头中时，机器人表现出非常懊恼的滑稽姿态。

当我们的英雄从镜头中消失后，机器人就滚动到野餐毯上，毫不客气地把他们的杯碟都扔到了自己的下层抽屉里。一本关于“滑雪旅行”的小册子引起了机器人的关注。册子里的图片激发了机器人的一个想法，即由顶部天线产生的视频“思想泡泡”(thought bubble)：机器人想象自己在未来模仿小册子里的人类滑雪者，毫不费力地滑下斜坡。然而机器人垂下了自己的手臂，因为它显然意识到自己目前的轮式运动方式并不适合滑雪。该怎么办呢(表现为挠头的姿势)？首先，机器人对月球上的奶酪景观进行修复，将闯入者吃剩下的奶酪粘回去。然后，机器人看到了远处的火箭飞船，机器人绕着火山口转动过去，并在不知道飞船物质特性的情况下直接撞上了飞船。机器人发现飞船很硬，不像月亮上的奶酪。它再次取回并安装上望远镜，看到了远处的华莱士和格罗米特以及远处的行星地球。此时，我们再次看到了机器人的“思维过程”，这次在华莱士和格罗米特以及滑雪场地之间建立了联系。当华莱士和格罗米特抓起一些奶酪并试图逃跑时，机器人在飞船起飞前意外地从船上拽下了两条金属带。华莱士和格罗米特现在在轨道上是安全的。而在月球表面，机器人的姿态表明它非常孤独和愤怒。但是等等！被没收的金属条虽然坚硬，但很柔韧，而且一端可以弯曲。解决办法就在眼前：在短片结尾处，我们看到机器人使用金属带和其他剩下来的滑雪板与滑雪杆，在月球山上滑上滑下，像风车一样转动手臂以帮助自己从山的一侧爬上去，再从另一侧滑下去。最后，地面上的机器人和轨道上的华莱士与格罗米特互相挥手，表现出了友好的姿态。

这部经典喜剧展现了 20 世纪后期对自主机器人的观点，它根据事先编好的程序，非常固执地确保月球奶酪的完整性，但也能够利用可用资源发现解决问题的新方法。但是这个机器人似乎超出了其保护月球奶酪或解决其他问题的程序范围：它能够满足自己的愿望。本章将探讨我们受生物学的启发，在研发包括软体机器人在内的新型自适应材料和装置方面已经取得的巨大进展。我们距离制造出能够超越自身编程内容的机器还很远。但是我们已经有了一个良好的开端。

一、模拟生命装置

对于华莱士和格罗米特来说，在地下工作室里修修补补是不错的，但是建造模仿自然界的装置则需要面对先进技术的挑战，并且能够深刻理解自然界的基本建筑模式以及它们如何随着时间发展进行排列。在细胞水平上，自然的建筑环境是一个具有连续性物质和能量流的开放系统，为反应网络提供动力，维持浓度梯度，并能够进行主动运输（Grzybowski and Huck，2016）。

例如，器官的生物建造发生在细胞“工厂”内，这些工厂使用隔室——如细胞囊泡，来维持生物合成的非平衡条件（Grzybowski and Huck，2016）。自然界利用反馈机制与动物的物理动力学相互作用，从而在应对各种扰动时能够保持稳定（Cowan et al.，2014）。自然界还利用反馈回路来建造具有特征长度尺度的结构，这在形成动物皮肤条纹图案或昼夜节律方面尤为明显（Novak and Tyson，2008）。对于生物启发的材料、微型机器和工厂来说，艰巨的挑战在于将上述及其他模式集成到功能性、自适应装置中，这些装置能够运输各种材料及其自身，并与环境交换能量和物质。这种挑战的一个仿生具体实例是，软体机器人由化学“工厂”自主驱动，并且具有相互连接的器官样系统及反馈连通性。我们已经走到这一步了吗？

位于麻省剑桥的怀斯研究所仿生机器人实验室充满活力，就像忙碌的蜂巢。激光在计算机引导的操作上台飞快移动，在片状材料中切割出精确的微通道。在门口，一台高分辨率 3D 打印机正在塑刻计算机绘制的另外一个机器部件。在拐角处，运动捕捉摄像机正在跟踪一只昆虫大小的机器人苍蝇，记录它从地面升起、俯冲、盘旋，然后返回以四点着陆的过程（Ma et al.，2013）。在旁边一栋大楼里，体型稍大一些的一群机器人沿着斜坡往上搬运砖块，斜坡是由先前搬运的砖块堆积形成的。像白蚁筑丘一样，每个 TERMES 微型机器人都在内置传感器的引导下，利用轮式腿（适合爬坡的专用轮子）确定其所运砖块的安放位置（Werfel et al.，2014）。

对于苍蝇和白蚁，工程师、计算机科学家与生物学家合作，在生物系统进化原理和物理标度律的指导下，设计和建造了专门的微型机器人。这些原理和定律包括按比例建造、利用现有部件实现新功能（双翅目胸腔上附着昆虫机器人的人工肌肉），以及使用局部信息源或共识主动性来指导行为（TERMES 使用局部可用信息）。未来时代的仿生装置技术——包括先进的生物材料和微型机器人，可以提供来自进化和发育过程的新解决方案，以应对重塑受损神经系统的巨大工程挑战。

身为怀斯研究所的正式人员，我非常荣幸有机会向仿生工程领域这些杰出的创新领袖以及其他人学习并与他们合作。怀斯研究所的研究人员正在合作研究先进材料、柔性传感器、利用材料顺应性的促动器和软体机器人技术等。由于同事们的开创性想法，将生物学原理转化为生物工程实践已成为可能，例如，乔治·怀特塞兹（George Whitesides）提出的“自组装”（self-assembly）概念（Whitesides and Grzybowski，2002）。自组装是指各部件自主组织成不同模式或结构（Whitesides and Grzybowski，2002）。在自然界中，昆虫，尤其是蚂蚁的协作行为说明了自组装是如何将可用的身体部件协作耦合以形成特殊结构，如蚁筏。蚂蚁为什么要建造蚁筏？红火蚁（*Solenopsis invicta*）的天然栖息地巴西雨林经常发生洪水，单个蚂蚁只能在水中挣扎，但当一大群蚂蚁把它们的身体连在一起时能够形成气囊，使得蚂蚁在被洪水淹没时能够毫不费力地漂浮数天（Mlot et al.，2011；Tennenbaum et al.，2016）。由此形成的集合体具有凝聚力、浮力和防水性。蚂蚁如何用自己的身体部件建造筏子和其他结构？扫描电子显微镜（SEM）成像和微型计算机断层（CAT）扫描重建表明：①每只蚂蚁用自己的下颚连接另一只蚂蚁的腿；②通过增加连接数量来增加结构的强度；③每只蚂蚁用腿推动紧邻的蚂蚁以控制它们的方向；④体形较小的蚂蚁填补到体形较大蚂蚁的腿间以调节组装密度（Foster et al.，2014）。因此，蚁筏和其他由它们自己身体建成的构造物不仅是自组装的，而且是受信息调控的。

二、仿生自适应材料的自组装

目前的仿生或“智能”材料在材料科学发展中属于第四代，以前的三代材料分别是20世纪60年代的传统生物材料、90年代的生物活性材料，以及20世纪后期的生物可降解材料（Holzapfel et al.，2013）（表4.1）。如第三章所述，扫描电子显微镜等先进成像工具的使用，揭示了自然界构建方式的基本原则，包括具有层次结构特征的材料。例如，怀斯研究所墙壁上最引人注目的一幅装饰画是一个嵌在许多粗手指中的球体。然而，借助扫描电镜的进一步研究表明，这些粗手指是怀斯研究所同事乔安娜·艾森贝格（Joanna Aizenberg）和马哈德万（L. Mahadevan）实验室拍摄的微观尺度的猪鬃。

表 4.1 生物材料发展目标几十年来的演变

时代	目标
传统生物材料	20 世纪 60 年代的早期生物材料寻求化学和物理性质的适当结合，以使与被替换组织的化学和物理性质相匹配，使得宿主的体内排异反应降到最低
生物活性材料	自 20 世纪 90 年代以来，生物活性材料的目标是在材料界面上诱导特定的生物反应，例如，具有促进生长的涂层和结构的植入物
生物可降解材料	生物可降解或生物可吸收材料首先能够融入周围组织，并最终完全降解
仿生“智能”材料	智能生物材料能够适应与修改其结构特性以应对其所处的各种环境

资料来源：B. Holzapfel，J. Reichert，J.-T. Schantz，U. Gbureck，L. Rackwitz，U. Noth，F. Jakob，M. Rudert, J. Groll, & D. Hutmacher(2013), How smart do biomaterials need to be? A translational science and clinical point of view，Advanced Drug Delivery Reviews，65，581-603.

这些卷曲形和螺旋形，是由螺旋纤维形成的介观尺度结构的示例，然后进一步自组装成分层螺旋部件（Pokroy et al.，2009）。波克罗伊等（Pokroy et al.，2009）利用一种称为弹性毛细管聚结（elastocapillary coalescence）的物理化学过程，能够模拟生物形态发生。一排猪鬃被弄湿然后当水分蒸发时就会发生聚结现象：猪鬃自我组装成螺旋状。但是为什么一个看似简单的蒸发过程会导致螺旋形式的出现呢？显微图像显示，猪鬃刚毛阵列的蒸发导致形成了一个连接相邻支柱的弯月面。基于马哈德万早期研究工作中的一个数学模型（Cohen and Mahadevan 2003），认为猪鬃刚毛阵列几何结构的不完善、刚毛弯曲弹力和黏附力之间的竞争及蒸发率的局部差异共同促成了局部自组装。该模型能够解释低阶编织物的形成，然后这些局部效应在整个阵列中传播并形成长程有序区域，从而分层装配成更大的、卷曲的簇状结构。猪鬃刚毛阵列一旦组装成簇，它就成为一个具有涌现功能的装置，如颗粒捕获系统，或是类似于甲虫跗节黏附机制的装置（Eisner and Aneshansley，2000）。

通过自组装以类似于形态发生的过程制造仿生自适应材料的另一个例子是复杂微结构的形成，表现为色彩美丽的精致花朵。努尔杜因等（Noorduin et al.，2013）认为研究工作中制造微观结构的关键是在整个制造过程中主动调整制造工艺。例如，将矿物质和有机分子放在水溶液中的玻璃板上，然后改变“生长条件”、溶液 pH 和玻璃板的倾斜角，就可以控制所生长形态的结构。生长出来的特殊形态——半球形、锥形、菌柄形、花瓶形和珊瑚形——取决于三种不同“生长体制”中发生的化学和物理相互作用。由于所生长结构的形态能够对溶液条件产生响应，所以可以通过控制基本组建块的位置、酸碱度、温度和盐浓度等，将许多不同的形状相互叠加在一起（Noorduin et al.，2013）。

艾森贝格实验室从植物和昆虫之间的关系中还得出了其他观点（表4.2）。想想那些可怜的蚂蚁，当它们爬行在捕虫植物猪笼草（*Nepenthes sp.*）的捕虫笼周围时，时刻面临着未知的危险。捕虫笼边缘的颜色通常非常显眼，其脊线为“蚂蚁大小”，并向植物的底部倾斜。在潮湿的条件下，捕虫笼边缘变得非常光滑，蚂蚁很容易失去立足点而掉进充满消化液的笼底（Bauer and Federle，2009）。光滑表面是由于其湿润性，这是水、固体表面和空气之间相互作用的综合结果（Bauer and Federle，2009）。受猪笼草的启发，怀斯研究所的创所核心研究人员乔安娜·艾森贝格研发出了可自我修复的、光滑、液体注入、具有多孔表面的材料，或称为SLIPS材料（Wong et al.，2011）。这些材料使用纳米结构/微结构基质，并在其中注入润滑液体。液体薄膜在分子尺度上非常光滑且无缺陷，它通过毛细作用进入到底层基质中的受损部位提供实时的自我修复，它基本上是不可压缩的，并且可以设计为对几乎所有表面张力的不互溶液体加以排斥（Wong et al.，2011）。

表4.2　仿生自适应材料

材料	特点
纳米促动结构	可微调的多功能、响应性纳米结构材料。具有以下特性：①自我清洁（如荷叶）；②能够移动和可逆促动（如棘皮动物的脊柱）；③能够感知力场（如皮肤）
可自我修复、光滑、液体灌注、多孔表面（SLIPS）	灵感来源于尼泊尔猪笼草，使用纳米/微结构基质锁定注入的润滑液。液膜在分子尺度上非常光滑且无缺陷，它通过毛细作用进入到底层基质中的受损部位提供实时的自我修复，它基本上不可压缩，并且可以设计为排斥几乎所有表面张力的不互溶液体
稳态材料	刚毛状微结构在化学刺激下膨胀或收缩。当催化剂附着在微结构的尖端并浸入双层液体时，伸直的机械作用会开启化学反应，而弯曲作用则会将其关闭

续表

材料	特点
纳米多孔弹性基底支撑的拉伸响应液膜	液膜覆盖在纳米多孔基底上。拉伸引起的基体孔隙变化导致液膜在孔隙内流动，从而改变表面形貌。因此，拉伸提供了一种分级控制材料特性的手段，如光学透明性和润湿性等
复杂分层微结构	矿物质和有机分子的形成过程各不相同。将它们一起放在水溶液中的玻璃盘上，可以将这两种不同的过程耦合在一起，通过控制生长条件（如溶液的 pH、玻璃盘的倾斜角）可以产生花朵状分层微结构的自组织

资料来源：B. Pokroy, A. Epstein, M. Persson-Gulda, & J. Aizenberg（2009）, Fabrication of bioinspired actuated nanostructures with arbitrary geometry and stiffness，Advanced Materials，21，463-469；X. He，M. Aizenberg，O. Kuksenok，L. Zarzar，A. Shastri，A. Balazs，& J. Aizenberg.（2012），Synthetic homeostatic materials with chemo-mechano-chemical self-regulation，Nature，487，214-218；X. Yao，Y. Hu，A. Grinthal，T.-S. Wong，L. Mahadevan，& J. Aizenberg（2013），Adaptive fluid-infused porous films with tunable transparency and wettability，Nature Materials，12，529-534；and W. Noorduin，A. Grinthal，L. Mahadevan，& J. Aizenberg（2013），Rationally designed complex，hierarchical microarchitectures，Science，340，832-837.

（一）软光刻

生物工程和相关学科已经开发出非常突出的新技术来模拟自然界的自我组装过程。例如，怀特赛兹实验室一直处于纳米和微加工软光刻技术的全球领先地位（参见 Qin et al.，2010）。软光刻（soft lithography）是一种复制模塑（REM）工艺：制造表面特征尺寸为 30～100 μm 的拓扑学图形母版，对母版进行模塑以生成模式化图章，并在功能材料中制造出原始模板的复制品（Qin et al.，2010；Xia and Whitesides，1998；Gates et al.，2004）。采用 REM 方法的微加工工艺使用了一种称为聚二甲基硅氧烷（PDMS）的弹性材料（Ren et al.，2014）。这是一种无毒、透明、疏水、透气的适性材料。软光刻技术的最新进展，如拓扑图案（PoT）印刷，甚至使得将蛋白质直接转移到复杂表面成为可能（Sun et al.，2015；另见第十章）。

（二）微流体

怀特赛兹（Whitesides，2006）认为，微流体学“是处理或操作极微量（10^{-18}～10^{-9}L）流体的系统的科学和技术，其所有通道的直径为数十到数百微米”。换句话说，微流体学是一个致力于“管道和流体操作微型化”的学科领域（Squires and Quake，2005），其尺度接近生物细胞的大小（Ren et al.，2014）。在微流体装置中，流体处理的基本单元，即微机械阀，是通过多层软光刻技术制造的（Melin and Quake，2007）。此外，在“自下而上”的制造工艺中，这一基本结构单元转化为复杂的综合功能网络，其中阀门具有泵送、混合、计量、闭锁和多路复用等用途（Melin and Quake，2007）。微流体装置中微通道制造技术的主要进展是引入了硅基弹性体，主要成分是聚二甲基硅氧烷（PDMS）。水凝胶的引入进一步推动了微流体装置材料的发展。水凝胶中的水含量高达总质量的 90%，并且具高度多孔性，允许分子在材料整体中扩散。水凝胶结合了生物细胞固有的兼容性和自身的高渗透性，使其成为封装活体细胞的优异材料（Ren et al.，2014）。

微流体装置使用流体控制逻辑器件，在不损失能量的情况下实现逻辑连续阶段的压力增益阀门，调节流量（Weaver et al.，2010）。与电子学的电阻晶体管电路类似，非电子式的流体电阻与阀门的源线（节流孔）串联。通过阻塞节流孔使阀门没有流量流过，阀门源线输入处的压力升高；当流体能够流过阀门时，压力损失并降至低于阈值水平（Weaver et al.，2010）。两个并联的阀门可创建一个“与”（AND）逻辑门，而两个串联的阀门则成为流体式的“或”（OR）逻辑门（Weaver et al.，2010）。三层微流体结构使得有可能通过作为止回阀和切换阀的孔道，将液体持续注入转变为瞬时流出（Mosadegh et al.，2014）。相互连接的物理间隙和空腔形成了可自发产生振荡流的流体逻辑门（Mosadegh et al.，2014）。这些控制元件可以作为逻辑基元，并从中涌现器官芯片技术的复杂、非电子式网络架构。

三、器官反向工程：微流体使能技术

微流体装置为器官系统反向工程提供了一种使能技术。器官将各种组织结合成功能性的多尺度层次结构，其中的内部和外部力量通过反馈回路作用于组成细胞（Blanchard and Adams，2011）。此外，器官和器官系统可以产生周期性应力、压缩力和剪切力等机械力，并受到它们以及神经电信号的影响。对器官进行反向工程是一个非常困难的过程，需要应用各种方法建立组织–组织界面、血管灌注，以及获取特殊功能的微环境（Ingber，2016）。我们以器官芯片装置为例进行介绍。

器官芯片微流体装置用于“在连续灌注、微米大小的培养室中培养活体细胞，以模拟器官和组织的生理功能”……其目标是“合成能够再现组织和器官功能的最小功能单元”（Bhatia and Ingber，2014）。这些成像友好（即光学清晰）的微工程装置能够重现细胞作为器官系统一部分发挥作用时，所接触的气体、液体和机械化学微环境等各个方面，如心脏跳动和肺部呼吸。怀斯研究所的唐·因格贝尔研究小组开发的器官芯片装置的重点是：①在微观尺度上控制流体流动；②体现机械力对细胞功能的影响（另见第二章）。例如，该装置应用了直径小于 1mm 的微流体通道，层流在其中占主导地位，因此当两股流体相遇时，它们平行流动而不产生涡流或涌流（Vogel，2013）。器官芯片装置对层流的控制采用了一种产生物理和化学梯度的方法。怀斯研究所研发的工程化器官芯片装置与众不同，它能够模仿器官组成细胞所受到的机械应变力和剪切力，例如控制细胞所附着的柔性腔壁的变形（Bhatia and Ingber，2014）。

“可呼吸”的人类芯片肺结合了层流、应变力和剪切力的作用，能够重现功能正常的肺部细胞所处的微环境（Huh et al.，2010）。这种微流体装置的架构由人内皮细胞排列的血管通道和人肺泡上皮细胞排列的充气通道组成（Huh et al.，2010）。为了模拟功能正常的肺，微流体装置可以通过周期性抽吸，有节奏地扭曲柔性通道侧壁。正如巴蒂亚和因格贝尔所描述的：

> 血管通道中的流体流动、肺泡通道中产生的气–液界面和周期性机械应变力的相互结合，强烈促进了通道中上皮细胞和内皮细胞的分化，体现为表面活性物质生成和血管屏障功能的增强（Bhatia and Ingber，2014）[765]。

换句话说，这种微流体装置的功能完全就像人肺一样！

四、纸基生物技术

数千年来，纸一直是资源文化变革和生态转型的中心（Kurlansky，2016）。纸被用来承载人类文化遗产的文字和图像，最开始是用笔沾墨水书写，后来发展到用机器印刷，其发展历史是一个从无到有的过程。到了21世纪，纸正以全新的方式传递生物信息，在这一过程中，资源贫乏国家以及发达国家对疾病威胁的文化响应可能会发生新的变革。纸基诊断技术的代表性实例是一种功能非常卓越的冻干生物分子平台，该平台由麻省理工学院生物工程教授及怀斯研究所研究员吉姆·柯林斯（Jim Collins）与同事开发，可用于现场检测寨卡病毒（Pardee et al.，2016）。寨卡病毒在围产期传播，对胎儿神经系统发育具有灾难性影响（Driggers et al.，2016）；世界卫生组织（WHO）2016年宣布寨卡疫情为公共卫生紧急事件。冻干纸基技术使得可编程RNA传感器（称为支点开关，toehold switches）有可能应用于资源匮乏的地区。这些装置可以通过纸片的颜色变化来感知特定的RNA序列，例如寨卡病毒。

五、为什么模仿肌腱单元如此困难

肌腱单元是自然界的一个工程学奇迹，它可以通过跨尺度耗散能量来产生力。这些跨尺度耗散结构的突现特性是工程师难以模拟肌腱单元的原因之一。这项工程任务极具挑战性至少还有其他五方面原因，即生物肌肉的多功能性、非线性、自我稳定性、环境敏感性和状态依赖性（Nishikawa et al.，2007）（表4.3和表4.4）。

表4.3　肌肉的多种功能

功能	描述
促动器（马达）	肌肉是一种促动器，它们可以缩短或伸长以产生或吸收能量进行机械工作
制动器	肌肉可以减缓肢体的摆动。例如蟑螂奔跑时的腿部伸肌
弹簧	肌肉可以充当可控弹簧来引导更大力量的肌肉。例如苍蝇肌肉的控制

续表

功能	描述
支杆	肌肉纤维可能是等长的或者在肌腱伸展时变短，使得弹性肌腱能够储存和释放能量。例如火鸡的奔跑和袋鼠的跳跃
根据身体动作转换功能	肌肉可以根据身体动作在特定时间激活，从而发挥不同的功能。例如，在鱼类中，轴向肌肉既可以是力的发生器也可以是力的传送器，具体取决于它根据沿身体传递的波动波而被激活的时间

资料来源：M. Dickinson，C. Farley，R. Full，M. A. R. Koehl，R. Kram，& S. Lehman（2000），How animals move：An integrative view，Science，288，100-106.

表 4.4　肌肉作为一种非线性装置

特点	描述
运动单元	包括运动神经元和它所支配的所有肌肉纤维。运动单元是神经肌肉系统的基本功能单元。运动单元的大小可能差异很大，其神经支配比率（即每个运动神经元支配的肌肉纤维数量）从几个到几千个纤维不等
大小原则	当一项任务需要增加肌肉力量时，运动单元通常按照从最慢到最快的有序方式募集。但运动单元的募集也可能取决于任务因素，例如，在缩短-伸长周期的任务中，如猫爪抖动，募集更快的运动单元可能更为有利。这表明，运动单元募集的变化可能具有潜在的机械基础，至少对于某些运动任务是这样的
肌肉纤维的力长行为	肌肉功能的力长关系可以用曲线行为来描述。当纤维长度短于最佳长度时，肌肉最大程度激活时产生的力随纤维长度的增加而增加。当纤维长度超过最佳长度时，肌肉产生的最大主动力随纤维长度的增加而减小，肌肉产生被动力。在接近最佳纤维长度时，肌肉最大程度激活时产生相对恒定的力
肌肉力量与肌纤维速度的关系	当肌纤维在激活过程中缩短时（同心），力的产生随着缩短速度的增加而减小。当肌纤维在激活过程中伸长时（偏心），力的产生随着伸长速度的增加而增加

资料来源：L. Mendell（2005），The size principle：A rule describing the recruitment of motoneurons，Journal of Neurophysiology，93，3024-3026；and A. Biewener（2016），Locomotion as an emergent property of muscle contractile dynamics，Journal of Experimental Biology，219，285-294.

第一，肌肉具有多功能性。肌肉从根本上说是通过缩短自身来产生力进行机械工作的马达。然而，肌肉也可以充当弹簧（果蝇的飞行控制肌肉）、制动器（在蟑螂奔跑时的腿部伸肌）、关节稳定器（或支柱）及能量储存装置（火鸡奔跑时的肌腱和筋膜）（Dickinson，2000）。

第二，肌肉是将控制信号转换为机械输出的非线性装置，这在肌腱单元的力量–长度行为中非常明显。肌肉控制肌腱伸展相关纤维长度的能力取决于其纤维的结构和生理特性（Biewener，2016；Higham and Biewener，2011）。例如，平行纤维肌肉以牺牲力量为代价加强纤维的缩短并提高速度，高度羽状肌则以牺牲速度和长度控制为代价增强力量（Wilson and Lichtwark，2011）。肌肉的非线性行为也反映了其结构异质性：单个肌束内的不同肌肉段可能表现出不同的机械输出，以及同一神经支配的不同肌肉可能表现出不同的功能（Biewener and Roberts，2000）。

第三，运用感官信息控制肌肉的程度取决于具体任务。快速、重复性的肌肉活动，例如蟑螂奔跑，主要是由肢体的机械反馈控制，称为“预收缩”（preflex）（Proctor and Holmes，2010）。相比之下，缓慢、精确和相对新颖的运动涉及反射性神经反馈（Full and Koditschek，1999）。

第四，肌肉受到环境输入调节的程度，取决于它们在运动控制由近到远变化梯度中的位置（Daley et al.，2007），以及它们的控制电位（Sponberg et al.，2011）。例如，戴利等（Daley et al.，2006）发现，当珍珠鸡在不平坦且不可预测的地面上奔跑时，远端关节的肌肉天生对负荷变化更为敏感，并且表现出更快的本体感受反馈调节，因为最远端的关节直接与地形相互作用，是获取地表变化环境信息运动链中的第一个结构。相比之下，位于髋关节和膝关节的近端肌肉其机械性能对负荷不敏感，因此其所受控制在很大程度上没有反馈调节（Daley et al.，2006）。运动控制由近到远梯度变化的意义是，人工合成肌肉需要开发具有前馈和反馈控制平衡调节能力的神经机械控制架构（参见 Revzen et al.，2009；Revzen et al.，2013）。

第五，动物身体的协调运动是肌肉产生的力与环境施加的力之间共同作用的结果（Miller et al.，2012；Tytell et al.，2011；Tytell et al.，2010）。举例来说，动物在流体、陆地和沙地中的一种常见推进方式是身体波动起伏，这种步态中推力产生的方向与身体弯曲的行进波的方向相反（Ding et al.，2013）。在身体波动中，神经活动从头部传递到尾部并激活肌肉。然而，机械波的速度取决于身体的特性以及其与介质的相互作用。肌肉大小与环境力量的关系也会影响行为。小型动物（如昆虫）的肌肉所受的重力和惯性影响不同于大型动物（如马或人类）的肌肉。在大型动物中，肌肉控制可以利用动量——也就是说，在摆动最初启动时短暂的动作电位足以推动腿部完成在整个摆动周期中的运动（Hooper，2012）。相比之下，竹节虫在行走过程中产生的动量可忽略不计，因此，如果激动肌停止产生力，拮抗性肌力会使腿部运动突然停止（Hooper，2012）。

六、构建柔性传感器、促动器和软体机器人的仿生过程

生物学过程也激发了柔性传感器、促动器和逻辑门新构建技术的发展。例如，在新兴的可伸缩电子学领域（Rogers et al.，2010），目前已经发现了几种解决方案，能够制造出像人类皮肤一样弯曲和伸缩的电路。对于机械传导的关键领域，构建包埋在软基质中的应力传感器时存在着许多挑战，这些应力传感器可以呈现任意形状，并且具有共形性和可扩展性。其中一种解决方案的实例是哈佛大学工程师及怀斯研究所罗伯·伍德（Rob Wood）实验室研发的超弹性压力传感器，该传感器将导电液态金属内嵌到模塑的柔软弹性体微通道中（Parket al.，2010）。最近，詹妮弗·路易斯（Jennifer Lewis）和罗伯·伍德合作发明了一种名叫嵌入式 3D 打印（e-3DP）的新方法。这种方法作为对前述工作的延伸，采用特殊喷嘴将黏弹性油墨直接沉积到弹性贮层中（Muth et al.，2014）。

柔性促动器也是生物启发的：自然界在动物进化的最早阶段就已经利用柔软材料，并结合了流体的内部弯曲压力，这种结构被称为静水性骨骼（hydrostatic skeletons）（Kier，2012）。弯曲促动利用静水性骨骼可以很好地适应基本定向（保持对某些扰动力的稳定性）、运动（改变身体在结构化环境中的位置）、伸取和抓握（使某物靠近身体或使其远离身体），以及进食（摄取某物并将其形态转化为可利用的能量成分）等基本动作系统（Goldfield，1995）。静水性骨骼成功的关键在于其特殊结构。例如，珊瑚虫纲动物（如海葵）的弯曲运动是基于中空柱壁上的肌肉排列：弯曲是由一侧纵向肌肉同时收缩以及环状肌肉纤维的收缩引发的（Kier，2012）。

弹性体是硅橡胶材料，尤其是聚二甲基硅氧烷（PDMS）非常适合于软光刻。弹性体已被用于制造被称为“气动网络”（Pneu-Nets）的柔性气动促动器（弹性体结构中内嵌的微小通道网络，可用低压空气充气）（Mosadegh，Polygerinos，et al.，2014）。弹性体还表现出超弹性的特点，拉伸比例高达1000%，使其成为可伸缩电子产品的首选材料，例如用于制造可穿戴在皮肤表面的超弹性压力传感器（Park et al.，2010）。

气动网络是由柔性材料（如弹性体或纸张）制成的促动器，当充满压缩空气时，这些柔性材料会发生膨胀（Ilievski et al.，2011）。科学家研制的第一个气动网络是由腔壁厚度不同的重复气室组成的。当充满压缩空气时，气室在顺从性最高的区域发生膨胀。通过选择特定顺从性的材料并制造具有特定壁厚的气室，所产生的气动网络在加压后可形成曲率可预测的形状（Ilievski et al.，2011）。气动网络设计的进一步扩展，是将一层较硬的材料黏附在一层较柔顺的材料上，并将多层材料塑形为特定的几何结构。例如，由手指状分层弹性体围绕垂直轴卷曲形成的一种几何结构，被称为气动网络“钳子”（Ilievski et al.，2011）。怀特塞兹研究小组还开展了其他工作，将折叠纸张结构嵌入到弹性聚合物中，使纸张的折叠模式形成折叠促动器，包括手风琴状结构、波纹管状结构、弯曲波纹管和扭转促动器等（Martinez et al.，2012）。为了在软圆柱形或“触角”中产生简单的三维弯曲运动，马丁内斯等（Martinez et al.，2013）创建了一个几何结构，其由平行于中心核心的三个单独气动通道组成。然后将每一个通道分割成多个部分，每一部分都由外部压缩空气源独立控制，从而开辟了多种弯曲模式的可能性，以及轻柔地抓住花朵等精细复杂形状的非凡灵活性（Martinez et al.，2013）。

要设计柔软纤维强化的弯曲促动器，首先从压力输入、几何特性和输出之间相互关系的模型（例如，解析模型或有限元模型）开始（Polygerinos et al.，2015）。这些促动器的几何特性包括气室壁厚、促动器长度、半圆形气室直径、纤维缠绕节距和方向等（Polygerionos et al.，2015）。解析模型采用的方法是综合考虑气室壁（由不可压缩橡胶制成）和促动器（上壁可伸展而下壁不可伸展，因为受到不可拉伸层的约束）的材料特性，然后将这些特性与输入压力、弯曲角度、输出力之间的关系联系起来。有限元模型（FEM）优于上述解析模型，它能够用一组单元方程来表征该系统的非线性响应，并提供系统行为的可视化，例如将局部应力/应变浓度作为变量进行操纵。波利格里诺斯等（Polygerinos et al.，2015）随后将促动器性能与各模型预测性进行了比较，例如确定有限元模型特定几何结构促动器的最小和最大压力位置。最后，模拟结果指导开发出了可跟踪角度信号的反馈控制回路。

这些弯曲促动器的输入气压和输出力之间的关系是拟单调性（quasi-monotonic）的，就像用手指抓住物体的主动动作中的肌肉收缩一样。然而，这并不是自然界中产生的唯一一种力。马哈德万（Forterre et al.，2005）和其他一些人的研究工作已经证明了自然界如何利用不稳定性，如跳跃失稳跃迁（snap-through transitions），来迅速促进输出力的巨大变化。柔性促动器能否同样产生突然的、巨大的输出力变化呢？奥弗利德等（Overvelde et al.，2015）研发了一种新型柔性促动器，它由相互连接的流体段组成，能够瞬间触发内部压力、延伸、形状和作用力的巨大变化。

七、折纸、可编程材料和可打印制造

通过将平面折叠成复杂形状的传统工艺，即折纸，可以说明利用平面材料制造三维结构所面临的挑战（Demaine and O’Rourke，2007）。传统折纸涉及的基本技术，包括在纸上形成折痕的最简单的谷线折法，以及更加复杂的内部和外部反向折法、卷曲折法、打裥折法和汇褶折法（Engel，2009）。通过大量连续折叠，有可能折出各种各样的物体，甚至是折出小鸟。使用折纸原理制造复杂结构的目标是设计各种纸张“自折叠”（self-folding）方法。罗伯·伍德（Rob Wood）和麻省理工学院教授埃里克·德米恩（Eric Demaine）、丹妮拉·鲁斯（Daniela Rus）开展合作，将人工折叠结构的技术应用于自折叠可编程物质，包括奇妙的自折叠起重机、尺蠖，以及其他自折叠机器人（Felton et al.，2013；Hawkes et al.，2010）。

可编程物质是一种具有通用折痕模式（互连三角形）的材料，其折痕具有促动作用并且可以编程，从而能够根据特定命令实现特定形状（Hawkes et al.，2010）。科学家对利用可编程物质建造装置特别感兴趣，因为它能够将单层材料转换成多种形状。“端到端”（end-to-end）制造工艺包括两个步骤。首先，制定一套规划算法确定折出特定折痕的方案，所有目标形状都可以由一张纸折成。然后，在折痕处逐层制作可伸缩电子电路和形状记忆聚合物促动器，实现折叠指令。霍克斯等（Hawkes et al.，2010）演示了同一张可编程物质如何自身变形为折叠纸船，然后又可以恢复单层形状，再将其自身转变为折叠飞机的过程。

有没有可能使用折叠工艺来制造微米到厘米尺度的微机电系统（MEMS）装置，如马达、变速器、连杆机构和旋转伺服元件等微型机器人的所有部件呢？惠特尼等（Whitney et al.，2011）开发了一种新方法，称为“弹出式MEMS”（pop-up book MEMS），通过折叠多层、刚性柔性层压板制造MEMS装置和微观结构。将多层黏合材料对齐，使用激光加工刚性和柔性层一一成对的层压板，使其产生弯曲折痕，最终黏合材料可以像“立体”图书的书页一样折叠。可以选用不同弹性特点的黏合剂和材料层，制造出更加复杂的多层折叠。将自折叠应用于更复杂的材料，如纸-弹性体复合材料（Martinez et al.，2012），产生了另外一套称为“可打印制造”（printable manufacturing）的技术（Felton et al.，2013）。可打印制造可以迅速将数字方案转变为物理实体，包括平面板材自折叠形成更复杂的三维表面形状（An et al.，2014）、虫形机器人折纸（Onal et al.，2013），行走和抓握机器人等（Sung et al.，2013）。

机器进化过程中的一个基准是能够变形为具有一种或多种涌现功能的形式。要做到这一点，需要设计部件以某种新的方式相互连接，实现机器人从一种状态到另一种状态的转变，例如从平面几何转变为复杂的三维形式。由于部件空间关系变化而产生新的功能连接性，可以使机器突现出其在平面形状时并不明显的功能能力。菲尔顿等（Felton et al.，2014）已经开发出一种具有这种能力的机器人：一种自折叠机器，它能将自身从有折痕的平面转变为折纸模式，在结合了嵌入式的促动与动力电子设备后，实现四足行走。这一突出成果是通过平面连杆机构设计实现的，该设计能够预测机器转变为三维形式时运动所需部件的连接性。该设计包括特殊的四边单顶折叠，可将大面积区域压缩成较小体积；以及由电机驱动的连杆总成，当连杆和电机通过折叠相互接合时，电机可以驱动前腿和后腿运动（Felton et al.，2014）。到目前为止，本书介绍的自折叠机器具有一个显著特点，即其结构支撑和功能是围绕刚性材料设计的。使用柔性材料有望实现可自我组装并具有涌现功能的其他类型机器。

八、软体机器人

软体机器人有望对下一代系统产生深远影响，广泛应用于损伤神经系统的重塑。软体机器人的特点是采用“计算材料”（computational materials）（Correll et al.，2014；Hauser et al.，2013），其材料特性和建筑架构可以执行目前由中央处理器所做的一些计算。在生物系统中，将某些智能“外包”给身体结构的方式被称为“形态计算”（morphological computation）或“机械智能”（intelligence by mechanics）（Blickhan et al.，2007），这是因为身体的机械性能随着其固有的多稳定性和多功能性而演化发展。例如，在从行走转变为奔跑的过程中，昆虫和脊椎动物都会进行步态转换以加快速度，因为行走动力学的协调模式开始变得不稳定，需要切换到更稳定的模式（Holmes et al.，2006）。在不同协调模式之间进行切换的过程不需要由中央控制器做出决定：身体与环境外力相互作用的内在动力学提供了所需的全部智能（Dickinson et al.，2000）。

已经进行了引人瞩目展示的软体架构机器人包括特里默（Trimmer）自己研制的毛毛虫机器人 GoQBot，它和毛毛虫生物一样，通过将环境作为骨架来重新分配存储在弹性组织中的机械能（Lin et al.，2011）。GoQBot 的软体结构和形状记忆合金（SMA）线圈促动器使得机器人能将身体从细长窄条形转变为圆形。通过身体快速（在 100ms 内）从线形转变为圆形，GoQBot

能够产生弹道式滚动运动，产生足够的加速度并以 200 cm/s 的线性速度滚动（Kim et al.，2013）。科雷尔等（Correll et al.，2012）采用了另一种方法构建软体滚动机器人：沿链条结构长度的行波。当结构两端连接形成胎面时，在特定胎面曲率位置处对其组成单元进行受控填充，会导致此结构沿表面滚动。包裹在柔软胎面上的柔性电子电路包括计算、通信和电源部件，这些部件允许每个单元与其左右相邻单元进行通信。其结果是形成一种气动带，可利用闭环控制在平面上自动滚动。

怀斯仿生工程研究所围绕气动网络架构腔室设计了一个具有波动和爬行步态的软体机器人，该腔室嵌入到与不可拉伸层相互结合的可扩展弹性体中（Shepherd et al.，2011）。气动网络腔室结构使其能够模拟产生独特步态所需四足行走姿势的关键特征：可以将其四条腿中的任何一条抬离地面，与地面接触的其他三条腿仍足以保持稳定性。此外，当有四条腿驻足在地面上时，第五个气动网络能够独立地将身体主体从地面抬升（Shepherd et al.，2011）。用薄层弹性体制造机器人的主要优点是，减压后产生的平面可以使身体大部分与地面接触。当从减压状态开始时，连续性增压—减压过程可使机器人能够在障碍物下波动。此外，马吉迪等（Majidi et al.，2013）已经证明，波动模式为实现在成分、刚度和纹理各不相同的表面上将摩擦力控制应用于运动，开辟了新的可能性。除了适应表面曳引力外，四足软体机器人还能够运用位于软体机器人顶部硅片内的微流体网络，根据表面颜色和图案改变其外观，如岩床或覆盖有树叶的混凝土板（Morin et al.，2012）。微流体与软体机器人的进一步集成是开发具有多个气动执行机构和阀门的控制器（Mosadegh et al.，2014）。

软体机器人实现自主性的一个重要步骤是能够自我供电。对于软体机器人来说，从非车载电源连接中解放出来是一件不平凡的事情，因为它们必须能够继续执行任务（如移动、探索环境），同时还要携带微型空气压缩机、电池、阀门和控制器等额外负载。此外，解决方案的实现受到物理定律的约束，例如增加重量、尺寸（可扩展性）和改变形态以适应内部结构的新设计。怀特赛兹实验室在考虑了这些因素之后模仿了进化策略：他们没有重新从头开始，而是对现有机器人进行了改造（Tolley et al.，2014）。随着机器人尺寸的增加，他们使用了一种能够更好承受更高气压的弹性材料，同时这种材料也更轻。研究人员将聚胺纤维包埋在硅树脂中，使得弹性体强度更高，同时在硅树脂中加入中空玻璃微球，使其变轻。为了适应新的内部组件，研究人员修改了气动网络腔室的配置。最终使得软体四足机器人解除了能源束缚，还能够更好地承受其身体所受力量和能量的增加，从而更好地适应更广泛的环境，包括在雪地中移动、在明火中幸存以及被汽车碾过后完好无损等（Tolley et al.，2014）。尽管软体机器人在早期取得了令人瞩目的成就，但迄今为止大多为孤立的机器。当机器人（硬体和软体机器人）之间能够相互作用时，将会实现出新的功能可能性。

九、体型符合比例的微型运动机器人：寻找掩护，溅起水花，拍打翅膀

（一）无处藏身

多足动物（myriapod）作为最早的陆生动物之一，以多体节、灵活的身体而著称，其大多数体节上都长有两组腿（Grimaldi and Engel，2005）。与刚性身体相比，多体节身体在移动方面具有多个优势，包括稳定性高、爬升力强和灵活性好，以及丧失一条或多条腿后的鲁棒性（行为适应性）（Hoffman and Wood，2011，2012）。建造微型机器人，使其能够利用多体节身体陆地运动的优点目前面临许多挑战，其中一项挑战是设计和制造机械耦合方法，能够协调各体节之间的旋转和步进运动。为了解决这一挑战，霍夫曼和伍德（Hoffman and Wood，2011）建造了一个具有柔性背骨和三个体节的微型蜈蚣机器人。该机器人的灵活性来源于一种独特机制，可以将每个压电促动器产生的力传输到水平平面上的旋转力或扭矩。第二项挑战是大量重复制造每个体节，这可以采用伍德等（Wood et al.，2008）开发的智能复合微结构（SCM）制造技术实现。每一个 SCM 都是通过层压、微加工、折叠和组装来制造的：一片柔性材料被夹在两片刚性材料之间，然后激光微加工

打开刚性材料片板之间的挠曲式机械接头，刚性材料片板可沿挠曲方向折叠并组装成三维形式。

蟑螂作为一种刚性身体结构的昆虫，是速度惊人且敏捷的奔跑者，尤其是在躲避捕食者的过程中（Kubow and Full，1999）。蟑螂在奔跑时，其六足身体结构的机械前馈式“预收缩”提供了一种动态自稳定的方式（Ahn and Full，2002；Proctor and Holmes，2010）。此外，它们通过触角与环境的机械相互作用来感应障碍物（如墙壁）并快速转弯（Mongeau et al.，2013）。制造具有蟑螂运动能力的成比例（＜2g）刚性身体微型机器人是制造业面临的特殊挑战，因为宏观尺度装配技术过于庞大，传统的 MEMS 工艺太费时且成本高昂。

贝什等（Baisch et al.，2014）通过采用一种革命性的方法构建复杂三维 MEMS 装置和微结构（称为弹出式 MEMS），解决了四足机器人（HAMR-VP）的制造挑战（关于弹出式技术的早期工作参见 Whitney et al.，2011）（图 4.1）。顾名思义，弹出式 MEMS 让人联想到童年的立体图书：立体书在合上时，看上去就是一本普通图书，但当打开时，书中会弹出复杂的三维结构。在弹出式 MEMS 中，机械连杆分布在多层之间，需要精确对齐以将多个相互连接的部件折叠组装成一个功能性整体（Whitney et al.，2011）。弹出式 MEMS。

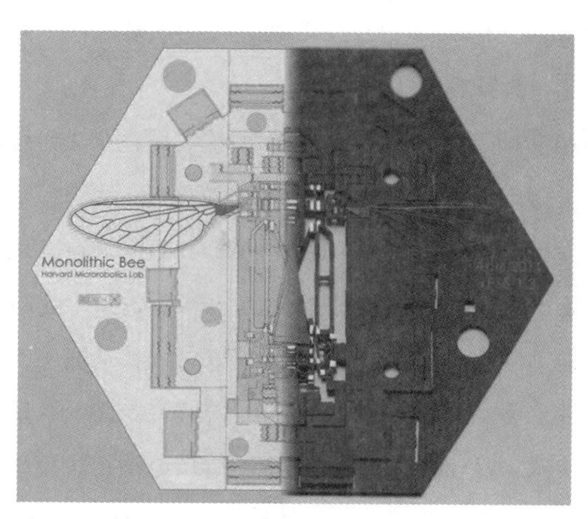

图 4.1 毫米级机器的单片制造。嵌在折叠组件中的机器蜜蜂。图片由 Robert J. Wood 提供

保留了孩提时代立体书的所有奇妙之处，其作用原理是有一个隐藏的激光切割扁平弹簧预应力层，可在张力下保持并释放（Whitney et al.，2011）。HAMR-VP 传动系统使用一个弹出式组件将对侧腿连接在一起，使其同时反向移动，就像六足的蟑螂一样（Baisch et al.，2014）。HAMR-VP 还与蟑螂一样在促动器和挠曲装置中使用弹性元件，利用其机械特性实现接近于动力传动系统共振的高速运动（Baisch et al.，2014）

（二）水花四溅

从我们人类自身的经验来看，昆虫可以在池塘或湖泊表面行走似乎是不可能的，因为其身体进入了水中。如果我们平躺身体以增加体表与水面接触的面积，人类也能够在水面漂浮。然而，与电影《富贵逼人来》（*Being There*）中的园丁钱斯（Chance）不同，我们无法在水面上行走。对于像水黾（water strider）这样的昆虫来说，在水上行走是完全自然的，因为它的身体大小相对于水的表面张力比较合适。水黾划行和步行的推进力是由一条驱动腿以频率 f 撞击自由表面产生的，其特征可能是无量纲的韦伯数（We），即惯性与曲率力之比（Bush and Hu，2006；Hu et al.，2003）。水黾在池塘或湖面上还表现出一种独特的逃生行为模式：它们在水面上能够跳得和在陆地上一样高（Hu and Bush，2010）。是什么生物机制使得水黾能够最大限度地将动量转移到水面上进行跳跃呢？

罗伯·伍德和同事们细致描述了水黾如何用腿部以恰到好处的力量推动自己在水面上行走的方式，解决了这一自然之谜，并建造了一个成比例的水上跳跃机器人验证他们的结论（Koh et al.，2015）。在高速摄影机的帮助下，高等（Koh et al.，2015）发现昆虫以相对较低的速度递减旋转中腿与后腿的弯曲顶端，力的大小为 144 mN/s，恰好可以在水面上产生"窝状"凹陷但却不会打破水面。这些测量结果确定了能够在水面上跳跃的成比例机器人的具体设计特点：超轻的身体，腿部能够旋转以便持续按压水面但却不会打破水面，以及与水面凹陷形成相关的旋转腿尖。扭矩反转弹射器（TRC）可以解决水上跳跃机器人的这些设计要求，TRC 是采用早期工作中开发的基于柔性铰链的复合结构制造的（Wood et al.，2008）。TRC的作用机制是通过人工合成手段按比例实现水黾生物结构的功能：它最初产生一个小扭矩，并通过驱动冲程逐渐增加，实现高动量从水面到跳跃身体的传递（Koh et al.，2015）。这一机制与形状记忆合金人工肌肉、具有弯曲尖端的超疏水材料腿部相结合，使机器人能够平稳地跳到水面上，而不会破坏自由液面或溅起大片水花。

跳跃和受控降落以便从空中逃脱陆地捕食者也引起了人们的兴趣，因为它们可能在昆虫飞行进化中发挥重要作用（Dudley and Yanoviak，2011）。人们一致认为，六足动物在自由落体过程中通过滑翔来控制空中降落，并利用身体的感官和生物力学特性来确定方向，可能要早于其翅膀起源。针对节肢动物进化和遗传学开展的联合研究发现，昆虫翅膀可能是由甲壳类动物的胸段进化而来，或者是由腿肢改良进化而来（Carroll et al.，2005；Damen et al.，2002；Grimaldi and Engel，2005）。如果是这样的话，昆虫翅膀的拍打动作可能是间接产生自插入胸部的背腹侧腿部肌肉的动作，这是双翅目昆虫肌肉具有两种不同功能的重要特点之一（Dudley and Yanoviak，2011）。昆虫通过改造胸腔结构进化出飞行能力是一项重要发现，将推动成比例飞行昆虫的仿生工程研究，因为其有助于解释昆虫如何通过每一次的翅膀拍打而获得飞行力量和灵活性。胸腔是一个共振结构：在每一次翅膀拍打过程中，胸腔可以储存大量动能并将其转化为势能。

（三）机器蜜蜂

2008年的喜剧电影《糊涂侦探》（*Get Smart*）中有这样一个场景：一只小型昆虫飞行器被一名非常蛮横的特工摔在地上。在2008年，即使是在虚构的小说中，昆虫大小飞行机器人的概念似乎与创造“隔音罩”（cone of silence）的力场一样令人难以置信。同年，罗伯·伍德发表了一篇非虚构的科学论文，宣布首次成功起飞了一种生物启发的成比例飞行机器昆虫（Wood，2008）。机器模拟昆虫飞行除了起飞之外还有许多挑战，包括在空中停留数小时并在强风中保持稳定（Wood et al.，2013），在障碍物和间隙中飞行，随意切换滑翔、快速向前拍打、慢速向前拍打、悬停等不同飞行模式（Perez-Arancibia et al.，2015；Reiser and Dickinson，2013）。这些工程师与科学家究竟是如何模拟昆虫生物起飞的呢？

首先要考虑的是 0.5 g 或更微小机器人身体所受的作用力：在这一尺度上，牛顿力学和黏滞力超过了重力、惯性等与体积有关的力（Wood et al.，2013）。在雷诺数（Reynolds number）约为 100 时，例如在果蝇（*drosophila*）中，自然界产生运动推进力的方法是将肌肉、材料和架构特性结合在一起，产生翅膀拍打的动作（Dickinson，1999）。昆虫翅膀是透明的脉状结构，在表面形状和翅膀与身体连接关节的扭转两方面均具有非常突出的灵活性（Song et al.，2007）。翼膜和翼脉在飞行过程中发生显著的弯曲和扭曲，并可以在整个拍打周期内通过翅膀扭曲产生向上的作用力来增强升力（Dickinson，1999；Song et al.，2007）。惠特尼等（Whitney and Wood，2010）、田中等（Tanaka et al.，2011）采用定制微成形工艺制造了一个聚合物机翼，能够模拟昆虫翅膀悬停飞行时的脉络和波纹。他们采用微成形机翼、被动柔性铰链和驱动用压电促动器构建了扑翼结构。田中等（Tanaka et al.，2011）在对人工机翼和铰链进行扑翼拍打试验中发现，当铰链刚度与悬停飞行机翼的扭转刚度相似时，铰链会被动地旋前和旋后。因此，生物果蝇和机器果蝇都可以利用被动式旋前和旋后进行悬停飞行。

菲尼奥和伍德（Finio and Wood，2010）通过研究昆虫的胸部形态，进一步发现了自然界解决翅膀拍打稳定性与控制的线索：昆虫运用两组功能和形态不同的飞行肌肉拍打翅膀——动力肌肉以胸部共振的频率驱动翅膀，控制肌肉产生不对称运动。菲尼奥和伍德（Finio and Wood，2010）利用昆虫胸部的弹性特点作为设计双翅目机器人机械结构的起点，该结构可以驱动压电人工肌肉产生拍打运动。他们的实验形成了三种设计方案：第一种是将动力和控制促动分离；第二种是使用单一、混合式、两个自由度的弯曲促动器提供动力和控制；第三种是使用带扭转的混合式促动器进行控制。所有这三种设计都仅依靠肌肉力量来主动产生力和扭矩。但在自然界中，昆虫身体的柔顺性可以将肌肉力量分配传递到两侧翅膀。

为了模拟自然界的机械解决方案，塞雷萨兰和伍德（Sreetharan and Wood，2011，2010）研发了一种“机械智能”装置，由单个压电促动器、一个欠促动传动装置和被动旋转机翼组成，成功实现了两个机翼拍打所产生空气动力的被动平衡。机翼运动包括前后拍打和被动旋转，由机翼与空气的相互作用所决定，即由惯性和机翼铰链的弹性所决定（Wood et al.，2013）。对于这样一类小型飞行器，通过传感和计算提供稳定反馈控制所产生的时间延迟太长。为了解决这个问题，特奥等（Teoh et al.，2012）再次利用身体力学研发了被动式空气阻尼器，可以为 100 mg 以下扑翼机器人（机器蜜蜂，Robobee）提供悬停飞行期间的稳定性。这种设计理念提供了偏航和滚转所需的被动控制，使机器蜜蜂能够实现无限长的悬停飞行或程序化轨迹。

由于更复杂的弹出式机械存在多层和亚层结构，早期版本的机器蜜蜂、机器毛毛虫和机器蟑螂其开发时间仍然很长，新装置的实现需要高水平的专业知识（Aukes et al.，2014）。为了推动技术传播，奥克斯等（Aukes et al.，2014）开发了 PCMEMS 制造工艺，将迭代材料添加和移除步骤顺序划分为两个主要周期。在第一个周期中，功能材料层被单独切割成不同图案并层压在一起形成复合结构。这种复合结构中层与层之间错综复杂的相互作用是装置功能区分的基础，例如包含机器蜜蜂的传感器、促动器、传输器和机翼。在第二个周期中，选择性地移除一部分材料以便装置安装并锁定到最终位置，然后脱离周围的支撑材料（Aukes et al.，2014）。这种新的设计软件名为“弹出式计算机辅助设计”（popupCAD），使得在二维几何基元上创建和实施上述制造工艺成为可能（Aukes et al.，2014）。目前可在 popupcad.org 网站获取一套在线 popupCAD 工具。更为神奇的是，弹出式机器人变成了悬停飞行机器人！那么，它是怎么飞行的呢？

早期版本的机器蜜蜂设计有一个控制结构，由三个独立模块组成，分别用于控制身体的姿态、横向位置和高度。例如，在悬停飞行期间对身体姿态的控制是基于：①稳定机身扭矩，以便机器蜜蜂利用净推力矢量来补偿重力，②倾斜机身产生横向力，以响应所需的横向位置的改变。为了采用这种方式控制身体姿态，马等（Ma et al.，2013）应用李雅普诺夫函数（Lyapunov function，该函数在平衡状态外的其他位置均取正值）来推导姿态控制定律。这条定律由两个参数项组成：比例项解释来自参考方向的误差；与角速度相反的导数项提供旋转阻尼。在飞行试验中，该模型系统成功控制了悬停飞行以及两个固定点之间的横向交替飞行。但模型控制器存在一个缺点，当采取独立模块分别控制身体姿态、横向位置和高度时，这些模块之间可能发生无法预测的相互干扰。因此，佩雷斯–阿兰西比亚等（Perez-Arancibia et al.，2015）引入了一种无模型方法作为替代方案，通过实验逐渐发现其控制系统，但是无模型控制需要传感器信息。因此，实现自主飞行目标的下一个关键步骤是使用传感器信息完成控制系统的“闭环”（close the loop）。

在佩雷斯–阿兰西比亚等进行的实验中（Perez-Arancibia et al.，2015），多摄像机 Vicon 运动捕捉系统提供了有关机器人重心和俯仰、侧倾、偏航轴旋转的传感器信息。这一系统非常精确，但机器蜜蜂只能在实验室范围内飞行。因此，实现自主飞行的下一步是整合一个机载传感器来取代 Vicon 系统所提供的输入。为此，工程师们再次转向自然界寻求生物灵感。一个苍蝇大小的扑翼机器人本质上是不稳定的：它的重心悬挂在翅膀下面产生类似钟摆的动力学表现，需要时间延迟很短的持续校正反馈（Perez-Arancibia et al.，2011）。仔细观察一只飞行昆虫，如一只苍蝇，可以发现它们的视觉器官不仅由复眼组成，而且还包括了头顶上的三个微小器官——“单眼”（ocelli）。单眼是昆虫的第二个视觉系统，它提供有关视觉上半球略有重叠的不同光斑的光照水平信息（krapp 2009，2007；Taylor and Krapp，2007）。对单眼的建模已经确定，这些器官利用光流的亮度变化来编码旋转速率，减少姿态干扰的响应延迟（Gremillion et al.，2014）。富勒等（Fuller et al.，2014）开发了一种受单眼启发的视觉传感器，可以使苍蝇大小的扑翼机器人保持稳定。该微型传感器是反馈控制系统的一部分，可以根据光源运动的角速度按比例施加扭矩。这种扭矩施加方式，使得利用扑翼动力学的摆动运动来实现稳定直立姿态成为可能，这是人类首次利用机载传感器在苍蝇大小的尺度上成功实现飞行控制。

有翼动物从早期的行为形式，如间歇性滑翔与降落，进化出最早真正的飞行，引导着我们注意飞行间期栖息的重要性：人类建造的飞艇降落在机场，小型滑翔哺乳动物（如松鼠）抓住树枝以各种身体姿势落地，鸟类优雅地降落在各种物体和表面上。对于各种尺度的飞行动物来说，栖息提供了巨大的优势，可以减少能耗和机械疲劳，提供补充燃料供应的机会，占据探索行为、寻找食物和配偶、逃避捕食的有利位置。昆虫作为自然界最早的"超轻型"装置，甚至能够栖息在天花板的光滑表面上（就像苍蝇那样），或者通过丝线将自己发射并附着到远处物体表面（就像蜘蛛那样）（Kovac，2016）。因此，栖息——降落到表面或物体上并保持附着状态，对于昆虫状飞行机器人来说，是一个非常理想但却很难实现的目标。由于微型机器人的表面积与体积比随其尺寸减小而增大，因此静电黏附有望成为解决昆虫类飞行机器人栖息的一种潜在方法。格雷尔等（Graule et al.，2016）设计并制造了一种利用可切换电黏附来控制栖息与分离的微型飞行机器人。

建造机器蜜蜂最艰巨的挑战，也许是自然界的蜜蜂是智能的：例如，大黄蜂不仅能够悬停和栖息，而且还可以学习打高尔夫球！在洛科拉等（Loukola et al.，2017）开展的一项研究中，大黄蜂学会了将小球运送到指定地点以获取蔗糖奖励。更引人注目的是它们的观察性学习能力：对于那些一开始在试验初期未能取得成功的蜜蜂，实验人员用一个推杆状的小工具移动小球，向它们实际演示应该怎么做。经过几次示范之后，这些蜜蜂都成功完成了试验。在这一试验中，蜜蜂可能已经能够使其自然觅食行为适应新的环境，从而展现出预料之外的昆虫灵活性。机器蜜蜂需要什么样的"大脑"，才能模拟其自然界同伴灵活的起飞、降落、导航和觅食行为？

作为实现机器蜜蜂具有大黄蜂某些学习行为这一目标的第一步，克劳森等（Clawson et al.，2016）建造了一个由泄漏式整合-放电（leaky integrate-and-fire，LIF）脉冲神经网络（SNN）建模的神经形态控制器。脉冲神经网络是一个具有输入层、隐藏层和输出层的网络。它采用奖励调制的赫氏塑性（Hebbian plasticity，见第七章）来学习参考输入，以及一个具有已知性能保证的线性二次调节器（LQR）控制器以悬停和着陆。克劳森等（Clawson et al., 2016）进行了大量实验，证明 SNN 可以很好地模仿 LQR 控制机器人的方式。例如，在一项实验中，选择不同路径点来指导悬停和着陆的顺序行为：首先，第一个路径点引导机器人在略高于地面的位置悬停，然后第二个路径点引导机器人在保持直立的情况下缓慢降落到表面。这项实验以及其他实验均证明，SNN 能够从参考输入中学习，实现在生物蜜蜂自然行为中看到的各种飞行控制的灵活变化。通过模仿在其他昆虫（如果蝇）中发现的神经回路模式，有可能在特定路径点实现不同行为模式之间基于感觉的切换（参见第五章）。

十、从章鱼机器人到底层物质空间

在结束这一章之前，我思考了模拟生命装置从一开始就面临的巨大挑战：构建一个软体机器人，一个用于体液内部输送的循环系统，一个为自主发电装置提供环境的囊泡，以及一个柔性控制器。迄今为止，最接近于满足这些挑战的装置是一个拥有弹性身体的八肢软体机器人，称为“章鱼机器人”（Octobot），这是一种新型软体机器人，其制造综合运用了微流体技术、嵌入式 3D 打印技术、催化反应室中分解单组分燃料提供动力等技术（Wehner et al., 2016）。章鱼机器人的气动促动是通过微流控逻辑而不是电路来控制：预制的微流控器通过燃料基体（fuel matrix，一种循环系统）自动调节燃料和燃烧副产物的流量。嵌入式 3D 打印基体内部运输燃料与催化剂，并通过弹性身体排出副产品（气体）。嵌入式 3D 打印技术还可用于打印八个超弹性气动促动器以及相互连接的促动网络。

催化剂分解单组分燃料，产生气体，气体流经超弹性气动促动网络（Wehner et al., 2016）。当不可压缩气体充满促动网络的互连通道时，就会发生促动作用。促动器弹性材料和周围身体基体材料之间存在弹性模量差异，使得促动器在充气时发生弯曲。气体流经微流体控制系统，可以推动两种不同促动弯曲状态之间的振荡循环。当燃料注入夹管阀和止回阀系统后，启动开始每个燃料分解—促动—排气循环周期，确保气体供应、促动压力和排放速率之间的平衡。流量和切换频率是上游压力与下游阻抗（流动阻力）的函数。系统中的通风孔既必须足够小以实现完全促动，同时又必须足够大以便及时排气（Wehner et al.，2016）。随着更先进的流体电路的研制，新一代软机体器人将有可能实现更为多样化的运动和自适应决策。当这种自主软体机器人被置于现实生态环境中时，将会开启一段生物体与人工合成装置之间界限模糊的新旅程。

章鱼机器人确实很小。然而，正如杰出的物理学家理查德·费曼（Richard Feynman）在 1959 年的一次演讲中指出的那样，“物质底层有足够大的空间”（Feynman，2012）。在物质底层，分子大小的数量级比章鱼机器人还要小得多。是否有可能在 DNA 等分子尺度制造机器人？在费曼预知未来的演讲几十年后，乔治·怀特赛兹（George Whitesides）于 1995 年提出了利用分子自组装制造纳米机器的设想（参见他与菲利斯·弗兰克尔（Felice Frankel）在 2007 年撰写的著作《事物的表面》(*On the Surface of Things*)。随后在 1999 年，纳德里安·西曼（Nadrian Seeman）推出了一种分子组装工具箱，可以利用核酸产生不同形状。到了 21 世纪初，DNA 工程已经足够成熟，可以通过支架式 DNA 折纸术（scaffolded DNA origami），将数千个核苷酸排列成纳米尺度的装置（Castro et al.，2011）。在这项技术中，可以通过数百条称为“订书钉”（staples）的互补寡核苷酸短链，将多个上千碱基对的单链 DNA 支架转变为所需形状（Ben-Ishay et al.，2013）。

肖恩·道格拉斯（Shawn Douglas，目前在加州大学旧金山分校）与怀斯研究所的乔治·丘奇（George Church）和威廉·施（William Shih）合作，开发了一个关键性的计算机辅助绘图工具 caDNAno，用于设计 2D 和 3D 的 DNA 折纸形状（Douglas et al.，2009；Douglas et al.，2012）。道格拉斯等（Douglas et al.，2012）已经使用 caDNAno 创建了一个自主 DNA 纳米机器人，能够将分子载荷运输和传送到细胞位点。每一个六角形桶状纳米机器人都像抓斗一样通过铰链折叠来运输和传送载荷，使其分别处于关闭或打开状态。在携带载荷的时候，机器人通过一个由 DNA 锁钥组成的卡环系统保持关闭状态。机器人遇到抗原钥匙时会打开卡环释放载荷。DNA 纳米机器人有一天可能会在动物的身体里漫游，这种可能性已经被大大提高，例如，有一种 DNA 折纸机器人能够与蟑螂活体内的细胞相互作用（Amir et al.，2014），还有一种类似阿米巴的分子机器人能够根据信号分子改变自身形状（Sato et al.，2017）。

第二部分

神经系统的结构、功能、发育和脆弱性

将一块小鼠大脑组织放大10亿倍，就可以看到其中的神经纤维、树突和突触，并通过不同的染色来区分它们。在体外试验中可将小鼠大脑组织透明化处理，从而观测到其大部分的完整结构以及它们之间是如何相互连接的。将特定波长的光线投射到小鼠大脑中，可以激活基因修饰的神经元并改变动物的行为。科学家能够对斑马鱼神经组织缓慢、大规模的形态发生变化进行数小时的无创体内记录。磁共振成像（MRI）能够产生识别白质束的彩色流线，从而区分早产儿和足月出生婴儿的大脑。神经成像技术所有的这些进步，使得揭示动物和人类神经系统的微观、介观和宏观复杂性及其发育控制过程成为可能。例如，人类大脑新皮质的一个显著特征是，其组成神经元产生于皮质本身之外的增生区域。神经干细胞必须沿神经胶质纤维迁移到特定的位置，才能形成特征性的六层的人类新皮质。出生之前的神经元迁移可能会因大脑结构形成过程中的基因调控错误而中断。大脑网络最初开始自我组装时将形成大量冗余的突触连接，婴儿出生之后的实际体验通过重塑过程可以改变这些神经回路。本部分的各章节试图将人类神经系统构建过程与其损伤脆弱性有机地联系在一起。

第五章
自然界的神经系统网络

大脑是如何工作的？要回答这个问题，不仅需要 21 世纪的先进技术，而且还需要先进的理论和方法，才能使我们揭示人类思想、感觉和行为突现的多尺度过程（Swanson and Lichtman，2016）。在这种背景下，突现是指多尺度组成部件之间发生复杂相互作用而产生的新的形式和功能，这些形式和功能之前并不存在于单个元素之中（Alivisatos et al.，2012；Yuste，2015）。2015 年的皮克斯动画电影《曝光人生》（*Inside Out*）中展示了令人眼花缭乱的神经功能突现。从宏观尺度的突现行为层面上看，我们的主人公，11 岁小女孩莱利，在情感上挣扎于家庭的搬迁。指导她行为的组成“状态”是一组具体的情感，位于大脑“总部”中。主要的情感是快乐，证据是镜头闪回到莱利新生时的眼睛和脸上，随着她的成长过程，大脑总部中具体的快乐状态以流畅的芭蕾舞动作表现出来。不过很快，当莱利在童年经历一些不可避免的失望时，恐惧、愤怒、厌恶和悲伤（当它们相互作用时，根据颜色和情感音调加以区分）就开始产生影响。

发育过程本身令人瞩目地被人格功能“孤岛”的自我组装、解体和重组所捕捉，这些都是通过与他人，尤其是她的家庭的核心体验而突现的。对于我来说，相当引人注目的是那些看似无限的小球体调色板，它们聚集在透明的柱状物中，就像大脑皮质发育中的柱状结构组织（Rakic，2009）。使用多种颜色来区分这些神经元样的球体，是一种展示相互作用个体单元的很好方法，因为在生物神经系统中，神经元的特点是与轴突和树突相互重叠，难以区分。

基于颜色区分生物大脑中真正神经元的类似解决方案，称为“脑虹图”（brainbow），它可以将一个特定的神经过程与其周围密切相邻的数千个轴突和树突区分开来（Lichtman et al.，2008）。脑虹图是一种颜色组合方法，通过荧光蛋白变异体 XFP 的表达组合，可以采用 100 多种颜色标记单个神经元（Cai et al.，2013）

除了试图理解大脑功能突现所带来的重大技术挑战外，还有至少两个其他问题，为大脑如何工作的图景增加了复杂层次。第一，神经回路接受神经调节（例如，通过化学神经递质），允许相同的神经元产生多种活动模式（Bargmann，2012）。神经连接图只是建立了可能的配置，神经调节才产生特定的输出（Bargmann and Marder，2013）。因此，如果不能确定每个神经元中存在的所有神经递质，任何关于神经回路功能的描述都是不完整的。第二，神经系统作为身体的内在组成部分在物理环境中进化和发展：它们是具身化的。因此，对神经系统功能的完整描述，需要记录和控制自由活动动物在其典型生态环境中展示各种行为时的神经回路。

我们迫切需要增加对大脑知识的了解，这一点突出表现在世界各国政府及私人资助的各项相关计划之中（Grillner et al.，2016）。艾伦脑科学研究所（Allen Institute for Brain Science）成立于 2003 年，已经先后绘制了艾伦小鼠大脑图谱、细胞水平基因表达综合图谱及配套的三维参考图谱，以及发育小鼠、成年和发育非人灵长类动物的大脑图谱。其目前的工作包括针对新皮质的“大脑望远镜计划”（Project MindScope），旨在通过构建名为“大脑天文台”（brain observatories）的各类实验计算平台，描述小鼠皮质中所有类型的皮质细胞，用于研究小鼠行为及构建皮质网络模型（Hawrylycz et al.，2016）。欧盟的“人类脑计划”（Human Brain Project）始于 2013 年，重点是建模和模拟神经微回路及大脑的整体功能。“中国脑计划”（China Brain Project）于 2017 年启动，重点研究认知功能的神经基础。日本的“疾病研究神经技术集成大脑图谱绘制”（Brain Mapping by Integrated

Neurotechnologies for Disease Studies）于 2014 年开始，其中包括绘制猕猴大脑图谱，更好地进一步了解人类大脑，以便诊断和了解各类精神与神经疾病。“以色列脑技术”（Israel Brain Technologies）计划始于 2011 年，目标是加速与大脑相关的创新和商业化。

2013 年，美国总统奥巴马（Obama）采取行动，资助美国的脑科学研究计划（美国脑计划）“推进创新神经技术的大脑研究”（Brain Research through Advancing Innovative Neurotechnologies，BRAIN），该计划是一项为期 10 年（到 2025 年）的技术开发与集成倡议，推动实现关于大脑的基础性新发现。美国脑计划重点关注神经回路动力学的突现、神经调节、不同类型细胞（如神经胶质细胞）及其他更多方面的问题（表 5.1）。美国脑计划的主要目标如下。

> 我们的任务是了解神经活动的回路和模式，这些活动会产生精神体验与行为。要实现这一目标，任何神经回路都需要构建其完整视图，包括组成细胞类型、局部和远程突触连接、随时间变化的电活动与化学活动，以及这些活动在神经回路、大脑和行为层面的功能后果（Bargmann et al.，2014）。

表 5.1 神经微回路的时间特性构成不同神经功能的基础

神经回路	时间特性	功能
海马体	尖波涟漪（sharp-wave ripple）振荡由三突触环路维持，由平行的子通路组成	涟漪振荡可能会重新激活先前的体验
脊髓运动神经	脊髓由节律生成回路和模式生成回路组成。后者通过同侧抑制中间神经元相互连接	节律和模式生成回路可以重新配置肌肉群的激活，形成不同的功能组合
橄榄小脑	橄榄状轴突（小脑攀缘纤维）产生脉冲，调节浦肯野细胞的复杂放电反应	下橄榄核的脉冲可以调节小脑皮质的可塑性和定时
丘脑皮质	丘脑枕作为一个丘脑核，其放电可选择性同步视觉皮质的活动	丘脑枕可以调节视觉皮质的信息传递
岛叶皮质	在神经元放电的时间结构中，信息是多路传输的	并行神经回路系统的活动可以集成味觉和多传感器输入

资料来源：S. Arber（2012），Motor circuits in action：Specification，connectivity，and function，Neuron，74，975-989；G. Buzsaki（2006），Rhythms of the Brain，New York：Oxford University Press.

美国脑计划首先关注“吸引子”、“振荡”和其他神经基序如何与获得的感觉信息、记忆和动作相互作用。同时还认识到，神经动力学受到作用缓慢的化学物质的调节，这些化学物质可以重塑神经回路，产生不同的神经活动模式；而且不同类型的细胞，不仅包括神经元，还包括胶质细胞，对大脑功能可以产生不同的作用。美国脑计划对人类健康最重要的意义在于，它是一项转化医学计划：它将加速对大脑疾病的了解，成为修复大脑损伤的重要手段，包括脑卒中、创伤性脑损伤和脊髓损伤等。这些神经损伤会导致患者失去知觉功能、记忆、身体行走能力、说话能力，以及用我们灵巧双手创造世界的能力。

对于这样一个雄心勃勃的计划，其研究策略也需要采取相互比较的基本方法，将人类神经系统的规模和复杂性置于其他动物的背景下进行比较。采取这种方法的原因有很多，包括目前记录技术存在局限性，人体试验中使用“干涉”技术（如光遗传学）来理解神经回路如何产生行为时存在伦理问题等。从根本上讲，关于大脑如何工作的推论取决于检测的内容。鉴于美国脑计划将涌现性、环境依赖性和具身化作为首要主题，本章首先采用比较的方法，介绍我们已经掌握的小型神经系统中神经回路的知识。神经科学几十年来对无脊椎动物和非人脊椎动物的神经系统开展了大量研究，产生了丰富多样的技术手段，研究对象包括线虫（Wen et al.，2013）、几乎透明的斑马鱼（Fidelin and Wyart，2014；Portugues et al.，2013）、转基因小鼠（Fenno et al.，2011）和非人灵长类动物（Wedeen et al.，2012）。通过将研究范围从人类扩展到更为广泛的比较视角，我们有可能获得对大规模神经元、连接性和功能之间关系的新的认识。

一、细胞身份多样性

小鼠大脑由大约 10^8 个神经元和更大数量的胶质细胞组成，表现出多样性的特点：每个细胞在遗传学、解剖学、生理学和连接性上都是不同的（Jorgenson et al.，2015）。正是这种多样性引导美国脑计划选择了第一个研究重点：确定不同类型的脑细胞（Jorgenson et al.，2015）。李奇曼（Lichtman）实验室第一次在纳米分辨率水平重建了小鼠大脑的一小块新皮质，这项工作表明，上述重点研究方向面临极其困难的技术挑战，同时其研究成果具有重要意义（Kasshuri et al.，2015）。这项研究已经能够识别所有兴奋性轴突的几何结构，以及它们与每个树突棘的突触和非突触的并列关系。另一种研究方法是大脑“条形码”，由怀斯研究所创始核心研究员乔治·丘奇（George Church）和其同事研发，通过在神经元中插入独特的核苷酸条形码来绘制细胞网络图谱（Underwood，2016）。

二、涌现性功能

了解整个大脑显然超出了本章的范围（参见 Lisman，2015 中关于这个问题的观点）。本章和第二部分的重点介绍是大脑、身体和行为之间的关系，以及神经系统的涌现性功能。这些是我们了解如何构建神经系统功能损伤修复装置的核心问题，这些修复装置将在本书第三部分详细介绍。本章首先考虑的是对大脑神经连接组的探索，以及为什么仅仅了解神经线路图不足以解释昆虫、蠕虫和甲壳类动物的行为。我总结了伊夫·马德尔（Eve Marder）对龙虾和螃蟹胃肠神经系统的综合研究，结果表明：①神经调节物质重新配置回路动力学，使神经元能够在不同功能回路之间切换（Marder and Bucher，2007；Marder，2012）；②稳态调节作用确保神经网络的性能稳定，尽管可以产生类似输出模式的参数集数量非常庞大（Prinz et al.，2004；Goaillard et al.，2009；Marder and Taylor，2011；Marder et al.，2014；Marder et al.，2015）。这项工作为第七章中稳态可塑性的讨论奠定了基础。

揭示大型与小型动物神经系统的结构和功能，是成千上万名神经科学家正在进行的一项伟大科学事业。艾伦研究所的“大脑望远镜”（MindScope）等计划以及其他国际项目是神经系统图谱绘制新时代的重要组成部分。例如，通过使用光片显微镜，可以将一堆发光样品发出的荧光生成斑马鱼整个大脑或大鼠嗅觉皮质神经元群的三维图像（Keller and Ahrens，2015）。光学成像、遗传技术、大脑透明化和计算技术是探索小鼠完整大脑的重要新武器（Renier et al.，2016）。人类连接组计划（Human Connectome Project）的磁共振成像（MRI）和多模态测量或各种大脑测量方式，例如测量髓鞘密度和皮质厚度，使得识别人类大脑每个半球的180个区域成为可能（Glasser et al.，2016）。

我们如何理解小型神经系统和大型神经系统在多大程度上基于相同的原则呢？

蜜蜂（拥有约100万个神经元）和人类一样能够在复杂的生态环境中导航并发现食物（Srinivasan，2010），而且沿途还能区分莫奈和毕加索的绘画（Wu et al.，2013）。乌鸦和人类一样能够使用较短的工具来获取较长的工具，然后用较长的工具来获取食物（Taylor et al. 2007）。软体头足类动物和人类都可以通过观察来学习（Hochner，2012）。本章延续了本书第一节的主题，将每种动物的神经系统视为一种物种特异性的柔软机器，能够将其身体转化为适应自身生态位的各种特殊用途的装置（Goldfield，1995；另见Shenoy et al.，2013）。在所有这些物种特异性神经系统中，它们的共同点是什么？

在人类及小型神经系统中，①功能网络在多时间尺度波动的能量流群体动力学中形成与分解（Perdikis et al.，2011；Bullmore and Sporns，2012；Sporns，2014）；②神经元群体动力学的每种状态决定了该系统的未来演变及其对输入的响应（Shenoy et al.，2013）；③神经网络调节形成不同的组合模式（Bargmann and Marder，2013）；④神经系统振荡利用身体共振进行不同类型的环境能量交换（Tytell et al.，2014）；⑤行为动力学涌现自动物的动力学系统与环境的结构化信息域之间的相互作用（Kato et al.，2015；Warren，2006）。

三、神经连接组

神经连接组是以网络形式呈现的神经回路突触连接综合图谱（Sporns，2011）。大脑作为一个具有涌现性特征的复杂系统，其图谱绘制已经成为一项多尺度的事业，从微观尺度（单个神经元及其突触连接）到介观尺度（不同细胞群之间的短期或长期连接）再到宏观尺度（不同的解剖脑区，连接它们的结构通路以及它们之间的功能相互作用）（Craddock et al.，2013；Kim et al.，2013；Oh et al.，2014）。神经连接组作为“线路图”或图谱，与神经活动及其与连接组相互作用的动态模式（称为“功能连接”）之间存在重要区别（Sporns 2013b）。功能连接不是基于对突触连接的观测，而是对基于神经成像大脑活动的统计观测（Biswal et al.，2010；van Dijk et al.，2010；Vertes et al.，2012）。特定状态下的大脑活动，如注意或休息，可以确定功能性神经连接组（Biswal et al.，2010）。事实上，人们对大脑功能的内在状态有了新的认识（Fox and Raichle，2007；Raichle，2010），功能网络不断被内在状态拉向多种配置（Deco et al.，2013）（详见以下讨论）。

研究神经元相互连接方式的一个最重要的原因是，更好地了解在发育过程中发生的神经线路巨大变化（见第六章和第七章）。对于从最初的丰富线路转换到经验重塑的内在过程，运用一次仅采样少量细胞的技术根本无法了解：回答关于神经回路重塑的问题需要网络层面的分析（Morgan and Lichtman，2013）。鼠类的神经肌肉回路为网络化神经线路图提供了一个研究起点，因为它们的神经肌肉接头很容易实现可视化，并且有可能跟踪单个轴突（srinivasan，li et al.，2010）。例如，塔皮亚等（Tapia et al.，2012）通过使用串行电子显微镜对荧光标记的运动单元（投射到神经肌肉接头的运动神经元轴突）进行成像，发现在出生前有许多轴突汇聚于神经肌肉接头处，但它们只占据了可用受体部位的一小部分，这表明轴突只有微弱的连接。但在两周后，只有一个轴突占据了每个神经肌肉接头处的所有受体部位。大量的突触分支消失，剩下的一支受到很强的神经支配（Tapia et al.，2012）。从出生前在子宫内肌肉使用机会非常有限转变为出生后生活中的大量行为机会，促进了神经肌肉回路的重塑，使得物种特异性约束框架内基于个体经验的神经连接组成为可能。

体现连接组形成过程中神经元连线重要价值的第二个例证，是金等对小鼠视网膜的研究（Kim et al.，2014）。他们解决了星形无轴突细胞（SAC）和双极细胞（BC）之间连线如何支持视网膜网络方向敏感性突现的问题。

研究人员首先运用扫描电子显微镜（SEM）观测单个神经元的图像。重建视网膜连接组复杂线路的主要挑战，是在大量其他神经元突起的迷宫中追踪不可预测路径以及意外神经突起分支的过程。这项工作的一个显著特点是利用了“民间神经科学家”（citizen neuroscientists）在线社区，这个“群体”与少数实验室专家一起使用类似游戏的软件“眼线”（Eyewire），对方向敏感性视网膜连接组进行三维重建（Kim et al.，2014）。这项开创性研究的主要发现与各类双极细胞的特定功能特征有关：每一种类型的双极细胞都有不同的视觉反应时间延迟。神经元相互连接建立的网络能够检测运动引起的时空变化，因为运动物体在时间延迟后会出现在不同的位置（Kim et al.，2014）。“眼线”软件的结果支持对该网络连线的预测：SAC 树突上的不同位置连接到具有不同时间延迟特征的 BC 神经元类型。

随着上述及其他连接组重建的进展，各实验室正在建立计算模型，以了解连接性与其基础生物物理过程之间的关系（参见 Deco et al.，2013；Kopell et al.，2014）。人们越来越达成共识，大脑网络振荡可能通过解剖通路控制信息流动（Buschman et al.，2012；Siegel et al.，2015）。例如，每个频段内的局部场电位（LFP）的振荡同步可为信息传输创建临时的神经回路连接性，即临时性神经集合（Buschman et al.，2014）。由于局部回路承担高度专门化的计算，从而可以通过不同区域组合的共同工作来实现不同的任务行为（Akam and Kullman，2010，2014）。大脑振荡的快速时间尺度动力学可能能够支持多种功能，例如大脑 γ 波段活动通过连接性将不同脑区结合在一起的方式（Buzsaki and Wang，2012；Fries，2005）。但是还有一个挑战，那就是了解如何选择特定脑区执行不同任务，以及并行和串行计算组合如何突现出不同的功能。

进化的保守性本质催生了一种乐观的观点，即揭示昆虫（例如果蝇）大脑的连接组，可能有助于指导探索人类大脑如何建立的一般性原则。例如，是否存在跨越果蝇和人类连接组的信息流动原则？为了解决这个问题，施等（Shih et al.，2015）将雌性果蝇大脑“果蝇回路”（Fly-Circuit）数据库中的 12 995 张神经元投影图像组装成线路图。根据这个数据库，他们将大脑划分为功能性的局部处理单元（LPU），即局部中间神经元群，这些神经元的纤维局限在特定区域，传递或接收来自其他单元的信息。施等（Shih et al.，2015）假设，从树突到轴突的神经元传递主要信息，并提出了一个问题，LPU 或循环回路之间的活动环路是否可能是我们称之为“记忆”的毫秒级反射的基础。他们开展的网络模拟研究为多环路的循环回路提供了证据，证明果蝇和哺乳动物大脑的网络结构具有相似性。

四、神经调节在行为涌现中的作用：线虫和果蝇

果蝇连接组研究结果的发表是一项非凡的成就。然而，有相当多的证据表明，要想深入了解解剖学连接组中的功能突现，需要进一步考虑回路结构的神经调节（Marder，2012）。至少有三种神经调节功能可以使最小的神经系统突现出不同功能：①情境敏感性（context sensitivity），其中解剖学连接代表了一组可能受到情境和内部状态塑造的连接，从而实现不同的信息流动路径。②多功能性（multifunctionality），神经调节剂似乎可以实现神经回路在不同功能状态之间的切换（Bargmann，2012）。例如，神经肽受体 npr-1 可以调节线虫的聚集与回避行为（Macosko et al.，2009），单胺参与选择性协调逃跑过程中特定回路的活动，酪胺激活一个促进腹侧肌肉收缩的受体，使线虫向相反方向转动并恢复运动（Donnelly et al.，2013）。③选择性（selection），神经调节剂能够从数量庞大并具有解剖学特定可能性的突触中选择一组功能性突触（Bargmann，2012）。

接下来探讨神经调节在线虫逃避行为中的作用。线虫的解剖学连接组早在 25 年前就已经被破译，但是神经调节剂募集行为神经回路的过程直到现在才开始有所了解（参见后文介绍的光遗传学）。例如，逃跑反应是一种行为序列，线虫通过这种行为序列，可以逃避某些威胁事件：轻轻触碰线虫头部会使其快速向后移动，“急转弯”改变方向并逃离（Donnelly et al.，2013）。情境敏感性、多功能性和选择性在线虫的逃跑反应中起着重要作用。情境敏感性发挥作用部分是由本体感受器实现的，它可以检测肌肉骨骼系统所产生

的拉伸力或动力，例如，推动线虫移动的躯干弯曲运动（Goulding，2012）。

在果蝇的飞行行为中也可以发现非常明显的神经回路状态依赖性调节。越来越多的证据表明，一种生物胺——章鱼胺（octopamine）在果蝇飞行过程中对其整个体内的生理变化进行调节（Suver et al.，2012）。一种名为垂直系统（VS）细胞的大视野视觉中间神经元，负责编码光流信息以稳定飞行系统部件（颈部和翅膀）。与处于静止状态时相比，VS 细胞在飞行过程中会“增强”对视觉运动的反应（Suver et al.，2012）。苏弗等研究发现，对静止果蝇药理性应用章鱼胺，可以导致 VS 细胞的运动反应增强，这表明章鱼胺在飞行过程中起着重要的生理调节作用。最后，昼夜节律在神经回路控制行为的调节中发挥作用，如进食安排、睡眠、性行为等。果蝇的中枢大脑时钟由生化振荡回路组成，该回路在白天时进行调节以适应果蝇的行为（Griffith，2012）。

五、神经系统成像记录的遗传与分子工具革命

（一）双光子显微镜

杨和尤斯特（Yang and Yuste，2017）综述了过去十年中涌现的神经回路功能探测新方法。这些方法包括遗传编码荧光蛋白、光学成像、光遗传学、化学遗传学和生物传感器（Murphey et al.，2014）。基因编码使“报告”蛋白质能够对神经事件做出反应，包括细胞内钙离子动力学（Lin and Schnitzer，2016）。神经元钙追踪动作电位以及突触处的突触前和突触后钙信号，可以提供输入和输出信号的有用信息。光学成像能够在体内同时观察到数千个神经元（Ahrens et al.，2013）。双光子激发（2PE）显微镜结合了钙指示剂光学刺激和激光扫描显微镜，可以进行荧光成像（Svoboda and Yasuda，2006；Yang and Yuste，2017）。对于 2PE 显微镜，空间中只有一个点被激发，从而增加了穿透深度，特别适合从突触到整个大脑尺度范围内的成像（Schrodel et al.，2013）。

（二）光遗传学

神经科学家对光遗传学（optogenetics）工具集的应用已有十多年的历史，它能够在体内选择性地沉默特定神经元（Boyden，2015）。光遗传学通过光诱导神经元兴奋来探测和控制神经回路（Tye and Deisseloth，2012）。如何利用光来刺激神经元？生活在土壤和淡水中的某些藻类，以及生活在埃及和肯尼亚高盐碱湖中的一种古细菌，进化出了一种称为视蛋白（opsin）的特殊蛋白质，可以通过打开和关闭生物体的细胞膜通道对可见光做出反应（Deisseroth，2010）。例如，ChR2 通道视紫红质可对蓝光做出反应，允许正钠离子通过膜通道；VChR1 通道视紫质对某些波长的绿光和黄光有反应；NpHR 嗜盐菌视紫红质则可以响应黄光调节负氯离子的流动（Deisseroth，2010）。光遗传学的一项重大突破是采用已经成熟的转染技术，将视蛋白基因插入小鼠和其他动物的神经元内。转染过程包括将视蛋白基因与启动子结合（启动子使基因只在特定类型的细胞中激活），将基因插入病毒，将病毒注射到动物的大脑中（Zhang et al.，2010）。当视蛋白在感兴趣的细胞群体中表达后，在细胞体上放置一根传输光线的光纤，以投射神经元为靶标（Kim et al.，2017）。随后采用编码离子电导调节基因的特定波长光线进行照射，可以对特定投射神经元实现毫秒级分辨率的控制。

目前全世界有数百个实验室正在运用光遗传学手段，解决十年前技术尚无法触及的问题。这种密集努力的结果是将光遗传学与其他现有的及新兴的刺激与记录技术相结合，包括双光子激光扫描荧光显微镜、高精度计算机控制跟踪系统等（参见 Zagorovsky and Chan，2013）。光遗传学工具箱中的技术与电生理学、影像学、解剖学方法综合运用，催生了一项重大发现，即一系列精神疾病的行为状态特征涌现自多个神经投射回路的动力学（Kim et al.，2017）。例如，金等（Kim et al.，2017）在小鼠光遗传学实验中发现，焦虑的行为状态是由控制风险规避和呼吸速率变化的分离焦虑相关行为特征回路组成：这三个不同的投射回路来自终纹床核（BNST），每一个都能够启动独立的焦虑行为状态特征，在焦虑调节中发挥相反作用。人类抑郁症与快感缺失（anhedonia，丧失乐趣）患者的神经影像学研究表明，其特点是前额叶皮质和几个亚皮质区域之间存在特定的静息状态相关性（Keedell et al.，2005）。费伦茨等（Ferenczi et al.，2016）通过综合运用光遗传学和功能磁共振成像技术（参见第五章），证明了大鼠内侧前额叶皮质控制着多个亚皮质区域之间的相互作用，这些亚皮质区域负责支配奖励感知与经验受损，而这正是快感缺失的特征。

六、动作协调：观察行为过程中的整个大脑

在20世纪60年代初，当时的美国迫切希望提高学生的科学教育水平，我的父母送给我一份非常慷慨的礼物：一个装有吉尔伯特显微镜的蓝色金属盒（尽管我更想要一套莱昂内尔玩具火车）。我现在仍然记得当我打开盒子时的惊喜，我安装好显微镜，用桌上的台灯作为物镜光源来照亮载物台，给装有干虫卵的小瓶中加满水，在载玻片上盖上盖玻片，然后调整焦距观察视野中的微小动物（这比玩具火车有趣得多）。现在，50多年之后，双光子显微镜和钙离子基因编码技术可以使科学家记录小型动物几乎整个大脑的神经活动（参见Grienberger and Konnerth，2012）。

哥伦比亚大学的尤斯特（Yuste）实验室位于我生活成长城市的中心，他们积极响应美国脑计划的呼吁，通过揭示小型淡水刺胞动物——水螅（*Hydra vulgaris*）特有行为功能与神经网络活动之间的关系，致力于了解“涌现性”功能。杜普雷和尤斯特（Dupre and Yuste，2017）之所以选择这种特殊的动物作为研究对象，是因为其神经系统仅由数百到数千个神经元组成，其20 000多个基因的基因组已经完成测序，它身体透明，体形小到足以对整个动物在单个神经元水平上进行荧光解剖显微成像，而且它不会衰老。为了能够利用荧光成像技术揭示水螅表现特定行为时的神经回路，杜普雷和尤斯特（Dupre and Yuste，2017）构建了在神经元中表达钙指示剂GCaMP6的水螅谱系。这项研究的重大发现是，水螅的神经系统包含三个互不重叠的主要网络（在这个意义上，即任何属于其中一个网络的神经元都不属于另外两

个网络）。此外，每一个网络都与水螅的一种独特行为有关：RP1 网络与身体伸长有关，RP2 网络与径向收缩有关，而 STN 网络为触角下的局部网络（Dupre and Yuste，2017；Ji and Flavell，2017）。非重叠性网络的发现表明“进化通过选择性地将来自明显相似细胞群体的神经元亚群连接在一起，已经雕琢出了一整套行为模式，因为每个神经元亚群都与一种特定行为相关联。这种雕琢可以通过将神经元选择性地连接到子回路，或者通过调节突触强度而实现”（Dupre and Yuste，2017，1094）。在其他神经系统相对较小的动物中，神经元回路和行为之间是否也存在类似的证据呢？

果蝇幼虫具有丰富的运动行为，包括向前爬行、向后爬行和转身等。在觅食过程中，这些幼虫可能会停止爬行，重新调整自己的方向，转身并再次开始爬行（Reidl and Louis，2012）。所有这些行为都是通过一个仅有 10 000 个神经元的神经系统完成的，这些神经元分布在三个主要中心：中央脑、食管下神经节和腹神经索（Boyan and Reichert，2011）。因此，即使在非常微小的果蝇神经系统中也存在明显的组织模式，即分布更为广泛的神经回路，如食管下神经节和腹神经索，也能够产生自发节律与时间模式（例如，选择右侧或左侧方向）。更为集中的神经网络，如中央脑，是通过利用在生态位内探索活动中获得的感觉信息来协调这些网络的功能。

果蝇表现出各种各样的行为，包括社会性求偶。通过研究果蝇求偶行为，科学家阐明了利用光遗传学技术来操纵自由飞行果蝇行为的方法。吴等（Wu et al.，2014）将光遗传学与自动化多激光跟踪系统相结合，使用高强度激光照射“攻击”雄性果蝇，使它们学会远离雌性果蝇。研究人员用两种不同波长的光来靶向被转染的神经元，系统性识别参与雄性果蝇逃避行为社会学习的神经回路。在哺乳动物（如小鼠）研究中应用光遗传学的技术挑战是，如何将光照射到它们相对较大脑部的深层组织。一个新兴的研究领域——可注射的细胞尺度光电子学（optoelectronics）提供了一种解决方案，将微型无机发光二极管（μ-ILED）及电子传感器和促动器注射到深层组织中进行刺激、传感和促动（Kim et al.，2013；McCall et al.，2013）。

果蝇神经系统的这种组织特征已经在“僵尸”幼虫实验中得到证实。贝尔尼等（Berni et al.，2012）对果蝇幼虫觅食（即爬行、停顿、头部清洗和转身）时的中央脑和食管下神经节的活动进行了抑制。停顿和转身事件被视为关键“决策”点，幼虫在此探索可用的信息源——如嗅觉和（或）温度梯度，然后选择并执行新的运动方向（Berni et al.，2012；Lahiri et al.，2011）。即使在只有胸腹部神经回路保持激活的情况下，幼虫也能够爬行、停顿和转身。这表明，这些分布式神经回路能够产生运动节律以及停顿和转身的能力，而中央脑的作用是利用感觉器官获得的信息梯度来引导果蝇幼虫朝向或远离正在探索的区域，并改变开展觅食行为的活力。

飞行感知（Flyception）是对自由行走果蝇求偶行为进行大脑活动成像的一种非常巧妙的方法（Grover et al.，2016）。格罗弗等（Grover et al.，2016）在每只果蝇头部背侧创建了一个长期成像窗口，从而可以对多只不受限制自由行走的果蝇同时进行大脑活动成像。试验中向嗅投射神经元表达钙指示剂GCaMP6的果蝇发送各种气味，然后用多个蓝色激光和一个反射镜系统瞄准果蝇头部来激发荧光蛋白。格罗弗等（Grover et al.，2016）报道称，当雄性对雌性表现出持续的求偶行为时，特定大脑区域（背后区）的神经元表现出荧光增强。果蝇的求偶和交配行为由一系列复杂的仪式组成，这些仪式由一种称为“fruitless”（fru）的特殊基因控制。飞行感知方法能够确定参与系列仪式行为的特定神经元。

为了实施行为序列而组织的分布式回路在成熟果蝇（即有翅膀的果蝇）的逃逸飞行行为中也很突出（Card and Dickinson，2008；Card，2012）。果蝇的逃跑行为由高度组织化的运动部件组成，这些运动部件的作用是向远离视觉迫近（接近）事件的方向跳跃：调整腿部位置，抬升翅膀，伸展腿部。在实施逃跑行为之前，果蝇会在迫近事件的早期调整它们的腿部位置：在从地面实际起飞之前做好逃跑的准备。在雄性求偶行为中，果蝇也会表现出一系列高度组织化的行为，包括追随雌性，并吟唱物种特异性的求偶歌曲（Coen et al.，2014）。

有组织行为序列受到分布式低维动力学支配的证据，来自对线虫运动动作序列中大脑神经元活动的全脑成像，研究采用了基因编码的钙指示剂（Kato et al.，2015；Izquierdo and Beer，2016）。加藤等（Kato et al.，2015）利用泛神经元表达的钙指示剂进行了全脑单细胞分辨率成像（107～131 个神经元）。线虫的运动行为特征是“奔跑”和“转身”两种状态序列。值得注意的是，加藤等（Kato et al.，2015）发现神经状态轨迹可追踪到主成分分析空间中的一个流形（manifold），即一个子卷（subvolume），其形状为相同连续状态的循环。因此，在奔跑—转身序列中记录的大量中间神经元和运动神经元可以产生周期性、低维度、群体状态性、时变性信号（Kato et al.，2015）。

布鲁诺、弗罗斯特和汉弗莱斯（Bruno，Frost，and Humphries，2015）同样研究了分布式网络如何实现海蛞蝓类动物海兔（*Aplysia*）的运动行为。他们使用分离的大脑制备物，在足神经节中诱发假想的逃逸运动（从头部传向尾部的一系列有节奏的头部伸展和肌肉收缩周期性动作），同时记录整个神经节中的个体神经元（12 个制备物的神经元数量分别为 57～125 个）。研究结果表明，运动程序是由一组振荡器集合组装而成的，其群体活动揭示了在低维动力学空间中的轮换交替。他们提出了一个基于周期性吸引子网络的海兔运动控制假设模型，“神经环路每一部分的活动需要募集投射到不同肌肉群的运动神经元”。正如我们将在第八章中看到的，无论是非人灵长类动物的大型网络，还是蠕虫和海蛞蝓神经系统的小型网络，都同样具有大脑皮质吸引子网络活动环路的特征。

七、简并性

在多功能系统中，同一部件通过调制参与不同的功能分组（例如，同一神经元通过调制参与不同的功能群）。该部件（如肌肉群的组合）可以通过参数设置快速切换其参与一个功能群或另一个功能群的身份，这些参数设置会更改模块与一个或另一个功能群的相对耦合强度。在装置设计中考虑部件组合的灵活性具有非常重要的意义，它能提供简并性：不同解决方案产生类似的输出结果（Marder and Taylor，2011）。通过提供一种以上的方式来实现不同的功能，从而有可能改变某些部件，而其他部件仍能保持系统其余部分的平稳运行。

除了果蝇和蠕虫的运动行为研究之外，对甲壳类动物几十年的研究还揭示了更为复杂的进食行为序列的多功能神经回路（Marder and Bucher，2007）。龙虾和螃蟹的胃是一个复杂的机械装置，对食物进行研磨和过滤。胃肠神经节（STG）是组成胃肠神经系统（STN）的四个神经节之一。STG控制着40多对胃部横纹肌的运动，其中一些称为幽门（pylorus）的肌肉可以改变胃部的结构，而另外一些肌肉控制胃研磨的作用。这些肌肉结构都具有特定的节律，可归因于特定的神经回路（Marder and Bucher，2007）。通过胃研磨和幽门的协同节律运动，可以实现胃部的研磨和过滤功能。相对较快的幽门节律受到STG内一个单独的起搏神经元控制。相比之下，胃研磨的节律表现出多种模式，具体取决于肌肉和支配神经元之间的相位关系。幽门神经元与胃神经元之间存在广泛的相互作用，幽门神经元的活动可能产生并重置胃研磨节律。这些相互作用产生的后果是，胃神经元基本上是多功能的：它们可以在幽门或胃部网络之间切换（Marder and Bucher，2007）。

八、脊髓和脑干回路

（一）另一项个人视角

作为一名博士后，我有幸参加了哈佛医学院的神经解剖学课程，其中包括人体神经系统解剖实验。这门课程是由麻省理工学院著名的神经解剖学家瓦勒·纳塔（Walle Nauta）教授讲授，我们每周都有一次客座讲座，由该领域真正的知名学者主讲。我们的第一个解剖作业是检查脊髓节段，参考资料是哈佛图书馆中一套著名的幻灯片档案。我对即将到来的解剖课和我女儿安娜几乎同时出生的惊喜都毫无准备。当我第一次抱着刚出生的女儿时，我惊讶于她有条理的动作并且始终用眼睛盯着我的脸。然后在实验室里，当我有机会在手里握着一根细如铅笔的人类脊髓时，完全无法想象看起来很简单的这段组织如何参与构成了安娜有组织的运动。从那时起，我的研究重点一直是婴儿的感觉运动行为，但我也从未对脊髓回路如何工作失去兴趣。

（二）对脊髓回路的深入研究

在我个人生活中那些令人难忘的事情发生后的二十多年里，神经科学家们发展出了大量分子与遗传新技术（Goulding，2009），推动了脊髓结构和功能的许多惊人进展，包括确定了作为运动节律产生激发源的中间神经元（Arber，2012；Ekloff-Ljunggren et al.，2012）；即使在缺乏下行感觉输入的情况下仍能产生活动模式的微回路连接性（Bagnal and McLean，2014）；下行信号在选择性募集运动神经元中的作用（Wang and McLean，2014）；以及上行回路在运动控制中的作用等（Azim et al.，2014）。对于脊髓产生的内在节律模式，研究发现内在脊髓网络可以产生运动活动（Buschges，2012）、脊椎动物游泳（Ekloff-Ljunggren et al.，2012）、甲壳类动物肠道运动（Marder and Bucher，2007）的节律模式，由此推动了脊柱“中枢模式发生器”（CPG）概念得到广泛采用。脊髓网络如何产生时钟样内在活动模式？古尔丁（Goulding，2009）确定了CPG假设的三个基本特征：①运动神经元被分为不同的功能单元，称为“运动池”（motor pools），每个功能单元支配一块肌肉；②池内运动神经元的分级募集和激活是肌肉特性变化的基础，这些变化是姿态控制和运动所必需的；③运动中间神经元之间的快速突触和慢速调节相互作用“塑造”了运动神经元的会聚性输入，实现平滑运动的肌肉激活模式。

对于从事脊髓CPG回路研究的神经科学家来说，科学“圣杯”（holy grail）就是能够同时记录动物行为及其神经回路活动。一种方法是制备分离脊髓，并在“虚拟的”运动活动中记录其活动。代表性的工作是岩崎和陈（Iwasaki and Chen，2014）对无脊椎动物水蛭（leech）节律性游泳行为中的CPG及其他结构的研究。水蛭通过从头部向尾部传递的身体节段波动向前游动。分离制备的水蛭神经索可以表现出虚拟游泳动作，非常类似于完整动物的游泳

（Iwasaki and Chen，2014）。揭示脊髓回路与行为之间关系的另一种方法，在对另一种游动动物斑马鱼幼体的虚拟游泳研究中得到验证（Ahrens et al.，2012；Portugues et al.，2013；Portugues et al.，2014；Portugues et al.，2015）。在这种方法中，完整的斑马鱼幼体不是移除脊髓，而是被人为瘫痪并放置在虚拟现实环境中，同时记录整个神经系统中大量神经元的活动。例如，阿伦斯等（Ahrens et al.，2012）利用虚拟现实环境向斑马鱼展示了一个模拟向后游动的封闭虚拟水流。为了测试对不同速度光流的感觉适应性，研究人员采用了一种基因编码钙指示剂对单个斑马鱼大脑的一部分和多条斑马鱼的整个大脑进行成像。

体内细胞外记录的新技术与光源技术新进展（如发光二极管）相结合，使得研发无线微型 LED 设备并与电生理传感器相结合成为可能（Jennings and Stuber，2014）。现在这些双功能系统能够控制和监测复杂行为任务中的神经回路活动。例如，辛进等（Jin et al.，2014）将体内电生理学与光遗传学技术相结合，观察小鼠在学习实施运动、梳毛、压杆的快速序列行为中的基底节神经回路。他们验证了一个长期模型，可以用来解释基底神经节在将功能特异性活动组织成有组织序列中的作用（Graybiel，2008）（详见下文讨论）。目前新开发的技术是将完全植入式光遗传学刺激无线装置与光电装置相结合，对动物行为进行体内闭环光遗传学控制（Grosenick et al.，2015）。

（三）节律和模式

脊髓网络支持两个基本功能：节律生成（计时）和模式生成（运动神经元的节律性激活、左右交替，以及有肢动物的多关节屈肌—伸肌协调）（Kiehn，2011，2016）。根据遗传转录因子的表达模式，已经可以确定脊髓模式生成区域的主要中间神经元类别：背侧（dl1-dl6）中间神经元、腹侧（V0-V3 和 HB9）中间神经元、脊髓运动神经元（Arber，2012；Kiehn，2011）。塔拉帕拉等（Talapalar et al.，2013）研究了在野生型小鼠与转基因小鼠中，V0 中间神经元对不同运动速度时肢体变化的作用。基因改造涉及选择性培育小鼠的过程，以便：①在切除 V0 中间神经元后能够维持小鼠的生存能力；

②操纵兴奋性或抑制性 V0 中间神经元（具体过程可参见 Menelau and McLean，2012）。完整的野生型小鼠以低运动频率（约 2 Hz）交替步态行走，以高于 10 Hz 的频率小跑或快跑。在初步实验中，整个 V0 神经元群被切除，基因改造小鼠始终表现出对称性跳跃步态。在接下来的实验中，塔拉帕拉等（Talapalar et al.，2013）选择性地切除兴奋性或抑制性 V0 中间神经元。当小鼠兴奋性神经元被切除时，低速时表现为左右交替步态，只有在中—高运动频率时跳跃才比较明显。相反，选择性切除抑制性 V0 中间神经元，导致低运动频率下丧失左右交替模式，中等频率时交替与跳跃的混合协调，以及高运动频率时表现为左右交替。因此，在低速时激活的一个功能性亚群参与交叉抑制，而在高速时激活的第二个亚群参与交叉兴奋（Talpalar et al.，2013）。张等（Zhang et al.，2014）发现，在小鼠体内，两种类型的腹侧节间神经元（V1 和 V2b）也是分布式抑制性脊髓网络的核心组成要素，参与小鼠运动中的屈肌—伸肌运动活动的相互模式。V1 和 V2b 对运动神经元的兴奋性输入进行门控。张等（Zhang et al.，2014）提出，V1 和 V2b 抑制是节律生成回路进化组织的结果，对于双侧可活动附肢的实现是必要的（表 5.2）。

表 5.2　脊髓网络的功能

功能	介绍
节律和模式生成	节律生成是发挥时钟功能。模式生成有三个功能：运动神经元的节律性激活、左右交替、（多关节动物）的屈肌—伸肌模式
中间神经元的功能	中间神经元有五个主要亚类，分别称为 V0、V1、V2、V3 和 HB9。V2 中间神经元是一种内在的兴奋源。几乎所有的 V0 和大多数 V3 都是连合的，穿过身体中线协调身体两侧活动
将回路组织成功能子回路	在脊髓的每一侧都存在单独的神经网络，可以独立地为运动神经元池产生节律性运动活动
募集	在有腿脊椎动物中，V0 左右交替网络的配置随着速度的变化而变化。抑制性 V0 神经元首先在缓慢运动时被募集，其次是兴奋性 V0 神经元在较高运动频率被募集。同样，在斑马鱼幼体中，当游泳速度变化时，背腹排列的脊髓运动前中间神经元和运动神经元存在不同部位的募集顺序：位于腹侧的运动神经元在较低游泳频率下激活；位于背侧的运动神经元在游泳频率逐渐提高时激活

资料来源：O. Kiehn（2016），Decoding the organization of spinal circuits that control locomotion，Nature Reviews Neuroscience，17，224-238.

脊髓中间神经元除了对节律和模式产生的重要作用外，阿尔伯（Arber，2012）还强调了脊髓回路参与哺乳动物运动行为产生和调节的两个特征：与脑干和更高区域中棘上中枢的上行与下行通信，以及感官反馈系统持续监测运动行为的后果。关于前者，至少50年来人们都知道大脑到脊髓有直接的皮质运动神经元和间接的侧降脑干通路，负责调控手部的伸取与抓握动作（Alstermark and Isa，2012；Zhou et al.，2014）。然而一个悬而未决的问题是，脑干—脊髓连接在使前肢比后肢更能进行精细抓握中的作用。为了解决这个问题，埃斯波西托、卡佩利和阿尔伯（Esposito，Capelli，and Arber 2014）研究了脑干的延髓腹侧网状结构（MdV）在控制小鼠前肢运用中的作用。MdV 神经元接收来自运动皮质和小脑的输入，然后将其直接投射到前肢特异性脊髓运动神经元和中间神经元（Zhou et al.，2014）。他们采用了一种将病毒追踪、基因操作和行为研究相结合的小鼠研究策略，来确定脑干在手部精细运动行为中的作用。为了评估 MdV 神经元在运动任务中的作用，埃斯波西托等（Esposito et al.，2014）通过注射白喉毒素使 MdV 神经元消融，并比较这些小鼠和对照组小鼠伸取小颗粒食物的表现。与对照组相比，MdV 神经元消融小鼠在爪子精细放置和手指合拢方面存在特定的缺陷。埃斯波西托等（Esposito et al.，2014）由此得出结论，支配前肢的脑干核参与控制复杂的肌肉收缩序列，为完成协调动作提供特定的脊髓运动神经元池。

运动神经元和节段中间神经元接收来自颈部脊髓固有神经元（PN）的输入，后者是伸取行为期间下行运动信号的中继器（Azim et al.，2014；Azim and Alstermark，2015；Zhou et al.，2014）。PN 回路发送两个输出：一个轴突分支投射到支配前肢的运动神经元，另一个轴突分支投射到担负小脑前中继器的外侧网状核（LRN）。阿齐姆等（Azim et al.，2014）探索了两种干扰 V2a PN 功能的遗传策略：一个是对 V2a 神经元急性消融以消除所有的轴突投射，另一个是对小脑前投射进行选择性光遗传学刺激。对于后者，阿齐姆等（Azim et al.，2014）通过注射病毒载体在 PN 中表达光敏感通道蛋白（ChR2），选择性激活小脑前的轴突投射以干扰小鼠前肢运动，然后训练它们伸取食物颗粒，并将它们的伸取行为与对照组野生型小鼠进行比较。在ChR2表达组，光脉冲照射可以导致前肢伸取动作的中断，这表明PN回路的小脑前投射被阻断，无法提供伸取运动轨迹的持续更新。

本体感觉神经元支配肌肉中的感觉器官，并将肌肉收缩相关信息传递给脊髓。肌梭传入神经是与肌梭感觉器官接触的本体感受器亚群。它们与运动神经元和各类中间神经元建立突触联系，因此非常适合将运动行为调节相关刺激直接传递到脊髓回路（Takeoka et al.，2014）。本体感觉反馈的缺乏会使小鼠的运动模式降级（Akay et al.，2014）。同样地，对参与抓握动作皮肤感觉反馈的脊髓中间神经元进行实验性失活，会破坏针对负重增加进行的抓取力度调节（Bui et al.，2013）。

九、小脑的功能

小脑皮质微回路的典型特征是由分子层、浦肯野细胞（PC）层和颗粒层三层结构组成（Kano and Watanabe，2013）。浦肯野细胞是小脑皮质唯一的输出神经元，将GABA能轴突投射到小脑深部核团（DCN）和前庭核；在分子层中延伸树枝状树突；并受到来自对侧延髓下橄榄核的攀缘纤维和来自脊髓、脑桥核、网状结构的苔状纤维所支配（Kano and Watanabe，2013）。浦肯野细胞之所以不同寻常，是因为它可以产生两种不同类型的动作电位：①简单峰电位（simple spikes），可以来自自发放电，也可以来自高频率（30～100Hz）时苔状纤维—颗粒细胞—平行纤维通路的激活；②复杂峰电位（complex spikes），大约1 Hz的峰电位，由一个初始动作电位及后续一系列较小的小穗组成（Cerminara et al.，2015）。小脑还具有蛋白质表达变化十分丰富的特征，包括表达斑纹蛋白Ⅱ（ZebrinⅡ）的浦肯野细胞带与该蛋白质表达阴性的浦肯野细胞带交替分布（Witter and De Zeeuw，2015）。在更详细的层面上，这些斑纹蛋白区域可进一步划分为微区（microzone），其特征是攀缘纤维同步放电的特殊功能反应（De Zeeuw et al.，2011）。因此，从细胞结构和蛋白质数据来看，越来越多的证据表明小脑组织成不同的功能区，并且以区域特异性方式与其他大脑区域相连接（Witter and De Zeeuw，2015）。但是这些微区是做什么的呢？

德齐乌和滕布林克（De Zeeuw and Ten Brinke，2015）提出小脑微区具有特征性的时间放电频率域，专门用于执行特定任务，包括肢体和手指移动、躯干平衡运动、特定空间轴的代偿性眼部运动、面部肌肉组织的反射、特定自主过程的稳态及时间敏感性决策等。小脑所有功能的鲜明特征是它能够以非常高的分辨率控制时间，可在数百毫秒的时间段内精确到约5ms，这对运动学习的可塑性至关重要。斑纹蛋白阳性区域运动学习的一个例子是控制前庭反射（VOR）的振幅（即增益），前庭反射是由前庭刺激引起的眼睛反射运动，眼睛向与头部相反的方向移动，以确保视网膜图像保持稳定（Gao et al.，2012）。这种现象被称为相位反转适应（phase reversal adaptation），通过与前庭刺激同相（即相同方向）但振幅更大地移动小鼠头部而建立。在“失配训练”（mismatch training）期间，视网膜反向滑动，迫使老鼠在前庭刺激期间进行代偿性眼球运动，其方向与训练前相反。在缺乏特定受体——NMDA 受体 NR2A 亚单位，并且攀缘纤维可塑性降低的突变小鼠中，其眼球代偿运动能力降低，证实了小脑皮质在这种学习形式中的作用。

十、基底节和运动程序：选择

运动程序有很多种定义，但经典的神经科学观点认为，它们是产生功能特定行为模式的神经网络，包括运动、姿势、眼球运动、呼吸、咀嚼、吞咽和情绪表达等（Grillner et al.，2005）。对于脊椎动物，从其他运动程序（如进食或眼睛与头部转动）中选择一个特定的运动程序（如运动）涉及基底神经节网络，据相信该网络抑制一个运动程序的基础回路并促进其他回路。基底神经节（BG）是调节运动输出的七个大脑深部核团（Chakravarthy et al.，2010）。基底神经节回路存在于系统进化中最古老的脊椎动物，如七鳃鳗（Grillner et al.，2008；Sarvestani et al.，2013；Stephenson-Jones et al.，2011）。

选择的运动程序由脑干网络启动，脊髓中枢网络神经回路随后生成固有的肌肉激活模式以产生运动。

这种运动程序概念存在许多挑战，其中之一是了解回路之间如何协调使得行为同时发生而不相互干扰。例如，在啮齿类动物中，嗅、咀嚼、舔、吞咽、摆须等口腔面部行为可能同时发生，脑干回路可能需要防止这些活动干扰呼吸（Moore et al.，2014）。什么样的控制结构可以实现这种功能呢？有一种模型假设，这些口腔面部行为的高频脑干模式生成回路，在较慢时间尺度上受到汇聚在脑干运动神经元处的多个内在（如皮质）源的调节，以及外部感官输入源的调节（Moore et al.，2014）。例如，在探索性摆须过程中，来自触须的缓慢时间尺度感官输入循环会通知调节脑干介导的触须接触物体快速时间尺度循环（Nguyen and Kleinfeld，2005）。脑干节律生成的内在调节明显降低了触须的速度，从而延长了其与物体接触的时间，加强了对信息的主动获取（Grant et al.，2009）。

感知和动作是具身化的，因此，选择和启动特定行为的过程必须在环境直接确定的动作潜在机会背景下考虑，即第三章中吉布森提出的“功能可供性”（affordances）。当我们考虑在不断变化的环境中与身体共同控制动作流的装置时，如何将运动程序具身化为共享网络物理系统一部分变得至关重要。具身化决策是在吸引子动力学的背景下进行的，目的是使吸引子与环境可以定义为一个具有吸引、排斥和分岔区域的势场（Cisek and Pastor-Bernier，2014）。在吸引子动力学中，我们开始拥有一种语言来共享神经系统和装置的行为模式决策。这种语言将在本书第三部分进行更详细地介绍。

十一、神经力学：昆虫、无脊椎动物和小型脊椎动物的具身化神经系统

第三章探讨了比例定律如何揭示身体大小和脑容量之间的基本关系。在这个比例关系中还嵌套着其他法则关系，例如，身体力学特性如何影响动物在引力场中的行为，神经系统复杂性增加的后果和传导速度时滞结

构，以及感官信息在波动性放大中的作用（Tytell et al.，2011）。这在水中、陆地和空中各种动物的运动中非常明显。以鱼类为例，如鳗形七鳃鳗（*Icthyomyzon unicuspis*）在湖中游动时猎食。在其游泳行为中观察到的弯曲模式，是产生肌肉力的头部至尾部神经活动波、身体力学特性（如硬度）以及作用于身体的流体动力的综合效应，从而产生随时间变化的身体净弯曲与展开（Tytell et al.，2010）。七鳃鳗利用机械感受器官阵列在不断变化的流体流动条件下调节神经活动，如水流方向、大小及漩涡中的湍流，或探测能够指示猎物靠近的化学梯度与振动（Lauder，2015）。关于神经和流体动力对行为的综合影响，存在几个显而易见的基本问题：神经回路是如何产生身体弯曲变化的肌肉激活模式？对于调节肌肉激活时间的流动模式，其基本信息结构是什么？大脑网络与机械力耦合实现身体运动，具有什么特性？

对于身体的肌力、惯性、弹性和阻尼特性与环境对身体的反作用力（如流水）之间相互作用突现的行为模式，所有相关问题都属于生物学综合学科中神经力学（neuromechanics）分支的范畴（Holmes et al.，2006；Lauder，2015；Tytell et al.，2011）。神经力学以模型为起点，首先建立相对抽象的神经和机械部件“模板”，并在此基础上逐步构建“锚定”到生物系统的更为真实的组件（Full and Koditschek，1999）。例如，对于昆虫运动（Holmes et al.，2006；Kukillaya and Holmes，2009；Proctor et al.，2010），神经力学系统模型包括：①身体结构方案，6 个关节肢体的双侧对称排列，一端为头部，另一端为尾部；②前馈力学系统，每条腿的关节与被动线性弹簧相连接；③肌肉（Hill 型）按激动剂—拮抗剂方式成对排列；④关节扭矩反射反馈的本体感受回路，它们按不同方向排列以便对力的方向敏感；⑤由类似于“爆发放电”中间神经元的单元组成的前馈模式生成中枢网络。当与实际昆虫（如蟑螂）相比时，也就是说，将模型锚定到昆虫生物学上，模型产生的行为类似于其自然对应物的行为，包括在受到干扰时控制自身并保持稳定的能力（表 5.3）。

表 5.3　神经力学系统的特点

特点	介绍
肌肉的多功能性和自我稳定性	肌肉是多功能的：它们缩短以完成工作（即促动），稳定关节运动，并在结缔组织（如肌腱）中储存弹性能量。单个神经信号可能产生不同的机械输出。肌肉由于其力量-速度、力量-长度、黏性-弹性特性而自我稳定
传感器是非线性的，具有固有的时滞性	肌肉内的传感器（如高尔基肌腱器官和肌梭）负责监测基本力学变量，具有非线性特性。这些传感器影响受体输入的时间和动力学。这些传感器的响应也存在滞后（如由于阻尼和惯性），并且会增加神经处理时间的延迟
控制时滞性后果	在强迫振荡系统中，反馈延迟会增加系统增益，使其具有类似共振的行为。这些共振可能与系统中的精确延迟有关，并减少在控制解决方案空间中需要探索的解决方案数量
通过试错法探索方案空间	神经力学系统可以采取多种方法有效完成一项任务
涌现性行为	行为动力学涌现自大脑活动回路、感官预期调谐调节、肌肉特性、身体生物力学、作用于身体的环境力之间的复杂相互作用

资料来源：K. Nishikawa，A. Biewener，P. Aerts，A. Ahn，H. Chiel，M. Daley，T. Daniel，R. Full，M. Hale，T. Hedrick，A. K. Lappin，T. R. Nichols，R. Quinn，R. Satterlie，& B. Szymik（2007），Neuromechanics：An integrative approach for understanding motor control，Integrative and Comparative Biology，47，16-54.

在神经力学更通用版本的模型中，神经系统、身体和环境是嵌套式前馈（机械或前反射）回路和前馈（本体感受或反射）回路系统的一部分（Holmes et al.，2006；Miller et al.，2012）。不同于将中枢模式发生器视为“规范性”的模型（即运动等节律行为振荡频率的唯一基础）（参见 Buschges，2012；Sarvestani et al.，2013），神经力学模型预测，中枢模式发生器通过匹配（同步）身体振荡运动的共振频率来推动行为。例如，七鳃鳗在游泳时，身体机械波的水中传播速度与神经激活波并不匹配：肌肉活动和身体弯曲之间存在相位滞后（Tytell et al.，2010）。这意味着，简单测量肌肉动作而不测量这些动作与行为的关系，忽略了非常重要的方面，即神经系统、身体和行为之间的关系。

神经力学模型的一个显著特征是它们为自组织系统，可在多个时间尺度上通过分布式并行能量与信息流循环自发产生涌现性行为（Holmes et al.，2006）。神经力学系统的自组织特性对于多个时间尺度上的涌现性行为提出了几个可检验的预测。在身体与环境的最短时间尺度相互作用过程中，如飞行昆虫拍打翅膀的过程，运动模式通过身体和环境介质（如飞行中的空气）之间的机械相互作用进行自组织。例如，昆虫的翅膀必须在每一次拍打结束时翻转方向，因为翅膀升力灵敏地取决于时间（Tytell et al.，2010）。翅膀结构与空气而不是神经信号的被动相互作用驱动这种翻转动作（Sane and Dickinson，2002）。翅膀的力学特性，如俯仰角度，还可以通过利用这些被动相互作用转动身体的小肌肉激活进行主动调节，比如在果蝇中的情况（Bergou et al.，2010）。总之，主动和被动力学特性都有助于在飞行中涌现出转弯行为。

烟草天蛾（*Manduca sexta*）的爬行动作表现为一种奇怪的步态模式：其身体后段围绕附着抱器轴心旋转并与身体前段实现相位耦合，以存储弹性能量（Trimmer and Issberner，2007）。因此，这种毛虫的爬行不是由于蠕动波而简单地向前推进，而是涉及不同节段之间的动能交换，类似于其他陆生动物与刚性表面接触的运动。对于像毛虫这样的软体动物来说非常令人惊讶，因为它缺乏坚硬的骨骼。当烟草天蛾使用其前足抱器锁定到树枝等基质上时，这些身体部位能够抵消其他部位肌肉收缩的力量，从而将基质变成为“环境骨架”（Lin and Trimmer，2010）。但究竟是什么驱动毛虫身体的前进？西蒙等（Simon et al.，2010）使用相衬同步加速 X 射线成像和透射光显微镜，直接观察自由爬行烟草天蛾的内部软组织运动。值得注意的是，他们发现肠道能够避开周围体壁，其运动与体壁不同步但与末端前足的向前运动同时移动。换言之，烟草天蛾通过推动前足向前运动的内部（内脏）“活塞”运动来爬行（Simon et al.，2010）。

章鱼是一种身体柔软的头足类动物，以其八只手臂可能表现出的显著行为范围为典型特征，包括运动、捕捉猎物、伸取、抓取、探测环境、挖掘收集石头等（Hochner，2008）。章鱼手臂的解剖结构是由不可压缩的液体和组织组成，使每只手臂都成为一副“静水骨骼”，力在其中通过内部压力传递（Kier，2012）。如何将没有内部骨骼元素的手臂转变成多功能结构来执行这些行为呢？我们在线虫中发现，波的传播产生了用于推进的身体弯曲。自然界也发现了一种类似的波传播解决方案，可以将章鱼肢体转换成准关节式结构。章鱼抓取物体过程中手臂不同位置的肌电图（EMG）记录显示，有两种对向传播的肌肉激活波。一个从抓取目标向手臂根部传播，另一个从手臂根部向抓取目标传播，在两种波交汇处形成一个虚拟关节（Sumbre et al.，2005，2006）。

十二、大脑结构的进化

（一）基底神经节

哺乳动物，如啮齿类动物的动作选择行为与七鳃鳗有何不同？基底神经节（BG）的主要输入结构是纹状体，一个连接皮质神经元与基底神经节和丘脑的巨大系统（Fee，2014）。进入基底神经节的兴奋性皮质信号通过直接和间接途径传播（Hwang，2013）。基底神经节输出核向丘脑核发送抑制性投射，然后丘脑核向皮质—纹状体输入起源的最初皮质区域发送兴奋性投射。兴奋性和抑制性效应在基底神经节和运动皮质之间的流动可能是预测未来奖励的基础：在特定环境下对潜在动作及其回报进行比较（Chakravarthy et al.，2010；另见 Saunders et al.，2015 的解剖新发现）。啮齿类动物的行为与人类有什么不同呢？与大多数人类行为相比，啮齿类动物的行为主要是习惯性的，其特征是以有序结构序列出现的复杂的重复性动作，容易被特定的环境引发，并且可以在没有持续性意识监督的情况下继续完成（Graybiel，2008）。

人类处在压力下或患有某些神经系统疾病时，可能会产生类似于啮齿类动物的习惯性动作（Graybiel，2008）。但健康的、休息良好的人类能够从习惯性模式转变为可评价的模式。觅食环境的资源和结构，以及动物或人类相对于动作成本的需求（如营养），构成了“功能可供性”的感觉运动空间（Gibson，1986），也就是说，与环境分布和潜在探索活动相对价值有关的行动机会（Goldfield，1995；Warren，2006）。人类不仅能探索功能可供性，而且能够超越可用信息发明新的行动方式，创造新的行动环境，设计建造新的工具和装置，从而克服身体局限性来扩展我们的能力。

（二）大脑皮质

使非人灵长类动物和人类超越啮齿动物能力的重要进化进展是大脑皮质特定区域的增长。鉴于进化的保守性质，这种进化是如何发生的呢？正如我在第六章中关于人类神经系统发育的深入介绍，大脑皮质的组装过程涉及某些神经祖细胞群的增殖，然后这些细胞群迁移形成特征性的皮质层。作为发育皮质前体和迁移向导的细胞被称为放射状胶质细胞（radial glia）（Rakic，2009；Bystron et al.，2008）。正是放射状胶质细胞的分裂、细胞周期或增殖速率的变化，影响了大脑新皮质的大小、组成和功能（Lui et al.，2011b）。

十三、大型神经系统的结构和功能突现

过去十年中，我们对微观尺度结构——树突棘（dendritic spines）在行为变化随学习而突现中的作用取得了重大进展（Muller and Nikonenko，2013；Yuste，2011）。研究记录棘突形态、生长和收缩的设备包括电子显微镜、高分辨率光学显微镜、双光子钙成像等（Araya et al.，2014；Bosch and Hayashi，2012）。棘突与尽可能多的不同轴突接触，棘突的电分割（electrical compartmentalization）调节被假定为突触强度综合精确控制的基础（Yuste，2011）（参见第七章）。其输入被独立、线性地整合为“伟大的突触民主”（great synaptic democracy）（Yuste，2011，2013）。

揭示神经回路突现特性的一种有力方法是通过人工神经网络（ANN）建模，如递归神经网络（Mante et al.，2013；Sussillo，2014；Sussillo and Barak，2013；Sussillo et al.，2015）。递归神经网络是一种具有反馈连接的人工神经网络（Sussillo and Barak，2014）。递归网络由四个锥体神经元组成，它们通过改变突触重量的递归轴突与自身相连（Yuste，2015；见第七章）。当递归网络接收到一组外部输入并生成输出时，该活动将被吸引到特定的稳定状态（Yuste，2015）。动物的行为如何与大脑网络的突现状态相关联呢？一种得

到深入研究的行为空间导航中的运动规划，似乎就是从后顶叶皮质的递归网络动力学中突现的。哈维、科恩等（Harvey et al.，2012）使用虚拟现实系统设计了一个 T 形迷宫投影，小鼠经过训练后可在 T 交叉点左转或右转以获得饮水奖励。小鼠在与虚拟 T 形迷宫投影相连接的球形跑步机上奔跑，通过双光子钙成像技术测量记录后顶叶皮质细胞的时空动力学。当多个神经活动被压缩成主成分轴三维图时，放电时间序列就可以预测小鼠在 T 交叉点处的行为选择。

神经回路远程和局部连接的相关研究将其关注范围转移到了介观尺度的细胞集合（Buzsaki et al.，2012）。细胞集合是“神经元的联合体”，将足够数量的同类神经元聚集在一起，它们的集体性脉冲导致突触后神经元放电（Buzsaki and Wang，2012）。细胞集合可在光学显微镜下使用神经示踪剂进行观测，例如，通过病毒注射引入的基因编码荧光蛋白（Kim et al.，2013）。在宏观尺度上，长距离、区域间连接性是基于不同脑区、白质纤维束的神经成像可视化以及活体大脑中的相关活动模式（Buckner et al.，2013）。此外，还可以采用电活动细胞外测量方法，包括脑电图（EEG）、脑磁图（MEG）、皮质电图（ECoG）、局部场电位（LFP）和压敏染料成像（VSDI）等，识别推导出动力学系统测度的头皮、硬膜下或深部脑电活动振荡模式（参见 Deco et al.，2011）。

每种记录方法都有其优缺点。首先是最具侵入性的压敏染料成像（VSDI）技术，其联合采用细胞膜固着压敏染料或基因表达压敏蛋白与高分辨率、高速数码相机，可以对神经元电压变化进行光学检测。VSDI 的优点是它能够直接测量局部跨膜电压变化，而不是细胞外电位（Buzsaki et al.，2012）。局部场电位（LFP）技术利用电极或硅探针在大脑深部位置记录宽带信号，包括小神经元群的动作电位和其他膜电位引发的波动。LFP 技术的缺点是，由于记录点之间的距离很短，因此需要众多观测点以实现高空间分辨率（Buzsaki et al.，2012）。皮质电图（ECoG）使用硬膜下电极直接从大脑皮质表面记录电活动，从而可以绕过信号畸变的头骨和中间组织。侵入性最小的方法是脑电图（EEG）和脑磁图（MEG）。脑电图采用集成在 $10cm^2$

或更大面积头皮表面上的电极阵列提供时空平滑的局部场电位（Buzsaki et al.，2012）。脑磁图利用超导量子干涉仪（SQUID）测量由神经元产生的电流所形成的颅骨外微小磁场。MEG 比 EEG 具有更高的时空分辨率（1ms 和 2～3mm），磁信号对细胞外空间传导率的依赖性也比 EEG 小得多，因此，其畸变也更小（Buzsaki et al.，2012）（表 5.4）。

表 5.4　记录细胞外活动的技术方法

技术方法	介绍
脑电图（electroencephalography，EEG）	头皮脑电图由单一电极记录，是时空平滑版的局部场电位（LFP，见下文），其集成于 $10cm^2$ 或更大面积的头皮表面
脑磁图（magnetoencephalography，MEG）	利用超导量子干涉仪（squids）测量由神经元产生的电流在颅骨外形成的微小磁场（通常在 10～1000 fT 范围内）。MEG 无创且时空分辨率较高（1 ms、2～3 mm）。与脑电图相比，脑磁图的优点是磁信号对细胞外空间传导率的依赖性小得多，并且畸变比率较低（注：fT 为飞特斯拉，即 10^{-15} 特斯拉）
皮质电图（electrocorticography，ECoG）	使用硬膜下电极直接从大脑皮质表面记录电活动，可以绕过信号畸变的颅骨和中间组织。使用柔性密集电极可以显著提高记录电场的空间分辨率
局部场电位（local field potential，LFP）	利用电极或硅探针深入大脑深处记录宽带信号，包括小神经元群的动作电位和其他膜电位引起的波动。由于记录点之间距离很短，因此需要众多观测点以实现高空间分辨率
压敏染料成像（voltage-sensitive dye imaging，VSDI）	膜固压敏染料或基因表达压敏蛋白可对神经元电压变化进行光学检测。该技术采用高分辨率、高速数码相机。VSDI 的一个主要优点是它直接测量局部跨膜电压变化，而不是细胞外电位

资料来源：G. Buzsaki，C. A. Anastassiou，and C. Koch（2012），The origin of extracellular fields and currents—EEG，ECoG，LFP，and spikes，Nature Reviews Neuroscience，13，407-420.

对于寻求跨尺度了解大脑结构连接性的大规模项目来说，主要的方法学挑战是创建完整大脑模型并同时捕捉其细胞结构（Devorr et al.，2013；Kandelr et al.，2013）。通过比较小鼠大脑和人类大脑的复杂性，我们可以清楚地认识到这一任务的规模：人类大脑皮质的体积大约是小鼠大脑皮质的 7500 倍，而人类白质的数量则是小鼠的 53 000 倍（Amuntsr et al.，2013）。缩小跨尺度大脑结构复杂度差距的一种方法称为“BigBrain”模型，首先使用大型切片机获取 7400 张切片，每张切片厚 20μm，然后对它们进行细胞体染色，然后将组织学图像数字化，最终创建超高分辨率的三维人脑模型（Amuntsr et al.，2013）。通过结合完整大脑染色与重建技术，BigBrain 模型在跨尺度整合人脑结构复杂性方面迈出了重要的第一步。但是将成千上万张切片图像对齐的过程可能需要数千小时的时间，并且很容易发生错误。

十四、神经连接组拓扑建模：图形化

使海量成像数据集更易于理解的一种方法是采用图形方法对数据进行拓扑表征。脑图（brain graph）是一种拓扑模型，它将神经系统的结构和功能简化为由一组边线（如突触）连接的节点（即离散单元）（Bullmore and Bassett，2011）。脑图作为一种拓扑对象，能够捕捉节点之间边线的连接，而不用考虑它们的物理位置或解剖位置，即使大脑表面因生长发生了变化。脑图揭示了神经系统的某些整体拓扑特性，包括相对离散的集合性群体（即同一群体成员之间的连接密度高，不同群体成员之间连接密度低）、连接中枢（高度连接和高度集中的脑区）和丰富的神经系统（一组高度连接、高度集中的节点，集成了各类离散性群体与网络的信息，以实现全局通信）（Sporns，2012）。

脑图还显示，大脑网络表现出“小世界性”（small-worldness），即“大型系统的所有节点都通过相对较少的中间步骤连接，大多数节点仅保持少量直接连接，主要是与其周围的邻居集群”（Bullmore and Sporns，2009）。因此，小世界拓扑在连接距离和拓扑效率之间进行权衡（Bullmore and Sporns，2012）。大脑网络中集群和中枢的这些拓扑特征支持一种假设，即大脑通过平衡信息流的整合和分离来调节信息的流动。但是，这些拓扑性质背后的动力学基础是什么？

十五、振荡频率波段与临时功能群的形成

神经回路的物理架构——其突触树和轴突产生电活动回路，提供了一种

在多个时间尺度上协调回路内和回路间放电模式的结构（Buzsaki and Draghuns，2004）。尽管许多脊椎动物的大脑存在很大的尺寸差异，但都表现出相同的振荡频率波段。事实上，自然界似乎通过调节轴突口径大小来实现特定的传导速度和对时间的尺寸不变性分析（Buzsaki et al.，2013）。神经元的时间组织具有保守性，可能包括以下几方面原因：①振荡是实现同步的最有效机制，是信息传递和功能网络结合的基础；②可塑性依赖于兴奋放电时间并在有限的时间窗口内运行，因此突触前和突触后神经元在类似时间窗口内激活的时间至关重要，而与其细胞体的空间距离无关；③需要保持膜的特性，因为其变化可能改变神经元和微回路的时间常数与共振特性；④改变通路长度或传导速度的异常情况可能会损害时间协调性（Buzsáki，2006；Buzsaki et al.，2013）。

神经元回路网络所呈现的波段，其频率范围约为 0.05～500Hz（Buzsaki，2006）。每个波段：慢波、α 波、β 波、θ 波、γ 波、纹波和超慢波，都有自己的特征范围和明确功能。丘脑皮质缓慢振荡（0.7～2.0Hz）在睡眠中最为显著。它们反映了同步皮质神经元去极化和兴奋放电（称为“可用状态”）以及超极化（称为“不可用状态”或静默）的交替相位。从不可用状态转换为可用状态可能会触发一个 12～18Hz 的混响睡眠纺锤波。丘脑皮质的 α 波发生于清醒、放松的大脑状态。例如，α 波的一种类型是闭眼后发生于枕部新皮质的 8～12Hz 节律。第二种类型，中央沟 μ 波（8～20Hz）在静止时发生于躯体感觉系统，但在实际运动或想象动作时消失（Buzsaki et al.，2013）。β 波振荡发生在 12～30Hz 范围内，它们在运动皮质、基底神经节和小脑中最为明显，反映了运动系统与动作之间的脱离，并似乎协调了广泛区域内神经元的时间安排（Buzsaki et al.，2013）。θ 波节律（4～12Hz）通过调节单个海马或皮质神经元的放电频率和脉冲峰值时间，积极参与海马和皮质的交叉频率相互作用。γ 波振荡发生在 30～90Hz 范围内，它们普遍存在于所有的大脑结构和状态中，产生于锥体细胞和含有小清蛋白（parvalbumin）的抑制性篮状细胞相互耦合的网络（Roux et al.，2014）。短暂涌现的 γ 波周期可能发挥复用与“结合”机制作用（Akam and Kullman，2014；Nikolic et al.，

2013）。海马（130～160Hz）和新皮质（300～500Hz）的快速纹状波振荡是最精确同步的皮质节律，可能重新激活既往经验（Buzsaki，2006）。超慢波振荡（0.1～0.02Hz）涉及大面积新皮质和皮质下区域静息状态活动的相干波动（Drew et al.，2008）。

十六、同步化结合与相干性交流

脑振荡频率波段与局部脑区的生理学有什么关系？研究最为彻底的脑波节律是γ波，其特征是快速兴奋的篮状细胞和中间神经元（参见 Buzsaki and Wang，2012；Fries，2009；Womelsdorf et al.，2014）。γ波节律可产生自快速兴奋的小清蛋白阳性（PV+）细胞对锥体细胞的反馈抑制（即锥体中间神经元网络γ波，简称为 PING）或是对抑制细胞自身的反馈抑制（即中间神经元网络γ波，简称为 ING）（Kopell et al.，2014）。由于γ振荡通常发生在局部区域，考虑到锥体细胞的传导延迟较长，它们之间如何实现同步化呢？一种可能性是，通过远程中间神经元粗大轴突与大直径髓鞘的高传导速度，实现整体同步化（Buzsaki and Wang，2012）。γ振荡长程同步化的一个例子是，神经元共享大脑左右半球初级视觉皮质中的感受野（Engel et al.，1991）。全脑同步化的机制包括通过缓慢节律和交叉频率（例如，θ-γ）耦合相位调节γ能量（Lisman and Jensen，2013），在此期间，θ波产生γ波并使其相位校准对齐（Buzsaki and Wang，2012）。

这些振荡波段能发挥什么样的神经和行为功能呢？一个非常有影响力的观点称为同步化结合（binding-by-synchronization），即两个大脑区域内γ波段振荡之间的相位耦合可能会增强这两个区域之间的功能连接性（Deco and Kringelbach，2016；Fries et al.，2007；Fries，2015）（表 5.5）。第二种观点称为相干性交流（communication-through-coherence），该观点假设，节律兴奋性峰值可以作为交流的节律性复现时间窗口：相位锁定神经元群的交流最为有效，因为它们可以同时打开输入和输出“窗口”（Fries，2005，2009；Bastos et al.，2015）。其他研究表明，β波段同步化可能在维持当前感觉运动状态或认知状态中发挥重要作用（Engel and Fries，2010；Jenkinson and Brown，2011），并将行为环境传递给感觉神经元（Bressler and Richter，2014），而 α 波段频率同步化可能会取消选择更为强大但目前并不相关的集群（Buschman et al.，2012）。

表 5.5　网络间的同步化

过程	介绍
周期性振荡同步化	当单个神经元的脉冲概率呈现周期性的自相关和交叉相关时，就会发生网络的周期性同步
通过脉冲间同步状态实现同步化	在这种状态下，单个神经元会有规律地脉冲放电，并通过化学或电突触进入同步状态。耦合神经元是否以这种方式同步取决于每个神经元的活动如何影响与其耦合的其他神经元的相位（通过测量它们的相位响应曲线）
稀疏同步状态下的同步化	在这种状态下，单个神经元不规则地脉冲放电，但神经元群的集体放电速率可产生振荡。网络层面振荡动力学的发生是延迟负反馈的结果，这种负反馈可能产生于自我抑制或相互支配
负反馈时间延迟的作用	在具有强延迟负反馈的网络中，兴奋性驱动中的随机波动将导致低于平衡状态的放电率不足。由于去抑制作用，这将反过来导致放电过大并产生群体振荡。根据负反馈的强度和延迟程度，这种动力学可以在特定频率下产生自持振荡或共振

资料来源：T. J. Buschman，E. L. DeNovellis，C. Diogo，D. Bullock，& E. K. Miller（2012），Synchronous oscillatory neural ensembles for rules in the prefrontal cortex，Neuron，76，838-846.

动物行为的动力学可以分别遵循相同的感觉输入结合与校准原则：连续性节律既可以通过相位锁定作为运动协调（结合）手段；也可以作为“参考振荡”（reference oscillation），用于将多感官模态的感知输入平行回路校准（Kleinfeld et al.，2014）。例如，在啮齿类动物的探索行为中，有证据表明嗅闻和触须探索之间存在相位锁定（Deschenes et al.，2012），这表明呼吸节律（和气流）可能作为参考振荡，对嗅觉和头部振荡进行校准。同样，对于基于触须的碰触，脉冲放电发挥物理运动的功能，类似于嗅觉中的空气流动（Diamond et al.，2008）。因此，啮齿类动物的嗅觉和基于触须的碰触都被相位锁定到自发振荡运动中：呼吸是为了嗅觉，摆动胡须是为了触觉。也有证据表明，嗅闻、摆动胡须、摇头和品尝可能会使 θ 节律与呼吸短暂同步，并形成涉及颌面部感知信息融合的记忆（Kleinfeld et al.，2014；关于海马体和

θ 波参见 Buzsáki，2006）。

十七、静息状态动力学

（一）音乐大脑

音乐，无论是古典乐还是爵士乐，通常都是对时间模式的探索。这在巴赫（J. S. Bach）的赋格曲中非常明显。在赋格曲中，"乐曲主题将在复调结构的所有音部中依次陈述，确定音调，不断展开、冲突并重新建立"（Randel，2003，336）。换言之，赋格曲是一种对特定起点所产生声音的自发式、即兴式探索（Randel，2003）。在爵士乐中，对某一起点的自发即兴探索也很明显。专辑《有点蓝》（*Kind of Blue*）在爵士乐历史上具有里程碑的意义，类似于贝多芬第九交响曲在古典音乐中的地位（Kahn，2000）。《有点蓝》中的一首经典曲目——"绿中蓝"（*Blue in Green*），即产生于传奇爵士乐小号手和六重奏领奏迈尔斯·戴维斯（Miles Davis）向杰出钢琴家比尔·埃文斯（Bill Evans）提供的一个起点（Pettinger，1998）。比尔·埃文斯为《有点蓝》专辑撰写的唱片封面内容简介题为"爵士乐中的即兴创作"（Improvisation in Jazz），揭示了"绿中蓝"的结构为循环形式的十度音阶。因此，迈尔斯提供的 G 小调和 A 增强音符，为比尔的作曲提供了机遇，并使得所有六重奏成员能够相互探索音乐中不同时间与排序的可能世界。专辑中的其他每一首曲目都为六重奏提供了一个不同的起点，用于探索其他的时间度量。这些探索合在一起作为一张专辑共同呈现，从而在 20 世纪 60 年代开创了爵士乐的新纪元。

（二）探索行为

与爵士乐队一样，休息的大脑从不静止：它自发地探索许多功能配置（Fox and Raichle，2007；Biswal，2012）。即使没有具体任务，对多个区域不同体素的记录也显示出功能性磁共振（fMRI）血氧水平依赖性（BOLD）活动的自发相关波动（Biswal et al.，2010；Fox and Raichle，2007；Poldrack and Farah，2015）。休息时，大脑会自发地产生 α 和 β 振荡频率的缓慢波动，并且与大脑的不同区域相关（Deco et al.，2011，2013）。这些发现不仅表明大脑功能活动是持续活跃的大脑的内在活动，而且自发活动可能是由潜在的解剖学联系形成的（Sporns and Honey，2013）。有什么证据表明，通过缓慢、间接 fMRI 记录测量的功能连接性与神经元直接放电模式有关？王等（Wang et al.，2013）对松鼠猴躯体感觉皮质（S1）的研究解决了这个问题：①获取 fMRI 信号以评估静息状态的功能连接性；②使用纤维束追踪重建轴突连接；③测量毫秒级分辨率的单独神经元激发放电状态。这项研究报告了两种主要的“信息流轴”：交错交互（interdigit interactions）和域间交互（interarea interactions），在功能连接水平和单个神经元水平上都很明显，这意味着从局部到整体存在多尺度层次结构（Wang et al.，2013）。

计算模型研究提出了关于大脑休息状态的另一个基本问题，即网络内在的局部和全局动力学在 BOLD 信号出现特征性、缓慢波动性模式以形成反相关状态中的作用。计算建模方法试图将已知的神经元解剖和功能特征及其相互联系纳入神经网络，然后确定这些模型是否可模拟所讨论生物网络的功能。为了证明这一点，德科等（Deco et al.，2013）提出，噪声（神经元的概率放电时间）、耦合（网络中各节点之间的连接强度）和时间延迟（由于神经网络节点之间轴突纤维的信号传输差异，信号到达的时间）都在大脑休息状态动力学中发挥根本作用。德科等（Deco et al.，2009）揭示了这种建模方法的力量，他们研究了休息状态的特征性超低频率（0.1Hz）振荡是否可能产生于多稳态之间的波动。德科等（Deco et al.，2009）对伽马频率范围（40Hz）内的快速局部动力学之间相互作用以及这些超低频振荡特别感兴趣。他们根据一种叫作 CoCoMac 的神经信息学工具进行了模拟，CoCoMac 是一种对庞大的灵长类大脑成像数据库中连接性数据进行可视化的手段（Kotter，2004）。他们首先创建了由 38 个噪声驱动（威尔逊–考恩模型，Wilson-Cowan）振荡器组成的简化网络来开展模拟，这种振荡器具有隔离时保持在其振荡阈值以下的特性。然后根据灵长类皮质通路的实际长度和强度增加了延时耦合。最后，他们利用非相关高斯噪声对随机波动进行系统性处理，以模拟尖峰放电噪声。通过选择一定的传导速度（1～2m/s）以及振荡器之间非常微弱的耦合，德科等（Deco et al.，2009）重现了静息状态网络的两个标志性特征：①存在两个在 0.1Hz 时反相关的“群体”状态；②存在随机共振效应，其中在特定噪声水平下整体性 0.1Hz 振荡的衰减具有最佳效果。

十八、大脑、身体和行为：不仅仅是计算

那么，大型与小型动物的神经回路如何与它们的行为能力相关呢？施罗特等（Schroter et al.，2017）提出的一种可能性是，在神经元网络的不同空间尺度上，某些网络节点之间存在共同的基序（motifs）或连接模式。引导基序形成的一个基本原则是在生物学（即神经线路）成本和功能（适应性）价值之间进行经济权衡：对于适应性至关重要的集成组件必然是成本高昂的线路分布而非最低限度的布线。在小型神经元网络中，神经回路灵活性对于平衡布线经济成本非常重要，一个例证是，中枢和线路丰富的器官允许不同行为之间的灵活切换，例如线虫的向前和向后运动（Schroter et al.，2017）。神经网络架构中经济权衡的另一个例证是，果蝇视神经叶的平行通路结构还被安排负责视神经的局部高速信息流（Schroter et al.，2017）。在大脑皮质较大的动物中，如非人灵长类动物和人类，主要细胞之间相互连接的网络基序可能有助于延长皮质计算活动，以及功能细胞群体间的同步（Womelsdorf et al.，2014）。

然而，仅仅研究神经回路布线（Schroter et al.，2017）不考虑身体共同进化的计算模型（Krakauer et al.，2017），可能无法完整地描述神经回路基序与行为之间的关系，如线虫选择向前或向后运动，或是果蝇飞行的视觉控制。与线虫和果蝇相比，哺乳动物各种各样相互连接的肌腱等具有弹性的身体部件，通过多个移动感知系统获取信息的能力，使得它们能够在不确定性环境中对更为灵活的一组动作进行选择（Pezzulo and Cisek，2016）。通过将进化中的身体机械特性作为行为涌现过程的一部分，我们可以转而考虑神经

力学系统中自组织的物理原理，来解释为适应性行为而组装的各式各样的身体部件。例如：①正反馈回路可能会放大单个神经元和神经回路的信号，使其超出其局部范围，机械预应力可能会提供将信号快速传导到全身其他神经细胞和非神经细胞的途径，以组装功能特异性肌肉群（Pezzulo and Cisek，2016；Turvey and Fonseca，2014）；②影响受体阵列的结构化能量模式可直接指定具体的环境吸引子分布作为决策神经网络的选择点；③特定时刻的情感和倾向状态，以及发育史和未来导向性目标，可调节神经场中的吸引子分布（Breakspear，2017；Deco et al.，2011）。

正如将要在第六章和第七章中进一步讨论的，小型神经系统和大型神经系统中神经回路基序的中心位置似乎是从细胞迁移及其可塑性组装的发育过程中产生的。例如，在线虫中早期形成的大多数神经元通过远程连接：这些神经元成为网络中枢节点，并被组织为线路丰富的区域（Schroter et al.，2017；van den Heuvel and Sporns，2013）。在哺乳动物大脑皮质中，细胞谱系依赖性神经回路的形成似乎是作为成熟的新皮质柱状功能的前体（Gao et al.，2013）。然而，在神经发育发生这些惊人过程的同时，身体也在不断生长、改变形态，并通过自发运动对受体反馈产生表观遗传作用（Gottlieb，2007）。哺乳动物的胎儿生活在支持性环境中，其出生后的生活发生了巨大的变化，在积极探索可用信息和所有重要的社会交往方面面临大量的机遇。第五章和第七章分别讨论个体发育和可塑性如何为适应性行为涌现中大脑和身体之间的关系提供了新的重要见解。

第六章
人类神经系统：发育与脆弱性

我在波士顿儿童医院工作了多年，但 2013 年初的那一天是我第一次戴安全帽上班。我和其他同事应邀参观了波士顿儿童医院设立的第一个胎儿-新生儿神经影像和发育科学中心（Fetal-Neonatal Neuroimaging and Developmental Science Center），该中心于 2014 年正式开业。我们乘坐施工电梯进入了一个巨大的场地，它与其他神经影像学设施截然不同。设计平面图给人以 21 世纪综合医学的感觉：其设计布局将多种神经影像系统安排在一起，近红外光谱（NIRS）、经颅超声（CUS）、磁共振成像（MRI）和脑磁图（MEG）等均在步行范围内，方便从邻近的新生儿重症监护室（NICU）运送年幼患者。这些影像技术针对儿科患者群体进行了优化，包括频域近红外光谱和漫射相关谱的结合（Lin et al.，2016），以及“BabyMEG”全脑磁成像系统等（Okada et al.，2016）。

该中心的艾伦·格兰特（Ellen Grant）博士和一批临床医生、科学家和工程师正使用这些成像系统提高我们对神经发育基本过程的理解，并改进对神经系统发育性疾病的临床评估与治疗。例如，一系列研究正在利用弥散张量成像（包括高角度解析弥散成像，HARDI）和纤维束成像来描绘胎儿（早产儿）大脑发育过程中所发生的结构变化（Song et al.，2014；Takahashi et al.，2010；Takahashi et al.，2011），径向和切向迁移流在皮质下神经节突起（GE）和背外侧脑室与脑室下区的时空特征（Kolassinski et al.，2013），端脑白质的径向一致性（Xu et al. 2014），人类胎儿大脑中大脑皮质连接性的突现

（Takahashi et al.，2012），以及人类大脑白质和灰质通路与小脑连接性的发育（Takahashi et al.，2014；Takahashi et al.，2013）等。因此，该中心是神经发育研究的圣地，例如，对发育中的纤维束开展了引人注目的三维重建，并叠加以多种成像方式。

影像学的发展和应用是发育转化医学的一个典型实例，它将科学研究与临床治疗相融合，推动了临床实践的发展。因此，该中心及整个波士顿儿童医院都采取了面向发育和转化的方法。本章也同样受到了发育和转化方法的启发：系统论述了人类神经系统的脆弱性如何与整个生命周期的发育相关，重点关注大脑发育最快、最深入也最容易受伤的最初发育阶段。

我穿过一条连接走廊，进入医院的新生儿重症监护室（NICU），我的目光立刻被一名沐浴在胆红素蓝光中的早产儿吸引住了。这名婴儿在胎龄 26 周时出生，其肺部和胃肠道尚未发育完善，神经系统及视网膜不成熟，易受大脑循环系统波动和血液循环中某些分子的伤害。她还无法经口进食，只能通过鼻胃管喂养。由于绕开了口咽通路，婴儿不需要进行吞咽，其呼吸保持稳定。另外一名新生儿虽然是足月出生，但有先天性心脏缺陷需要等待手术修复，一名护士坐在摇椅上正用奶瓶喂养母乳。脉搏血氧计发出柔和的“哔哔哔”警报声，警告婴儿的血氧饱和度已经低于设定的阈值。当婴儿的动作变得激烈时，并开始哭闹，护士对婴儿的行为进行了评估，暂停喂奶，直到她认为继续喂奶是安全的。在这两名婴儿病例中，病症可能导致氧气供应不稳定或婴儿自身激活的炎症因子在体内循环，使得大脑受损伤的风险显著增加。这些患儿的神经系统脆弱性是所有身体器官相互依赖、相互作用的结果，也是这些器官及系统在一定范围内维持功能的能力发生波动的结果（表 6.1）。

表 6.1　导致迟发性残疾的中枢神经系统脆弱性的发育窗口

发育阶段	脆弱性	迟发性残疾
产前（prenatal）	遗传	脆性 X 染色体综合征，自闭症类群，Rett 综合征
围产期（perinatal）	围产期白质损伤，缺氧缺血，围产期兴奋调节的敏感性	脑瘫，精神分裂症

续表

发育阶段	脆弱性	迟发性残疾
婴儿期（infancy）	大脑皮质发育不良	自闭症类群
童年（childhood）	小儿脑卒中	神经运动和智力障碍
青春期（adolescence）	脑震荡及其他创伤性脑损伤，脊髓损伤	神经运动和智力障碍，部分或完全瘫痪
成年期（adulthood）	脑卒中	神经运动和智力障碍
成年后期（late adulthood）	老年性神经退行性疾病（阿尔茨海默病、帕金森病）	神经运动和智力障碍

一、神经回路自组装

神经发育是一个探索性和选择性的动态过程（Goldfield，1995）。正如李奇曼和史密斯简要总结的那样：

> 在发育过程中产生的神经元要远远多于最终存活的神经元，神经生长锥通过探索各个可能方向而不是形成一条捷径来到达目标。树突分支和脊刺不断形成并随着树突树的成熟而消失，突触的形成和消失通常与这些神经元构建神经回路同时发生（Lichtman and Smith，2008）。

神经发育的探索性和选择性与表观遗传场景中的吸引子动力学模型有关，详见第二章。吸引子场景由密集的局部极小点（或电位）群体组成，这些极小点提供化学和机械信号来指导和培育探索行为。神经元可以看作生活在我们体内的单细胞运动生物体：

> 它们被工程设计为黏附在某些特定的基底上。它们与同一类型的神经元簇生在一起，但有时也要避免与不同类型的轴突一起生长。所有这些限制意味着这些单细胞生物体将表现出丰富的细胞动力学、探究行为、基于试错的改进完善，以及导致某些细胞死亡和某些过程消失的竞争性相互作用。所有这些活动最终会形成一个达到某种平衡的和谐系统（Lichtman and Smith，2008）。

二、胎儿和新生儿大脑发育成像：结构和功能

胎儿和新生儿神经系统进行体内磁共振成像的进展，使我们能够揭示微观尺度上的解剖变化与宏观结构和功能网络突现之间的关系(Clouchoux and Limperopoulos，2012；Studholme，2015)(不同成像方式的对比见表 6.2)。弥散张量成像（DTI）又称为“纤维束成像”，是一种体内磁共振技术，其利用大脑组织中的水分扩散，能够以惊人的细节展示大脑白质的三维解剖结构（Johansen-Berg and Rushworth，2009；Mori and Zhang，2006；Qiu et al.，2015）。DTI 基于矩阵代数，可以通过一个称为张量的数学工具来描述组织中的水分扩散（Mori and Zhang，2006；Zhang et al.，2012）：①运用一个称为弥散张量的 3×3 矩阵来表征水分子扩散的三维特性；②对所有的弥散张量，都采用矩阵对角化方法计算三对特征值和特征向量；③选取最大特征值对应的特征向量作为主要特征向量。然后，如果相邻体素的方向偏差高于某个阈值水平，则采用“流线型”算法创建连接相邻体素的“纤维束”（参见 Mori，2002，2013）。主要特征向量的方向与大多数白质束中轴突纤维的实际方向一致吗？确凿的证据来自直接研究与实际组织学之间的关系。例如，高桥等（Takahashi et al.，2011）已经证明，纤维束成像显示的基底放射状组织与其放射状细胞结构直接相关，徐等（Xu et al.，2014）则确定了胎儿白质发育过程中出现短暂的径向一致性，反映了放射状胶质纤维、穿透性血管和放射状轴突的复合体。

表 6.2 测量发育过程中神经可塑性的各类神经影像学方法

分辨率	测量对象	特点与挑战
经颅磁刺激（TMS）（≈1cm/≈1ms）	神经传导；功能组织	直接客观测量；对神经可塑性变化非常敏感，但可能导致一些儿童头痛
弥散磁共振成像（2～3mm）	组织微结构；结构连接性	结果的生物学解释简单，与临床评分有很好的相关性，但是较大的病变可能妨碍自动分析

续表

分辨率	测量对象	特点与挑战
脑电图 EEG（≥1cm；＜1ms） 脑磁图 MEG（＜1cm；＜1ms）	神经元信号	能够区分不同阶段的感觉运动处理；结果解释比较复杂，对运动伪影敏感；MEG 扫描设备昂贵
结构磁共振成像（1mm）	皮质厚度；灰质容积	结果的生物学解释简单；对神经可塑性变化的敏感度适中
BOLD fMRI	大脑的功能组织	大脑结构数据与可视化结果的分析比较简单；对运动伪影敏感

资料来源：L. Reid，S. Rose，& R. Boyd（2015），Rehabilitation and neuroplasticity in children with unilateral cerebral palsy，Nature Reviews Neurology，11，390-400。

现在还可以使用三维容积 MRI 测量胎儿大脑容积，区分白质和灰质，并绘制大脑生长轨迹（Habas et al.，2010）。胎儿磁共振成像也被用来量化 25～35 周健康胎儿的皮质折叠（Clouchoux et al.，2010）。在 26 周左右，突触密度快速增加以及轴突延长，可能会启动神经连接组的形成。神经连接组结构在出生前后越来越明确，这一时期与突触发生高峰、皮质间轴突连接完成、主要白质束出现相对应（Collin and van den Heuvel，2013；Dubois et al.，2006；Tau and Peterson，2010）。

如第五章所述，静息状态的功能磁共振成像（fMRI）被用来测量血液氧合水平依赖性（BOLD）信号低频（＜0.01Hz）波动的时间相关性，揭示在没有目标导向活动和刺激情况下的基线神经活动（Fox and Raichle，2007）。现在有证据表明，婴儿出生时已经存在包含初级感觉和运动区域的静息状态网络，但这些网络可能与成人明显不同（Aslin et al.，2015；Fransson，2005；Smyser and Neil，2015）。婴儿的休息状态主要受感觉运动区域相关活动支配，大脑半球内和半球间的联系受到限制，仅有局部连接性（Fransson et al.，2011）。除了功能磁共振成像外，功能性近红外光谱（fNIRS）也被用于研究婴儿的多模态感知处理、社会认知、学习和记忆等（Aslin et al.，2015）。

三、人类中枢神经系统发育概况

（一）诱导

被称为“组织者”的局部细胞群在诱导中枢神经系统（CNS）解剖结构中发挥核心作用，这是神经系统发育最开始的主要事件之一，称为神经元增殖（Scholpp and Lumsden，2010）。每个组织者都在特定组织区域建立形态发生信号分子的浓度梯度，诱导细胞自组装成功能分化的不同集群（de Robertis，2009；Kiecker and Lumsden，2012；Wolpert et al.，2007）。组织者诱导位于背侧中线的外胚层发育成为神经板。中间外侧的 BMP 和 Shh 活性梯度以及 AP Wnt 梯度活性，共同建立了一个穿过神经板的准笛卡尔坐标系（Kiecker and Lumsden，2012）。中胚层信号也为神经管提供了区域性特征：脊索，是一种细长的杆状结构，可以诱导神经板侧向折叠卷起形成神经管（Kiecker and Lumsden，2012）。信号中心变成稳定的隔室，将较大区域细分为较小的隔室，其中一个局部信号中心——中脑组织者，在前脑胚胎的后部形成“洞房”（bridal chamber）或丘脑（Scholpp and Lumsden，2010）。

（二）神经元迁移

神经系统发育的下一个主要事件（表 6.3）是神经元迁移，神经元既从神经管内表面增殖区域向外表面放射状迁移，同时也沿着平行于神经管表面的切线方向迁移（Noctor et al.，2013）。神经元迁移的方向可能受到机械张力和膜结合化学信号扩散的诱导（Franze，2013）。然而直到最近，科学家们尚无法测量神经系统发育过程中引导轴突体内生长的机械力。在剑桥大学的弗兰兹实验室（Franze lab），神经学家和物理学家利用原子力显微镜发现，非洲爪蟾视网膜神经节细胞的轴突生长模式受到周围组织机械特性变化的影响。基底硬度对轴突生长也产生特定影响：在较硬的基底上，轴突生长更快、更直、更平行，而在较软的基底上，轴突四散分开、产生分支并形成突触（Koser et al.，2016）。

表 6.3　神经系统发育的主要事件：从增殖到网络形成

事件	描述
神经元增殖	神经管特异分化为许多不同的区域，每个区域都是特定神经系统区域的前体。随着新神经元的产生，神经管不断变厚
神经元迁移	神经元从神经管内表面的增殖区向外表面放射状迁移，神经元也沿平行于神经管表面的切线方向迁移
分化	神经元在迁移过程中要应对各种内在和外在因素而不断特化成为不同类型的细胞
轴突特化	神经元到达目的地后开始形成多个未分化的神经突。在竞争性过程中，一个神经突特化为轴突，其他的神经突则分化为树突
神经突伸长与分支	生长锥的动态行为导致树突广泛分支，并逐渐形成其特征性形态
轴突导向	轴突在膜结合化学信号扩散的引导下，以及其周围环境机械力的调节下，继续向其目标生长
神经网络形成	轴突一旦到达目标区域，可能会在其末端终止之前产生广泛的分支，与目标结构形成初始突触连接

资料来源：J. Stiles & T. Jernigan（2010），The basis of brain development，Neuropsychology Review，20，327-348；Arjen van Ooyen（2011），Using theoretical models to analyze neural development，Nature Reviews Neuroscience，12，311-326；K. Franze（2013），The mechanical control of nervous system development，Development，140，3069-3077.

神经元在迁移过程中因为需要应对各种内在和外在因素而开始分化，也就是说，发育成为不同类型的细胞（van Ooyen，2011）。神经元到达目的地后开始形成多个未分化的神经突。在竞争性过程中，一个神经突特化为轴突，从细胞体向外延伸出很长的距离，其他的神经突则分化为树突（Ma and Gibson，2013）。每个神经元只有一个轴突，人类的轴突长度可能达到 1m，以便与其突触目标相接触（Ma and Gibson，2013）。轴突可能会在其末端终止之前产生大量的分支，与目标结构形成初始突触连接，从而构成神经系统网络的基础。在出生后不久的发育阶段，少突胶质细胞包裹在轴突周围开始髓鞘形成过程（Emery，2010）。从轴突损伤和再生的角度来看（见第七章），髓鞘的一个关键特征是其对轴突生长具有抑制作用，原因在于其可以产生 Nogo 等多种髓鞘相关抑制剂（Yiu and He，2006）。

四、胎儿大脑、早产儿和室周白质软化症

《科学·转化医学》(*Science Translational Medicine*)2014年的一篇社论首次指出，在历史上，早产而非传染病，是全世界排在第一位的儿童杀手(Lawn and Kinney，2014)。现在情况变得更加复杂：医学和科技的进步提高了早产儿和低体重婴儿的存活率，特别是那些出生体重小于1500g、胎龄小于32周的婴儿。然而，这些出生体重较低、孕龄较短的早产儿幸存者是以患病风险增加为代价的，尤其是大脑灰质和白质疾病(Salmaso et al.，2014)。在正常大脑发育过程中，大脑总容量会因为灰质(特别是丘脑和基底节，参见第五章)的生长而翻倍。但早产可导致灰质容积减少，胎龄越短，容积减少得越多(Ball et al.，2012)。白质的发育反映了少突胶质细胞从其前体细胞生成功能成熟少突胶质细胞并形成髓鞘的过程(Sherman and Brophy，2005)。严重的白质损伤，如室周白质软化症(PVL)(khwaja and volpe，2008)通常导致痉挛性双侧脑瘫和视觉功能障碍，并且常伴有认知和学习障碍(Back and Miller，2014；Buser et al.，2012)。

胎龄小于32周的早产儿仍处于神经系统发育的胎儿阶段。胎儿神经系统的死后和宫内成像技术提供了对怀孕17～40周大脑发育过程的重要了解(Takahashi et al.，2012)。MRI是胎儿大脑成像的重要工具，能够无创测量水分子^{1}H(质子)的信号，因为体内超过90%的质子位于水分子中(Huang and Vasung，2014)。弥散成像过程是基于神经管内水分扩散的限制性影响。弥散加权成像(DWI)是一种活体成像技术，可以显示不同方向上的水弥散常数。弥散张量成像(DTI)利用弥散加权成像获取的对称性正张量场，对椭圆形的水分扩散进行表征(Qiu et al.，2015)。从弥散张量特征值和特征向量获取的弥散张量成像，是基于一种假设，即张量主要特征向量的方向与其基础组织结构的方向一致(Huang and Vasung，2014)。随后，基于弥散张量成像的纤维束成像技术将这些主要特征向量连接起来，重建白质纤维束通路。

胎儿大脑的边缘、脑干、连合、投射、联合、丘脑皮质白质纤维束具有

清晰的发育模式：边缘纤维首先发育，联合、丘脑皮质和投射纤维束从大脑中心向外周生长（Huang and Vasung，2014）。比较难以确定的是放射状胶质纤维的径向组织结构（Rakic et al.，2009；Marín-Padilla，2011）。高角度解析扩散成像（HARDI）是一种弥散磁共振技术，利用组织中水分扩散的方向性来揭示包括径向一致性在内的结构通路组织(Xu et al.,2014;详见下文讨论)。

五、大脑皮质

与其他哺乳动物相比较，人类大脑新皮质在外观上非常独特，因为它与我们的体形相比过于庞大，而且拥有非常复杂的折叠或沟回。目前有相当多的证据表明，人类大脑皮质的生长与身体大小不成比例，是由于神经祖细胞在脑室中多个室区神经发生过程中的增殖输出(Geschwind and Rakic,2013;Lui et al.，2011；Rakic，2009；Sun and Hevner，2014）。对于所有灵长类动物共同拥有的超大新皮质，其进化的最初步骤可能是一个称为脑室管膜区（ventricular zone）的区域在早期发育过程中不断扩大以增加增殖细胞的数量。然后在脑室管膜区上方出现一个脑室管膜下区（subventricular zone），可能导致神经元增殖速率显著提高。人类大脑新皮质的第二个显著特征(在雪貂和大鼠身上也很明显)是其多脑回或折叠式外观，从本质上来说可能不是神经元增殖的结果，而是由于称为外室管膜下区（OSVZ）的脑室间隔内增殖细胞发生了特征性几何结构的进化（Lui et al.，2011）。

哺乳动物大脑皮质由谷氨酸投射（或锥体）神经元和 GABA 能神经元（或中间神经元）组成，它们具有不同的细胞结构：水平（层状结构）层与垂直（或放射状）柱相互交错（Bystron et al.，2008）。投射神经元可根据其在 6 个新皮质细胞层(即 I～VI 层)内的放射状位置进一步分类(Franco and Muller，2013）。例如，大多数第六层神经元形成皮质丘脑连接，而连接基底节、中脑、后脑和脊髓的神经元通常位于第五层(Molyneaux et al.,2007)。投射神经元不同亚群的产生时间相互重叠,新生的投射神经元以“由内向外”的方式迁移越过早前产生的神经元，形成大脑新皮质成熟的六层结构

（Rakic，2009）。

皮质神经元产生于过渡性胚胎增殖区域或“工厂”，该区域位于大脑侧脑室表面附近（Rakic，2009）。祖细胞进行对称分裂，通过增加祖细胞的数量来扩大皮质的表面积；还进行不对称分裂产生中间祖细胞（有丝分裂后神经元）。然后，这些子代细胞形成皮质的最外层区域，即皮质板，神经元按照由内向外的方式排列，形成六层的大脑皮质（Ayoub et al.，2011）（稍后讨论）。锥体细胞产生于胚胎外套膜（端脑顶部）的室管膜区（VZ），并通过放射状迁移到达其最终位置（Rakic，2007）。放射状迁移过程中，迁移神经元利用放射状胶质纤维引导其运动方向。相比之下，产生于副外套膜（端脑底部）的皮质中间神经元通过切向迁移到达大脑皮质（Hatten，2002）。切向迁移纤维同放射状迁移神经元一样，扩展了“前导突起”（leading process）对局部环境的检测，但似乎并不需要神经胶质纤维（Marin et al.，2010）。前导突起根据趋化梯度和细胞核分裂过程选择迁移方向，运动蛋白将细胞核拉向前导突起（Marin et al.，2010）。

皮质层和皮质柱是如何形成的呢？根据放射状单元假设（Rakic，1988；Jones and Rakic，2010），皮质神经元的切向（水平）坐标由其前体在室管膜区内的相对位置决定，而其径向（垂直）位置与它们起源（产生时间）及到达皮质的时间有关（Rakic 1988；Jones and Rakic，2010）。在完成最后一个分裂周期后，有丝分裂后的细胞沿着一条共同的放射状路径迁移到发育中的皮质板，并在那里形成个体发育柱（Rakic，2009）。到达皮质板的未成熟细胞是如何分化成高度专门化细胞并发挥区域特异性功能呢？根据原图假说（protomap hypothesis），当有丝分裂后神经元向大脑皮质迁移时，过渡性放射状神经胶质支架中的径向约束可以保持其位置信息（Rakic，1988）。即使当皮质表面扩张时，细胞个体仍然保持其层状和区域位置，并作为模板通过吸引特定传入纤维（如来自丘脑）推动选择性连接（Rakic et al.，2009）。格施温德等（Geschwind and Rakic，2013）提出，神经元迁移可能是在进化过程中引入的，以便神经元保持从室管膜区原型到其上大脑皮质的位置。越来越多的证据表明，大脑皮质的区域特异性功能可能存在于每个过渡性胚胎增殖区域所特有的神经元遗传（转录）程序中（Ayoub et al.，2011），但有丝分裂后的分子机制也可能有助于皮质层位置、神经元特性和连接性（Kwan et al.，2008；MacDonald et al.，2013）。

皮质厚度的变化反映了神经元的迁移。采用磁共振技术检测部分各向异性（FA）或水分子受纤维限制的方向依赖性运动，T_1加权和T_2加权磁共振信号强度表明：①皮质板首先由密集的迁移后神经元组成，②怀孕 24 周后，T_1加权 FA 能够确定亚板的“等待室”（Vasung et al.，2013）。HARDI 纤维束成像术揭示，即使在胎儿大脑中也存在复杂的组织交叉连贯（Song et al.，2014）。径向相干是指垂直于皮质表面穿越大脑外膜的通路，而切向相干是指平行于皮质表面的通路（Kolassinski et al.，2013）。胎儿大脑组织的发育趋势是径向相干与切向相干存在区域性回归，以及区域性产生具有局部差异的后背侧到前腹侧的连接（Takahashi et al.，2011）。研究发现，妊娠 19 周到 22 周之间有两种截然不同的三维弥散相干模式：起源于室管膜区/室管膜下区的径向模式和起源于神经节突起的切向径向模式。但到了妊娠第 24 周，额叶背侧、顶叶和额叶下叶的径向通路逐步发生回归，突现产生了短距离的皮质间通路和长距离的联合通路。到妊娠第 31 周，颞叶和枕叶的径向相干变得不太明显，并出现了长距离的联合通路。到妊娠第 38 周和第 40 周，不再存在径向或切向相干。因此，随着径向和切向相干的回归而涌现出连接性。

六、过渡性亚板区

对于迁移的丘脑皮质轴突（TCA）而言，其探究行为发生在一个过渡性亚板（SP）区内，人类的皮质亚板区在受孕后 15 周（PCW）左右开始形成，并在大约 35 周时消失（Duque et al.，2016）。亚板区是一个动态变化的神经分泌性胞外环境，其特征是具有暂时性的“路标”和“走廊”，共同引导丘脑皮质轴突到达其皮质目标（Lopez-Bendito and Molnar，2003；Molnar et al.，2012）。丘脑皮质轴突在离开丘脑、穿过前视丘和皮质下区进入新皮质的轨迹过程，依靠弥散性引导信号和一系列迁移性路标细胞，这些细胞将 TCA

拒止在某些结构（如下丘脑）之外，从而在沿途开启一条供 TCA 迁移的通路（Garel and Lopez-Bendito，2014）。

最突出的发现之一是，为了使丘脑和大脑皮质建立相互连接，存在“临时检查点”（temporal checkpoints），包括轴突伸展中存在一个等待期以确保 TCA 到达正确位置（Deck et al.，2013）。大约在皮质亚板分解时，形成了另一个称为皮质板的细胞层，并将前皮质板分隔为下面的亚板和上面的边缘区（Hoerder-Suabedisen and Molnar，2013）。皮质板最终生成了成熟大脑皮质的第 2～4 层，边缘区最终形成皮质的第 1 层。每层包含一组不同类型的细胞，其形态和位置决定了每个细胞可能发送或接收的局部和远程投射模式。相邻垂直层中的细胞组织形成功能性放射状个体发育柱，每个发育柱都由许多微小柱（minicolumn）组成，它们的长轴均垂直于皮质表面排列（Kostovic and Vasung，2009）。

七、皮质折叠

人类大脑的皮质折叠过程始于妊娠第 16 周左右，在妊娠前 3 个月内迅速增加，出生后继续折叠，并在受孕后 66～80 周达到最大值（Zilles et al.，2013）。由于脑壁的放射状生长差异，人类脑回发育形成独特的脑裂、脑沟和脑回。这种生长不仅受到基因表达的驱动（Bae et al.，2014；Rash and Rakic，2014），还受到了传入神经支配、树突生长、突触生成、胶质生成这一特有连续性过程的影响。举例来说，在最初阶段，沟回化主要是由神经祖细胞增殖的差异性扩增所驱动。在此期间，皮质折叠是由于祖细胞在发育皮质相对于室管膜表面特定部位发生增殖和分化，这些部位包括室管膜以及其中间区域、内部区域和外部区域。在发育后期，沟回化受到来自丘脑和其他区域的传入纤维生长的影响，以及与神经元和祖细胞的轴突相互作用。这些第二级及第三级脑回和脑沟的出现与皮质亚板区的消失，以及不同长度皮质联合纤维的长入相同步（Sun and Hevner，2014）。

对皮质表面折叠模式差异与遗传异常相关性的研究，揭示了脑回折叠中遗传调控因子的特性，例如缺陷型 GPR 56 基因与轻度多小脑回畸形产生之间的关系，这种畸形发生了皮质自身折叠模式，从而使外形变厚（Bae et al.，2014）。GPR 56 可能是皮质折叠的关键，因为它是基底突正常附着到软脑膜所必需（Bae et al.，2014）。但基因表达如何诱导皮质组织折叠呢？基因表达可能控制大脑外表面灰质相对于下层白质的切向生长相对速率，因此沟回化是由机械不稳定性导致。为了检验这种可能性，怀斯研究所研究员马哈德万及其同事（Tallinen et al.，2014）开发了一套模拟层状灰质与白质的数学和物理模型。数学模型将切向生长过程应用到一个矩形区域，该矩形区域由底层的白质与上层的灰质组成，每层具有相同的均匀剪切模量。通过控制切向扩张比、测量生成脑沟的几何特征（深度和宽度），对模型进行实验测试，并与豪猪、猫和人的大脑切片进行了比较。

塔力恩等（Tallinen et al.，2014）进一步对大脑进行了三维模拟，研究大脑半径（R）、皮质厚度（T）和切向扩张（g^2）之间的关系。他们（Tallinen et al.，2014）将 g^2 与大脑相对大小（R/T）作图，发现大脑大小和沟回之间存在明显关系：当 g 不够大而导致屈曲时，大脑物理表面是光滑的，就像大鼠一样；当大脑尺寸增加到狐猴和狼的中等大小时，脑沟孤立出现并局限在灰质中；在大尺寸的人脑中，皮质折叠增加，脑沟穿透进入白质，大脑表面显示出复杂的脑沟分支模式。为了最终证明灰质生长导致机械不稳定性作用，塔力恩等（Tallinen et al.，2014）制造了一种半球状弹性体，其顶部覆盖有弹性体层，可以随着时间的推移通过吸收溶剂而膨胀。实验中通过操纵弹性体的溶剂接触时间和顶部弹性体层的厚度，可以分别产生类似于大鼠、狼、狐猴，以及人类尺寸大脑的沟回模式。最近，塔力恩等（Tallinen et al.，2016）比较了皮质卷积模型和发育过程中的实际人脑，发现人工合成组织和生物组织的卷积具有惊人的对应性。

八、突触发生与健康发育神经系统的重构

在妊娠的第三个三月期，树突分枝和突触发生的速率加快（在第 34 周

的高峰期，每秒可以形成 40 000 个突触），使发育中的人类大脑皮质显著增厚，同时出现皮质回和脑沟（Kostovic and Jovanov-Milosevic，2006）。神经发生过程中产生的神经元有多达一半在两个独立的细胞凋亡（程序性细胞死亡）期间被清除，第一个开始于胎龄第 7 周，第二个于胎龄第 19～23 周达到高峰（消除皮质板内的有丝分裂后神经元）（Dekkers and Barde，2013；Southwell et al.，2012）。现在看来，皮质中间神经元的凋亡本质上是通过与其他中间神经元竞争生存信号而决定的（Southwell et al.，2012）。

在小脑以及神经肌肉接头处，最初的大量突触连接通过消除弱连接、加强功能上重要的连接而得以完善（相关综述参见 Hashimoto and Kano，2013；Tapia et al.，2012）。与人类一样，小鼠小脑解剖的特点是在兴奋性攀缘纤维（CF）和浦肯野细胞（PC）之间形成一对一的神经支配（Hashimoto et al.，2009；Kano and Hashimoto，2009）。在胎儿出生后的第 3 天左右，PC 受到多个 CF 控制，在第 3～7 天，只有一个 CF 得到强化。这种消除过程是如何发生的呢？桥本等（Hashimoto et al.，2009）研究证明，单独的一个“获胜”CF 通过活动依赖性竞争过程得到选择性地强化，而其他 CF 则被削弱。竞争涉及了 PC 胞体上的初始突触接触通过向 PC 树突转移的过程而进行运动。在第 7～8 天，这个单独的 CF 变得最为突出，因为其表现出最强的突触效率。第 9 天后，只有这个最强的 CF 转移到 PC 树突上，残留在 PC 胞体上的较弱 CF 均被消除。

通过系统研究运动神经元轴突与其位于神经肌肉接头（NMJ）处目标肌肉细胞之间的连接，进一步深入了解了突触消除相关的动态过程（参见 Walsh and Lichtman，2003）。这些研究支持如下假设，即突触丧失是由发生在 NMJ 处的竞争性事件（即通过局部调节）所驱动：当轴突输入从 NMJ 中消除后，轴突仍然通过占据许多以前占据的突触位置来增加其突触接触面积。为了阐明轴突对空余突触部位的动态反应过程，特尼和利希曼（Turney and Lichtman，2012）研发了一种激光显微手术技术，能够移除支配同一个 NMJ 的两个紧密相邻轴突中的一个。通过这项技术，特尼和利希曼（Turney and Lichtman，2012）证明，在移除另一个轴突的一天之内，剩下的轴突（其即将被消除）迅速占据实验移除轴突的原来位置。即使是已经从某个位置撤退的轴突，如果该位置发生空缺，轴突也会重新占据它。正如特尼和利希曼得出的结论，“这些结果有力地支持了这样一种观点，即导致单一神经支配的过程是竞争性的：如果去除了另一个神经支配轴突，原来注定要被消除的轴突则总会存活下来”（Turney and Lichtman，2012）。

九、神经胶质：神经系统的暗物质

菲利普·莫里森（Philip Morrison）具有里程碑意义的图书和电影《十的力量》（*Powers of Ten*，1982），打开了我们的眼界，使我们认识到所有事物跨越诸多数量级的嵌入性（embeddedness）。同时，能够测量各种形式电磁能量的超级计算机与大型望远镜揭示，宇宙的大尺度结构看起来像一张透明的网（Weinberg，2005）。最令人惊讶的是，与光相互作用的物质（包括恒星、行星和我们）只占宇宙中所有物质的很小一部分，剩下的都是神秘的“暗物质”（dark matter，Spergel 2015）。或许并不奇怪的是，直到最近在微观尺度下，我们才发现与神经元紧密相连的非神经元胶质细胞的重要性。神经胶质细胞（包括小胶质细胞、少突胶质细胞和星形胶质细胞）负责检测和控制神经活动，越来越多的共识是这些非神经元细胞构成了“另一个”神经系统（Fields et al.，2013）。

神经胶质的功能

神经胶质在健康大脑的神经发生过程中发挥多项重要作用，包括指导神经元迁移、调节细胞外环境的组成、调控突触连接、清除神经递质等（表6.4和表6.5）。少突胶质细胞形成了负责电绝缘的髓鞘，可使传导速率增加50倍（Nave，2010）。它们为轴突提供重要支持，并参与抑制脊髓损伤后的修复（见第八章）。少突前体细胞（OPC）受到特别的关注，因为它们分化为髓鞘生成少突胶质细胞的阶段，对于胎儿早产所造成的损伤非常敏感（稍后讨论）（Back and Rivkees，2004）。OPC 利用脉管系统（血管）作为迁移的物理支架（Tsai et al.，2016）。星形胶质细胞（astrocytes）可以保护突触并调节神经元兴奋性和突触传递（Sloan and Barres，2014）。它们通过分泌细胞外基质蛋白对损伤做出反应，并与许多神经和精神疾病密切相关（Fields et al.，2013）。小胶质细胞（microglia）是具有高度活动性的大脑细胞，负责检测病理性组织变化（Graeber，2010），但它们也在大脑健康功能中发挥重要作用，包括调节细胞死亡、消除突触、神经发生和神经元监测（Schafer et al.，2012；Wake et al.，2013）。在神经胶质细胞发挥扮演的各种关键角色中，最关键的一个作用是重塑神经系统发育过程中初始突触连接过度丰富且相对简单的布线。

表 6.4　神经胶质在健康和疾病中的作用：小胶质细胞

作用	概述
检测和塑造发育中的突触	小胶质细胞是位于中枢神经系统的巨噬细胞和吞噬细胞。其突起不断伸展和收缩以检测所处的局部环境，从而对突触功能产生影响
协助突触的消除和形成	吞噬性小胶质细胞在发育过程中通过吞噬突触前和突触后元件来修剪突触连接
促进功能性突触成熟	小胶质细胞调节功能性突触的成熟
调节突触可塑性	小胶质细胞产生和消除突触，并改变现有突触的强度

资料来源：W.-S. Chung，C. Welsh，B. Barres，& B. Stevens（2015），Do glia drive synaptic and cognitive impairment in disease? Nature Neuroscience，18，1539-1545.

表 6.5　神经胶质在健康和疾病中的作用：星形胶质细胞

作用	概述
主动参与突触功能	星形胶质细胞与突触有着密切的物理联系，既能感知和调节突触活动，又能形成和消除突触；可以在数分钟内连续调节与突触的物理接触
突触成熟所必需	成熟功能突触的形成不是神经元的自主特性，而是需要星形胶质细胞分泌的多个体内与体外信号
通过吞噬作用介导突触的消除	星形胶质细胞表达与吞噬有关的基因，并物理消除突触
调节突触传递和突触可塑性	星形胶质细胞参与突触传递，并主动控制突触可塑性

资料来源：W.-S.Chung，C. Welsh，B. Barres，& B. Stevens（2015），Do glia drive synaptic and cognitive impairment in disease? Nature Neuroscience，18，1539-1545.

波士顿儿童医院贝丝·史蒂文斯（Beth Stevens）所做的重要工作表明，小胶质细胞在神经系统中起着监视和清除的功能：它们吞噬并清除大脑受伤后受损的细胞碎片（Ransohoff and Stevens，2011；Salter and Beggs，2014）。大量的实验证据支持小胶质细胞也在健康大脑的发育布线过程中发挥关键作用的假设（Chung et al.，2015）。保利切利等（Paolicelli et al.，2011）对小鼠的研究初步确定，破坏小胶质细胞和突触之间的相互作用可以延迟海马体中形成树突棘的发育过程。为此，保利切利等（Paolicelli et al.，2011）对一组小鼠进行了基因改造，通过消除一个关键信号受体的功能来阻止小胶质细胞的活化。结果发现，与年龄匹配的对照组相比，转基因小鼠的海马树突棘密度增加，证明小胶质细胞是突触发育的关键介质（Ransohoff and Stevens，2011）。但小胶质细胞在突触部位的实际功能是什么呢？为了解决这个问题，沙费尔等（Schafer et al.，2012）对小鼠的视网膜膝状体系统（retinogeniculate system）进行了实验，特别检查了遍布丘脑背外侧膝状核（dLGN）的视网膜神经节细胞（RGC）与中继神经元之间大量初始连接的活性依赖性修剪。沙费尔等（Schafer et al.，2012）在高分辨率共聚焦成像技术的帮助下，观察到小胶质细胞吞噬了正在进行主动突触重塑的 RGC 输入。这种吞噬作用是否有助于突触修剪（synaptic pruning）的正常过程？与小脑和神经肌肉接头一样，人们认为在 dLGN 中，RGC 输入对突触后区域进行竞争，活性较低或较弱的输入将其位置拱手让于更强的输入（Schafer et al.，2012）。沙费尔等（Schafer et al.，2012）通过注射化学药物来操纵小鼠右眼或左眼的活动，结果证明小胶质细胞介导的 RGC 输入吞噬作用在较弱眼睛中更为显著，从而支持了它们在突触修剪中发挥吞噬作用的观点。小胶质细胞在大脑其他区域也提供吞噬功能，包括躯体感觉皮质（小鼠的 barrel 桶状中心）和运动皮质（Salter and Beggs，2014）。例如，在运动皮质中，一种称为 BDNF 的小胶质细胞源性神经因子在运动任务学习期间影响运动皮质突触结构的形成（Parkhurst et al.，2013）。此外，在转基因小鼠中删除 BDNF 将导致树突棘动力学和运动任务表现的降低（Parkhurst et al.，2013）。

十、功能预测

在神经元迁移之后、感觉体验开始之前有一个发育期，神经元在此期间表现出高活动水平的自发性节律性爆发式放电，随后是一个静止期。现在有大量证据表明，在视网膜、耳蜗、脊髓、小脑、海马和新皮质中记录到的这种相关性放电活动是发育中神经回路初步建立映射的方式（综述可参见 Blankenship and Feller，2009；Khazipov et al.，2013；Kirkby et al.，2013）。例如，早期的、相关的、自发的放电活动在躯体感觉系统中非常明显。大鼠的触须（胡须）在大脑皮质内存在躯体特定区域映射：每根胡须的毛囊都含有神经末梢，它们将机械能转化为动作电位，然后传递到脑干、丘脑和躯体感觉皮质。后一种结构的特点是具有专门的桶状细胞，对应于大鼠鼻子两侧胡须的拓扑网格（Diamond et al.，2008）。在大鼠出生后的第一个发育周，丘脑皮质轴突不断生长并突入新皮质，与胡须特有的桶状皮质神经元形成突触。细胞外和膜片钳记录揭示了动物主动感知探索开始之前这一“关键时期”的两种瞬时振荡：纺锤波爆发（5～25Hz 活动，持续约 1s）和更短的早期伽马振荡（EGO，40～50Hz 活动，持续约 200ms）（Khazipov et al.，2013）。值得注意的是，在大鼠桶状细胞内记录到的 EGO 只存在于从出生至出生后第 7 天的短暂发育时间窗口内，这段时间内丘脑轴突进入皮质板并且产生桶状映射。在大鼠出生后第 7 天，EGO 和不成熟爆发放电消失，取而代之的是成年式的触须行为和成熟的伽马振荡（Khazpov et al.，2013）。

在果蝇和小鼠等物种的脊髓早期发育中，自发电活动及遗传特征负责调节所产生的神经元数量及其在成熟突触建立前的分化（Arber，2012；Borodinsky et al.，2012）。此外，钙介导的电活动节律性爆发对于轴突寻找目标非常重要，脊髓神经元在这一过程中延伸其轴突以寻找合适的目标（Kastanenka and Landesser，2010）。自发电活动是否也在构建脊髓回路中发挥作用？对非洲爪蟾采用麻醉固定剂的经典研究表明，发育中脊髓回路的电脉冲活动对于构建功能性脊髓网络并非必要：即使没有电活动这些回路也会发育（Buss et al., 2006；Wenner, 2012）。但沃普等的研究（Warp et al., 2012）表明，电活动在新生脊髓网络的功能发育中发挥作用。沃普等（Warp et al., 2012）利用光遗传学和基因编码钙指示剂证明，短短 2 个小时的电活动就能够促进从局部少量神经元到大型神经网络的同步。

在视觉系统中，不成熟的视网膜产生自发性、周期性的动作电位爆发，并以波的形式席卷整个视网膜神经节（RG）细胞，其频率大约为每分钟 1 次（Kirkby et al., 2013）。投射到丘脑和上丘的 RG 细胞被中继到初级视觉皮质及其下游，因此这种视网膜波驱动了整个视觉系统的相关性电活动模式（Ackman et al., 2012；Ackman and Crair, 2014）。同样，在听觉系统开始形成听觉之前，耳蜗内毛细胞会发射动作电位串，以大约每分钟 3 次的速度席卷耳蜗螺旋神经节神经元（Clause et al., 2014）。

哺乳动物胎儿在即将出生之前，其视觉系统经历了巨大转变（参见 Khazpov et al., 2013 的综述）。科隆内塞等（Colonnese et al., 2010）在一项具有里程碑意义的研究中，记录了新生大鼠和人类早产儿对全视野、100ms 闪光做出视觉反应时，其初级视觉皮质的诱发电位。他们在大鼠身上观察到 3 个不同阶段，分别称之为不成熟性、爆发性、敏锐性生理失明。最突出的是视觉皮质功能的爆发模式和成年样敏锐模式之间的区别。在爆发模式中，闪光确实在伽马波段范围内产生振荡模式以及称为 δ 刷状波（delta brushes）的次级模式。值得注意的是，视觉反应并不依赖于闪光时间。相比之下，在眼睛睁开前两天，光诱发振荡和慢波“消失”，并被成年样视觉诱发电位棘波所取代。根据这些数据，科隆内塞等提出，“视觉处理的早期发育由一个保守的内在程序控制，该程序在预测视觉模式的情况下切换丘脑皮质的反应特性”（Colonnese et al., 2010）。这种明显的成年样视觉功能开启可归因于一个内在程序，但目前尚不清楚这一程序的性质。如果视觉功能由带有开关的基因调控程序控制，那么在发生退行性疾病的情况下，就可以利用这些程序来促进视觉系统的重构，我将在第七、九和十章中进一步讨论这种可能性。

十一、发育过程意外事件导致的内源性大脑脆弱性

神经系统发育的每个阶段都具有特定的内源性脆弱性，这是因为个体发育的遗传自组装具有“自下而上”的特性：早期形成细胞增殖、迁移和分化，是最终发育完善大脑网络的前体（Sun and Hevner，2014）（表 6.6）。前面各章节说明了神经元不仅可以繁殖，而且遵循信号通路的指导（Chao et al.，2009；Hilgetag and Barbas，2006），在它们更为成熟同伴的影响下发挥功能（Hoerder-Suabedisen and Molnar，2015），并通过竞争过程选择性地形成突触（Turney and Lichtman，2012）。神经胶质细胞与神经元形成新的伙伴关系以实现它们的有用功能，例如少突胶质细胞围绕神经元轴突形成髓鞘（Baumann and Pham-Dinh，2001）。本节论述了神经系统发育过程中这些独特过程所特有的损伤后果和特定脆弱性。

表 6.6 人体神经系统结构和功能的成本效益权衡

结构/功能	成本	效益
解剖上更大的大脑	代谢昂贵（高耗氧糖酵解）	最先进的涌现功能
密集互联的网络与枢纽，形成“富人俱乐部”（rich club）	增加了关键路径对淀粉样斑块的疾病损伤的易感性	构成全脑通信的高容量主干
脑循环系统	对缺氧和高氧的易感性（如脑动脉）	高代谢活性的氧运输
神经元迁移，作为构建分化皮质层的基础	迁移中发生意外错误	功能特化
轴突髓鞘化	少突胶质细胞在室周白质软化易感性的阶段包裹轴突	提高轴突传导速度的效率

资料来源：E. Bullmore & O. Sporns（2012），The economy of brain network organization，Nature Reviews Neuroscience 13，336-349；and C. Metin，R. Vallee，P. Rakic，& P. Bhide（2008），Modes and mishaps of neuronal migration in the mammalian brain，Journal of Neuroscience，28，11746-11752.

（一）迁移中的意外错误

对于发育大脑中大量的皮质神经元（每个神经元都有特定的出生日期）来说，它们从皮质壁增殖区的出生地迁移到皮质板目的地需要几个月的时间

（Rakic，2009）。神经元增殖和迁移过程中的各类错误可以引发多种皮质异常，包括多小脑回畸形、无脑回畸形、癫痫失读症、智力缺陷、染色体脆弱症和自闭症等（Noctor et al.，2013）。这些疾病的相关基因产物及环境因素，可能会破坏神经元增殖与迁移（Metin et al.，2008）。然而，引起这些“神经迁移障碍”的潜在干扰可能并非是由神经元运动过程中的直接缺陷造成的。细胞死亡、细胞分化或细胞黏附的变化都可能通过阻断或改变物理通路，而非直接改变未成熟神经元内在的移动能力，从而改变神经元的定位（Loturco and Booker，2013）。

为什么神经元迁移过程中细胞位置被破坏会产生这么多不同的疾病呢？例如，在多小脑回（polymicrogyria，PMG）畸形中，大脑皮质部分或全部区域所包含的脑沟和脑回比正常发育中所见的要多得多；它们比平常尺寸要小，皮质分层也从6层减少为2～3层（Loturco and Booker，2013）。一种可能的解释是，形成大脑皮质“原图”的高度异质性祖细胞群（Rakic，1988，2009）是特定基因突变的独立靶标（Im et al.，2014）。PMG中的脑沟拓扑图一直以来就特别引人关注，因为早前的研究表明，它们的空间分布似乎与特定基因突变有关，并有助于确定基因突变与脑沟和脑回形成过程的关系（Piao et al.，2004）。伊姆等为了检查这种可能性，采用图形结构比较了出生时患有多小脑回畸形的儿童与正常发育儿童的脑沟：首先确定了MRI图像中脑沟最深的位点，然后以其为节点构建图形。他们发现，正常发育儿童组和PMG儿童组之间脑沟图的相似性显著低于正常儿童组内部的相似性。

伊姆等（Im et al.，2014）进一步开展了网络结构分析，包括网络隔离指标（聚类系数和传递性）、网络集成（特征路径长度）和模块化（模块是指与模块内其他节点具有强连接但与模块外节点具有弱连接的一组节点）。全局网络分析表明，PMG组的网络隔离度降低（聚类程度较低），模块化程度升高。他们另外重建了整个大脑的白质纤维束，测量PMG皮质附近白质的部分各向异性（FA），以及连接特定脑回与其他相邻脑回的U形纤维的长度。PMG患者白质网络结构的特征是：连接相邻初级脑回的短联合纤维的连接性降低，部分各向异性降低，长联合纤维和大脑半球间纤维的连接性降低，以及涉及节点的内部连接性降低。总之，研究结果表明，多小脑回畸形反映了基因表达、多分子路径、细胞间复杂相互作用等因素在神经元异常迁移中发生的持续作用（Rakic，2008，2009）。

一旦所有的胎儿神经元抵达目标区域，其轴突即开始分支，形成突触，并与其他神经元一起形成初始、粗略的突触布线图，即开始形成神经元网络（van Ooyen，2011）。在人类早期早产阶段（受孕 23～32 周）发生的事件包括丘脑皮质纤维生长入皮质板，以及丘脑皮质轴突的精细化（Kostovic and Jovanov-Milosevic，2006）。重要的是，它也是围产期白质损伤脆弱性的发育窗口，这种损伤称为室周白质软化（PVL）。这一早期早产阶段与少突胶质细胞（OL）祖细胞系包裹轴突但尚未形成髓鞘的特定时刻相一致（Back et al.，2001）。因此，室周白质软化所造成的损伤与室周白质中存在晚期 OL 祖细胞具有一定的关系（Back et al.，2001）。

（二）关于损伤的补充观点

极低出生体重（VLBW）早产儿（<1.5kg）的大脑损伤被认为是重大的公共卫生问题，全球范围内数百万婴儿受到这一问题的影响（Muglia and Katz，2010）。过去十年来，随着室周白质软化发病率的降低，早产儿存活率有了显著提高，但同时，患有神经发育长期疾病的存活幼儿数也随之增加。这些幸存患儿的特点是认知与运动损伤后果复杂多样（Back and Miller，2014）。我们目前对 PVL 病因的了解依赖于众多科学家数十年来的努力工作，包括神经学家约瑟夫·沃尔普（Joseph Volpe）和神经流行病学家艾伦·莱维顿（Alan Leviton），以及他们在波士顿儿童医院的同事和学生。沃尔普的《新生儿神经学》（*Neonatal Neurology*）教科书已成为该领域的经典著作，推动了人们关注 PVL 和神经元/轴突疾病在早产儿脑损伤中的双重作用（Volpe，2008，2009）。莱维顿的工作，例如，极低胎龄新生儿（ELGAN）神经流行病学研究，揭示了极早早产儿的 PVL 与炎症过程有关，如胎盘实质组织中的微生物（O’shea et al.，2009）。这些补充观点有助于了解早产儿

的脑损伤，并产生了大量的神经影像学、动物模型和神经流行病学数据，目前的研究集中于损伤对不同脑区间相互作用产生影响的“系统性”观点（Dean et al.，2013；Leviton et al.，2013；Leviton et al.，2015；Volpe，2009；Volpe et al.，2011）。

然而，关于早产儿脑损伤还存在一个持续性的难题，即使白质损伤的严重程度有所下降，仍有多达25%～50%的幸存早产儿表现出广泛的认知和社会缺陷，这表明大脑灰质病理学在其中发挥关键作用（Back and Miller，2014；Dean et al.，2013），以及存在小脑和大脑皮质损伤的重要影响（Limperopoulos et al.，2012；Volpe，2009）。迪安等（Dean et al.，2013）通过研究早产儿脑损伤的动物模型，报告指出，大脑缺血通过干扰树突和树突棘的形成而不是导致皮质神经元丢失，来破坏皮质成熟。即使没有明显的灰质损伤，受试动物的大脑皮质也显示出皮质投射神经元树突树广泛存在“发育不全”的迹象（Back and Miller，2014）。这项研究表明，了解和治疗大脑发育不全的下一步是确定导致这些神经行为障碍的神经元网络。

十二、正常大脑网络的发育涌现：五项原则

要想了解成熟网络发育失调在神经行为障碍中的作用，首先是确定不同脑区的正常生长模式，这些模式是功能涌现的基础。研究指出，正常大脑生长发育模式与网络特性突现之间关系的基础是五项基本原则（Menon，2013）。

原则一

第一个发育原则是，大脑网络具有以“小世界”架构为特征的涌现性组织结构“群落”（如第五章所述）。这些群落或是相互分离，不同群落成员之间为低密度连接；或是相互整合，同一群落成员之间为高密度连接（Sporns，2013b）。大脑网络在促进信息整合方面具有三个特征：①“核心”，高度连接和高度集中的大脑区域；②网络枢纽呈现相互连接的趋势（Sporns，2013b）；③神经过程的连接核心或“富人俱乐部”在神经资源耦合中发挥作

用，以实现任务所需的功能（Sporns，2013b）。网络群落在 2 岁时发展形成功能中枢，在 8 岁时建立更为完善的大脑整体架构，并在幼儿期和青春期经历重大重构（Khundra-Kapam et al.，2013；Hagmann et al.，2012；Power et al.，2010）。

原则二

第二个发育原则是，不同脑区存在异时性生长，以及大脑连线存在区域差异，这在早期发育阶段大脑容量变化的研究中非常明显。例如，崔等（Choe et al.，2013）对 3～13 个月大的正常发育婴儿大脑进行了容量分析，发现许多结构在随时间推移的生长过程中表现出可检测的差异。在同一时期对突触（Paolicelli et al.，2011）和连接组线路（Tymofiyeva et al.，2012）的检测结果显示，其连接性首先显著增加然后减少。同样在发育早期阶段，皮质中枢及其相关皮质网络（Sporns and Betzel，2016；van den Heuvel et al.，2012）主要表现在初级感觉和运动脑区（Fransson et al.，2011）。直到发育后期，这些中枢才转移到扣带回后部和脑岛（van den Heuvel and Sporns，2013）。

原则三

大脑网络发育突现的第三个原则是，皮质下和皮质连接在儿童时期重构，并在成年发育中形成新的连接模式（Menon，2013）。苏佩卡等（Supekar et al.，2009）比较了 7～9 岁儿童和成人（19～22 岁）大脑网络的功能组织。他们发现，儿童的皮质下区域，尤其是基底节区，与初级感觉区、联合区和边缘旁区域的联系更为紧密，并且在线路连接的程度、路径长度和效率方面有显著的发育变化。相比之下，成人在边缘旁、边缘和联合区域表现出更强的皮质间连接性。此外，7 岁左右儿童与成人相比，三个突出功能网络表现出较弱的连接性：注意力导向突显网络（前岛叶和前扣带回皮质）、自指默认模式网络（后扣带回皮质和腹内侧额叶皮质）和决策中心执行网络（前顶叶皮质）（Menon，2013）。特别重要的是，前岛叶通路的功能成熟是成人更为灵活认知控制过程发育中的关键期（Uddin et al.，2011）。

原则四

第四个发育原则是兴奋性和抑制性神经回路在发育过程中形成平衡（Isaacson and Scanziani，2011；Turrigiano，2011）。根据这一原则推断，任何兴奋–抑制失衡都可能导致神经精神疾病（Deco and Kringelbach，2014；Fornito et al.，2015）。神经回路作为神经系统的基本计算基元，是以树突和轴突分支为基础构建的。树突通过突触连接和感觉终端接收输入信号，而轴突通过突触连接将每个神经元的集成信号传递给下一个神经元（Dong et al.，2015）。兴奋和抑制共同协调时空皮质功能的突触传导（Isaacson and Scanziani，2011）。在大脑皮质中，GABA 能抑制性中间神经元与谷氨酸能兴奋性主细胞之间的作用是双向的：中间神经元抑制主细胞，主细胞激活中间神经元。关于兴奋和抑制的一个主要发现是，大脑皮质网络中产生的抑制信号与局部/传入兴奋的比例相称或“保持平衡”（Poo and Isaacson，2009）。兴奋或抑制的权重变化与代偿过程相伴随，代偿过程可以保持皮质网络的兴奋性（Turrigiano，2011）。但这种平衡并不意味着兴奋性和抑制性传导相互抵消：“尽管兴奋和抑制的总体比例相当，但它们的确切比例呈现为高度动态性”（Isaacson and Scanziani，2011）。

原则五

第五项也是最后一项网络突现原则是，神经胶质细胞通过突触修剪在重塑发育过程中发挥关键作用（Bialas and Stevens，2013；Chung and Barres，2012；Clarke and Barres，2013；Schafer and Stevens，2013，2015；Schafer et al.，2012）。神经系统在发育早期形成的丰富的初始突触连接，被小胶质细胞参与的局部活动依赖性突触修剪过程重塑（Schafer and Stevens，2013）。例如，在视觉皮质，当小胶质细胞受到“吃我”（eat me）信号吸引启动吞噬作用时，那些不太活跃的突触前输入被移除，而那些较为活跃的输入则被保留和加强，最终形成眼睛的特定区域（Schafer and Stevens，2013）。

十三、脆弱性和神经病理学

总之,大脑网络组织的这五项原则——分离和整合、区域生长模式调控、区域连接性重构、兴奋–抑制动态平衡、突触修剪可能有助于我们进一步了解发育神经病理学(如自闭症谱系障碍、精神分裂症)和阿尔茨海默病等神经疾病。

(一)自闭症谱系障碍

自闭症谱系障碍(ASD)的特征是社交和沟通障碍,以及受限、重复和刻板行为(Zoghbi and Bear,2012)。已有研究表明,ASD 是由基因突变引起的(Abrahams and Geschwind,2008)。埃伯特和格林伯格(Ebert and Greenberg,2013)回顾了神经元活动诱导基因调节突触形成、成熟、消除和可塑性的证据。他们假设,如果控制突触功能的活动依赖性基因调控程序受到破坏,将显著促进 ASD 的分子基础。

自闭症中发现的这些基因突变也可能是大脑早期过度生长与功能障碍的基础(Stoner et al.,2014)。斯通纳等(Stoner et al.,2014)采用 RNA 原位杂交技术,检查 2～15 岁健康或自闭症儿童尸检组织的皮质微结构。值得注意的是,在前额叶和颞叶皮质(而不是枕叶皮质)的层状细胞结构中发现了斑块状异常区域。斯通纳等(Stoner et al.,2014)认为,他们对前额叶和颞叶皮质细胞分层紊乱的发现与早期神经发育过程中神经元迁移缺陷或改变的病因学相一致。但出现这些斑块的后果是什么呢?

皮质细胞结构具有不规则突触连接的一个可能结果是,特定脑区神经网络之间的同步性被破坏(Geschwind and Levitt,2007)。例如,迪斯坦等(Dinstein et al.,2011)的研究发现,自闭症儿童自然睡眠时自发皮质活动的大脑半球间同步性被破坏,但语言发育迟缓或正常发育的幼儿则没有这种情况。其他针对主动任务条件下的研究也报告了脑区同步性的异常(Weng et al.,2010)。那么,为什么同步性较弱与自闭症个体的异常行为有关?如第五章所述,同步性有助于:①分离来自不同神经元集合的反应;②将棘波集中到振荡周期的狭窄窗口，以便在目标神经元中更有效地计算求和；③巩固突触修饰（Uhlhaas and Singer，2015）。同步性减少可能会破坏脑区之间的交流过程，并导致自闭症儿童的语言和社会行为受到破坏（Edgar et al.，2015）。

尽管大多数 ASD 研究都强调了 ASD 的大脑特异性机制，但有证据表明周围神经系统也在其中发挥一定作用（Oreface et al.，2016）。患有自闭症的患者对感觉刺激表现出异常反应，尤其是触觉，许多患者对振动和热痛的敏感性增加，并发生躯体感觉的变化（Tomchek and Dunn，2007）。通过对小鼠的研究，我们知道，采用病毒介导的 ASD 相关基因（如 *Mecp2*）的全身性替换（而不是病毒颅内传递），可以恢复具有 ASD 样行为雄性小鼠的行为缺陷。这提示了躯体感觉神经元在 ASD 中的潜在作用。奥里菲斯等（Orefice et al.，2016）将多种 ASD 基因模型与小鼠行为测试相结合，发现机械感觉神经元突触功能障碍可导致异常触觉感知及触觉加工缺陷，最终使成年小鼠发展产生焦虑样行为和社会交往缺陷。

（二）精神分裂症

精神分裂症也是一种严重破坏患者社会性行为的大脑疾病。前述的大脑发育原则中至少有四项与精神分裂症的病因有关：整合和分离、兴奋–抑制失衡、神经胶质细胞介导的炎症以及区域生长模式调控。第一，在胎儿期大脑皮质形成过程中，为神经元迁移提供分子指导的基因表达过程可能受到破坏：精神分裂症患者大脑皮质的神经元迁移方式，无法建立能够产生振荡模式正常分离和整合的神经回路（Ayoub and Rakic，2015）。第二，特定神经回路一旦建立后具有很高的能量需求，特别是小清蛋白阳性中间神经元（PVI），对破坏兴奋–抑制平衡的氧化损伤尤为敏感（Hensch，2005）。PVI 网络在协调同步大量锥体神经元的兴奋状态中发挥重要作用，对信息流动实施精确的时间控制（Do et al.，2015）。

精神分裂症病因的第三个发育因素是氧化应激和神经胶质细胞激活。为了支持这种高频神经元同步，PVI 处于“能量饥渴”状态，因此对氧化应激极其敏感。氧化应激反过来激活炎症性小胶质细胞，并损伤 PVI 及其紧邻的围神经元网络组织（PN）和髓鞘形成少突胶质细胞。这种损伤改变了局部振荡、远距离同步和关键期的时机（Do et al.，2015）。

科学家假设，氧化应激对 PVI 的影响与精神分裂症标志性病因之一——发病期延长之间的联系是 PVI 神经回路成熟过程中关键期开始和结束发生错误（Do et al.，2015；Takesian and Hensch，2013；Toyoizumi et al.，2013；Werker and Hensch，2015）。例如，多等（Do et al.，2015）提出，PVI 篮状大细胞是一个“关键的可塑性开关”，它们在不同脑区以不同速率发育成熟。篮状细胞的氧化应激使得可塑性“分子制动器”表达失调，导致 PVI 神经回路的发育可塑性病理性延长。随着时间的推移，可塑性制动器的消失改变了兴奋–抑制平衡，并且髓鞘氧化损伤使得神经回路功能不稳定。到了成年前期，不稳定的回路功能会导致面部表情情感内容感知障碍（Azuma et al. 2015）、参与社会协调障碍（Varlet et al.，2012）以及社会认知障碍（Green et al.，2015）。

PVI 回路可塑性延长在神经回路水平对精神分裂症患者的破坏性影响，在介观和宏观分析水平上也表现得非常明显，包括神经振荡和同步（Uhlhaas and Singer，2010，2015）以及大脑网络连接性（参见 Alexander-Bloch et al.，2013；Fornito et al.，2015）。对精神分裂症患者进行的 EEG/MEG 研究发现，神经振荡的振幅和同步存在异常（Uhlhaas and Singer，2010），这与神经兴奋–抑制平衡是行为失调基础的观点相一致。神经振荡动力学的持续变化可能是前驱期临床症状发作的基础，最终导致完全表现出精神病症状。

十四、母体免疫激活：大脑发育脆弱性的联系

母体免疫激活（MIA）是妊娠期间的免疫系统反应，可能由母体自身免疫和遗传倾向性或感染引起（Estes and McAllister，2016）。妊娠期间发生 MIA 的可能性，将发育中胎儿神经系统的内在脆弱性和诸如脑瘫、自闭症

和精神分裂症等疾病置于母体免疫反应的更广泛背景之下（Estes and McAllister，2016；Knuesel et al.，2014）。然而，MIA 有可能对发育障碍的产生提供更全面的了解，因为它通过在婴儿期、儿童期、青少年期和成年期对环境应激源和持续性炎症反应的级联反应或“二次打击”，确定了神经系统脆弱性在宫内生活之外可能受到影响的过程(Estes and McAllister, 2016)。MIA 在产后持续发挥影响的一个关键过程是细胞因子等免疫分子表达变化对 mTOR（雷帕霉素机械靶点）信号通路的影响。mTOR 信号负责调节神经回路的组装和维护以及经验依赖可塑性（Lipton and Sahin，2014）。mTOR 通路中的免疫分子改变可能导致大脑中蛋白质合成失调，扰乱小清蛋白（PV）细胞的形成，这种细胞在精神分裂症患者中发生选择性改变。有证据表明，在成年 MIA 后代中，PV 细胞对锥体神经元抑制作用的特定性降低足以增强焦虑相关行为（Estes and McAllister，2016）。发现免疫系统对神经系统发育产生影响的重要意义是，有可能针对特定发育阶段实施靶向疗法（参第九章）。

第七章
自然界如何重塑和修复神经回路

哈佛大学阿诺德植物园是一个遍布树木和池塘的绿洲，向所有人开放，也是城市居民和郊区邻居跑步、骑自行车或散步的热门场所。阿诺德植物园建立于 1872 年，土地为哈佛大学所拥有，同时也是波士顿城市公园系统的一部分。它由杰出的景观设计师弗雷德里克·劳·奥姆斯特德（Frederick Law Olmsted）设计，通过 19 世纪几次雄心勃勃的探险，他收集了大量来自东亚和北美其他地区的植物。园内树木、灌木和花卉的多样性为许多小型动物提供了丰富的栖息地。我很幸运去过这个公园很多次，最近一次游览中，当我在一池春水边漫步时，一只蝾螈掠过水面飞奔到岩石之下。在池塘里，一只青蛙在水面下短促有力地蹬动长腿冲向岸边。头顶的橡树上，一只鸟儿鸣唱着它们种类特有的歌。附近山坡上散布着几个洞口，其中有一只田鼠探出头来，毫无疑问这是迷宫般地下隧道的一部分。

尽管人类与所有这些动物都有共同的进化史，但用十的次方改变这种幻想的时间尺度，可以揭示自然界用来重塑身体结构和神经回路的各种进化与发育过程。蝾螈会重新长出一条丢弃给捕食者的尾巴，但是人类没有这种自发的再生能力。在从蝌蚪转变成青蛙的过程中，当蝌蚪长出四肢且尾巴被身体吸收后，其游泳方式也从尾部推进转变为蹬腿。鸣禽在其幼年通过听成年鸟唱歌学习其所属物种的歌声，这一般是在发育的关键期。鼠类的探索行为是其学习了解食物和住所位置的手段。这些奇妙的进化解决方案在发育时期展开——作为自然界改造现有身体结构、神经回路和行为方式的方法——为使用仿生装置修复损伤神经回路提供了宝贵的经验。

本章重点介绍自然界动物的重塑过程，以及这些过程如何帮助因脊髓损伤（SCI）、脑卒中或视力丧失而导致感觉运动功能丧失的患者。脑卒中是重度残疾的一个主要原因，可使患者尤其是老年人的手部功能严重丧失，特别是在严重卒中后恢复非常有限（Zeiler and Krakauer，2013）。然而，成年大鼠的卒中模型表明，如果在康复训练之前采取促进神经生长的抗体疗法，前肢功能几乎可以完全恢复（Wahl et al.，2014）。在视力丧失的情况下，大脑可塑性有可能恢复视力，但神经可塑性存在结构和功能上的“制动器”（Takesian and Hensch，2013）。成年啮齿类动物的可塑性可通过遗传、药物及环境移除这些制动器来诱导，从而实现视力的恢复（Bavelier et al.，2010）。但是，关于神经可塑性的关键期以及导致关键期开启和关闭的原理，还有很多事情有待了解（Toyoizumi et al.，2013）。

本章的第一部分围绕四个比较案例研究进行了组织，涉及重塑及其对神经修复装置、神经修复和神经康复的影响，具体包括：非洲爪蟾从蝌蚪到青蛙的变态过程、蝾螈的神经回路再生、鸟类鸣叫技巧习得的关键期及啮齿类动物的探索性触碰（表 7.1）。蝾螈尾巴的再生会告诉我们采取什么方法恢复人类脊髓损伤之后的功能。对于康复科学家来说，蝌蚪尾巴的脊髓回路被失去尾巴的成体青蛙重新设置为游泳之用，是否是很好的启示？鸣禽所产生的动作序列如何类似于人类运动皮质的动态系统？鸣禽必须在有限时间内学习其物种特有的鸣叫，对于了解可塑性的限制约束有什么意义？是否可以重新开启关键期？

表 7.1 非洲爪蟾的变态：基于轴向、联合和肢体的移动

阶段	概述
变态前，轴向游泳（＜53 阶段）	波动式推进运动由轴向肌纤维的双侧交替性收缩产生，具有沿身体头部—尾部方向延迟的特点。肢体没有神经回路
变态初期，轴向与后肢联合运动（54～56 阶段）	后肢尚未充分发育，不能主动参与运动。游泳仍然由尾部波动推进，而新生成的后肢紧靠身体。输出到尾部和后肢的脊髓运动信号，保持单一节律的紧密协调。未来的肢体蹬动“中枢模式发生器”（CPG）仍然位于其前身尾部游泳网络中

续表

阶段	概述
变态顶极阶段，轴向运动和后肢运动分离（59～63 阶段）	动物能够同时联合或独立运用尾部和四肢的运动协同效应。与快速的左右交替式尾部波动不同，节律性肢体运动相对较慢，而且双侧同步，这与每个肢体屈肌和伸肌交替激活的蹬腿动作相对应。脊髓可以产生适合两种运动方式的不同运动模式，这表明存在几乎独立的不同 CPG 网络
变态后，幼蛙使用肢体游泳（>64 阶段）	尾部已经完全吸收，游泳现在完全由缓慢的、双侧同步的后肢反复伸展弯曲产生

资料来源：D. Combes，S. Merrywest，J. Simmers，& K. Sillar（2004），Developmental segregation of spinal networks driving axial-and hindlimb-based locomotion in metamorphosing Xenopus Laevis，Journal of Physiology，559，17-24.

一、水边的进化

水的边缘是从液体介质向固体基质过渡的地带，是研究脊椎动物为了适应特定变化而发生身体结构和行为变化的自然实验室：当生命最初是像鱼类一样游泳时，它们如何在陆地上运动？在水域和陆地的边界，身体所受的作用力由水下浮力变为重力对体重的全部效应。另外，在水面和在固体阻力基底上移动身体四肢的效应也发生了变化。进化生物学家利用化石残骸和现有动物开展实验，试图更好地了解当身体与固体表面接触时，引力场和反作用力效应的变化如何影响身体形态和功能的重塑。

在进化的时间尺度上，泥盆纪四足类鱼（*Tiktaalik rosae*）化石骨骼的发现，为生物发生特殊形态变形以适应陆地运动提供了证据。四足类鱼化石的特点是眼睛凸起位于背侧放置，颈部可转动，胸肢肩带和前肢等附肢能够在重力和复杂运动的情况下支撑身体（Daeschler et al.，2006；Shubin et al.，2014）。然而，化石本身并没有解决水陆边界行为如何影响身体形态转变过程的问题，也没有解决行为如何受到形态转变影响的问题（Gottlieb，2007）。

科学家使四足类鱼化石遗迹“活起来”的一种方法是研究其现存亲缘物种的行为和形态，金等（King et al.，2011）对非洲肺鱼（*Protopterus annectens*）开展了研究。非洲肺鱼是一种非常独特的动物，它们像鱼一样游泳，但有肺，可以离开水面呼吸。它们也是帮助我们了解最早四足动物运动方式的有用模型，因为它们与亲缘物种一样，充满空气的肺能够提供足够的浮力，使其沉重的身体抬离基质（King et al.，2011）。肺鱼能够依靠基底进行运动吗？肺鱼的身体形态是否与从化石进化轨迹推断出的四足动物运动相一致？金等（King et al.，2011）通过行为记录和解剖测量解决了这些问题。非洲肺鱼本质上是一种有肺的鱼，采用基底依赖和腹部驱动的两足运动，步态包括行走、弹跳等不同方式。另一个令人着迷的发现涉及形态柔软而灵活的鱼鳍的作用：当腹鳍与基底接触时，它们会沿着自身长度弯曲形成临时支撑区域，类似于足的功能。因此，就像弯曲形成功能性关节的章鱼肢体柔软结构一样（见第四章），自然界利用现有的身体部件临时组装出具有特定功能的装置（Hochner，2012；Levy et al.，2015）。剩下的一个谜团是，为什么水生四足动物在软鳍可以充分承担运动功能时，随后仍然进化出关节骨骼附肢。

继非洲肺鱼的发现之后，另一项研究获得了一系列发现，该研究对肺鱼亲缘物种多鳍鱼（*Polypterus bichir*）的早期运动体验通过实验加以操纵，多鳍鱼也能够在陆地上呼吸和运动。斯坦登等（Standen et al.，2014）将第一组多鳍鱼饲养在陆地上，第二组多鳍鱼饲养在典型水生环境中，8 个月后比较它们的骨骼解剖结构和陆地运动。实验目的是确定重力效应增加以及鱼鳍与基底接触的感觉信息，是否会导致两组之间在运动学和支撑结构解剖形态上产生差异。对两组多鳍鱼进行测试后发现，实验组多鳍鱼的行走方式与对照组相比有两方面的差异。首先，鱼鳍生长得更靠近中线，头部抬得更高，尾部摆动也更小，所有的迹象都表明陆地饲养的多鳍鱼采取了能量效率更高的步态。其次，与对照组相比，实验组多鳍鱼的步态时间模式更具可预测性：它们精确地定时尾部和身体推动力，同时鱼鳍将身体和头部从基底上抬起（Standen et al.，2014）。值得注意的是，与对照组相比，实验组因在陆地上饲养而表现出了解剖学上的变化：在运动过程中用于支撑头部和身体的结构具有明显不同的形状。这些变化可能是因为与水中游泳相比，陆地行走时作用于骨骼和软组织的重力增加以及鱼鳍移动范围更大的影响（Standen et al.，2014）。最后，将两组多鳍鱼间观察到的变化与泥盆纪四足动物化石的解剖变化进行比较时，发现了显著的相似之处：通过锁骨加强腹侧支撑，增加胸鳍肩带和鳃盖的柔韧性，以及胸鳍肩带和头部的分离产生了功能性颈部（Standen et al.，2014）。

从这些水陆边缘的研究以及后续研究中，我们将学到在进化时间尺度上重塑的经验，包括：

（1）自然界通过重塑功能完善的进化系统而不是发展全新的系统来构建新的装置。

（2）通过重新设计发育过程，有可能重塑进化系统。

（3）重塑过程在生态位中最为有效，这为探索自发产生行为的多样性提供了初步机会。

二、变态与运动演化

（一）绝非易事

变态（metamorphosis）是指幼虫转变为幼体的胚胎后发育（Laudet，2011）。昆虫、两栖动物和鱼类都发生变态发育。变态的鳞翅目昆虫（蝴蝶）在其保护性蛹的非觅食阶段保持不动，青蛙则保持活跃以逃避捕食者并捕捉食物。但变态有一些共同的原则：①它是一种幼虫和成虫不共享相同资源的生态转变；②它是动物的巨大转变，有时会导致身体组织结构发生根本变化；③它受激素和神经内分泌系统的调节，特定细胞检测环境信号并启动器官系统重构过程，以便更好地适应所处生态位（Laudet，2011）。

内翅类昆虫，包括鳞翅目昆虫（蝴蝶），在物种丰度和多样性方面都是最成功的生物（Grimaldi and Engel，2005）。为了在蛹中转化为能够飞行的昆虫，鳞翅目经历了多种内部结构的完全变态。洛伊等（Lowe et al.，2013）使用高分辨率 X 射线显微断层扫描（micro-CT）技术记录了小红蛱蝶（*Vanessa cardui*）幼虫 13 天变态期间发生的纵向变化。这些影像记录了活蛹体内某些器官系统变态结果随时间推移的三维特征。研究发现的一个主题是，飞行昆虫的某些器官系统会增加其尺寸和功能能力，以支持飞行功能的涌现。例如，胸部是连接腿部和翅膀的主体器官，其特点是具有称为气门或呼吸孔（spiracles）的呼吸开口。气门内部附着于呼吸管（tracheae），即内部呼吸系统。呼吸管具有防止外来异物进入的棘刺状结构，同时能从身体排出的气体中吸收水蒸气（Grimaldi and Engel，2005）。呼吸管的变态变化包括与飞行肌肉相关的呼吸管分支数量与容积的增加（Lowe et al.，2013）。

在水生生态位中，自由游泳、觅食的蝌蚪的生存取决于其能否随水流速度和方向的变化而游泳。张等（Zhang et al.，2011）发现，在从孵化到自由游泳的 24 小时内，肌母细胞运动神经元（MN）群发生了两种变化，这可能赋予爪蟾幼体实现更灵活的游泳行为（表 7.2）。首先，控制肌肉募集顺序的 MN 能够区分放电概率，从而使动物具有更大的灵活性，因为肌肉激活的强度和频率可以在循环周期的基础上发生变化。其次，外周神经支配域局限于每个肌母细胞肌肉块的背–腹平面内，从而更有可能对游泳时的纵向与横向摆动进行差异化的控制。张等（Zhang et al.，2011）提出，MN 的这两种发育变化是其他脊椎动物均保守性存在的一种早期进化成果的基础，即运动变阻器（locomotor rheostat），这是一种可以选择不同运动速度和方向组合的装置。有证据表明，在斑马鱼幼体游泳速度变化过程中，脊髓前运动神经元（IN）和 MN 相似的拓扑募集顺序中也存在这种现象（Ampatzis et al.，2014；Kinkhabwala et al.，2011）。如第三章所述，该装置与自然界工具箱中的其他特殊用途装置和智能感知装置（例如，与弹簧状肌腱、泵、测量工具、导航系统等相联系的肌肉）一样，可以组装成各种器官，用于在不可预知的、变化的生态位中展现自适应行为。

表 7.2　鸣禽幼鸟如何通过咿呀学叫和学习成年鸟类产生雏鸣

组成	功能
咿呀或雏鸣	幼鸟通过高度变异的探究行为，了解行为与行为效应之间的因果关系
鸣唱的发展进程	雏鸣（咿呀）出现在孵化后 30～40 天，接着是鸣唱塑造期，逐渐出现明显的、可识别的但多变的声音元素（音节）。到孵化后 80～90 天，可塑性鸣唱逐渐转变为高度复杂的模式化主题（构成成年鸣唱的音节序列），称为定型鸣唱（crystallized song）

续表

组成	功能
前脑前部通路	通过前脑核（LMAN）输出的 AFP 调节或指导运动通路（运动前回路），并在鸣唱变异性中发挥作用。因此，幼鸟的鸣唱是由 LMAN 神经回路驱动，与产生成鸟行为的神经回路不同
成年鸟类定型歌曲的持续可塑性	成年鸟类能够学会对发声音调作微小变化调节，以应对实验干扰。这可能反映了成年鸟类的自适应过程，在声音控制系统因衰老或受伤而发生变化后，仍能帮助它们保持鸣唱的稳定性与可学习性

资料来源：D. Aronov，A. Andalman，& M. Fee（2008），A specialized forebrain circuit for vocal babbling in the juvenile songbird，Science，320，630－634；and M. Brainard & A. Doupe（2013），Translating birdsong：Songbirds as a model for basic and applied medical research，Annual Review of Neuroscience，36，489－517.

两栖动物的变态转化是一个了解进化与发育过程的窗口，身体结构通过这一过程适应水陆交界环境中的生活。在两栖动物变态中，我们可以发现形态、神经系统、生物力学和行为之间的复杂相互作用，推动其更加适应陆地运动以及气体介质中的重力效应，同时仍然能够游泳。这种变态涉及尾巴的再吸收，以及腿部协调应用于空中跳跃和水中游泳功能的突现，对于了解神经系统回路驱动兴奋性生物力学系统的自适应本质具有深刻的意义。

青蛙变态的发育关系是两种模式生成网络的共存：早期发育的轴向神经回路表现出相对较快（3～5Hz）的尾部摆动，以及相对缓慢（1～2Hz）的四肢蹬动，二者都受到神经的调节（Sillar et al.，2008）。虽然轴向神经回路可以使身体左右两侧的躯干肌肉交替收缩，但随后发育产生的控制后肢的附肢网络具有双侧同步活动的特征（Combes et al.，2004）。在变态顶极阶段（第 58～63 阶段）存在一个发育序列，其中的附肢神经回路分别表现为：①存在但没有功能；②具有功能但未与轴向网络分离；③具有功能并与轴向网络分离（可在两者之间切换或组合）；④即使尾巴已经被重新吸收，也完全能够发挥推进功能（Rauscent et al.，2006）。

那么，当上述两种网络同时具备功能的时候，选择轴向或附肢网络进行运动的基础是什么？从生理学的角度来看，是通过各种胺类、神经肽及其他分子的神经调节来选择特定的神经回路（Bargmann，2012；Marder，2012）。尤其是对于脊椎动物运动控制网络，单胺中的 5 -羟色胺（5-HT）是一种在系统发育上非常古老、保守的脊髓回路神经调节剂（Miles and Sillar，2011；Sillar et al.，2014）。有趣的是，脊髓运动回路的另一种神经调节剂去甲肾上腺素（NA）对运动神经元爆发周期和持续时间产生的影响，与 5-HT 作用刚好相反。劳森特等（Rauscent et al.，2009）研究了互相对立的胺类神经调节剂，在控制共同存在的轴向与附肢神经回路的运动输出中可能发挥的作用。他们在实验中将 5-HT 应用于分离的脊髓制备物，结果发现：①附肢节律加速，轴向活动减慢；②5-HT 诱导周期式的附肢和轴向节律耦合成单一组合节律。与此相反，NA 具有相反的效果：轴向肌母细胞运动神经元爆发的循环周期缩短，附肢爆发的循环周期延长，从而使耦合节律分离为不同的运动爆发活动模式。

（二）动物和机器人

从动力学系统的角度来看，在同一基底上对轴向节律或附肢节律的选择可能表明了双稳态吸引子动力学受控制参数驱动而进入一种或另一种状态——在上述实验中，控制参数就是神经调节剂 5-HT 和 NA 的互补作用。当尾部被吸收后，保留腰椎节段和以前控制轴向推进的肌肉会有什么后果呢？为了解决这个问题，贝耶勒等（Beyeler et al.，2008）采用肌电图（EMG）记录成年青蛙控制直行游泳的肌肉。在复杂系统中，当现有组件不再需要其原有功能时，可以将其转换为其他功能（Goldfield，1995）。在变态的情况下，幼年蝌蚪期的尾部轴向运动是由腰肌驱动的。当控制轴向运动的尾部脊髓节段随尾部吸收而消失后，腰部膨大上方的节段被增大用来执行其他功能。贝耶勒等（Beyeler et al.，2008）报告说，当腿部长出并通过蹬腿方式进行推进时，腰肌开始承担姿势支撑功能，帮助稳定游泳时的身体姿态。

发育学家和机器人专家之间开展了新的合作，以测试水中游泳和陆地运动期间有关神经控制和环境相互作用力学的假设（Ijspeert，2014）。怀斯研究所研发了一种名为“变形”（Metamorpho）的游泳机器人（Goldfield，2016），探索尾部和腿部组件的振荡频率如何有助于协调游泳行为的发展。例如，其中一种可能性是，游泳时尾部和腿部倾向于发生频率耦合，从游泳到陆地运动的过渡与动力学对称性破缺有关（Collins and Stewart，1993；Golubitsky et al.，1999；Holmes et al.，2006；Pinto and Golubitsky，2006；Turvey et al.，2012）。另一个问题是，生活在水中的动物如何适应从水中到陆地的过渡？一种假设是，一旦进化出了功能完善的系统，如七鳃鳗像鳗鱼一样游泳，与其从头开始建立一个新的系统，还不如修改现有系统以适应生态位的变化，如陆上行走（Bicanski et al.，2013a）。

选择蝾螈作为模型系统，可以帮助了解自然界如何重塑现有神经回路，因为这些动物面临着如何在水中和陆地两种介质中产生推进力的问题，这两种介质的密度、黏度以及运动过程中施加的重力负荷都存在很大差异（Bicanski et al.，2013a；Ijspeert，2008）。机器人身体由轴向节段和旋转肢体组成，各关节两侧的伸缩传感器提供感觉反馈。蝾螈的脊髓神经回路结构，由内置在机器人尾部和四肢控制器中的耦合非线性振荡器系统（见第二章）模拟实现（Crespi et al.，2013）。伊斯佩特等（Ijspeert et al.，2007）证明了机器人的振荡器网络可以人为设置产生行波，模拟蝾螈在水中的真实推进方式。相比之下，在行走过程中，肢体与身体振荡器之间的强耦合会迫使身体以 S 形驻波形式低频振荡。此外，这些行波不会与肢体运动被同时观测到，这支持了一个重要假设，即通过行波（游泳）和驻波（步行）之间的切换来实现两种运动模式。开发具有耦合参数的机器人控制器，有可能使得一群局部极限循环振荡器以受控方式相互作用，这为利用可穿戴机器人重塑受损神经系统开启了新的大门，第八章和第九章将详细探讨这种可能性。

三、再生

由于人类的脊髓连接在断裂后不能自发再生，因此脊髓损伤是一个毁灭性的事件。脊髓损伤促使世界各地的实验室对不同动物物种的再生进行深入研究，试图了解自然界如何对身体部位与神经系统部分或完全分离后进行再生的方法。再生（regeneration）可定义为“损伤或破坏后重新获得神经系统功能，无论是否需要复制其原始结构或其全部功能”（Tanaka and Ferretti，2009）。对蝾螈等动物进行实验性截肢的研究解决了以下问题：为什么截肢会启动再生过程？肢体如何“知道”要再生哪些部位？（Tanaka，2016）例如，在实验性截肢之后，蝾螈能用准确数量的椎骨节段和肌节来再生被切断的尾巴以及丢失的脊髓（McHedushvili et al.，2012）。通过对再生的比较研究可以解决两个基本问题：①再生过程如何与最初构建身体结构的胚胎发生机制相关（Nacu and Tanaka，2011）；②发育过程中的抑制分子、神经胶质瘢痕形成和髓鞘形成中轴突变化等因素，如何影响成年中枢神经系统内受损轴突的再生。通过更多地了解自然界的神经连接中断再生过程，我们可能会受到启发来模仿这些过程以重建人类受损神经系统。

蝾螈的脊髓再生与它最初的发育有什么关系呢？现在有证据表明，在蝾螈中，断尾自然再生中的祖细胞排列模式与受控神经发生的步骤，在很大程度上重现了早期胚胎发育过程中初步建立中枢神经系统的步骤（Nacu and Tanaka，2011；Nacu et al.，2016）。例如，室管膜细胞是放射状胶质细胞的后代，在再生性脊椎动物的极早期发育阶段得到保留。室管膜管在蝾螈尾部截肢后形成再生脊髓，其在外观上与发育羊膜神经管的早期结构非常相似（Tanaka and Ferretti，2009）。但是，这种重现是如何发生的呢？麦克利斯维利等（McHedlishvili et al.，2012）构建了表达绿色荧光蛋白（GFP）的转基因轴突，用 GFP 表达动物（即拥有绿色荧光细胞的动物）的一段脊髓替换正常动物的一段脊髓，对再生脊髓进行了深入观察。他们发现实验动物体内植入的细胞能再生出绿色的脊髓！因此，作为对损伤的反应，再生更可能是一种类似于神经干细胞或多能性（pluripotent）的状态（Diaz Quiroz and Echeverri，2013）。

（一）神经胶质瘢痕

直到最近，人们仍普遍认为，哺乳动物在中枢神经系统（CNS）损伤后，受损神经胶质释放轴突再生抑制剂，星形胶质细胞形成的瘢痕阻止了横断轴突自发性再生（Liddelow and Barres，2016）。然而，安德森等（Anderson et al.，2016）对成年小鼠的实验已经证明，与这一主流观点相反，星形胶质细胞瘢痕的形成实际上有助于中枢神经系统轴突的再生。安德森等（Anderson et al.，2016）采用转基因小鼠模型，通过选择性地杀死星形胶质细胞或删除星形胶质细胞形成所必需的转录因子，来阻止产生活性星形胶质细胞，结果发现受损轴突不能自发性再生。相反，去除星形胶质细胞瘢痕则促进了细胞的死亡。事实上，当存在瘢痕并且另外注射含有促生长因子的凝胶时，轴突确实发生再生。总之，这些实验结果提供的证据表明，星形胶质细胞瘢痕形成是帮助而不是抑制轴突的损伤后再生（Liddelow and Barres，2016）。

波士顿儿童医院的克利福德·伍尔夫（Clifford Woolf）和一项全美范围大型研究联盟分别在一组独立实验中证明，一种特殊品系小鼠 CAST/Ei 在预先损伤处理后，能够再生受损中枢神经系统的神经元（Omura et al.，2015）。这项工作是基于对周围神经系统（PNS）再生能力的了解：通过周围轴突损伤对 PNS 神经元进行预处理，使它们能够在发生第二次损伤时更有活力地再生（Tedeschi，2011）。为什么给予损伤预处理的 CAST/Ei 小鼠能够同样再生受损的中枢神经系统？大村等（Omura et al.，2015）研究发现，这种小鼠体内的激活素（activin）信号级联启动了转录过程以协调再生反应。

（二）髓磷脂

另一种更好地了解中枢神经系统损伤后功能恢复的方法，是检查少突胶质细胞（OL）恢复过程中是否重新应用了发育机制（Gallo and Deneen，2014）。新生儿早产对少突胶质细胞的损伤对于髓鞘形成有着非常显著的影响（详见第六章所述）。围产期室周白质损伤的动物模型表明，白质损伤所诱导的特异性生长因子水平变化，与患有室周白质软化症（PVL）的早产儿相似，并且这种损伤可能会重新激活内源性发育程序以恢复少突胶质细胞（Back and Rosenberg，2014）。成人大脑含有大量未分化的少突胶质细胞前体细胞（OPC）群，它们能够分裂和再生少突胶质细胞以生成髓鞘，促进了重现发育程序以治疗白质损伤（Gallo and Deneen，2014）。更进一步的发展是，OL 发育的一些内源性与外源性调节剂已被确定为再生增强剂。与早产儿损伤大脑一样，特定的成人大脑生长因子可以激活并引导内源性 OPC 群从增殖区域迁移到损伤部位，促进损伤恢复（Gallo and Deneen，2014）。

（三）毛细胞

对毛细胞（hair cell）再生的了解也取得了显著突破。急性噪声损伤可以使负责机械传导的耳蜗毛细胞消失，从而导致听力丧失，促使科学家们数十年来努力研究如何实现毛细胞再生（Hudspeth，2014）。哺乳动物的内源性毛细胞再生受到限制，部分与耳蜗的复杂性有关，因为损伤再生反应会破坏这种复杂性（Fujioka et al.，2015；Zhao and Muller，2015）。毛细胞及其支持细胞的“棋盘式”独特结构，为再生医学尝试将未分化的上皮细胞重新分化为毛细胞并恢复听力提供了一个潜在的切入点（Fujioka et al.，2015）。在发育过程中，上皮细胞通过侧抑制（lateral inhibition）过程，可以发育成为毛细胞或支持细胞。Notch 信号通路（调节分子差异以控制作为发育程序一部分的细胞反应）能够阻止支持细胞分化为毛细胞（Artavanis-Tsakonas et al.，1999；Kelley，2006）。米苏塔里等（Mizutari et al.，2013）采用小鼠耳蜗损伤模型证明，通过使用抑制剂操纵 Notch 信号通路，有可能将支持细胞转分化为毛细胞。此外，新生成的毛细胞有助于部分恢复听力损失。

四、鸟鸣：探究行为的关键期

鸟鸣是由呼气时产生的声音组成，在两次发声之间有一个叫作微呼吸（minibreath）的无声阶段（Trevisan et al.，2006）。在有关鸟类鸣叫的数据中，所有迹象都表明，一个用于序列产生和重构的动态生成系统可能普遍存在于包括人类和灵长类在内的众多物种。例如，鸟类鸣唱的复杂时间结构是源自鸣禽体内类似于运动皮质的运动前高级发声中枢（HVC）振荡动力学（Lynch et al.，2016），呼气与吸气之间快速转换形成的发声与过滤，以及具有精确可控生物力学特性的发音器官共振与调制

（Amador et al.，2013）。HVC 通过一连串爆发放电，在控制鸟鸣的时间结构方面发挥核心作用（Long et al.，2010）。前脑前通路（AFP）包括 HVC 神经元、称为 X 区的纹状体区域、丘脑核（DLM）和端脑核（LMAN），它们通过弓状皮质栎核（RA）投射向鸣叫运动通路（SMP）提供输入（Mooney and Tschida，2012）。HVC 的发育变化如何促进鸣禽声音发育中运动序列的变化？为了解决这个问题，大久保等（Okubo et al.，2015）研究了 HVC 投射神经元与鸣唱相关的放电模式，发现它们与鸣唱三个阶段的发育突现有关：雏声（subsong，高变异性，类似于人类的咿呀学语）、原音节（protosyllable，包含多种音节类型）和基序（motif，由可靠的音节序列组成）。

这三个阶段的发育序列具有一个显著特征，即不同音节的出现和分裂来自一个未分化的共同前体，表明变化中的神经元网络通过相互作用可能涌现出新的音节。

斑胸草雀（zebra finch）的声音行为也被用来建模鸟类在声音学习的幼年敏感期，如何通过模仿同一成年鸟的鸣唱来学习及修改自己的鸣唱方式（Olveczky and Gardner，2011）（表 7.3）。只有雄性斑胸草雀才会发育形成功能性的鸣唱回路，其开始于胚胎阶段并在孵化后继续发育（Olveczky and Gardner，2011）。鸣禽幼鸟学习鸣唱有两个敏感期，这两个阶段都依赖于听觉体验。第一个阶段，通过聆听其他鸟类进行感知学习，幼鸟会聆听并记住“老师”的一首或多首鸣唱歌曲。在感觉运动学习的第二阶段，幼鸟在几周内反复鸣唱成千上万遍，通过聆听自己的声音，利用听觉反馈将其与记忆模式进行比较（Brainard and Doupe，2013；Mooney，2009）。成千上万次重复鸣唱时的变异性（被称为可塑性鸣唱）被认为是幼鸟学习其老师的鸣唱并形成刻板方式所必需的（Mooney，2009）。鸣唱系统由两种不同的神经通路组成：SMP 和 AFP（Mooney and Tschida，2012）。前者包括运动前 HVC 神经元、下游的鸣唱运动前核 RA，以及投射到脑干中控制鸣唱的声音–呼吸结构。

表 7.3　多时间尺度下树突小棘与可塑性的关系

可塑性（最长至最短时间尺度）	树突小棘的行为
棘突的形成/消除	棘突形成和消除之间保持平衡，与糖皮质激素的波动有关
突触重塑	选择性地消除以前存在的棘突，导致明显的突触重塑
感官体验和关键期	棘突生长和收缩的动力学由关键期的感官体验加以调节
学习	当动物学习新的任务时，迅速形成新的棘突
发育	棘突在发育过程中改变形态并迅速转换，但在成年变得更为稳定

资料来源：R. Araya，T. Vogels，& R. Yuste（2014），Activity-dependent dendritic spine neck changes are correlated with synaptic strength，Proceedings of the National Academy of Sciences，111，E2895-E2904；X. Yu & Y. Zuo（2011），Spinal plasticity in the motor cortex，Current Opinion in Neurobiology，21，169-174.

在鸣唱学习早期，AFP 中的可变性活动推动了试错学习所需的声音探索（Woolley et al.，2014）。随着声音学习的进展，HVC 轴突开始在 RA 中进行功能性连接，运动通路内突触连接的经验依赖性优化被认为是逐渐聚焦到所模仿鸣唱歌曲序列的神经基础（Olveczky and Gardner，2011）。为了确定敏感期学习如何与涉及老师和学习者之间鸣唱歌曲关联性的神经元树突小棘特性相关，罗伯茨等（Roberts et al.，2010）采用双光子活体成像技术检测了 HVC 神经元树突小棘的动力学，并在鸣唱传授第一天的前后采用细胞内记录方法测量目标神经元的活动。对于鸣唱传授前棘突转换水平较高的鸟类，其树突小棘增大并且稳定性增高，同时突触活动增强，这表明学习随着突触连接性的增强而发生。

鸟鸣研究结果对于变异性的意义与人类和其他哺乳动物的学习直接相关，与此类似的包括：幼儿形成并倾听他们探索性语言的机会（Lipkind et al.，2013），运动变异性在成人学习中的持续作用（Wu et al.，2014），以及学习变异性在大鼠实验性脊髓切断后的重要性（Ziegler et al.，2010）（参见第八章）。这些研究与鸟鸣研究结果的共同点是，运动系统积极参与感觉运动探索，可能会牺牲准确性以促进学习。这可能不仅适用于鸟类掌握鸣啭啼叫的过程，也适用于由大脑和身体基本吸引子动力学指导的其他学习实例，包括啮齿动物的“胡须触碰”，人类的吮吸、咿呀学语和行走（表 7.4）。

表 7.4 突触可塑性：LTP、LTD、STDP 和 AMPAR

可塑性	描述
长时程增强（LTP）	特定神经活动模式诱导突触强度发生快速持久性增加。基于通常短暂性、强相关的突触前和突触后活动
长时程抑制（LTD）	特定神经活动模式诱导突触强度发生快速持久性降低。基于通常持续性、弱相关的突触前和突触后活动
棘波时序依赖性可塑性（STDP）	成对的突触前和突触后动作电位诱导 LTP 和 LTD，严重依赖于棘波时序依赖性可塑性、单个棘波的顺序和相对时间，可精确到毫秒级
谷氨酸受体 AMPA 家族（AMPAR）	神经元之间的兴奋性突触传递通常由神经递质——谷氨酸介导。AMPAR 在突触后发挥作用，调节中枢突触大部分的快速兴奋性传递。AMPAR 的突触后聚集受神经元活动的调节，在突触可塑性中发挥重要作用

资料来源：D. Shulz & D. Feldman（2013），Spike timing-dependent plasticity. In J. Rubenstein & P. Rakic（Eds.），Neural Circuit Development and Function in the Brain：Comprehensive Developmental Neuroscience（Vol. 3）.，New York：Elsevier；D. Feldman（2009），Synaptic mechanisms for plasticity in neocortex，Annual Review of Neuroscience 32，33-55.

五、控制关键期的开始和结束

从人类临床病例及经典动物实验中已知，在早期发育过程中遮闭一只眼（单眼发育，MD），会导致被剥夺眼在进入成年期后视力减退或弱视（参见 Hensch，2005；Morishita and Hensch，2008）。但直到最近十年才阐明了视觉发育关键时期神经回路的调节控制过程（LeFort et al.，2013；相关综述还可参见 Takesian and Hensch，2013）。小鼠、大鼠、雪貂、猫和猴的视觉皮质（V1）视网膜映射发育已经得到了深入的研究，并且在人类中也是类似的（Espinosa and Stryker，2012）。V1 的发育涉及眼优势（ocular dominance）的建立，即每只眼到单个皮质细胞连接性的相对强度。皮质柱是包括 V1 在内的哺乳动物新皮质的基本组织单位，来自右眼或左眼的丘脑输入通过局部兴奋连接和远距离抑制在皮质内传播。眼刚刚睁开时有一些早期视觉体验，随后就开始进入一个关键期，V1 神经元的选择性特性在这个阶段被细化，使它们对于两只眼基本相似。这一时期被认为是一个关键期，因为“视觉剥夺会导致双眼到皮质细胞的输入强度和组织发生迅速而剧烈的变化”（Espinosa and Stryker 2012）。一个关键的发现是，小鼠对单眼剥夺的敏感性仅限于一个关键期，该关键期开始于眼睁开后一周（出生后第 13 天），在出生后一个月达到最高，并且只有在关键期的单眼剥夺才会引起弱视（Hensch，2005）。

波士顿儿童医院的高雄·亨施（Takao Hensch）及其同事已经确定了一些控制“皮质可塑性窗口”启动和关闭的分子机制（Toyoizumi et al.，2013；Werker and Hensch，2015）。亨施实验室关于关键期的一组观点包括：①关键期本身表现出可塑性，区分为启动、维持和关闭状态；②小清蛋白（PV）细胞（详见第五章）是最基本的可塑性“开关”；③PV 细胞的兴奋–抑制（E-I）平衡决定了关键期的时间安排；④分子触发器启动关键期以响应感觉输入，促进 PV 细胞成熟和 GABA 功能；⑤在不成熟状态时，分子制动器防止早熟可塑性；⑥在维持阶段，神经回路根据感觉体验相互连接；⑦在关闭阶段，分子制动器将神经回路从可塑状态巩固为稳定状态。

研究人员发现，抑制性中间神经元作为关键期时间安排的控制“开关”，并据此开展实验，进行抑制性中间神经元移植以诱导新的可塑性（Levine et al.，2015）。例如，索斯韦尔等（Southwell et al.，2010）将胚胎视觉前脑中的皮质抑制中间神经元移植到关键期前幼年小鼠的视觉皮质中。他们发现，移植的中间神经元与皮质神经元形成抑制性突触，并在达到与内源性中间神经元相同的细胞年龄时促进可塑性（Southwell et al.，2010）。戴维斯等（Davis et al.，2015）将 PV 中间神经元移植入成年小鼠，并另外采用基因编码钙指示剂来证明移植细胞与内源性细胞一样，可广泛调整刺激方向。为了确定该实验能否修复弱视，戴维斯等（Davis et al.，2015）将小鼠单眼剥夺 2 周时间（包括关键期）。然后他们将中间神经元移植到小鼠视觉皮质，结果出乎意料地发现，被剥夺眼的视力完全恢复到了正常水平。因此，胚胎抑制性中间神经元移植能够修复内源性关键期视觉剥夺所造成的缺陷。

六、从小鼠到人类：皮质可塑性

（一）定义

在美国国立卫生研究院 2009 年关于神经可塑性研究转化为有效临床治

疗的研讨会上，对神经可塑性的定义达成了以下共识：

> 神经可塑性（neuroplasticity）可以广义地定义为神经系统通过重组其结构、功能和连接，对内源和外源刺激做出反应的能力；可以在许多层面上加以描述，从分子水平、细胞水平、系统水平再到行为水平；并且可以发生于发育过程中，以应对外界环境、支持学习、对疾病做出反应或与治疗有关（Cramer et al.，2011）。

重要的是，要与第五章中介绍的神经系统组织层面的可塑性加以区分：宏观尺度的不同脑区激活时空模式，介观尺度的不同类型神经元之间长距离与局部连接，以及微观细胞尺度的突触（Kim et al.，2014；Oh et al.，2014）。在这里强调的是赫布（Hebbian）型活动依赖可塑性和稳态可塑性之间在微观层面上的区别，即突触兴奋和抑制的平衡调节过程（Turrigiano，2012）（表7.5）。赫布可塑性（Hebbian plasticity）指的是突触前和突触后活动之间的相关性，通过这些活动，一些突触会变得更强，而效率低的突触则会变得更弱，这一点可以用"突触一起放电、一起连接"（Katz and Shatz，1996）这句话来概括。赫布可塑性是一个正反馈过程，而稳态可塑性（homeostatic plasticity）是一个将活动水平维持在动态范围内的负反馈机制（Toyoizumi et al.，2014；Turrigiano，2011，2012）。在经典的长时程增强（LTP）和长时程抑制（LTD）中，突触权重的变化取决于相关的突触前和突触后活动（Harvey and Svoboda，2007）。在20世纪90年代末，一些研究小组发现，通过成对的突触前和突触后动作电位来诱导LTP和LTD的过程，可以精确至毫秒级，关键取决于单个棘波的顺序和相对时间（Markram et al.，1997）。这种形式的时间精确双向赫布可塑性，如锥体细胞中的突触前棘波导致突触后棘波长达10～20ms，从而诱导突触后强度的增加，称为棘波时序依赖性可塑性（STDP）（综述参见 Shulz and Feldman，2013）。图里吉亚诺（Turrigiano，2012）将可塑性的稳态形式定义为将神经元或神经元回路的活动稳定在某个设定值附近。

表 7.5　对身体神经机械系统非线性吸引子动力学的探索

行为	吸引子
啮齿类胡须触碰	啮齿动物利用他们的振动感觉系统来探索周围的环境。探索行为通常包括多轮同时胡须触碰与快速呼吸，或称“嗅探”，每一次触碰都与呼吸相位同步
鸟类鸣叫	鸟类发声器官鸣管（syrinx）是一种非线性装置，即使在简单指令的驱动下也能发出复杂的声音。鸣管表现为非线性振荡动力学。斑胸草雀能够产生快速的鸣唱歌声调节，反映了鸣管动力学状态的转变
人类吮吸乳汁	由于胸壁、舌、咽和下颌的机械特性，吸吮和呼吸呈现非线性动力学。婴儿探索其相位锁定的吸吮和呼吸，以便及时找到他们可以安全吞咽的位置，而不会将液体吸入气管
人类音韵与咿呀学语	人类声带的发音器以非线性动力学为特征。婴儿通过调节嘴巴的张开程度来探索元音，在反复的下颌振荡中利用口腔发音器选择性阻塞气流来产生和探索咿呀学语的声音
人类学习站立和行走	由于身体在引力场中的力学和弹性特性，身体质心的振动呈现非线性。婴幼儿探索身体质心的振荡行为，并利用不同的肌肉群选择性地产生力量来抵消某些力，并允许其他力量加速身体的运动

资料来源：D. Kleinfeld，M. Deschenes，F. Weng，& J. Moore（2014），More than a rhythm of life：Breathing as a binder of orofacial sensation，Nature Neuroscience，17，647－651；J. Goldberg and M. Fee（2011），Vocal babbling in songbirds requires the basal ganglia-recipient motor thalamus but not the basal ganglia，Journal of Neurophysiology，105，2729－2739；W-H. Hsu，D. Miranda，D. Young，K. Cakert，M. Qureshi，and E. Goldfield（2014），Developmental changes in coordination of infant arm and leg movements and the emergence of function，Journal of Motor Learning and Development，2，69-79.

（二）结构可塑性

第五章中指出，树突小棘（dendritic spines）独立、线性整合在“伟大的突触民主”（great synaptic democracy）之中，负责经验依赖的突触结构可塑性（Yuste，2011，2013）。但这个“民主国家”的人口是由具有特殊身份的细胞组成的。这种细胞异质性的结果是结构变化的连续性，从长距离轴突生长到树突小棘“抽动”和突触受体组成动力学的各不相同（Holtmaat et al.，2013）。树突小棘的形式多种多样，从最为稳定的大型蘑菇状树突小棘到最为活跃的小型细薄状树突小棘不等（Holtmaat et al.，2013）。成年（小鼠）大脑的体内长期成像研究表明：

大规模组织的轴突和树突极为稳定，一些突触结构也会持续存在于动物的大部分生命周期。相比之下，现在很清楚的是，有一类突触结构表现出了细胞类型特异的、经验依赖的结构可塑性：轴突终扣（axonal bouton）以细胞类型特异性方式转换。树突小棘的生长和消缩及这一转变动力学受到感觉经验的调节（Holtmaat and Svoboda，2009）。

用于对树突小棘生长和突触形成之间关系进行成像的研究手段包括双光子激光扫描显微镜（和超分辨率技术）及荧光探针（Holtmaat et al.，2013）。通过开发一种称为双光子谷氨酸释放（two-photon glutamate uncaging）的技术，树突小棘结构可塑性的研究也得到了进展，该技术允许选择性刺激单个树突小棘，同时用双光子显微镜对受刺激树突小棘的形态进行成像（Nishiyama and Yasuda，2015）。这些研究表明，生化计算不仅发生在单根树突小棘上，而且也发生在树突小棘周围的一小段树突和整个树突分支上。然而，尽管有这些技术进步，影像学研究并没有揭示相对于网络功能，新树突小棘上的突触是如何和何时被募集的。解决结构可塑性和功能可塑性之间的关系需要一种不同的策略。

为了解决这个问题，玛格丽斯等（Margolis et al.，2012）转向了对小鼠桶状皮质中皮质区域或“映射图”可塑性的群体水平描述。在小鼠中，面部胡须与躯体感觉皮质中桶状柱结构有一一对应关系，对于胡须修剪实验导致的感觉剥夺，被剥夺的感觉输入映射图发生收缩，而保留输入的其他映射图则会扩大（Feldman，2009）。神经科学工具箱中的两种方法允许长期跟踪感觉剥夺后的神经元活动：基因编码钙指示剂（GECI）缓慢成像和重复膜片钳生理学（Margolis et al.，2014）。GECI 是钙敏感荧光蛋白，可在神经元中表达，并可在数天到数周的时间内成像（Knopfel，2012）。玛格丽斯等（Margolis et al.，2012）采用这些缓慢成像方法来检查桶状皮质组织的经验依赖性变化。他们首先在活体成像中进行胡须的基线刺激，发现了低、中、高反应性神经元的稳定功能网络。然后，他们修剪了所有的对侧胡须，并保留两个胡须中的一个以便进行基线刺激。在每次成像后，胡须被重新修剪并重新生长。玛格丽斯等发现，在感觉剥夺过程中，对修剪后胡须的刺激反应总体上降低了，但对保留胡须的刺激反应则有所不同，低反应性神经元的反应增加，而高反应性神经元的反应降低。因此，感觉驱动反应控制了个体神经元的经验依赖性活动变化。

七、脊髓损伤后的可塑性

（一）脊髓损伤

人类脊髓损伤（SCI）破坏了大脑和脊髓之间的轴突连接，导致相关功能的破坏性丧失（Thuret et al.，2006）。SCI 为轴突再生创造了一个特别不利的环境：胶质瘢痕的形成阻止了轴突生长锥的前进（Cregg et al.，2014），损伤周围的星形胶质细胞被激活，导致切断的轴突暴露于损伤部位周围的抑制性胞外基质分子混合物中（Schwab and Strittment，2014；Tuszynski and Steward，2012）。不过，如前所述，胶质瘢痕不仅仅是轴突再生的抑制剂，它还可能在减少炎症与继发组织损伤方面发挥有益作用（Liddelow and Barres，2016）。这一观点和其他观点推动了利用可塑性恢复大鼠脊髓完整性的重大突破：①使用神经干细胞移植物和抑制性混合物来改善和克服成人中枢神经系统的抑制环境（Bonner and Steward，2015；Kadoya et al.，2016；Lu et al.，2012；Wang et al.，2016）；②综合运用神经调节剂和硬膜外或脊髓内电刺激方法（Bachmann et al.，2013；Courtine et al.，2008，2009；Harkema et al.，2011）。

在脊髓不完全损伤的大鼠模型中，运动行为可以出现自发的功能恢复（Raineteau and Schwab，2001；Bareyre et al.，2004）。巴雷耶等（Bareyre et al.，2004）在成年大鼠中发现，脊髓实验性损伤 12 周后，后肢的皮质脊髓束细长束脊髓固有神经元（propriospinal neuron，PN）接触形成脊髓迂回回路。随后通过肌内注射反向跨突触示踪剂，显示新的神经回路建立了功能连接性（Bareyre et al.，2004）。库廷等（Courtine et al.，2008）提供了进一步的证据，新形成的脊髓固有回路在脊髓不完全损伤的恢复过程中对可塑性进行调节。

他们研究了不同组合的脊髓双侧半切损伤类型中小鼠运动行为的恢复。其中一项试验，相距 10 周进行 2 次单侧半切。这一相隔 10 周的脊髓半切有效实现了从大脑到脊髓运动回路所有直接投射完全双侧横切的效果，但却允许有时间形成脊髓固有中转回路（Courtine et al.，2008）。在 10 周的恢复期后，小鼠表现出几乎正常的腿部肌肉募集及协调的步态行为。

脊髓固有中转回路的形成是脊髓损伤后神经可塑性的重要基础，提示了感觉信息在自发恢复期中所起的重要作用。一种可能是新的中转回路恢复了通常由肌梭提供的感觉反馈回路。为了检验这种可能性，武冈等（Takeoka et al.，2014）在一组基因突变小鼠（称为 Egr3）和一组没有基因突变的野生型小鼠中实施了不完全脊髓损伤。由于肌梭在出生后早期发生退化，Egr3 小鼠表现出两种不同的运动特征：它们精通基本的运动任务，但不擅长需要精确完成的任务，如梯形行走。武冈等（Takeoka et al.，2014）采用荧光标记的跨突触狂犬病病毒来寻找迂回神经回路的标志，发现同侧脊髓回路存在新的连接。正是脊髓回路的这两个特点——与脑干及更高部位脊髓上中枢的上传下行通信，感觉反馈回路为小鼠脊髓损伤研究指明了新的策略。

（二）干细胞移植

实验大鼠发生部分或完全脊髓损伤后，在损伤的长束神经元和去神经支配神经元之间建立神经元中继回路的一种方法是实施神经干细胞移植（Bonner and Steward，2015；Kadoya et al.，2016；Lu et al.，2014；Wang et al.，2016）。神经干细胞（NSC）是多功能性细胞，有可能在中枢神经系统（脊髓和大脑）内分化为神经元和胶质细胞系（Wyatt and Keirstead，2012）。加州大学圣迭戈分校马克·图辛斯基（Mark Tuszynski）实验室的一系列研究表明，将神经干细胞移植到实验性脊髓损伤部位，可以使许多新的轴突长距离（超过 20mm，或 7 个脊髓节段）延伸入宿主的脊髓，并接收来自宿主受损轴突的输入（综述见 Lu et al.，2014）。这些神经干细胞来源于表达绿色荧光蛋白的大鼠胚胎，从而可以追踪移植细胞的延伸过程。即使在脊髓横向完整切断的大鼠模型中，移植的神经元也会延伸轴突，并以 1～2mm/d 的速度快速生长（Lu et al.，2012）。

（三）神经调节

在脊髓损伤后建立神经迂回回路的另一种实验方法涉及了神经调节（neuromodulation）（Courtine et al.，2008；Musienko et al.，2011；Wenger et al.，2014；Dominici et al.，2012）。作为这一范例的实证，范登・布兰德等（van den Brand et al.，2012）开发了一种瘫痪大鼠多系统神经修复计划，其中结合了腰骶神经回路的硬膜外电刺激、跑步机训练，以及一个要求动物使用瘫痪后肢向目标进行两足运动的机器人姿态界面。瘫痪大鼠不仅恢复了自主运动，而且形成了可传递脊髓上信息的脊髓内迂回回路（van den Brand et al.，2012）。然而，这种刺激方案仅限于恒定调制模式，而与下肢的当前运动状态无关。为了更好地捕捉运动脊髓回路的实际激活模式，哈格隆德等（Hagglund et al.，2013）和温格等（Wenger et al.，2016）研发了一种方法，将电神经调节与运动神经元激活的自然动力学相匹配。这种时空神经调节方法的基础是，他们发现行走涉及了空间分隔运动神经元“热点”的激活，这些热点在控制肢体屈曲的脊柱区域和控制肢体伸展的区域之间不断交替（参见第八章“协同作用”）。然后温格等（Wenger et al.，2016）采用计算机模拟，确定脊柱植入物的最佳电极位置，并使用实时控制软件选择性调节每个后肢的弯曲和伸展。他们发现，在脊髓完全损伤后接受 5 周时空神经调节治疗的大鼠，其所表现出的步态模式比接受连续神经调节治疗者更接近于脊髓完整大鼠的步态模式。

尽管小鼠和大鼠在脊髓损伤恢复改善方面取得了令人鼓舞的成就，但小鼠和灵长类的神经系统之间存在根本性差异，如皮质脊髓束的结构，这可能限制了鼠类模型可以解决的问题种类。在人类和非人类灵长类动物中，投射到脊髓的轴突同时来源于左右运动皮质，但在小鼠和大鼠中，这些轴突仅来源于对侧运动皮质（Rosenzweig et al.，2009）。灵长类皮质脊髓束的双侧投射，是否揭示了在鼠类模型中并不明显的部分脊髓损伤后恢复过程？为了研究这个问题，弗里德利等（Friedli et al.，2015）首先对 437 名患者在脊髓不完全损伤后的第一年内进行了功能恢复的前瞻性研究。他们发现，运动功能的恢复与脊髓损伤的偏向性显著相关：损伤 2 周后运动性能表现出明显的横向不对称性的患者，在损伤 6～12 个月后恢复了广泛的双侧运动功能。

弗里德利等（Friedli et al.，2015）接下来通过对猴和大鼠进行 C_7 脊髓侧部半切来模拟人类脊髓损伤，然后采用运动测试（如沿水平梯子行走）和手部功能测试（猴和大鼠是伸手够取食物，人类是伸手够取塑料片）分别对人、猴和大鼠进行评估。一个值得注意的发现是，猴和人类的手部功能恢复比大鼠更为广泛：随着时间的推移，半切的猴恢复了相互募集伸肌与屈肌指肌肉的能力，显著提高了物体获取能力，而大鼠则始终未能恢复用受伤爪子获取食物的能力（Friedli et al.，2015）。最后，为了检查大鼠和猴损伤下方皮质脊髓束的重组情况，研究人员在它们的大脑左右皮质注射了顺行示踪剂来标记皮质脊髓纤维，结果发现只有猴表现出了损伤下方皮质脊髓迂回回路出现萌芽生长的迹象（Friedli et al.，2015）。

上述这些发现提出了一个问题，即在神经修复装置发展的这一阶段，非人灵长类动物模型是否能够代表脊髓损伤研究的关键验证步骤（Collinger et al.，2014；Nielsen et al.，2015；Schwarz et al.，2014）。科学家如何实施非人灵长类研究战略，使得既能遵循动物研究神经伦理学的最高标准，又能为开发安全的神经修复装置以改善人类脊髓损伤破坏性影响提供方法手段？（Farah，2015）其中一个标准是能否从每只动物收集的数据中获取最大利益。加州脊髓联盟（California Spinal Cord Consortium）是一个多学科团队，实施了一项“大数据”战略，通过非人灵长类动物颈椎脊髓损伤模型了解可塑性与恢复之间的关系。作为非人脊髓损伤研究综合方案的一部分，研究人员采取共享方法来评估损伤恢复并汇集数据资源（Nielsen et al.，2015）。为了说明这一点，每个非人灵长类脊髓损伤实验的信息学工作流程都包括收集开放场地、椅子行为、跑步机和运动学相关数据，建设数据库统一基础设施，该基础设施允许研究联盟的所有成员对结果进行共享查询和统计分析（Nielson et al.，2015）。

评估非人灵长类动物研究数据收集效益的另一种方法是，考虑实验装置在人类中使用方式的可比性。例如，神经修复技术研究中的一个主要挑战是，解码大脑运动区域意向性运动的方法存在使用寿命问题。大规模脑活动的有线与无线记录方法的进展，使得研究人员对单个动物的研究可以长达连续五年时间，证明其具有一定程度的使用寿命（Schwarz et al.，2014）。另一个挑战是提供躯体感觉反馈使患者拥有具身化的体验，尤其是上肢神经修复（参见 Bensmaia and Miller，2014）。采用慢性电极阵列的皮质内微刺激（ICMS）有可能提供直观感觉反馈的足够益处，以平衡侵入式外科手术的风险。采用皮质内微刺激方法的一个关键要求是，微电流刺激诱发的感觉体验应当随时间的推移保持稳定。卡利耶等（Callier et al.，2015）研究了两只成年雄性恒河猴的ICMS使用寿命，在其代表手部的皮质区域1植入电极阵列。这些动物在二选一强制选择模式下执行一项探测任务，在二选一模式中，它们首先报告了机械刺激出现在皮肤上的时间，随后是通过植入阵列传送到ICMS 的时间。研究主要结果是，ICMS 的灵敏性可在数年内保持稳定。上述这两个非人灵长类动物研究的范例都表明，通过平衡动物风险和人类利益，可以获得对于神经修复组件（包括解码、提供具身化的躯体感觉反馈等）发展非常有价值的信息。

第三部分

了解和模仿自然界的损伤反应

即使是成年蝾螈，其在尾巴被捕食者咬断后也能重新再生缺失的远端部分。狗如果在事故中失去一条腿，很快就能学会如何利用剩下的三条健康的腿形成三脚架式行走步态。老年人脑卒中后，大脑自身的保护性神经通路被激活以抵消组织损伤。在母亲重新布置家中的家具陈设后，29周胎龄早产的幼儿能够像其他幼儿一样，利用轮椅在家中探索与玩耍。所有这些针对损伤的治愈反应都说明，生物和社会系统拥有一套丰富的自我修复解决方案。目前我们的神经修复装置技术面临巨大挑战：如何解码大脑网络面向未来的神经活动，如何以不同的模式刺激相同的肌肉群以实现不同的功能，以及如何构建共享生物和机器资源的控制架构？随着我们的损伤恢复促进技术变得越来越精细，我们如何利用自然界的经验来构建仿生装置修复身体和神经系统？机器人在神经修复中应该扮演什么角色？什么样的环境最能促进大脑损伤后的恢复？受伤后我们能再生神经系统吗？有没有可能制造血管化组织来替换受损的生物器官？我们如何更好地保护脆弱的神经系统网络？本部分的各章将试图回答上述问题，并且特别强调了在研发受损神经系统修复与重塑技术时如何学习模拟自然界。

第八章
神经修复：装置具身化

《星际迷航》原版电视连续剧的粉丝们可能会深情怀念其中一集的内容，一名外星人切除并劫持了斯波克先生（Mr. Spock）的大脑，以便将其整合到一台先进电脑中。一旦做好准备，飞船医务官麦考伊博士（Dr. McCoy）就可以用20世纪60年代样式的黑匣子暂时控制斯波克的身体，这样生物学上的斯波克虽然没有意识，但至少可以移动。（不要担心，斯波克的大脑最终由好医生还给了其合法拥有者。）正如神经修复技术领域所定义的，那个黑匣子的当代术语是脑机接口（参见 Borton et al.，2013；Raspopovic et al.，2014）。正如21世纪初神经修复技术已经取得的突出进展，我们可能越来越接近于间接或直接将动物或人类神经系统（脊髓和/或大脑）与机器人装置连接在一起（Bouton et al.，2016；Collinger et al.，2012；Courtine et al.，2013；Downey et al.，2016；Goldfarb et al.，2013年；Hochberg et al.，2012）。

当斯波克的大脑被移除时，编剧们隐藏的假设是他的脊髓保持完整，而黑匣子以某种方式与剩下的解剖结构相连接，以便让斯波克能够继续行走。对此的解释是，一个相对简单的黑匣子与脊髓相连接，脊髓的结构足够复杂以支持斯波克行走。现在我们知道，关于脊髓的这一假设在科学上是准确的，但并不完整：脊髓神经元群相当于中枢模式发生器的功能，将肌肉组合成不同的功能群，这被称为协同作用（synergies），而不同组合的协同作用参与了运动模式（参见 Bizzi et al.，2008；Kargo and Gizster，2008；Overduin et al.，2012）。从根本上讲，这些功能分组反映了中枢模式发生器网络的维数降低，这类网络在运动周期的不同阶段驱动运动神经元爆发放电（Levine et al.，2014）。但在考虑协同作用的性质时，必须注意的是，斯波克先生仍然拥有一个身体，它具有特征性的肌腱和筋膜解剖分布，从而在协同作用形成过程中混杂添加了非神经源的贡献（Bizzi and Cheung，2013；Kutsch and Valerocuevas，2012；Turvey and Fonseca，2014）。然后，我们可以推测，黑匣子信号在动力系统中分享共同的数学基础，其中神经系统、身体和机器是基于组件的群体，这些组件根据需要自我组装、分解并重新组装成功能集合体（参见 Turviy，2007；Turviy and Fonseca，2014）。

我们可能无须等到 24 世纪才能建立基于动力系统的机器接口，为这种协同作用奠定基础。但本世纪仍面临许多艰巨挑战，麦考伊博士的黑匣子和我们当代的个性化神经修复技术都提出了以下问题：①如何构建具有传感器网络的机器，能够记录信号并表明大脑如何像我们人类一样在执行动作前提前进行准备；②神经系统和机器之间的功能边界在哪里；③预测未来事件展开如何在探索性和执行性行为中实时获取信息不断更新，以适应环境中的紧急情况。在这里，我提出了一个关于人类与装置之间关系的动力学系统观点，特别是人类与神经修复装置之间的关系，试图解决上述三个问题（表 8.1）。我试图撬开这一黑匣子，发现该领域取得进步的三大支柱。

表 8.1　指导神经修复装置设计的运动皮质动力学观点

运动皮质	特点
运动皮质在运动产生中起什么作用	在运动准备过程中，运动皮质产生一种活动模式（一种时变向量），该模式被映射到肌肉活动而产生移动身体的力，以实现个人目标
群体动力学状态	运动皮质是一个广泛连接的网络，通过输入和反馈信号与神经系统的其余部分相耦合，因此通过其群体活动来加以描述
降维	在局部区域内的神经元中，可以使用降维技术将许多神经元的响应映射到少数变量上，以此获取这些响应中存在的基本模式，从而测量降维状态下的群体动力学状态
运动准备状态的发展	运动准备工作可以使群体动力学状态达到一个初始值，随后发生精确的运动相关活动。这个初始值产生于神经元放电率的最佳子空间/子区域内，确保在最短的反应时间内开始运动
运动周期神经反应与运动本身的关系	在运动过程中，运动皮质神经元的集体活动（a）由低维动力学模型驱动，（b）低维动力学随准备状态设定的相位和振幅而转换

资料来源：K. Shenoy，M. Sahani，& M. Churchland，（2013），Cortical control of arm movements：A dynamical systems perspective，Annual Review of Neuroscience，36，337-359.

神经修复的第一个支柱是皮质小脑和其他神经回路以未来为导向的神经活动（参见 Churchland et al.，2010，2012；Cunningham and Yu，2014；Shenoy et al.，2013；Shenoy and Nurmikko，2012），机器必须能够对其解码，将智能体产生的目标转化为动力学系统所采取的行动。哥伦比亚大学的马克·丘奇兰德（Mark Churchland）和斯坦福大学的克里希纳·谢诺伊（Krishna Shenoy）提出了运动系统的动力学系统观点，将重点从神经输出的意义（即其在大脑皮质中的表现）转移到神经输出是如何产生的（Churchland and Cunningham，2014；Shenoy et al.，2013）。神经修复的第二个支柱是具身化动力学（协同作用的形成），是指功能耦合的神经系统、身体和机器共享生物与物理资源。随着个体目标和行动机会不断展开，生物和机器资源对协同效应的相对贡献度也在不断变化。共享资源包括人体的肌肉和机器的促动器；视觉、触觉和听觉系统的生物受体场和两套机器传感器阵列；以及活体大脑组织和电子电路的共享控制系统，能够共同赋值并权衡资源使用以特定方式执行任务。神经系统的功能连接和神经调节，身体肌肉骨骼系统的多种配置，以及生物材料、传感器和促动器可能重新组合为单一功能系统共同工作，共同反映出共享式控制架构。第三个支柱为生物和机器系统共享其综合资源提供了一种潜在手段。它以第二章中介绍的任务-动态框架为模型，探讨人类与机器之间的关系。在正式介绍神经修复的这三个支柱之前，我将首先考虑神经修复技术的迫切需求，以及动物研究如何为安全的人类装置奠定基础。

一、构建神经修复装置的机遇和挑战

四足动物个体可以用其想法来控制机器假臂和假手，这一可能性就像《星际迷航》中描述的那样牵强。2012 年发表的两篇论文则突出强调了其实际成就。在《自然》上，布朗大学和麻省总医院的科学家合作报道了两名患者，他们因脑干卒中而长期四肢瘫痪，能够利用自己的意念指导机器人执行伸展和抓握动作（Hochberg et al.，2012）。每位研究对象都被植入了一个 96 通道微电极阵列来记录运动皮质的活动。在多轮试验中，研究对象必须努力想象去接触和抓取物体，例如一个装有液体的瓶子。对每个运动皮质活动通道的电位进行过滤，用于训练信号分类器，使其最终能够识别有意义的手部状态。在论文发表的一组照片中，一位研究对象用她的思想引导机器人抓住瓶子，把瓶子送到嘴边，用吸管喝下瓶子里的咖啡，然后把瓶子放回桌上（Hochberg et al.，2012）。这些技术也为截肢患者替换丧失的功能带来了希望，尽管这一过程需要多个步骤（表 8.2）。

表 8.2　闭合环路：在使用假手时恢复感觉反馈

程序	描述
靶向肌肉神经再支配	旨在产生新的表面肌电信号以用来控制电动假肢，其余的臂神经被转移到残存的胸部或上臂肌肉，这些肌肉由于失去肢体而不再具有生物力学功能。在神经重新定向部位附近的一块靶标皮肤上通过去神经化来建立感觉–神经机器接口，为感觉神经再支配提供接受环境。当神经再支配的靶标皮肤被触摸时，截肢者会体验到其缺失肢体的被触摸感
刺激正中神经和尺神经束	使用多通道束内电极刺激正中神经和尺神经束。为了“感觉”物体，电极将电刺激传递到与手指传感器读取结果相称的神经。这种感觉反馈在实时解码不同的抓取任务时，向截肢者的假手提供近乎自然的感觉信息
躯体感觉皮质的皮质内刺激	采取初级躯体感觉皮质的皮质内刺激，其刺激时间与操纵假手接触物体的开始和结束时间同步。刺激可以提供关于接触位置、压力和时间的感觉信息

资料来源：T. Kuiken，P. Marasco，B. Lock，R. N. Harden，& J. DeWald(2007)，Redirection of cutaneous sensation from the hand to the chest skin of human amputees with targeted reinnervation，Proceedings of the National Academy of Sciences，104，20061–20066；S. Raspopovic，M. Capogrosso，F. Petrini，M. Bonizzato，J. Rigosa，G. Di Pino，J. Carponeto，et al.(2014)，Restoring natural sensory feedback in realtime bidirectional hand prostheses，Science Translational Medicine，6，1–10；and S. Flesher，J. Collinger，S. Foldes，J. Weiss，J. Downey，E. TylerKabara，S. Bensmaia，A. Schwartz，M. Boninger，& R. Gaunt（2016），Intracortical microstimulation of human somatosensory cortex，Science Translational Medicine，8，1-10.

由于手部解剖结构（包括肌肉、肌腱、关节表面、骨骼和韧带；Valero Cuevas et al.，2007）的复杂性、功能多样性（Kwok，2013；Tabot et al.，2013），以及手部需要高要求的视觉与触觉指导才能实现伸取、抓握和探索动作（Janssen and Scherberger，2015；Turvey and Fonseca，2014），因此用机器人假肢装置模拟人类手部的涌现性行为动力学是一项巨大的科学和工程挑战。2015 年《星球大战》系列传奇携《原力觉醒》（*Force Awakens*）强势回归，在该电影的结尾，我们匆匆瞥到 1977 年早期经典英雄卢克·天行者（Luke

Skywalker）中的一位。你可能还记得，卢克在与黑武士（Darth Vader）的战斗中失去了挥舞光剑的手，取而代之的是一只功能完美的假肢。可能是受到了卢克科幻假肢的启发，为了满足数千名失去上肢功能的截肢者的需求，在美国国防高级研究计划局（DARPA）研究项目的慷慨资助下，工程发明家迪恩·卡门（Dean Kamen）及其德卡公司（DEKA）创造出了"卢克假手"（Luke hand）和 DEKA 假臂（Resnik et al.，2014）。DEKA 假臂有多种抓握模式，能够适应不同水平的截肢（Gonzalezfernandez，2014）。

约翰斯·霍普金斯大学承担了 DARPA 资助的另一项研究，旨在研发一种模块化假肢，这种假肢现在已经被成功地用作人类神经修复系统的一部分。匹兹堡大学的一个研究小组在《柳叶刀》（*The Lancet*）上发表了一篇相关研究报道，一名四肢瘫痪患者被植入了两个 96 通道皮质内微电极阵列，并在微电极植入 13 周后参加了 34 次脑机接口训练课程（Collinger et al.，2012）。在最初的校准阶段，要求研究对象仔细观察假肢如何自动移动到目标位置。校准和神经解码从三维的终点平移控制（第 2 周和第 3 周）发展到四维的平移与抓握控制（第 4 周），接着发展到七维的平移、定向与抓握控制（Collinger et al.，2012）。在校准期之后，研究对象获得了控制假肢平移、定位和抓握的能力，并对假臂和假手的各种配置进行了探索。在不到 4 个月的训练时间内，研究对象就已能够以"平稳、协调和熟练"的方式移动假肢（Collinger et al.，2012）。

长时间探究行为对于在意图和多自由度装置运动之间建立稳定功能关系发挥着非常重要的作用，这在上述讨论的患者中尤为突出，野中（Nonaka，2013）针对一位瘫痪患者的另一项研究也有力地证明了这种作用。患者 FM 在 29 岁时发生了跳水事故导致 C_4 椎骨脱位，最终后果是其丧失了受伤部位以下身体的所有自主控制与感觉。FM 此前一直练习书法，在遭受了这一可怕的悲剧后还是勇敢地用嘴含着毛笔继续练习书法，并在 25 年的时间里达到了大师级的水平。

从运动控制的角度看，书法要求艺术家感受到毛笔与纸面的接触，以控制笔尖与纸张相互作用时的动力学。FM 是如何做到这一点的呢？工程师和机器人学家在构建神经修复装置时，能从这位瘫痪的书法大师那里学到什么？对于工程师来说，一个重要的经验来自野中（Noaka，2013）对瘫痪书法大师的身体动作变化与其保持纸笔之间功能相对不变的关系进行测量的方法。由于颈椎高位损伤，FM 的头部与毛笔运动仅限于颈椎，颈部以下几乎无法移动。令人感兴趣的是，为了写出漂亮的书法笔划，FM 是否通过采取头部相对于颈椎旋转的补偿耦合来使毛笔与纸（一个任务变量）之间的关系变化尽量最小？野中（Noaka，2013）通过分析动作捕捉到的运动学数据来解决这个问题，并确定了维持毛笔与纸张之间关系的关节角度变化的来源。野中（Noaka，2013）报道，正如假设的那样，头部和颈椎的运动以补偿方式相互耦合，以稳定头部相对于纸张接触的直立姿势，因为头部需要上下弯曲并旋转以书写笔划。换句话说，FM 建立了包括头部和颈部肌肉群的新的组织结构模式，这些肌肉群保持功能以实现他以前用手所做的事情。

在神经修复领域存在许多科学和伦理的挑战（Belmonte et al.，2015；Farah，2015）。很明显，必须根据研究对于改善人类毁灭性疾病的价值来判断在研究中使用动物的合理性。在不危及人类生命的情况下，如何评估新研发的神经修复装置和人体治疗干预措施的安全性和有效性呢？

二、神经修复的第一个支柱：接口、解码与具身化

（一）脑机接口

哺乳动物大脑和脊髓的电信号位于皮肤、骨骼、硬脑膜和其他组织层的下面。因此，颅骨表面的信号非常弱，神经科学家为了寻求强有力的信号来记录大脑活动，将慢性传感器电极阵列穿过颅骨植入大脑组织。然而，这些植入电极因为大小和材料成分的原因，往往会在较长时间后退化并导致炎症和瘢痕（Saxena and Bellamkonda，2015）。理想的植入式神经探针应具有以下特点：①硬度与脑组织相似，以尽量减少机械性瘢痕；②具有一定程度的孔隙度和细胞/亚细胞尺度特征，以允许神经元与电子元件相互渗透和整合；③可以应用产生高度柔性结构的植入方法，以及允许多路记录的输入/输出

系统（Xie et al.，2015）。

刘等（J. Liu et al.，2015）已经将植入式神经探针的许多基本特征集成到一个可注射的植入式柔性网状物中。该网状物呈“平行四边形”，能够纵向卷起。网状物卷起后可以通过注射器注射到小鼠大脑中，而不会损伤组织。网状设计提供了非常突出的生物相容性，因为这种探针在柔韧性上与大脑组织相似，并且电子元件装置的特征尺寸小于或等于单个细胞（J.Liu et al.，2015）。研究人员将柔性网状物注射到活体小鼠的侧脑室和海马中，共聚焦显微镜观测显示：①网状物展开并与所在部位的细胞外基质结合；②细胞与网状物形成紧密连接；③神经细胞沿网状结构迁移，表明网状电子元件装置有可能用于监测脑损伤后的神经细胞，并且能够记录和刺激大脑结构（J. Liu et al.，2015）。

神经修复植入电极的另一个主要进展是“电子硬脑膜”（electronic dura mater，e-dura），由米内夫等研发（Minev et al.，2015）。e-dura 的机械性能与哺乳动物硬脑膜的黏弹性相匹配，硬脑膜是围绕在大脑和脊髓周围的一层厚厚的保护鞘。e-dura 装置的这种黏弹性匹配方式，使其可以植入硬脑膜下并与大脑和脊髓进行长期的生物整合和功能化，这是植入式神经修复装置向提供持续性治疗效益迈出的重要一步。e-dura 装置架构集成了 120μm 厚的基底、35nm 厚的可拉伸金质连接器、生物兼容的微流体通道和涂有铂–硅复合材料的柔性电极（Minev et al.，2015）。这种设计架构可以提供多模式刺激和电生理记录：微流体通道负责向局部脑区递送药物，而连接器和电极负责电兴奋传输和信号记录。第一次试验成功地证明，e-dura 可以植入大鼠脊髓硬膜下间隙沿腰骶段的整个范围。米内夫等（Minev et al.，2015）接下来比较了分别采用 e-dura、硬植入物、未植入（仅实施假手术）治疗的各组大鼠运动行为的运动学。即使在 6 周后，柔性植入物大鼠的行为也与假手术动物的行为几乎无法区分。相比之下，硬植入物大鼠在植入后 1～2 周内表现出明显的运动缺陷（例如，在基本行走过程中足部控制发生改变，在水平梯子上步数错误的比例更高）。最后，研究人员对一组成年大鼠实施了部分脊髓损伤术（保留不到 10%的脊髓组织），使它们产生双腿永久性瘫痪。随后植入一个覆盖腰骶段的 e-dura，使其与损伤下方的脊髓运动回路相连。利用 e-dura 的功能性，实验动物接受了多模式治疗，包括注射 5-羟色胺激动剂和持续电刺激。同时进行的电刺激和化学刺激最终实现了瘫痪大鼠的重新行走。

最初发表的光遗传学研究文献揭示了如何在神经元中表达微生物视蛋白，从而使其活动受到光的控制（Boyden et al.，2005）。现在光遗传学已经成为一种成熟的技术（参阅 Boyden，2015；Deisserroth，2015）。除了其他应用之外，光遗传学还正在用于研发神经修复植入装置（参见 Buzsaki et al.，2015；Gerits et al.，2012；Packer et al.，2015；Park et al.，2015；Wu et al.，2015）。在这里，我介绍有望应用于神经修复领域的两个光遗传学进展实例。第一个例子是使用完全植入式的、柔性、微型光电系统来调节周围与脊髓疼痛回路（Park et al.，2015）。该装置的一个显著特点是它采用了能量采集技术，使得尺寸大幅度减小，可伸缩天线设计能够最有效地吸收采集射频（RF）能量。柔性天线和软性接口非常微小，可以插入脊髓硬膜外间隙，对周围神经的脊髓末梢进行光遗传学调节。

第二个例子是利用光遗传学装置对动物行为进行闭环控制，格罗塞尼克等（Grosenick et al.，2015）称之为“闭环光遗传学”（closed-loop optogenetics），该技术根据所需要和测量到的输出结果对光信号进行相应的调节。闭环光遗传学的主要挑战是开发在线算法，能够以检测到的神经活动或行为结果为前提条件实施光刺激。对于闭环神经修复装置来说，这是一个更为普遍的问题，它需要对神经状态进行估算并作为算法的输入，算法负责计算控制所需输入以实现目标活动水平，具体见下一节所述。

（二）解码皮质信号

神经科学家和工程师组成的多学科团队为神经系统损伤（如脊髓损伤、脑卒中、帕金森病、肌萎缩性侧索硬化症）患者制造神经修复装置的另一项艰巨挑战是，阐明神经系统在产生意图方面的作用。这被称为“解码问题”（decoding problem），因为它假设神经修复接口（如植入电极或表面电极）的最初步骤是记录神经电脉冲，并以此为基础推断即将发生的行为。这一步骤中隐含的一点是，在实施某种行为（如视觉引导伸取物体）的前一段时间内有一个行动准备期。为了参与神经系统的工作，神经修复装置在设计上能够从行动准备阶段开始并在整个行动过程中对意图进行“解码”。解码器是一组算法，可以将神经活动转换为所希望的假体促动器的运动（Shenoy and Carmena，2014）。目前对非人灵长类动物的初级运动皮质（布罗德曼4区，通常称为M1区）和后顶叶皮质与额叶皮质的神经活动解码，已经取得了相当大的成功（Andersen and Cui，2009；Hwang et al.，2013）。

解码问题的核心是如何理解神经信号中包含的大量信息，即所谓“大数据”挑战（Lichtman et al.，2014；Sejnowski et al.，2014）。对于神经科学家而言，大数据是一种探索神经元群体以发现动力学系统宏观特征的重要手段，而不是试图理解单个神经元的活动（Engert，2014）。来自不同脑区神经元的大量实验记录显示出两个令人惊讶的结果，并揭示了记录神经元数量与其维数（dimensionality，即解释固定差异百分比所需的主成分数量）之间关系的自然界神奇秘密。首先，神经数据的维数要比记录神经元数量小得多。其次，当使用维数程序提取神经元状态动力学时，由此产生的低维神经轨迹生动显示了动力学系统的行为（Gao and Ganguli，2015）。这意味着，为了准确恢复大脑的内部状态空间动力学，可能并不需要记录脑区内太多的神经元（Gao and Ganguli，2015）。

记录猴上臂伸取行为中运动系统群体反应结构的实验，可以证明降低维数的价值（Churchland et al.，2012，Cunningham and Yu，2014）。在这项研究中，最初很难解释运动皮质内数百个神经元的个体反应。作为变通方案，丘奇兰德等（Churchland et al.，2012）采取了降维技术，以便他们能够观测手臂伸取过程中一小群神经元的行为。他们发现，在群体水平上存在一个协调机制，但在单一神经元反应中并不明显。这种降维方法对神经修复技术有着非常深远的意义。因为它有望解决以下问题：①在皮质神经元群体水平上“解码”意图；②发现机器控制器，将身体肌肉和肌腱的协同作用与机器组件的动态运动基元相互耦合；③揭示可能导致不平衡性的环境吸引子布局，从而将身体当前姿势状态转变为新的状态以指导行为。

（三）斯波克归来

在本章开头的《星际迷航》场景中，我们可以想象，麦考伊博士能够通过某种方式获得特定功能活动中肌肉运动皮质信号的记录，并利用这一记录来激活斯波克的四肢。事实上，布顿等（Bouton et al.，2016）在最近一项研究中刚刚开发出这种方法。该试验的研究对象是一位 24 岁男子，因颈椎脊髓损伤而瘫痪，接受了皮质内微电极阵列的长期植入。他在植入手术后参加了为期 15 个月的培训，其间他学会了使用一种定制的高分辨率神经肌肉电刺激器，其为内置 130 个电极的袖套式设计，可以裹在患者的右前臂上。在训练过程中，大脑皮质活动被机器学习算法不断解码，而研究对象则观看虚拟手的选择性移动动画。随后，来自 6 个同时运行解码器的信号被用来激活患者右前臂肌肉的电刺激模式，使他能够抓取、操纵和松开物体。阿吉博耶等（Ajiboye et al.，2017）报道了四肢瘫痪患者神经修复治疗的进一步进展：他们将来自植入式微电极阵列记录的皮质内信号与经皮电极结合起来，用于协调伸取和抓握动作的功能性电刺激。引人注目的是，原发性四肢瘫痪患者成功实现了自己进食，包括喝咖啡！然而对于这类系统来说，一项重大挑战是神经修复装置可能不需要脑–机接口的皮质植入，而是使用无创记录设备获取大脑信号。为此，索卡达尔等（Soekadar et al.，2016）已经演示验证了一种混合无创 EEG / EOG 系统，该系统使用脑电活动和眼睛注视的眼动电图信号，以及一台无线平板电脑来控制手部外骨骼。这些系统促使研究人员进一步考虑身体的功能系统，这些系统有助于通过康复训练恢复日常生活活动。

麦考伊博士难题的另一个解决方法是更广泛地考虑大脑与身体微观组成部分的协调：不仅仅是肌肉，而且是人体参与艺术、体育、休闲和娱乐活动时所需的身体机械组成部分。我在康涅狄格大学读研究生期间，曾是田径明星的实验心理学家和动力学家迈克尔·特维（Michael Turvey）向我们介绍了俄罗斯生理学家和运动科学家尼古拉·伯恩斯坦（Nikolai Bernstein）的著作（Whiting and Whiting，1983；Latash and Turvey，1996）。我在 1980 年第一次读到了伯恩斯坦的重要著作《运动的协调与调节》（*The Coordination and Regulation of Movement*）时，该书在美国尚未广为人知。观看一名芭蕾舞演员表演完美的脚尖旋转；为一名外野手跳起接球并抢走击球员的本垒打欢呼；尝试转呼啦圈！后者似乎是一项过时的运动，但要想了解如何协调身体各部分动作以保持不稳定的呼啦圈围绕腰部旋转，面临艰巨的科学挑战，迈克尔·特维针对呼啦圈开展的协调动力学长期研究得到了搞笑诺贝尔奖评委的肯定（参见 Balasubramaniam and Turvey，2004）。从物理学的角度来看，这项任务涉及角动量守恒：仔细定时的脉冲被施加到呼啦圈内侧与身体接触的一小部分，以对抗重力的影响（Balasubramaniam and Turvey，2004）。作为一个动力学问题，呼啦圈是对高自由度系统的一种约束，使其表现为低维度系统：数学分解技术揭示，呼啦圈可将高自由度系统协调为垂直悬挂模式与前后振荡模式。因此，这两种模式可能是减少稳定呼啦圈角动量垂直与水平分量控制任务的一种手段（Balasubramaniam and Turvey，2014）。

神经修复系统的动力学系统观点提供了一种发现解码算法的令人信服方法，并将解码算法充当神经系统与机器之间的"罗塞塔石"（Rosetta stone）。在动力学系统方法中，解码的基本初始步骤是解决需要测量多少神经元的问题（Gao and Ganguli，2015）。马克·丘奇兰德（Mark Churchland）和克里希纳·谢诺伊（Krishna Shenoy）提出，预备神经活动"作为动力学系统的初始状态发挥作用，可能并不明显体现运动参数"，这是长期以来得到认可的一种假设（Churchland et al.，2010）。神经元的行动准备需要明确规范一个供选择的目标空间，例如在运动皮质激活中做出选择（Churchland et al.，2006；Churchland et al.，2010）。他们的研究重点是运动前的准备阶段，以及运动皮质作为动力机器如何能够产生神经活动模式并映射到肌肉活动上，从而产生使身体在吸引子环境场景中移动的力（Shenoy et al.，2013）。运动前准备被认为会使群体动力学状态达到一定的初始值，随后产生精确的运动相关活动（Shenoy et al.，2013）。

丘奇兰德和谢诺伊用猴子研究运动准备过程中皮质活动的实验范式，采用了一项指示延迟性任务。当猴子注视并接触一个中心目标时启动任务试验，随后触发一个外围目标（参见 Churchland et al.，2006；Shenoy et al.，2013），并在随机延迟期和“出发”信号后将动物引导到要进行移动的地方。在这个实验中最值得注意的是，包括顶叶伸展区在内的许多皮质区域的神经元，可以在延迟期间系统性调节自身活动。每只动物的神经活动可以标绘在状态空间上，而每只神经元的放电率则充当坐标轴。当运动被触发时，群体动力学状态偏离初始状态，其后续运动轨迹穿越状态空间。

负责控制运动的是状态空间轨迹，由初始状态、神经动力学和反馈所决定（Shenoy et al.，2013）。运动期间的神经响应具有相当突出的简单性：神经轨迹只是围绕预备状态设置的相位和振幅简单地加以旋转，形成一个圆形轨迹！从运动准备状态转变为正式行动状态，对行动准备的动力学观点提出了另一个挑战。动物在规划行动过程并直到行动开始前如何保持静止？（Sanger and Kalaska，2014）考夫曼等（Kaufman et al.，2014）提出“零输出”（output-null）假设：准备阶段的神经活动模式是结构化的，因此它们是“零输出”，即它们不会引发肌肉收缩。

运动和顶叶皮质这种以未来为导向的动力学状态是负责感知和行动的多区域控制系统的一部分，其中包括一组涉及小脑的闭环回路（Witter and De Zeeuw，2015）。巨大而且依然神秘的大脑结构可能在以下方面发挥关键作用：①预测动力学系统的状态轨迹，②利用可用的感觉反馈，在预测偏差的基础上更新动力学系统（Bastian，2006，2011；Brooks et al.，2015；Therrien and Bastien，2015）。小脑可以通过估计身体特性，如惯性和阻尼，预测力的施加如何移动身体（Bhanpuri et al.，2012，2013）。通过皮质–小脑环路，小脑可以重新校准皮质网络以适应身体和外界的特性变化（Baumann et al.，2015；另见第九章）。揭示小脑如何参与运动控制的一项策略是研究小脑损伤患者，这些患者表现为不协调、多变和不良性运动，称为共济失调（ataxia）。例如，班普里等（Bhanpuri et al.，2014）研究了共济失调患者在两个目标之间进行的单关节伸展运动。他们提出，受伤的小脑对肢体惯性（即低或高）的估计产生偏差，随后通过使用机械手臂改变患者的肢体惯性特性证实了这一假设。另一项研究策略是向患者展示视觉动力学不断变化的物体。例如，德卢卡等（Deluca et al.，2014）向小脑损伤患者展示减速目标，并要求他们判断每个目标完全停止所需的距离。他们将小脑患者的观察缺陷归因于对物体的视觉动力学估计进行校准的过程。

认识到未来导向神经群体动力学的产生可能需要多个大脑区域的参与，促使人们研发了一种脑–机接口新方法，不仅可以记录运动皮质的神经元，而且能够记录后顶叶皮质（PPC）的神经元（Andersen et al.，2014）。PPC 神经元既是感觉神经元又是运动神经元，参与感觉运动的转换。顶叶伸展区（PRR）参与决策，有可能比运动皮质更快地为解码器指定一个伸展动作，因为其具有丰富的运动轨迹信息源和最终运动目标信息（Andersen et al.，2014）。研究人员希望将用于伸取的脑机接口解码器嵌入人体，使其控制策略与手臂自然运动的控制策略相似，并因此设计了一种称为仿生解码器（biomimetic decoder）的解码器（Fan et al.，2014；Shenoy and Carmena，2014）。该设计可以与解码器自我更新以响应神经适应的能力相结合，神经适应（neural adaptation）是指因损伤恢复或学习控制假肢装置过程而诱发的神经活动变化（Shenoy and Carmena，2014）。

脑–机接口还有一大挑战是解码发生在单次噪声试验中。改进解码的一种方法是将神经群体随时间调节自身的动力学方式纳入解码算法中，就像卡奥等的研究工作一样（Kao et al.，2015）。这种方法的一个例子是用低分辨率视频跟踪炮弹的抛物线轨迹。由于分辨率较低（类似于神经元群体的记录），视频图像存在噪声，但运用牛顿力学知识有可能更好地估计炮弹轨迹，从而提高视频图像的分辨率。同样，从存在噪声的单次试验中推断出的神经状态轨迹可能有非常强的噪声，可以通过考虑已知神经状态动力学对其加以改进。卡奥等（Kao et al.，2015）根据神经状态动力学对其神经状态预测进行线性加权，创建了神经动力学滤波器（NDF）。与目前的卡尔曼滤波器（Kalman filters）等解码算法相比，NDF 滤波器的性能提高了 31%～83%。

（四）具身化

对运动控制越来越多的共识是，生物马达系统的设计应该基于自然法则，而不是基于牛顿和欧几里得形式论（如机器人学）（Kalaska，2009）。在机器人学的层次模型中，运动前皮质启动高阶运动计划，然后由初级运动皮质（M1）将其转化为低阶运动计划并加以执行（参见 Scott and Kalaska，1997）。但是，我们前面在丘奇兰德和谢诺伊的研究工作中看到，M1 的群体动力学是由群体动力学自然原理而不是形式化表现控制的。这意味着运动控制有关的大脑振荡是具身化的：它们在某种程度上对肢体生物力学的动力学特性有着天然的亲和力。

众所周知，猴子 M1 区神经元在手部特定运动方向上最为活跃。为了检验这种分布的基础，利利克拉普和斯科特（Lillicrap and Scott，2013）训练了一个可对灵长类上肢模型进行控制的简单网络。该上肢模型经优化后：①在静态载荷下可做出伸取动作并保持姿势；②可保持较小的神经和肌肉活动及突触权重。他们研究了优先运动模式分布在操纵多种肢体力学特征方面的功能，这些力学特征包括肢体几何学、节段间动力学和肌肉力学等，发现当纳入所有力学特征时，模型与经验观测之间存在最佳匹配（Lillicrap and Scott，2013）。他们还研究了对优先运动模式应如何随肢体姿态和解剖学功能而改变的预测。例如，他们发现，当模型肢体在工作空间的右半部分执行中心向外伸取动作时，最佳的优先运动模式会沿顺时针方向大幅度旋转。这与 M1 神经群体系统性地将其优先方向旋转到工作空间不同部分的发现相一致（Sergio and Kalaska，2003）。因此，该模型表明：①运动偏差如何具体取决于骨骼肌肉系统的特性；②这种分布与非人灵长类动物执行类似任务时 M1 神经元中观察到的分布非常相似。

三、神经修复的第二个支柱：感知、协同和耦合

（一）感知

想象一下，在平坦、坚硬的桌面上放着一只柔软的橡胶手套。当我看到手套时，我的眼睛随着头部的移动积极探索手套的轮廓及从其表面反射的光线。我继续观察手套并用手指在它表面和轮廓上移动，我能看到和感觉到它

的形状和我的手差不多，大小也差不多，所以它可能适合容纳我的手。我把手放进手套里以后就再也看不见我的手了，但我可以看到手套并感觉到我的手。只要在我移动手部并探索其外观和感觉时，手部皮肤和关节接收器获得的信息与眼睛获得的信息之间有直接的对应关系，我就会继续体验到手在手套里的感觉。

目前有大量证据表明，身体部位的感觉信息对于该部位的心理归属体验至关重要。然而，将我们所知的皮肤表面、视觉系统、听觉系统等主动感知器官的信息获取过程整合到假肢等深度具身化的人工合成装置，仍然是一项艰巨的技术难题。詹姆斯（James）和埃莉诺·吉布森（Eleanor Gibson）深入研究了身体感知系统通过多种主动探索过程检测同一非模态信息的方式（参见 Gibson，1986；Goldfield，1995），为解决这一挑战提供了生物灵感的源泉。正如第三章中所介绍的，每个感知系统都会传递模式化的信息，这些信息是感知器官相对于环境结构进行主动运动而获得的。多种感官模式所获取信息之间的相互关系可能会加强神经元网络的突触连接，并为身体归属心理状态的突现提供基础[参见斯坦伯格等关于神经激活状态与心理状态突现之间关系的论述（Steinberg et al.，2015）]。

埃尔森（Ehrsson，2012）在一系列实验中研究了感官对身体部位归属体验的贡献，如手部的归属体验。在“橡皮手”范式中（我更倾向于称之为幻觉），研究对象的手被放在屏幕后面使其看不到。实验人员将一只真实大小的橡皮手放在研究对象面前，并用两支小画笔同时敲击橡皮手和隐藏的手。在 10～30s 后，绝大多数研究对象的体验都认为橡皮手是他们自己的，因为橡皮手感受到了画笔的触碰（Ehrsson，2012）。

感官信息在身体归属感中的作用对于假体装置的具身化具有重要意义。佩特科娃和埃尔森（Petkova and Ehrsson，2008）在“橡皮手”实验中研究了截肢者对自身假手的体验。他们首次建立了关于所谓手臂残端幽灵感觉的“图谱”。经过对幽灵感觉图谱及假手食指上特定位置一段时间的同步刷擦后，截肢者报告说假手归属感提高。在这项早期实验中，截肢者和假手之间没有物理联系，但最近针对接受靶向肌肉神经再支配（TMR）手术患者进行的研究（Kuiken et al.，2007）也采用了这一技术，证明其朝着至少中等程度的假手具身化方向又向前迈出了一步。TMR 手术的一个目标是创造新的表面肌电信号用于控制假肢（Kuiken et al.，2007，2009；Hargrove et al.，2013；Marasco et al.，2011）。例如，在手臂截肢之后，剩余的手臂神经被转移到因肢体缺失而不再具有生物力学功能的胸部或上臂肌肉（Kuiken et al.，2007，2009）。在膝部截肢后实施 TMR 手术，可以重新控制大腿残余（腿筋）肌肉（Hargrove et al.，2013）。随后利用天然神经支配和手术神经再支配肌肉的肌电图信号，对假肢机械腿进行控制。

为了创造假手的“人工触觉”，马拉斯科等（Marasco et al.，2011）采用埃尔森的多传感器橡胶手模型，试图改善两位截肢者在接受 TMR 手术后其假手的“手部归属感”体验。在 TMR 手术中，将神经重新定位部位附近的一块目标皮肤去除神经支配，并在此创建一个感觉神经机器接口。当重新神经支配的目标皮肤被触摸时，截肢者会体验到他们失去的肢体被触摸。马拉斯科等（Marasco et al.，2011）使用一个称为“tactor”（触觉器）的微型触觉机器人，将来自测力传感器的信号转换到皮肤接口位置，并为截肢者提供生理学与解剖学上均比较合适的直接感觉反馈。参与试验的两名截肢者可以看到研究人员触摸假手和测力传感器，触觉器同时被压入残肢上手术再神经支配的目标皮肤（Marasco et al.，2011）。该研究结果与埃尔森等之前的发现相似（Ehrsson et al.，2008）：与对照组相比，截肢者报告其对假手的拥有体验有所增加。恢复截肢者自然感觉功能的另一项进展是使用“双向”假手（Raspovic et al.，2014）。信息的双向流动是通过表面肌电信号的多层解码以及植入正中神经和尺神经的横向束内多通道电极（TIME）的同时电刺激来实现的。研究对象能够通过肢体残端剩余肌肉的自发性收缩来控制假肢，并且能够识别不同物体的硬度和形状。

利用躯体感觉皮质的皮质内微刺激来恢复长期脊髓损伤患者的手部触觉，也取得了一定进展（Flesher et al.，2016）。恢复躯体感觉反馈不仅对感知体验至关重要，而且对运动控制反馈也至关重要（Raspopovic et al.，2014）。弗莱舍等（Flesher et al.，2016）在研究中将长期电极阵列植入一名 28 岁的男性患者，该患者因 10 年前的脊髓损伤而四肢瘫痪。在电极阵列植入后的 6 个月内，他们评估了诱发感觉的质量，这种感觉在身体上的投射位置，以及对每个皮质内微刺激的敏感性。因为研究对象可以口头报告，当研究人员向其询问微刺激的感觉时，他回答说，这种感觉很自然，位于皮肤表面和皮肤下面，没有疼痛体验，躯体感觉主要为压力。未来研究工作的目标是通过模拟天然大脑信号，扩大感觉体验的范围（如形状、动作和纹理）和真实感。

（二）协同

当被问到手部离开身体游动的电影时，午夜电影的爱好者们可能会狡黠地会心一笑。彼得·洛（Peter Lorre）和罗伯特·阿尔达（Robert Alda）于 1946 年主演的电影《杯弓蛇影》（*The Beast with Five Fingers*）中还有第三个明星，即一只四处移动的手，它可以在房间里活动，爬上一个可怜、惊恐的人的腿部然后勒死他。20 世纪 40 年代的这一文化符号在 20 世纪 60 年代的电视连续剧和随后的电影《亚当斯一家》（*The Addams Family*）及其续集中受到了嘲讽，剧中安排了一个同样厉害但看上去更温和的“东西”。当然，这些描述中的不协调之处在于，离开身体的手没有神经系统来驱动其肌肉的动作。然而，南加州大学的弗朗西斯科·瓦勒洛库瓦（Francisco Valercouevas）做了一个非常聪明的实验，证明手部肌腱网络的拓扑结构可以产生其自身的非神经性“转换功能”，从而能够执行一些逻辑计算（参见 Valerocuevas et al.，2007；Kutch and Valerocuevas，2012）。此外，手部的肌腱结构具有张力平衡的特征，能够将扰动力重新分配到整个结构中（Rieffel et al.，2010）。肌肉、结缔组织和骨骼系统可能也是信息快速、长距离、零延迟机械性传播的媒介（Turvey and Fonseca，2014；Wang et al.，2009）。所以，一只脱离身体的手可能非常智能。但对身体器官——手、声带、腿来说，智能又意味着什么呢？一种可能是，手部丰富的解剖结构允许它成为多种不同类型的装置。

自伯恩斯坦（Bernstein）（1967）著作的英文版问世以来的几十年里，他的“协同”概念——运动行为的功能单元已经成为运动控制研究的基石。在这段时间里，运动控制不同分支学科——动力学、神经科学和生物力学的工作主要集中在协同作用的不同方面。动力学家强调如何形成协同作用，如何选择不同组件以实现特定的功能，以及如何根据任务需求改变其组件。例如，根据特维（Turvey，2007）及其合作者开发的动力学系统视角，协同作用概念强调了一组独立自由度通过对各种扰动进行共同调整，作为单一功能单元发挥作用。

特维在康涅狄格州纽黑文市哈斯金斯实验室（Haskins Laboratories）的同事对语音产生的经典研究提供了实验证据，证明了发音器官集合可以在仅其中一个发音器官受到干扰时进行共同调整。凯尔索等（Kelso et al.，1984）的研究证明了这种对扰动的协同响应。他们对重复单音节发音的说话者的下颌施加短暂的扰动。在音节/bab/的情况下，施加下颌扰动使其向上移动以关闭声道，产生最终的音素/b/。凯尔索等（Kelso et al.，1984）发现在15～30ms的时间内，上唇和下唇也发生了调整，这表明与下颌形成协同作用的一组发音器官对这种扰动做出了响应，而不仅仅是下颌。这类实验揭示了协同的标志性特征，即各部位的合作组织。但如何将个体协同作用组织成更大的集合呢?

我在研究生入学之后不久开始学习动力学系统课程，我有幸作为博士后，在埃米利奥·比奇（Emilio Bizzi）教授的哈佛大学/麻省理工学院神经解剖学课上，了解到了一个极具影响力的协同作用神经生理学的观点。比奇和其合作者从那时开始的一系列研究，建立了离散基元构建协同作用的神经生理基础（参见 Bizzi et al.，2008）。他们的研究工作主要集中于动物的脊髓，特别是青蛙（Kargo and Giszter，2008）和大鼠（Tresch et al.，1999）脊髓中间神经元之间的关系，肌肉激活模式，以及比奇研究小组所称的“力场”（force fields），其定义为“肢体末端在研究场地不同位置产生的等长肌力的集合”（Bizzi and Cheung，2013）[1]。他们的结论是协同作用在运动皮质和脊髓中存在神经起源。

对神经系统编码肌肉协同作用最引人注目的证明之一，来自奥弗都因等的一系列研究（Overduin et al.，2012，2014），他们对两只清醒猴子的大脑运动区域进行了长时间皮质内微电极刺激（ICMS），同时记录肌肉肌电图和手指运动。奥弗都因等（Overduin et al.，2012）发现，每个刺激部位的ICMS都驱动手和手指处于特定姿态。此外，诱发的肌电图模式类似于在伸取、抓握等时间复杂行为中看到的肌肉协同激活（Graziano et al.，2005；Graziano and Aflalo，2007）。作为大脑皮质编码协同作用的进一步证据，奥弗都因等（Overduin et al.，2014）观测了ICMS期间诱发的肌肉协同作用是否类似于完全自愿行为期间的皮质编码。他们在每个微刺激部位发现，肌肉模式中提取的最强的诱发协同效应与自愿行为中编码的最强协同效应最为匹配，并且这种匹配频率高于预期。

通过比较协同作用的不同定义，包括特维的物理动力学、比兹的神经生理学、瓦洛库埃瓦的生物力学定义，可以清楚地看出，每一种定义都在特定的分析水平上抓住了维度减少和灵活性的本质。正如桑泰罗等（Santello et al.，2013）所指出的，运动水平协同是关节间的协变模式；动力学协同表示了趾力之间的协调模式，被认为可将特定成本功能最小化；神经协同则由多个神经元的共同发散输入组成。

动力学、神经生理学、生物力学这三种协同作用观点的整合集成，可能为神经修复装置设计奠定了基础。这种整合的关键是，脊髓神经回路及身体功能的机械特性被认为是具有多种稳定状态的动力学系统。从动力学系统的角度来看，保持不变的身体部位——如关节所处位置，是身体参考控制系统的吸引子节点（参见Saltzman and Kelso，1987；Saltzman and Munhell，1992；Saltzman et al.，2006）。对于产生失平衡的同一过程，神经生理学和动力学系统的观点是互补的，这种失平衡将驱动各部件空间组织形成新的结构配置。这种驱使身体朝向吸引子、远离排斥子的过程可以在知觉动作（perception-action，PA）耦合的背景下加以理解。PA耦合是指获取信息并利用信息调整姿态以适应未来和当前环境状态的相互作用过程（Warren，2006）。在探究行为中，主体与环境通过环境构成的能量场进行信息耦合，通过主体施加的力进行机械耦合（Warren，2006）。环境对神经机械失平衡的作用是由环境吸引子的分布所决定的，神经机械失平衡可以使身体朝向目标移动。

运动皮质活动如何影响脊髓回路自发产生的动力学系统呢？桑泰罗等（Santello et al.，2013）提出，脊髓回路的内在动力学可以被表征为运动前神经元的一组势能函数（potential functions，见第二章）。根据这一观点，运动皮质通过控制每组势能函数的形状来影响脊髓功能。势能场（potential field）是多个势能函数相互作用的复合形状，可以导致稳定状态的突现（例如，一个球体滚入势能阱的山谷），从而在属于特异性运动核的 α 运动神经元之间建立了协同作用。确定神经回路中势能函数充当协同作用基础的启发能力在于，势能函数峰谷的大小和形状指出了维持系统稳定性的许多可能的解决方案。那么，我们如何将这些神经势能函数与行为中力的产生联系起来呢？一种可能性是关于解决方案协变量的可视化，这种解决方案通过所谓非控制域（uncontrolled manifold，UCM）的分量子空间数学来保持稳定性。揭示行为（力）水平变量子空间涌现性的数学技术使我们回到了丘奇兰德的观点，即运动皮质是一个动力学系统，它可以产生动作的最佳子空间。根据桑泰罗对运动前神经回路的观点，每个子空间可能影响脊髓势能函数的形状，进而为特定肌肉群的肌肉激活设定阈值水平（Feldman，2009）。

（三）耦合

推动孩子荡秋千总是一件非常有趣且并不费力的工作。“儿童荡秋千”系统在下降时势能转化为动能，在上升时重新获得势能，因此秋千能够在没有人推动（或儿童自己踢腿）时仍能来回摆动许多次（参见 Goldfield et al.，1993 对类似情况的分析，即婴儿悬挂在弹簧安全带上时的弹跳）。当秋千开始停止时，调整下一次推动的时间，使其刚好发生在上升运动停止、下降运动开始的时刻，这是保持秋千摆动所需要做的全部动作。正是这种向摆锤系统注入小能量脉冲的可能性，几个世纪以前就使得摆锤成为时钟的主要计时机构。1665 年，荷兰科学家克里斯蒂安・惠更斯（Christiaan Huygens）偶然发现了“两个时钟的同感性”（sympathy of two clocks），即悬挂在同一支架上的两个钟摆时钟保持同步，使得两个钟摆总是一起摆动（相反方向）（Peña Ramirez et al.，2014）。我们现在知道，同感性现象在现代物理学中称为同步（synchronization）的一个基本要求，是由于两个钟摆之间支撑杆传递的机械能。就在惠更斯发现上述现象的几十年前，伽利略（Galileo）将注意力转向了比萨大教堂中摇曳的灯光，最终进行了关于周期和钟摆长度关系的著名实验。伽利略在他的《关于两大世界体系的对话》（*Dialogue on the Two Principal World Systems*）中提出，对于小振幅振荡，周期的平方与钟摆的长度成正比（Dugas，1958）。

回到儿童荡秋千的情况，摆锤有一个规律的能量源，即观察者根据秋千行为来确定何时向系统添加能量以维持其振荡。因此，有关系统行为的信息可以对能量脉冲施加时机进行调控，并形成一个反馈回路，使摆锤系统作为一个自我维持、极限循环的振荡系统保持摆动。这一系统不断振荡是因为重力把摆动的孩子拉回到静止的位置（即抑制运动），而与运动方向相同的作用力则传递能量。信息（在这种情况下是指所观察到的摆动运动）对摆动摩擦力和激发推力进行平衡。因此，反馈是一种强有力的手段，自然界可以据此选择性地组装和分解各种振荡系统。人类是否深入探索了行为（如摆腿）与其所依附振荡系统行为之间的关系？

"儿童荡秋千"系统可以采用更普遍的共享控制形式。动力学家的工具箱中有一组建模"积木"，可以用来表征人与人之间或人与机器之间的共享控制。这些"积木"有不同的名称，包括"运动基元"（motor primitive）（Flash and Hochner，2005；Giszter，2015）、"动态基元"（dynamic primitive）（Hogan and Sternad，2012）、"动态运动基元"（dynamic motion primitive）（Ijspeert et al.，2013），本书采用了最后一个名称。动态运动基元是一组互相耦合以产生复杂运动的"积木"。它们采用了一组具有闭环 PA 系统耦合项的数学方程式，用于产生复杂的吸引子动力学。将成人产生的推力视为作用力项 f，其作用于捕捉摆锤吸引子动力学的运动方程，从而有可能把成人纳为儿童荡秋千摆锤系统行为的一部分。通过选择一个周期性的作用力项，捕捉成人给予秋千的规律性推力，运动方程可以对儿童与成人都加以定义。在周期性力的作用下，孩子—摆锤系统表现出非线性振荡器的行为。

四、神经修复的第三个支柱

（一）共享控制

儿童秋千系统运动方程中抽象性的组成基元表明，有可能采用更为通用的方法来模拟神经修复人机系统中振荡和其他行为共享控制的动力学。为此，现在回到第二章中介绍的任务动力学框架，以及一项涉及两名密切接近、相互作用个体（主体）的任务。与儿童被成人推动不同，这对相互作用的个体在两个目标位置之间移动屏幕上显示的对象时，必须避免发生碰撞（Richardson et al.，2015）。理查德森等（Richardson et al.，2015）认为，共有 3 个建模步骤。第一步是为其中一名个体定义任务空间，确定目标或末端移动对象。一般而言，任务空间包括最少数量的相关维度（任务变量或任务空间轴）和最少的任务动力学运动方程组（Saltzman and Kelso，1987）。在这里，该任务是在二维平面上建模，在 X 轴上有一个振荡质点（point mass），质点—吸引子动力学（阻尼质量弹簧方程）显示与主运动轴存在偏差。随后，这一功能定义任务空间的动力学被建模为沿各个轴向的一组运动方程。

第二步是用相同的方程组对另一名个体进行建模，关键是引入一组线性耗散耦合函数来连接两名个体的质点运动（Richardson et al.，2015）。人们普遍认为，耦合函数是对主体与环境如何相互影响进行建模的强大手段。任务的第三步旨在模拟特定任务指令，使受试者避免相互碰撞或冲突。这个建模步骤包括了排斥耦合力。根据这个模型，理查德森等（Richardson et al.，2015）阐释了成对受试者（主体）的主要发现：每对受试者中的两名主体合作完成任务，其中一个主体自发地在目标之间产生更直线的轨迹，而另一个主体则采用更为椭圆的轨迹。基于模型的模拟表明，这种不对称是通过对排斥耦合动力学的强度进行修正而产生的。换言之，在环境约束下，“行为动力学”（behavioral dynamics）是在耦合运动方程的综合影响下突现的。

这种任务动力学建模策略如何帮助我们了解人类和神经修复机械装置之间的相互作用呢？在这里，首先介绍一个更为简单的例子，个人穿戴机器外骨骼，完成根据指示弯曲和伸展手肘以便与直观显示正弦振荡任务相匹配（Ronsse et al.，2011）。作为一项验证实验，我应用了前面概述的任务动力学建模的三个一般性步骤，即定义任务空间和基元（运动方程），选择人与机器人之间的耦合函数，确定机器人所容许动力学的约束条件限制（如躲避障碍），从而可以产生这一任务的行为动力学。

健康受试者为了执行这些任务，在手臂上穿戴特殊的机械外骨骼，旨在帮助而不是代替肢体的有意运动：反复弯曲和伸展手肘。因此，里盖蒂等（Righetti et al.，2006）和朗斯等（Ronsse et al.，2011）将所选择的基元称为"自适应振荡器"（adaptive oscillator），任务空间涉及了沿单个轴向的振荡运动。自适应振荡器的设计可以根据人体手臂遵照屏幕显示正弦模式进行运动时的感觉输入来修改其输出。这一基元"表示为一个以极限循环为特点的动力学系统，其特征（相位、频率、振幅等）随着外部输入的变化而改变"（Ronsse et al.，2011）[1002]。振荡器是一种估算器，一种实时预测肘关节进行（必然是正弦）振荡旋转时状态演变的滤波器。对系统进行定义的运动方程包括了基于单摆模型的关节动力学，以及基于霍普夫（Hopf）振荡器微分方程系统的自适应振荡器（见第二章），该系统利用肘部位置和估算器输出之间的差异来获知正弦输入参数（Ronsse et al.，2011）。

任务动力学建模的第二步需要进一步考虑人与机器之间的耦合函数。要使机器作为肢体发挥作用，一种方法是不仅为其提供基元，还为其提供指导肢体行为的耦合函数。这方面的一个例子是建模点对点到达与障碍回避行为的任务空间，类似于理查德森等（Richardson et al.，2015）模拟成对个体的协调行为，以及伊斯佩特等（Ijspeert et al.，2013）模拟机器人避开障碍物到达目标的行动。在这两种情况下，抵达运动目标都涉及了在线反应行为，因为障碍物是以突然并且不可预见的方式出现。

（二）智能感知装置

除了先天性失明，导致视力严重丧失的两种年龄相关视网膜疾病是色素性视网膜炎和黄斑变性（Merabet，2011）。现代技术已经使人工视网膜等电子设备的植入成为可能（Zrenner，2013），从而恢复部分视觉功能。然而，为视力严重丧失患者提供有用的视力不仅需要精密复杂的视网膜植入技术，还需要了解如何将人工植入物的信号具现到眼睛的自然运动模式中（Merabet，2011）。哺乳动物的视网膜是一个非常精细复杂的器官，它能够：①将光感受器细胞的输出分解成平行的信息流；②将这些信息流连接到双极细胞，双极细胞传输由视网膜神经节细胞选择的刺激特性“自助餐”，视网膜神经节细胞的轴突完全均匀地覆盖在视网膜上；③创建相互独立同时相互叠加的马赛克拼图形状（Masland，2012）。

恢复视力的一种方法是替换视觉通路中受损神经元的功能（Merabet，2011）。最早的视觉装置是为视网膜或视神经失去作用的人制作的视皮质修复假体（参见 Brindley and Lewin，1968）。它将皮质内电极植入视觉皮质，通过电刺激产生被称为“光幻视”（phosphenes）的独立光点。随后几十年中，随着外科技术和微电子技术的日益成熟，装置研发已经扩展到视网膜假体（Ong and Cruz，2012）。这些装置采取模式化的光输入（例如，来自相机的输入）并将这些信息转换成电模式。视网膜上假体装置（如 ArgusⅡ和 EpiRetⅢ）包含一个位于视网膜内表面并予以刺激的组件（Humayun et al.，2016）。视网膜下假体装置则是在视网膜中心视野（如双极细胞层）和视网膜色素上皮之间植入微型光电二极管阵列（Zrenner，2013）。诸如 Retina Implant Alpha IMS 等视网膜植入装置通过眼睛自身的光学装置检测光线，然后刺激视网膜双极细胞，向大脑投射视觉信号（Hafed et al.，2016）。

先天性白内障是导致儿童失明的主要原因，目前的治疗手段是通过手术用人工晶状体替换自然晶状体。然而，由于儿童的眼睛还在发育，这些手术成功提供良好视力的效果有限（Daniels，2016）。受到第二章和第六章中介绍的胚胎发生过程的启发，研究人员提出了一种新的白内障手术摘除策略，即在体内再生天然的透明晶状体（H.Lin et al.，2016）。林等（H. Lin et al.，2016）开发了一种白内障摘除手术方法，保留内源性晶状体上皮干细胞/祖细胞（LEC）。这些上皮细胞表达 *PAX6* 基因和 *SOX2* 基因，从而有可能分化为晶状体纤维细胞并产生新的晶状体。林等（H. Lin et al.，2016）运用该技术成功实现了兔子和猕猴的晶状体再生，随后又使 12 例先天性白内障婴儿成功再生了功能性晶状体，并恢复了双眼的屈光和调节能力。

全世界约 5%的人口，即 3.6 亿人，患有听力残疾障碍（Olusyania et al.，2014）。手术植入人工耳蜗在恢复患者听力方面取得了相当大的成功（Tan et al.，2013）。但是，每个耳蜗电极周围广泛存在的电流会导致信道串扰，因此耳蜗设计中的频率通道一般都小于 10 个（Friesen et al.，2001）。但结果是，植入人工耳蜗的患者对嘈杂环境中不同言语的理解能力很差，无法欣赏音乐。人工耳蜗目前正尝试消除这一局限性，将耳蜗螺旋神经节神经元的光遗传学操控与创新的光刺激技术相结合：微型 LED 发射出的光通过透镜聚焦或从波导阵列发出（Moser，2015）。这种方法可以实现耳蜗中编码声音的螺旋神经节神经元的空间受局性激活；但还是面临着如何增加最大放电率的挑战（Moser，2015）。

耳聋再生治疗策略面临的主要挑战是，耳蜗毛细胞易受损伤但无法再生，毛细胞是在受到声能刺激时将信号传输到听觉神经的感觉细胞（Fujioka et al.，2015）。近来的研究发现，毛细胞周围的耳蜗支持细胞中表达上皮细胞蛋白 Lgr5+，并且支持细胞是耳蜗细胞的祖细胞（Bramhall et al.，2014），由此催生了一种扩大小鼠毛细胞数量的新方法（McLean et al.，2017）。麦克莱恩等（McLean et al.，2017）利用药物和生长因子的鸡尾酒混合物，将新生儿和成人组织中的 Lgr5+支持细胞克隆扩增。仅仅在一只小鼠耳蜗中，他们就从耳蜗支持细胞中获得了超过 11 500 个毛细胞（相比之下，对照组的毛细胞少于 200 个）。未来的进一步研究需要在体内原位靶向 Lgr5+细胞，因为耳蜗的力学特性高度依赖于其精确的解剖结构。

第九章
神经康复：重建与修复受损神经系统

在波士顿儿童医院，随处可见拄着拐杖或坐在轮椅上的儿童。这些孩子和他们的家人需要定期到医院脑瘫诊所（Cerebral Palsy Clinic）接受诊断和治疗。父母们希望医疗、康复和新技术能够使他们的孩子学会在外界帮助下走路、动手、说话，甚至完全摆脱帮助而独立，从而提高生活质量。研究人员采用了多级骨科手术、背根切断术、改善肌肉僵硬和功能障碍的药物治疗，以及物理、职业和语言方面的强化治疗等手段，为给每位患儿从幼儿开始就具备更多正常感觉运动功能而努力。脑瘫诊所发现，应用先进的神经影像学、药物治疗、神经康复和新型装置重建受损神经系统，面临一些核心挑战：①目前无法非常有把握地预测，出生前后的神经系统损伤是否会导致脑瘫；②当前的涌现性行为反映了早期感觉运动成就的发育史；③复杂系统各发育部分在损伤后的生长与恢复速率参差不齐，而干预措施时间安排不当可能导致适应不良性可塑性。

世界各地的医疗与科研机构互相协作，包括马萨诸塞心理健康中心（Massachusetts Mental Health Center）和我所在的波士顿儿童医院精神科，通过对临床高危（CHR）儿童开展早期干预，为预防精神分裂症带来了新的希望（Seidman and Nordentoft，2015；C. H. Liu et al.，2015）。尽管精神分裂症特有的精神病症状（妄想、幻觉）在成年时才完全发作，但在这些症状发作之前的临床高危与发育前驱期，情绪/焦虑、认知和睡眠障碍已经出现了细微变化（Cannon，2015；Fisher et al.，2013）。了解精神分裂症发展过程的一个框架是基于所谓临界期（critical period）的概念，这一概念是由高桥亨奇（Takao Hensch）提出的（参见 Do et al.，2015；另见第六章和第七章）。这种方法的潜在价值在于，科学家们更接近于确定精神分裂症生物标志物在临床高危期神经系统中的功能，并针对氧化应激和神经炎症采取措施，在其进展到精神病症状发作之前预防或修复这些功能失调。

在我们邻近的贝丝·以色列女执事医学中心（BIDMC）新生儿重症监护室，一名早产儿在母亲妊娠 28 周时出生，出生时体重仅有 820g，她正在睡觉，醒来后会感到饥饿。早产儿通常不仅持续存在呼吸和进食问题，而且存在视力损伤，如早产儿视网膜病变，以及神经运动障碍，包括脑瘫和自闭症风险增加（Kuban et al.，2009；Stoll et al.，2010）。这名早产儿出生后不久接受了常规头部超声扫描，显示她存在生发基质出血并伴有部分囊肿，这使她以后罹患神经运动障碍的风险显著升高（见第六章）。即使在波士顿，有非常先进的医疗设施和工作人员来救护她，这名患儿的早期神经运动发育预后也并不确定（Einspieler and Prechtl，2005）。随着全球医学技术的不断进步，出生体重极低的婴儿也能够存活下来，但可能面临终身残疾。我们是否能在婴儿期制订神经诊断策略来减轻这种负担？一种可能性是利用复杂系统数学模型来发现生物标志物，并利用生物标志物更好地预测神经行为的发展轨迹。

在波士顿另一个地区的斯伯丁康复医院（Spalding Rehabilitation Hospital），一名成年脑卒中患者在康复机器人的帮助下在跑步机上行走。康复机器人的功能有了显著发展，包括体重支持的跑步机训练。然而，这些机器仍然缺乏理疗师和职业治疗师的观察力和技能，并且机器控制算法也没有完全整合我们目前所掌握的与学习相关的知识（Reinkensmeyer et al.，2016）。事实上，针对使用机器进行步态康复训练的随机临床试验表明，与患者卒中后进行更传统的居家锻炼相比，二者在力量、步行速度、距离、生活质量及辅助工具依赖性等方面的结果基本类似（Dobkin and Duncan，2012）。人们越来越认识到，使用机器人进行神经康复必须注意，哺乳动物神经系统特别容易发生损伤，自我修复存在局限性，以及受损神经元的特殊机械化学环境，这些内容已分别在第六章和第七章中作了介绍。

人类神经系统康复最有望取得成功的方法是综合运用多项技术，包括对损伤部位的内部环境进行药理学处理、电刺激和自适应机器人系统提供协助，从而改善个体与环境的功能关系。例如，通过药物阻断神经轴突生长抑制蛋白 NogoA（也称为 RTN4），从而促进皮质脊髓束下行纤维的生长，随后（而不是同时）进行抓握运动训练，可以使大鼠因实验性卒中而丧失的运动功能得以恢复（Wahl et al.，2014）。目前，脑瘫、精神分裂症、脑卒中、失明和耳聋等神经系统疾患给家庭和社会带来了沉重的负担。

一、脑瘫、精神分裂症和脑卒中的主要挑战

（一）脑瘫

脑瘫（cerebral palsy，CP）是一种发育障碍，在美国每 1000 名儿童中就有 4 名儿童受到该疾病的影响，美国所有脑瘫患者的终身医疗成本为 115 亿美元（Christensen et al.，2014）。英国医生约翰·利特尔（John Little）在 1861 年首先报道了脑瘫病例，但目前其仍然非常难以定义，因为它包括“各种各样异质性疾病”（Rosenbaum，2007）。目前关注的重点是脑瘫的发育性和非进展性特点。例如，最终确诊为脑瘫的儿童因围产期病理生理发展，其运动障碍通常在 18 个月前就有所体现，并在 4～5 岁时得到临床确诊（Krigger，2006）。极早产儿的“早产儿脑病”包括脑白质损伤，神经元、轴突、突触紊乱（Volpe，2012）及神经炎症（Leviton et al.，2015），使得他们罹患脑瘫的风险较高。此外，尽管导致脑瘫的这些病理生理机制是由最初的一系列围产期事件引起的，但脑瘫患者可能存在持续性的神经炎症级联反应，达曼和莱维顿（Dammann and Leviton，2014）称之为间歇性或持续性全身炎症（ISSI）。根据这一观点，二级（secondary）和三级（tertiary）全身性炎症可能导致早产儿的神经发育结果不良，而不仅仅是最初的围产期损伤。三级大脑损伤可使结果恶化，导致进一步的损伤，或在最初的脑损伤

后阻止其修复或再生（Fleiss and Gressens，2011）。例如，长期全身性炎症的两个可能原因是呼吸机辅助通气和菌血症（Dammann and Leviton，2014）。

大脑早期病理生理学对脑瘫患者行为和知觉的影响，在大脑下行皮质运动束和上行感觉运动束的神经解剖学（Scheck et al.，2012）以及脑瘫儿童的伸取与抓握活动（精确抓握）等感觉运动行为上都表现得非常明显（Bleyenheuft and Gordon，2013；Robert et al.，2013）。这意味着可采取多方面的策略，即使用针对围产期神经炎症的生物标志物和药物来预防婴儿大脑损伤，而一旦发生脑损伤后则采用早期神经行为诊断、三级炎症神经治疗和神经康复手段促进更为正常的发育（参见 Fleiss and Gressens，2011）。采用神经疗法治疗三级炎症的一种方法是针对激活的小胶质细胞和星形胶质细胞（Kannan et al.，2012），具体如下文所述。

（二）精神分裂症

精神疾病发作对精神分裂症（schizophrenia）患者的生活将产生毁灭性的影响，例如，杰克·尼科尔森（Jack Nicholson）1975 年在电影《飞越疯人院》（*One Flew Over the Cuckoo's Nest*）中饰演了一位非常有代表性的精神病患者。40 多年后的今天，精神疾病发作期间给予治疗可能会改善其症状，但不会逆转神经回路功能障碍（Uhlhaas and Singer，2015）。脑区同步性（Uhlhaas and Singer，2010，2011，2015）和神经连接组学（Fornito et al.，2015；Fornito and Bullmore，2015；van den Heuvel and Fornito，2014）的新发现为精神分裂症的临床研究重新注入了活力，因为现在有可能在精神病发作前的发育期确定并干预目标发育回路（Cannon，2015；Fisher et al.，2013）。举例来说，兴奋/抑制平衡的干扰会导致异常的网络动力学，如大脑皮质之间通信的丘脑门控（Uhlhaas and Singer，2015），可能引发感觉处理、注意力和执行功能的缺陷，从而产生精神分裂症的破坏性精神疾病症状（参见 Wolf et al.，2015）。因此，针对早期发育过程中氧化应激关系（神经炎症、NMDAR 功能低下）的药物，如欧米伽 3（Omega 3）、萝卜硫素（sulforaphane）和 N-乙酰左旋半胱氨酸（*N*-acteylcysteine，NAC），是修复这类发育异常的候选药物（Seidman and Nordentoft，2015）。

（三）卒中

卒中（stroke）是大脑供血不足导致脑损伤的主要原因（George and Steinberg，2015）（表 9.1）。全世界每年约有 1500 万人发生卒中（Starkey and Schwab，2014）。卒中是全世界第二大死因，也是发达国家后天性神经功能障碍的第一位原因（Corbet et al.，2015）。多达 85%的卒中幸存者患有偏瘫，发病后立即发生单侧上肢障碍（Levin et al.，2009）。在卒中康复的临床文献中，人们主要关注的是运动恢复（再现中枢神经系统损伤前的行为模式）和运动补偿（以前的功能被身体其他部位取代、替换或替代）之间的区别（Levin et al.，2009）。恢复和补偿可同时发生在神经元、效能和功能水平。运动恢复包括恢复原发性损伤周围的神经组织（神经元水平），恢复与损伤前相同的运动能力（效能水平），以及使用任务常用的末端效应器成功完成任务（功能水平）。相比之下，运动补偿需要神经组织获得其损伤前并不具备的功能（神经元水平），采取替代运动模式（效能水平），以及使用替代性末端效应器成功完成任务，例如用嘴和一只手而不是两只手打开一袋薯片（功能水平）（Levin et al.，2009）（表 9.2）。

表 9.1　卒中的病理生理学

机制	概述
神经兴奋毒性	血流量不足（缺血）导致葡萄糖和氧气供应不足、谷氨酸释放过多及钙离子流入，从而触发细胞凋亡途径
线粒体反应	钙离子快速流入使其在线粒体过量积累，从而导致细胞能量平衡失调
自由基释放	钙离子流入触发了一氧化氮的生成，通过形成氧自由基和进一步的氧化应激导致损伤。自由基不仅促进最初的毒性效应，而且也阻止损伤恢复，使其成为卒中后的重要治疗靶点
蛋白质折叠错误	缺血性损伤引起内质网应激，内质网是一种调节蛋白质合成的细胞器。这会导致折叠错误的蛋白质不断积累，并阻止合成新的蛋白质
炎症变化	炎症反应最初通过释放细胞因子和有害自由基而导致细胞损伤，但最终有助于去除损伤组织，推动其重建

资料来源：P. George & G. Steinberg（2015），Novel stroke therapeutics：Unraveling stroke pathophysiology and its impact on clinical treatments，Neuron，87，297-309.

表 9.2　康复机器人：控制策略与人工智能

控制策略		概述
协作辅助	基于阻抗的辅助	当患者沿着轨迹移动时（例如，在虚拟通道壁内），机器人不会干预。当患者偏离此轨迹时，则施加引导力量（机械阻抗）
	基于肌电图的辅助	增强单个肌肉的活动，例如外骨骼向关节施加与肌肉肌电图成比例的扭矩
	脑电图触发的辅助	当康复机器人检测到大脑运动规划区域的脑电图活动增加时，它会激活沿预定轨迹运动的辅助功能
基于挑战的控制	阻抗控制	机器人产生的力量不断抵抗患者尝试的任何动作，迫使患者运用更大的力量（以提高其力量）
	错误放大	目的是通过人工智能识别患者偏离预期轨迹的情况，然后用机器人放大这些偏差以揭示错误，从而提高协调性
基于长期成功的控制	基于性能的适应	如果随着时间推移患者表现良好，任务就会变得更加困难，但如果患者基本上没有取得成功，任务就会简化
	生物协同控制	测量患者的生理反应（如心率）以确定生理和心理负荷，这些可以通过机器学习推断

资料来源：Novak & R. Riener（2015），Control strategies and artificial intelligence in rehabilitation robotics，AI Magazine，36，23-33.

大脑结构和功能具有的两个特点可以促进卒中康复：神经连接的广泛性和冗余性，以及相关皮质区域之间的重新映射。首先，基于大脑的网络化组织结构，任何脑区的卒中后恢复都必须考虑其与大脑网络其他部分的相互作用（Corbetta，2010；Carter et al.，2012）。其次，卒中后，皮质重新映射既依赖于神经活动，又基于对可用皮质映射区域的竞争（Grefkes and Fink，2014）。梗死周围区域受卒中影响的神经回路在重新布线方面具有一定优势，因为蛋白质促进了生长相关过程，包括新轴突的萌芽，以及树突和树突棘的进一步细化（Murphy and Corbett，2009）。作为局灶性脑缺血的内源性反应，损伤大脑呈现出个体发育组织模式的"重新涌现性"：有强烈的神经元萌芽和脑毛细血管萌芽，胶质细胞为神经元生长和可塑性创造了良好的大脑环境（Hermann and Chopp，2012）。卒中后立即重新涌现显著的个体发育过程，其意义在于，必须了解内源性恢复合适的时间窗口以便开展治疗性干预。

可塑性调节的一个主要发现是，包括 Nogo 家族在内的某些蛋白质决定了环境诱导活性推动的突触变化模式程度（Kempf and Schwab，2013；Schwab，2010；Schwab and Strittment，2014）。例如，通过阻断 NogoA 或其受体，可以功能性恢复单侧严重卒中大鼠熟练的前肢伸展能力（Tsai et al.，2011），恢复猕猴的手部功能与皮质映射错位（Wyss et al.，2013）。这意味着有可能将神经抑制蛋白（Nogo）免疫对抗疗法与基于环境的康复策略相结合，促进卒中后的突触连接性与功能恢复。沃尔等（Wahl et al.，2014）采用大鼠卒中模型，研究了上述 4 种不同治疗与康复计划的效果。在皮质脊髓纤维束生长和熟练使用前肢的功能性恢复方面，这 4 种策略中最成功的是，首先促进神经纤维生长（这一过程类似于神经系统个体发育中的增殖期），然后利用康复训练诱导神经连接性的选择和稳定。

二、神经诊断学

（一）生物标志物

众所周知，发育性神经精神疾病（如精神分裂症）的根本病因一直难以捉摸。Meta 分析方法（Seidman and Nordentoft，2015）以及包括临床高风险个体遗传、神经生理、影像和行为数据的大型数据集（Cannon，2015）有助于解开神经发育期间多个因素之间的相互依赖关系。经过几十年的工作，我们有望深入了解精神分裂症的基本神经生物学机制（Dhindsa and Goldstein，2016）。与精神分裂症风险相关的关键环节涉及一系列发育过程，其中包括：①主要组织相容性复合体（MHC）基因 4 附近的基因座突变，该区域位于 6 号染色体上，涉及获得性免疫（Sekar et al.，2016）；②大脑发育过程中小胶质细胞更大量激活和神经炎症；③过度的突触修剪导致连接性丧失；④参与监督与经验相关信念预测的区域，丧失其皮质灰质和连接性（Cannon，2015）。上述这种级联过程不仅符合精神分裂症临床高危个体的遗传、神经生理学、影像学和行为数据，而且有助于解释 18～24 岁精神病症状的特征性发作。

（二）时间序列的复杂性

玛格丽特与雷伊生理学和医学非线性动力学研究所（Margaret and H. A. Rey Institute of Nonlinear Dynamics in Physiology and Medicine）是以“好奇猴乔治”（Curious George）作者的名字命名的，其中包括我最喜欢的《好奇猴乔治去医院》（*Curious George Goes to the Hospital*）（1966）。雷伊为了逃避希特勒对犹太人的屠杀而来到美国，并因1952年出版的夜空入门指南《星空》（*The Stars*）而出名。雷伊是一位杰出的、不墨守成规的作家，他的书重新定义了星座插图方式，形象绘制了星座名称所代表的动物或人类。《星空》一书深受阿尔伯特·爱因斯坦（Albert Einstein）的喜爱，他非常欣赏雷伊的非传统思维和简单展示星座的技巧（Ashmore，2013）。雷伊研究所所长阿里·戈德伯格（Ary Goldberger）同样具备雷伊利用非传统思维揭示隐藏模式的热情。阿里是一名心脏病学家，他创新了一些揭示复杂生理信号临床意义模式的可视化技术，例如心脏搏动间隔期明显的多重分形波动（Goldberger et al.，2002；Burykin et al.，2014）。

人体内的运输与通信网络表现为分形几何学，它是生理复杂性的结构特征。分形几何学中的亚单位存在自相似性的分支，即所有尺度上都存在相似性（Peitgen et al.，1992）。例如，心血管结构的动脉和静脉分叉具有基本的生理功能：通过复杂的分布式网络快速高效传输液体和信号（Goldberger et al.，2002）。身体各系统随着衰老或疾病而退化，分形分析的数学工具可以证实复杂性的丧失并预测系统故障，具体例证包括人工行为中分形动力学的变化和衰老中的姿势控制等（Keltystephen and Dixon，2013）。

（三）神经影像学

小鼠体内神经成像和连接组分析（见第五章）为卒中后功能恢复机制提供了新的见解。小鼠卒中数分钟内的大脑神经影像学可以清楚地显示，卒中对大脑连接组的影响不可避免。西拉西和墨菲（Silasi and Murphy，2014）简要描述了实验性卒中和再灌注对小鼠大脑结构连接的影响：

> 在诱发前脑缺血的 60～120s 内，能量供应迅速减少，发生缺血去极化。这种大规模的缺血去极化导致神经元丧失膜电位并传播损伤波。树突在 3min 内迅速膨胀并呈串珠状。除了树突的规律性膨胀外，还发生树突棘丢失与胶质成分膨胀。

由于血管在卒中中发挥重要作用，神经元连接组非常有价值的一项补充技术是对啮齿类动物进行高分辨率毛细血管重建，西拉西和墨菲（Silasi and Murphy，2014）称之为血管体（angiome）。现在已有非常完整的全脑毛细血管数据，可以预测局部血管破裂的脆弱性。

三、神经康复的计算方法

（一）运动学习

目前的神经康复方法，特别是机器人系统和外骨骼是基于我们对运动学习性质的了解。根据什穆尔洛夫和科莱考尔（Shmuelof and Krakauer，2011）的观点，运动学习（motor learning）是指与运动性能改变或改善有关的任何实践。运动学习可以进一步区分为：①基于模型的系统，根据预测误差更新的环境内部正向模型可以推定运动性能的改善，例如减少适应范式的误差；②无模型系统，其中学习直接发生于控制器水平（Haith and Krakauer，2013）。在基于模型的学习中，假设运动系统能够补偿系统扰动，首先通过正向模型确定受控系统动力学，然后将此知识转化为控制策略（Haith and Krakauer 2013）。在不确定性环境中，基于模型的学习策略最为强大和灵活，能够更快更精确地估计身体与环境的状态，但它需要“粗笨计算”（unwieldy computations）（Haith and Krakauer，2013）。而无模型的直接方法只需要简单的计算，涉及各种探究行为。在无模型学习中，奖赏预测的错误将直接驱动控制策略的更改。

适应（adaptation）是运动学习研究中广泛采用的实验范式。适应范式的核心是利用机器人系统产生精确定时的力场作用于身体。适应的一个经典实例是要求受试者操作机械臂手柄完成视觉显示目标的伸取任务（Shadmehr and MussaIvaldi，1994）。机器人的马达产生特定的力场，例如与手部运动方向垂直且与手部运动速度成比例的黏性卷曲。科莱考尔（Krakauer，2006）对力场适应范式进行了描述。在马达没有启动的情况下，机械臂的力学特性将受试者的伸取轨迹保持在水平面上，受试者将形成平滑笔直的轨迹。在马达启动后的初步尝试中，受试者表现出倾斜轨迹，但经过实践仍能够适应力场并且再次做出平滑且几乎笔直的轨迹。然后，当受试者处于“适应状态”时关闭力场，受试者表现出“后续效应”（after-effects）：轨迹现在向着与初步适应期相反的方向倾斜。后续效应对于探索健康神经系统和大脑损伤康复有何意义？科莱考尔总结指出：

> 后续效应的存在有力地证明了，中枢神经系统可以改变对手臂的运动指令以预测力场的影响，并在肢体状态和肌肉力量之间形成新的映射（内部模型）……内部模型概念对神经康复的重要性在于，模型可以随着肢体状态的变化而更新。这种康复需要强调的是能够促进形成适当内部模型的技术，而不仅仅是重复运动（Krakauer 2006）。

（二）可变性

在运动适应范式中，主体的目标是在选择最有价值的选项时运用（exploit）当前信息，并探索（explore）在不断变化的局部环境中可以采用的大量次优选项，以保持价值的准确更新（Louie，2013；Sutton and Barto，1998）。人类运动学习中的这一探索—运用（exploration - exploitation）过程得到了吴等的研究证明（H. G. Wu et al.，2014）。他们让受试者追踪一条人为操纵的弯曲准线，以此来了解试错学习过程中是否利用了运动系统内在可变性（variability）来提高任务表现。在基础阶段，形状跟踪运动没有奖励，但受试者可以得到其运动速度的反馈。这提供了对任务相关内在可变性的估计。之后，在训练过程中，每个受试者根据其与平均基础轨迹的偏差进行表现打分。吴等（Wu et al.，2014）发现，基础表现的内在可变性与训练学习速率之间存在着很强的正相关关系。基础阶段任务相关可变性较高的个体比可变性较低的个体学习速度更快。

随后吴等（Wu et al.，2014）检测了运动系统是否可以通过调整运动输出空间任务相关维度的可变性结构来促进学习。为此，他们在训练程序前后测量了运动可变性，受试者反复暴露于速度依赖性或位置依赖性的力场扰动。他们发现，运动可变性随着任务相关要素（即位置或速度）而增加。对此吴等总结指出：

> 能够在运动可变性的时间结构中产生精心雕琢的变化，从而允许运动系统通过指导对运动输出空间相关部分的探索来提高学习效率……人类运动系统不只是运用其目前所知道的，而是积极参与运动探索，可能通过牺牲表现的准确性而代之以学习的促进（Wu et al.，2014）。

试错学习的内在可变性与包含“足够好”（good enough）的方法来发现任务空间中局部最低值的控制系统相一致（Loeb，2012）。脊髓可能是试错学习的“调节器”，其输出取决于来自较低水平的多个反馈源，控制信号则是由较高水平建立（Raphael et al.，2012）。这种反馈是对系统层面行为进行治理的通用的灵活方法（Roth et al.，2014）。

可变性在运动学习中的作用对神经康复也具有重要意义，并在一系列小鼠（Cai et al.，2006）和大鼠（Shah et al.，2012）脊髓研究中得到证实，这些研究比较了固定轨迹辅助和提供一步一步可变性的按需辅助。脊髓横断动物能够更有效地双足行走，这种前向步进训练模式可以揭示行为中某些关键的可变性水平，并由此推论出脊髓运动回路的可变性（Cai et al.，2006；Ziegler et al.，2010）。此外，采取变化方向（即侧向行走和向后行走）的步进训练，与仅接受前向步进训练的对照组相比，显示出更大的前向步进一致性和更高的协调性（Shah et al.，2012）。

小鼠和其他啮齿类动物占据了地球和天空之间明暗交界的生态位，白天在地下洞穴筑巢，黄昏时外出寻找食物和其他资源。它们的视觉系统能够探测到隐约出现的空中掠食者身影，并促成适应性逃跑或静止不动的反应策略（Yilmaz and Meister，2013），但小鼠视网膜中没有中央凹，因此其眼睛锁定目标的能力有限（de Jeu and de Zeeuw，2012）。为了探测环境布局及其可供性，如食物或藏身之所，啮齿动物会有节奏地摆动胡须探索周围环境，这种行为称为"摆须"（whisking）（Diamond et al.，2008）。

摆须对于学习过程中的行为习得与重塑尤其有趣，至少有四方面的原因。首先，啮齿类动物的触须是一种智能装置，由肌肉控制的胡须组成，通过对触须偏转角的相位敏感检测来定位和识别物体，包括缓慢尺度的偏转幅度神经编码，以及快速尺度的运动相位神经编码（Hill et al.，2011；Kleinfeld and Deschenes，2011）。其次，摆须的节律模式可与呼吸驱动嗅探之间发生精确的相位锁定，这表明呼吸周期在脑干水平与其他节律相结合形成探究行为的综合模式，类似于丘脑皮质伽马波，作为调整感官输入的参考振荡（Kleinfeld et al.，2014；Moore et al.，2013；另见第五章）。第三，摆须行为的发育突现，发生在运动前回路开始向面部触须运动神经元提供新输入的阶段（Takatoh et al.，2013）。第四，在摆须过程中学习舔食的同时，2/3 层锥体神经元群通过加强树突棘的生长而重塑（Holtmaat and Svoboda，2009；Huber et al.，2012；Kuhlman et al.，2014）。总而言之，上述四个发现确定了行为探究智能装置如何在神经和行为层面上组装和重塑。

摆须可以帮助动物寻找食物。小鼠从地下洞穴里出来嗅、尝、吃落地坚果的过程，既表现出一系列的运动动作，又表现出熟练的前肢使用，突显了脊髓、脑干及更高级感觉运动行为中心的组织安排。小鼠可能以不同的速度行动，有时使用左右交替的步态模式，有时使用快速奔跑的模式。到达食物位置后，小鼠会双爪抓住食物快速咬几口后跑回洞里。分子和遗传新工具的出现为发现脊髓神经回路、下行映射如何调节脊髓网络，神经调节重塑和感觉信息如何通过多稳态动力学模式驱动这些网络，提供了新的机会（Arber，2012）。

（三）康复机器人

自 20 世纪 90 年代以来，使用交互式临床设备重建受损神经系统取得了巨大进展，新的重点是康复机制和循证治疗（Krebs et al.，2006；Krebs et al.，2009）。第七章已经对前者进行了系统回顾，这里将重点介绍脑瘫患者上肢康复（Maciejasz et al.，2014）、下半身康复（Dobkin and Duncan，2012；Fasoli et al.，2008）、卒中康复（Klamrothmarganska et al.，2014；Pennycott et al.，2012）中机器人装置使用情况的临床试验评估。

在脑瘫患者的上肢康复中，人们一致认为，最有效的治疗方法包括强化、结构化、重复性任务；逐步增加任务难度；增强治疗个体的动力和参与度（Reid et al.，2015）。诺瓦克和里纳（Novak and Riener，2015）对机器人康复的辅助策略进行了划分（表 9.3）。外骨骼机器人 ARMin 综合运用这些策略，支持肩膀和手臂的生理运动，为手臂提供强化和任务特定的训练策略，能够非常有效地促进运动功能恢复，并由一名“教授与重复”（teach and repeat）的治疗师进行程序指导（Nef et al.，2009）。

表 9.3　上身运动虚拟现实训练中采用的运动控制原理

原理	概述	虚拟环境（VE）
任务要求	任务难度需要考虑预期的移动速度和精度，以及目标物体的位置和距离	虚拟目标物体是可调整的，因此任务难度可根据速度和精度分级；目标物体被放置在工作区的不同位置
任务环境	运动组织与观察环境的质量有关	观察环境包括三维观察情境（如透视线）
功能可供性	手部抓取方向与目标物体性质有关	虚拟环境中的对象应具有不同的形状、大小和位置
目标	抓取动作的组织取决于个体对目标物体的意图	抓取任务应该具有目的性
反馈	关于运动质量和关节活动范围的显著反馈对于改善运动行为至关重要	虚拟环境中整合了听觉、视觉和触觉反馈

资料来源：M. Levin，P. Weiss，& E. Keshner（2015），Emergence of virtual reality as a tool for upper limb rehabilitation：Incorporation of motor control and motor learning principles，Physical Therapy，95，415-425.

克拉姆罗斯·马尔甘斯卡等（Klamroth-Marganska et al.，2014）报道了一项采用 ARMin 机器人对上臂进行特定任务治疗的随机临床试验，并与卒中后的常规疗法相比较。研究结果显示，ARMin 外骨骼与传统疗法相比的差异虽然很小但统计学意义显著。然而，这项研究并没有揭示受试者在提高表现的同时实际学到了什么。

众所周知，偏瘫卒中患者通过以不同方式使用躯干和受影响手臂的肌肉，学习适应或补偿他们的运动缺陷（Jones，2017），但在试验中尚不清楚这种改善在多大程度上涉及补偿策略（Kwakkel and Meskers，2014）。关于这一点的一些阐释来自 EXPLICIT-卒中计划（EXPLICIT-stroke Program）（van Kordalar et al.，2013）。他们报道，伸手抓握运动中肩膀和肘部运动的分离主要发生在卒中后早期（前 5 周）。随后的恢复包括病理补偿策略。值得注意的是，即使卒中后没有接受外骨骼训练，身体未受影响一侧手臂的治疗性约束也会导致临床相关手臂功能改善并持续至少一年，正如 EXCITE 试验所证实的（Wolf et al.，2006）。总而言之，这些试验结果对外骨骼的康复效果提出了质疑。然而，同时运用机器人和虚拟现实进行康复研究产生的情况略有不同。

（四）虚拟现实

我们的手能做很多我们认为理所当然的事情：触摸孩子柔软的皮肤，伸手去取一杯水来解渴，打开车门开车去上班，用笔写笔记。卒中导致的上肢损伤往往阻止或干扰所有这些功能活动。康复能够增强经验依赖性的神经可塑性，并提供重新学习上肢功能的机会，但仍存在一些挑战，因为它需要一定的实践强度、可变性、特异性、动机和互动性（Levin et al.，2015；Weiss et al.，2014）。利用虚拟现实（VR）技术实现的虚拟环境有可能促进这种再学习，因为它们能够被系统地操纵以参与学习过程（Levin et al.，2015）（表 9.4）。

表 9.4　卒中的治疗方法

方法	描述
血流恢复（急性期）	静脉注射组织型纤溶酶原激活剂（tPA），是急性卒中治疗的主要方法，特别是在症状发作后 3～4.5h 内
神经保护（急性期）	神经保护策略（如低温）的主要目标是尽量减少对梗塞周围区域的损伤，这些区域包含有促进生长和萌芽的因素

续表

方法	描述
干细胞替换（恢复期）	干细胞是自我延续的多能性细胞，具有转化为多种细胞类型的能力。作为大脑对损伤的正常反应的一部分，被称为神经祖细胞（NPC）的内源性干细胞会移动到大脑损伤区域。治疗方法旨在增强这种正常的内源性损伤反应
神经回路调节（恢复期）	缺血后，整个大脑的兴奋–抑制（E-I）平衡发生了变化。恢复 E-I 平衡的潜在方法包括无创重复性经颅磁刺激（rTMS）、经颅直流电刺激（tDCS）和侵入性可植入硬膜外电极。卒中后选择性刺激同侧初级运动皮质神经元的光遗传学技术有可能改善功能结果
脑–机接口	对于初级皮质区域受损的患者，可通过机器人系统的闭环控制来促进替代区域的可塑性

资料来源：P. George & G. Steinberg（2015），Novel stroke therapeutics：Unraveling stroke pathophysiology and its impact on clinical treatments，Neuron，87，297-309.

虚拟现实康复系统有效发挥作用的一个关键能力是，它们将视觉信息与触觉反馈相结合，允许用户在虚拟现实仿真中触摸、感觉和操作物体（Magdalon et al.，2011；Merians and Fluet，2014）。（值得注意的是，这种功能类似于具有触觉反馈的神经假体装置的高级功能。）卒中患者使用虚拟现实系统的一种方法，是将二维或三维虚拟环境与力觉临场感上肢外骨骼 CyberGlove 相结合，以改进基于任务的活动扩展，例如，使用各个手指按压目标钢琴键（Fluet et al.，2014；Merians et al.，2011）。在按压某些琴键组合时，不同手指可能在管理整体力量产生中扮演不同的角色，因此力量的差异化产生或分离对于技能表现非常重要（Kapur et al.，2010）。

（五）计算神经康复

在神经康复过程中，从机器人装置获得了越来越多的可用的运动数据，由此推动发展出一种计算方法，该方法：①对患者感觉运动体验进行定量描述，②对康复过程本身的运动学习过程和可塑性进行数学建模，③对患者的行为结果进行定量描述（Reinkensmeyer et al.，2016）。在计算神经康复的学习过程数学建模中，一种重要的学习方法是强化学习（reinforcement learning，RL）理论（Sutton and Barto，1998）。RL 理论以“控制政策”为中心，将全局状态映射为个人应采取的行动，以使未来回报最大化。这是无监督式学习，因此学习者通过随机搜索积极探索环境，获取与未来奖励有关的信息（另参见第三章中吉布森关于信息获取的观点）。为了对计算神经康复方法进行验证，莱茵肯斯迈耶等（Reinkensmeyer et al.，2012）分析了卒中后上肢力量的恢复，其所依据的观点是力量可以预测肢体功能活动。第一个假设是，手腕力量产生于皮质脊髓细胞靶向运动神经元池的综合效应，卒中后可塑性的基础是强化学习过程，这一学习过程中的重复动作体验可以改变皮质脊髓细胞的激活状态（Reinkensmeyer et al.，2016）。其次，他们假设，随机搜索的强化学习可以解释广泛的卒中恢复现象，包括指数型恢复曲线，这些曲线不是渐近式，而是显示出经进一步运动实践可以深入恢复的残余容量。最后，他们得出结论，如果随机搜索的强化学习能够解释上肢力量的恢复，那么在康复训练过程中应针对强化学习机制促进搜索过程（Reinkensmeyer et al.，2016）。在康复过程中针对强化学习的可能方法是提高可变性与机会性以探索训练方案。

四、伯恩斯坦传统与动力学系统

（一）非受控流形

迄今为止，从机器人和虚拟现实中汲取的经验表明，为了使神经康复最有效地发挥作用，应该以运动控制系统自身不断分解和重组方式为目标，发现维持身体和环境之间稳定功能关系（如运动、伸取、说话）的各部件如何进行组织。这种功能关系随着个体目标、能力的改变而改变，并通过探索功能可供性发现新的环境行动机遇（表 9.3）。在运动控制领域，基于伯恩斯坦传统的研究采用了耦合振荡器行为模型（coupled oscillator models of behavior），揭示了针对特定行为模式（如运动）形成、结合、分解和重组多种协同作用的组织原则（Couzinfuchs et al.，2015；Holmes et al.，2006）。例如，一种方法是将动物和人类的步态模式建模为耦合振荡器的对称群（Golubitsky et al.，1998，1999；Pinto and Golubitsky，2006）。伯恩斯坦传统还强调协同效应的灵活性和稳定性：

> 协同效应是指多元素系统的神经组织能够：①组织一组元素变量之间的任务共享；②确保元素变量之间的协变以稳定性能变量（Latash et al.，2007）。

一种广泛用于测量身体各部位实现特定功能的组织过程的技术被称为非受控流形（uncontrolled manifold，UCM）分析（Scholz and Schöner，1999；Schöner and Scholz，2007）。UCM 分析通过统计量化变量集可变性对任务功能参数进行稳定或破坏的程度，来表征与任务功能需求相关的元素变量集（如身体关节角度）的可变性结构（Nonaka，2013）。在 UCM 分析中，变量集可以自由变化而不会干扰任务性能。确定任务需求特异性运动元件的可变性结构，提供了一种将当前动作扩展到环境特性中的方法。

为了验证该 UCM 分析过程，研究人员研究了用食指触摸物体的目标导向伸手动作（van der Steen and Bongers，2011）。重复伸手触摸物体时，肩膀、肘部和手腕的关节角度会发生不同尝试间的可变性。运动过程中关节角度的变化可以分为两个部分：①不影响食指位置的关节角度可变性；②改变食指位置的关节角度可变性。UCM 方法将关节角度的整体可变性分解为这两种可变性中的一种，这是通过正式获得一个模型来完成的，该模型将关节运动与食指在空间中的运动联系起来。任务空间（例如，定义食指位置的二维或三维空间）与关节角度空间关系方程的零空间提供了 UCM 线性估计——所有关节角度组合不会影响食指在空间运动轨迹某一点上的位置值。零空间（null space）根据运动轨迹中每个点的关节角度平均值计算得到。每次动作重复的关节角度值被投影到零空间（UCM 线性估计）及与 UCM 垂直的子空间（不同的关节角度组合可导致食指在空间中的不同位置）。UCM 方法使得有可能确定，是否 UCM 内的关节角度变化（不影响手指位置的可变性）要大于其对应垂直空间内的变化（影响食指位置的可变性）。如果手臂的关节角度在 UCM 平行方向上的变化比 UCM 垂直方向上的变化更大，这意味着手臂的稳定行为协调一致以控制食指的位置。

UCM 分析说明了协同作用如何在一组元素变量之间分担任务。例如，一个人在抓取物体时用两个手指产生 20N 的合力。分担意味着存在协变（灵活性）使得合力保持不变（稳定），例如，5N 和 15N、10N 和 10N，以及 15N 和 5N。保持不变的协变能够以不同的方式表示，力量在两个手指间不同分布，同时仍然产生 20N 的合力。非受控流形分析是一种定量技术，试图通过将元素变量（力）的变化划分为两部分来获取保持不变性的协变：一部分影响特定性能变量的值，另一部分不影响特定性能变量的值（Latash et al.，2007）。对于涉及多个手指产生力量的任务，UCM 分析可帮助了解保持合力不变的力量可变性结构。例如，肖尔茨等（Scholz et al.，2002）指导成人受试者以节拍器步频（112 次/分）在力传感器上按压和释放两个手指。UCM 分析显示，单个指力的变化采用特定方式组织构造的一系列协变以实现对总体力量的控制。拉塔什（Latash，2012）认为，这项试验及其他许多指力试验的结果表明，用于维持身体和环境之间不变关系的大量冗余运动解决方案不是运动控制系统的灾祸，而是"幸福"（bliss）。

（二）随机共振

随机共振（stochastic resonance，SR）是一种非线性现象，可往其中加入"噪声"以增强信息内容，然后通过提高输出信噪比来检测所需信号（Moss et al.，2004）。"经典"的随机共振范式首先是非线性动力系统微弱的、无法检测的周期性输入（"阈下"信号），然后对响应进行功率谱密度分析，确定如何添加噪声才能够检测到输入信号（Collins et al.，1996；McDonnell and Ward，2011）。随机共振在神经系统中扮演什么角色？一条线索来自莱文和米勒（Levin and Miller，1996）的研究，他们研究了随机共振在蟋蟀腹部神经器系统检测捕食者接近时空气低频扰动中的作用。他们在实验中对蟋蟀施以有或无附加噪声的气流刺激，然后对神经器机械感觉传入激发的中间神经元进行细胞间记录。莱文和米勒发现（Levin and Miller，1996），在捕食性黄蜂发动攻击的过程中，空气会在 5～50Hz 的频率范围内产生位移，噪声的增加可显著提高信噪比。这项研究和其他实验研究——包括鲨鱼感觉细胞（Braun et al.，1994）和人体肌梭（Cordo et al.，1996）的意义在于，神经机制对噪声的内在和外在调制可以支配不同计算模式的选择过程（McDonnell and Ward，2011）。

麻省理工学院和怀斯研究所生物医学工程教授吉姆·柯林斯（Jim Collins）曾经开展一项研究，分析平衡控制期间如何利用随机共振增强皮肤表面的躯体感觉输入。人体皮肤被投射到脊髓的躯体感觉神经元所支配，包括有毛皮肤的粗髓鞘 Aβ 纤维（如毛干周围）和默氏细胞（Merkel cells）、触觉小体、光滑（无毛）皮肤的环层小体（Abrara and Ginty，2013；Lumpkin and Caterina，2007；Zimmerman et al.，2014）。在平衡控制过程中，脚底表面的压力模式变化会产生皮肤机械刺激梯度。普里普拉塔等（Priplata et al.，2002）假设，将阈下机械噪声应用于脚底，会增强身体晃动时压力梯度变化的感觉反馈。在对年长受试者和年轻受试者的比较中，他们发现噪声应用可以使身体晃动减小。随机共振在这里是一种外源性刺激源，其背景是每个个体行为组织的多尺度内源性波动（Kelty-Stephen and Dixon，2013；Palatinus et al.，2012）。因此，随机共振减轻身体晃动的作用很可能是其与内源性身体波动相互作用的结果。事实上，凯尔蒂-斯蒂芬和迪克逊（Kelty-Stephen and Dixon，2013）重新分析普里普拉塔等（Priplata et al.，2002）的研究数据后发现，在身体姿势晃动时，阈下振动效应受到内源性波动的调节缓和（与之相互作用）。机械刺激影响行为的情境特异性效应，对于装置设计具有重要意义。

五、任务动力学视角的发育神经康复

（一）泰伦和乌尔里希

埃瑟·泰伦（Esther Thelen）是一名发育心理学家，他认识到，新生儿最早的运动行为，如踏步（Thelen and Ulrich，1991）和伸手（Thelen et al.，1993）揭示了在突现新行为形式的基本自组织过程中隐藏的动力学（参见 Thelen，1995；Thelen and Smith，1994）。验证这些隐藏动力学的经典试验是对 1 个月大婴儿进行的跑步机踏步研究：孩子们在外力支撑下脚掌踩在小型电动跑步机的传送带上，表现出了熟练步行所特有的交替踏步协调模式

（Thelen and Ulrich，1991）。通过提供姿态支撑和感知信息来指导步态周期的各个阶段，能够在隐藏模式的典型表现发展之前就将其揭示出来。泰伦（Thelen，1995）在回顾这项研究时，强调跑步机踏步动作并不是简单的反射行为。相反，这种行为是复杂的感知—动作循环，在这个循环中，腿部动力学伸展为复杂模式的出现提供了能量和信息要素。

密歇根大学贝弗利·乌尔里希（Beverly Ulrich）对婴儿跑步机踏步行为的后续研究表明，尽管踏步的运动学（产生踏步动作、减少腿部弯曲、改善足部位置保持一致性）随着发育而不断改善，但大腿和小腿参与这一肢体轨迹的四块主要肌肉的活动却非常不一致（Teulier et al.，2012；Teulier et al.，2015）。特利耶等（Teulier et al.，2012）得出的结论是，在一岁前可观察到的踏步参数是由多种肌肉组合和肌肉激活时间的显著变化产生的。从第八章所介绍的基本运动控制基元的角度来看，这项工作的一个含义是肌肉的神经激活不是规定性的：仅有肌肉的脊髓激活无法决定腿部在运动过程中的行为动力学。相反，作为感知—动作循环的一部分，通过主动调节和稳定肌肉群的组成和激活时间，踏步可以为腿部特定动力学的后验选择（a posteriori selection）提供感觉信息。换句话说，正是发育过程中的行为可变性为负责脊髓基元调节的神经回路的修改提供了机会。

（二）探究行为的动力学

人们一直致力于运用运动学数据和动力学系统工具箱中的分析技术，更好地了解早产儿的感觉运动发育，以及如何利用感觉运动正常发育原则来实施早期干预（参见 Morgan et al.，2016）。使用多摄像机运动捕捉系统对婴儿踢腿动作进行记录和分析，使我们能够鉴别出患有白质疾病的早产儿与正常发育婴儿之间的具体差异（Fetters et al.，2004），并研究正常发育婴儿学习身体如何在重力场中动作的探究行为过程（Sargent et al.，2015）。我从动力学系统角度也做了一些工作，研究了婴儿如何探索他们自我形成的挥手和踢腿行为中的自发可变性（Goldfield et al.，2012；Stephen et al.，2012），以及婴儿如何开始使用手臂和腿来实现不同的功能。

动力学系统方法的一个标志是灵活运用神经、肌肉—肌腱和连接系统的组合，以实现不同的行为功能。这就提出了一个问题，即婴儿如何学习了解同一身体部位能够以不同的方式使用。一种可能性是，姿势控制和协调的发育变化随着时间推移而波动，并在特定时期相互融合以促进学习特定功能，如伸手或移动。举个例子，肩部保持手臂稳定的能力发生变化，使得双手远离面部，同时保持头部不动使眼睛直视前方，可以促进手臂在中线可及范围内伸手、抓取和探索物体。相反，在臀部和膝盖弯曲时稳定躯干的能力会使脚靠近嘴，从而探索在身体中线范围内用舌头与嘴唇触摸脚之间的关系。在这种姿势下，腿部的弹性肌肉最大限度地弯曲，婴儿可能会从这种中线姿势兴奋地伸展腿部。

婴儿胳膊和腿部的经验非常不同。因此，姿势的融合和关节周围协调的弯曲–伸展动作可能是用手进行探索、用腿进行推进的分化连接点（Goldfield，1987，1989）。为了检验这种可能性，徐等（Hsu et al.，2014）对4名仰卧婴儿在3个月、4.5个月和6个月大时进行了头顶有活动玩具时的自发性手臂和腿部运动纵向运动学研究（图9.1）。运动捕捉和三维建模使得能够同时测量关节旋转和髋关节、膝关节和踝关节以及肩关节、肘关节和腕关节的空间位置。研究发现，婴儿在大约6个月大时的手臂关节旋转比3个月大时能更加独立地相互移动，从而更可能将手远离身体以准备接触活动玩具。但在同一年龄阶段，婴儿把脚靠近身体以最大限度地踢腿移动身体。因此，姿势发展的融合性和关节旋转的协调性似乎与手臂和腿部不同功能的涌现有关。

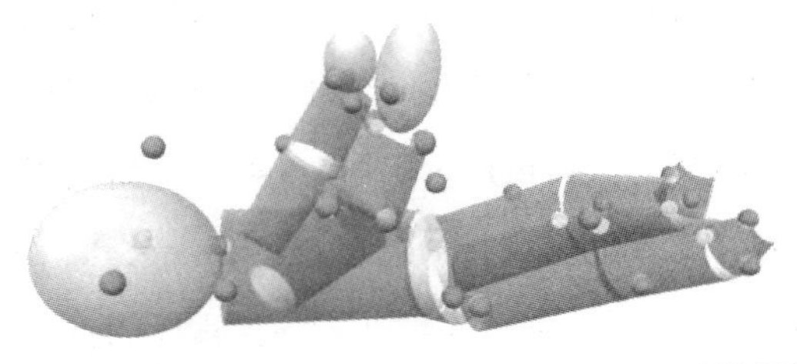

图9.1 婴儿探究行为：胳膊和腿。基于6个月仰卧婴儿运动捕捉数据的三维模型，其在头顶有活动玩具时探索手臂和腿的不同功能。图片由丹尼尔·米兰达（Daniel Miranda）提供

怀斯研究所和波士顿儿童医院受到婴儿感觉运动发育研究多年进展的启发，开展了一项名为“第二皮肤”（second skin）的研究项目。该项目致力于为仿生柔性可穿戴机器人开发柔性传感器、气动执行器和分散控制系统，实现膝盖和脚踝的主动控制（Goldfield，Park et al.，2012；Park，Chen et al.，2014；Park，Santos et al.，2014；Wehner et al.，2012）。第二皮肤的一个架构亮点是其具备分散式、模块化功能，可以进行不同配置组装以完成各种任务。这一功能是通过一个自配置节点分散网络来实现的，该网络负责管理传感器数据的收集和执行器反馈的传递（Park et al.，2012）。鉴于我们对婴儿时期手臂和腿部突现不同功能的研究结果，这种分散控制网络将允许第二皮肤的执行器进行不同的组合以实现不同的功能。

埃瑟·泰伦、贝弗利·乌尔里希和琳达·费特斯（Linda Fetters）的工作经验以及我自己的研究，促进了神经康复方法的扩充发展：①构建由自适应基元（adaptive primitives）组成的仿生机器人控制系统，促进对内源可变性的初步探索，并以此作为辅助学习和后续引入各种组合复杂性的起点；②采用图形动力学（graph dynamics）作为自适应控制架构（adaptive control architectures）的基础，将控制网络与人体生物力学、机器人物理装置相耦合；③提供丰富的任务动力学空间（task-dynamic spaces），允许自适应控制系统架构能够根据个体以及神经康复过程中提供帮助的成人的行为动力学进行自我重构。在社会辅助学习的丰富背景下，机器人控制系统的自适应架构可能会深刻地具身化于神经损伤个体之中。

（三）自适应基元

仿生工程师的目标是构建人类步态辅助康复机器人，其策略是深入研究和建模动物（如七鳃鳗和蝾螈）的模式生成神经元，以便识别和模拟节律运动行为模式中产生中枢模式的神经元（参见 Bicanski et al.，2013b；Floreano et al.，2014；Ijspeert，2008，2014）。这项工作的一个成果就是开发了所谓的自适应振荡器（adaptive oscillators，AO），运用数学工具提取运动的周期性特征，从而模拟产生运动行为的脊髓神经振荡器。

早期的人类研究将自适应振荡器与用户运动相结合，使其同步并学习人类步态模式，从而应用于虚拟阻力场中，但该系统在不同运动模式之间的转换存在困难，例如从步行转变为上楼梯（Ronsse et al.，2011）。目前，这种方法已经发展成为辅助装置控制系统的基础，将自适应振荡器和“动态运动基元”（Garate et al.，2016）及意图检测算法结合在一起。机器人辅助装置控制器与一组自适应振荡器相结合，从而产生虚拟的肌肉刺激，其实现方式是基于运动学和动力学可用数据的反向模型。肌肉骨骼模型由一组肌腱单元组成，将上述刺激转变为所需的关节扭矩（Garate et al.，2016）。自适应振荡器用于将控制基元与实际步态同步一致。然后利用肌肉骨骼模型，根据肌肉的长度和速度在肌腱单元引入局部的力反馈。肌肉力通过几何关系转换成肌肉扭矩，肌肉模型根据每块肌肉提供的扭矩函数计算得到关节扭矩（Garate et al.，2016）。意图检测算法负责监控行为以便在不同的运动模式中进行选择，例如站立、行走、上下楼梯等。但该方法仍然面临一些挑战，包括对于正在学习、发育和（或）受伤恢复的个体，意图检测算法如何选择具体的模式；以及同一身体部位用于不同功能时，如用腿踢球而不是走路时，控制器如何选择基元以获得帮助等。

（四）图形动力学

对于以基元为基础的控制器，解决这些挑战的问题的答案取决于一种由埃利奥特·萨尔茨曼（Elliot Saltzman）开发的动力学系统方法——图形动力学（graph dynamics）。萨尔茨曼和芒霍尔等（Saltzman and Munhall，1992；Saltzman et al.，2006）提出，建模特定行为的动态系统基元具有特殊的架构或图形结构，通过图形各部分的连接方式来反映行为变化。图形的各个部分是它的状态变量，这些变量是用来描述系统运动自守微分方程组的因变量。作为例证，萨尔茨曼等（Saltzman et al.，2006）使用图形结构来模拟言语姿势（speech gestures）的相对计时，其中姿势被定义为声带中一组发音器官产生的“一类等效的目标导向运动”（Saltzman and Munhell，1989）。姿势是言语的基元，如产生/p/、/b/和/m/的双唇音姿势。这些双唇音姿势：

> 它们是由上唇、下唇和下颚的一系列功能等效的运动模式产生的，这些运动模式受到主动控制，以达到闭上嘴唇的言语相关目标。上唇、下唇和下颚构成了嘴唇器官系统或效应器系统，嘴唇之间的间隙或开口构成了该器官/效应器系统的受控变量（Goldstein et al.，2006）。

言语姿势基元表现出了其内在的点—吸引子动力学：它们的作用类似于阻尼质量弹簧系统。点—吸引子动力学成功地模拟了以至少两种方式控制末端效应器收缩的产生和释放。首先，不管它们的初始位置如何以及任何意外的干扰，具有点—吸引子动力学的发音姿势都能够成功实现它们的目标。第二，姿势的点—吸引力激活以灵活性、适应性方式实现收缩目标（Goldstein et al.，2006）。多个姿势基元轨迹的激活称为姿势评分（gestural score），发生在图形架构的第二级组织层面，即姿势间层面（intergestural level）。这一层面上是一组更高阶的基元——激活变量，反映了相关姿势（例如，嘴唇闭合）"试图在任何给定时间点塑造声带运动"的强度（Goldstein et al.，2006）。姿势间层面可以建模规划动力学：

> 它决定了参与发声的姿势激活波之间的相对时间模式，以及单个姿势激活波的形状和持续时间。每个姿势激活波的作用是将姿势参数集插入发音器官间的动力学系统，该系统由一组轨迹变量和建模坐标定义（Goldstein et al.，2006）。

姿势间层面的更高阶基元被称为规划振荡器（planning oscillators），它们组织成所谓的耦合图（coupling graphs）来实现规划动力学（Byrd and Saltzman，2003；Goldstein et al.，2006；Saltzman and Byrd，2000；Saltzman et al.，2008）（图 2.10）。图中所示的发声"点"耦合图决定了姿势之间的耦合：节点表示姿势，节点间链接则反映姿势间的耦合功能（Saltzman et al.，2008）。每个耦合图为规划振荡器设置了运动方程参数，这些参数"通过数值积分，直到系统达到振荡器间相对相位的稳态模式"（Saltzman et al.，2008）。相对相位模式是姿势评分激活波的基础，用于参与相关收缩姿势。

虽然耦合图是完全针对言语而研发的,但它有可能适用于所有的感知和行为领域（参见 Ijspeert et al.，2013），以及确定行为抽象模型与物理描述层面之间的关系（Saltzman and Holt，2014）。例如在行走的运动步态循环周期中，可以将脚视为身体的末端执行器，与支撑表面不断接触与分离。在物理描述层面上，每只脚和腿的其他部分交替在支撑表面产生推进力，以便在环境中移动身体重心（参见 Holt et al.，2006）。同时，在抽象功能层面上，末端效应器具有与主体相关的所有属性，涉及创建“功能合适、任务特定的运动与力模式”（Saltzman and Holt，2014）。

进一步解释任务动力学中物理和功能之间关系的一种方法,是使用动力学家的数学工具——图形来确定身体拓扑和运动学如何映射到环境吸引子的布局上。物理图形由拓扑特征、身体部位与环境及其他部位之间接触的物理联系组成，这种物理联系形成了萨尔茨曼和霍尔特（Saltzman and Holt，2014）所称的“回路”（loops）。在步态周期中，身体与环境之间关系的变化可在物理图形的回路中加以描述。在抽象描述层面上，图形节点形成了环境吸引子的布局——抽象导航空间,末端效应器在其中通过感知信息与任务相关“吸引性”目标位置相耦合。在功能层面上存在信息耦合而非物理耦合，从而提供了闭环控制的可能性（Warren，2006）。

在第六章中,我强调了小脑(Hashimoto and Kano, 2013)、海马(paolicelli et al.，2013）及神经肌肉接头（Turney and Lichtman，2012）丰富的初始突触网络连接存在活动依赖性修剪过程。这一过程被称为细胞凋亡（apoptosis），涉及一些突触连接的选择性增强和其他一些突触连接的减弱和消亡，具体取决于物种特异性调控基因表达和个体经验（参见 Buss et al.，2006）。在这里，我提出一个自适应控制系统的构想，据此发展可模拟这一过程的机器人。首先，与细胞凋亡一样，可穿戴辅助机器人机电部件和网络架构之间的耦合可能会得到加强和维护，或者减弱和分解，这取决于哪个部件最活跃。我设想的这种自适应控制的另一个特点是，系统部件的耦合强度可能更难或更容易修改，这取决于它们对维护系统完整性和安全性的重要性。例如，用于可穿戴辅助行走设备的发展性自适应控制器将始终保持一些辅助肌肉的协同模式，提供支持以对抗可能破坏平衡、促使摔倒的干扰。

系统可随时间推移发生组织结构变化，其发生的时间尺度包括性能（实时）、学习（数分钟或更长时间）、发育（一个生命周期）和进化（数个世代）。如本书所述，耦合图随时间的变化可能通过耦合强度的差异来适应多个时间尺度上的动力学展开：①实时性能的耦合程度最弱，可允许系统运动方程部件的快速组装与分解；②在发育和进化过程中，耦合强度不断增加，旨在保护图形结构的某些部分。例如，发育系统并不只是以加法方式简单增长，而是在不同部件之间建立过度丰富的连接，然后在增强一些部件的同时修剪一些部件（参见第五、六和七章）。因此，在将图形动力学应用于发育系统时，我认为图形架构可能包含一些保守的早期基元，而其他一些基元可能被重构或删除，以此作为行为变化的基础。这可以解释多米尼西等（Dominici et al., 2011）报道的，以及泰伦和费舍尔（Thelen and Fisher, 1983）早期研究中所发现的，一些早期行为模式明显“消失”而另一些行为模式占据优势。图形结构发育变化概念化的一个重要含义是，在儿童后期或成年期对成熟系统的损伤可能会利用图形中发育保守的部件作为重塑（即修复）的基础。这为发育神经康复打开了大门，通过探索基元动力学系统来重建丧失的行为。

图形动力学的第二个延伸扩展是，构成图形的基元可能来自多个个体（Richardson et al.，2015）或者单个个体和单个机器（Ijspeert et al.，2013）。如本章和第十章所述，人类和机器共享控制的基础是一种称为流形（manifold）的数学结构，即包含吸引子布局的拓扑空间，或者换句话说，是运动方程各种解的集合（Huys et al.，2014）。以任务中身体和环境的复杂功能关系为例，如在站立时伸手（Saltzman and Kelso，1987；Saltzman and Holt，2014）。在物理描述层面上，为了让人体站立时手能够伸到目标，身体重心（COM）必须保持在支撑基础内。在抽象功能层面上，任务空间采取了包含两个区域的流形形式。一个区域称为控制流形，是一组用于创建任务空间中末端效应器任务特定运动模式的解（Saltzman and Holt，2014）。与之垂直的第二个区域称为非受控流形，用于确定关节空间中不会导致任务空间中任何末端效应器移动的解(有关该方法的进一步描述,参见 Latash et al., 2007)。因此，解图（任务动力学控制结构）提供了生成解的方法，该解不仅沿控制流形创建了任务特定的末端效应器模式（即伸手），而且允许对任务特定目标实现“没有危害”的情境响应性姿势调整(即站立)(Saltzman and Holt，2014)。

（五）任务动力学空间与社会辅助学习

前面介绍的任务动力学(task dynamics)提供了一个社会辅助学习框架，其基础是成人将吸引子布局组装为儿童探究行为的任务空间（Saltzman and Kelso，1987；Richardson et al.，2015；Saltzman et al.，2006；Warren，2006）。我在此构建这个框架的假设是,学习开始于探索任务特定环境中身体行为动力学的机会（参见 Saltzman and Holt，2014）。基于这一假设，所有的学习都由相同的基本吸引子支配，通过在结构化环境中重复感知与动作循环，突现产生功能特异性的行为动力学（Warren，2006）。相同的抽象吸引子动力学控制着每一种独特的功能模式，包括运动、操作、饮食及通过手势和言语进行交流等（Goldfield，1995）。

每个任务环境都由高密度的局部吸引子和排斥子组成,首先通过不同性能表现促进试错学习的机会（参见 Loeb，2012），然后才允许性能优化以增加稳定性并减少能源支出。这些密集聚集的吸引子不仅包括地板和墙壁等环境表面、家具和工具等实物，还包括其他人员和动物的动态姿势。成人可以在这些任务动力学背景下指导早期发育，例如：

（1）成人可以组织环境以增加特定任务空间内的吸引子（食物、诱人玩具）的密度。

（2）如果有足够数量、足够好的最低限度吸引子，那么不管具体动作从何处开始，儿童都将更有可能很快找到它们。

（3）成人和儿童在任务空间内针对重复学习机会产生的累积行为，可以建立共享任务动力学图形。

（4）由于任务空间中有多次重复动作的机会，图形中儿童动作的一些路径比其他路径具有更强的干扰鲁棒性；这些路径更可能被成人响应，因此更有可能长时间持续。

（5）随着某些动作路径变得更加鲁棒，成人会修改任务引入其他吸引子，从而产生新的学习。

对家庭自然环境及实验室模拟家庭学习环境中的学习情境进行的纵向研究表明，成人在安排环境中发挥关键作用，提供安全探索以及修改任务内容和复杂性的机会，从而促进复杂序列学习并提供各种组合选项。社会辅助学习动力学的一个例证是，成人做好环境准备，促进儿童使用勺子之类的喂养工具从碗盘中舀盛食物并送入口中。

野中哲司（Tetsushi Nonaka）是一位日本发育心理学家，他从其本人对人类进化过程中敲打石头的研究（Nonaka et al.，2010；Rein et al.，2014）以及对吉布森功能可供性概念的欣赏中得出见解，推动了我们对人类使用工具发展过程的了解。野中哲司在为期一年的怀斯研究所访问期间，对Akachan 数据库中的纵向视频记录进行了详细分析（Noaka and Sasaki，2009），探讨了照护者在用餐期间的活动可能会对幼儿膳食成分（如在日本为米饭、蔬菜和肉汤）的密度和布局带来的特定变化。野中和古德菲尔德（Nonaka and Goldfield，2017）提出，这些照护者的活动可能反映出如下过程，照护者首先促进儿童的简单探索方式，使用勺子来舀取、运输和移除特定食物成分，如米饭。照护者把米饭碗放在儿童的身体中线，任何掉落的食物都会掉进碗里，让孩子的注意力集中在手、勺子、米饭和碗上。在这段学习期间，照护者通过喂养儿童或在米饭碗中放置其他食物来完成用餐。然后，随着孩子越来越熟练地使用勺子吃米饭，照护者改变米饭、蔬菜和肉汤的布局，丰富孩子独立组合不同食物成分完成更全面的进餐的可能性。在这里，成人对成熟技能组合复杂性的了解为儿童建立了长期学习的路径。这一过程允许初始重复模式的可变性，然后增加组合的复杂性，在许多方面类似于成人在人类语言习得中的作用，或许也与鸟类老师在鸟鸣习得中的作用相似（见第七章）。

第十章
面向群体性、自适应、涌现性系统无缝部件的装置

神经元和神经胶质，细菌和宿主，子宫和胎儿，自然界不是建立在真空中的。自然界建造的装置是复杂生态系统中交错相织的部件，作为支持网络中的集体结构。现代生物学这一基本真理的意义在于，我们要建造生活中可以信任的装置，我们需要它们作为生物—人工—社会混合生态系统中的合作伙伴无缝发挥作用。但是生物器官的组建跨越多个时空尺度；具有自适应性，在发育和学习过程以及损伤反应中，其组成成分可以收缩或生长；并表现出涌现性行为。发育导向的仿生技术是否能模仿自然界的群体性、分布式和自适应系统，并表现出涌现性行为呢？

生物启发的混合生态系统视角指导了一些新技术的发展，包括可以在自然生态系统中协同工作的微型机器人蜂群（Wood et al.，2013），在微流体系统中生长和培养的细胞（Benam et al.，2015，2016；H. J. Kim et al.，2016；Millet and Gillette，2012），可以预测和治疗人体生态系统中各类疾病的编程细胞与微生物等（Khalil and Collins，2010；Kotula et al.，2014；Linert et al.，2014；Litcofsky et al.，2012）。制造技术包括用专用活体细胞墨水生物打印形成血管组织（Kolesky et al.，2016）。这些都不是科幻小说，相反，它们都是受生物系统启发的技术。

生物启发的混合生态系统还可以解决美国脑计划和其他一些国际计划在深入了解人类大脑时所面临的某些挑战（见本书第二部分），并为满足神

经修复假体装置和机械构建转化策略的迫切需要提供新方向（见第八章和第九章）。例如，枪乌贼和细菌之间存在的互利共生（mutualism）关系可能为神经假体和身体之间的能量共享提供启发式框架。群居动物的具身化神经系统架构，如团藻（*Volvox*），可能为神经康复柔性穿戴设备分散式控制和通信网络的设计提供依据。了解我们在微生物群落中所处位置（Alivisatos et al.，2013；Charbonneau et al.，2016；Hays et al.，2015；McFallngai et al.，2013；Sommer and Backhed，2013）可能会为人工装置提供人体内部的生活模式以便进行细胞修复。所有这些可能性提出了一些有趣的问题，包括：

（1）我们能否基于微生物群落中的互利共生发展新技术？

（2）我们能否将工程微机械作为药物输送和修复装置注入人体？

（3）我们能否再生中枢神经系统神经元并将其作为损伤重建的手段？

一、互利共生

（一）亚细胞群体行为

自然界的促动器广泛存在于多个尺度范围内，包括 10^{-9}m 的亚细胞尺度肌动蛋白—肌球蛋白分子马达（Feinberg，2015）（表 10.1）。肌球蛋白马达的工作原理是沿着肌动蛋白纤丝逐渐移动而形成收缩元件，这是宏观尺度肌肉组织的基础（Feinberg，2015）。自然界是否利用肌动蛋白纤丝在亚细胞尺度上的集体运动来逐步建立更复杂的细胞功能呢？解决这个问题的一种方法是检查肌动蛋白纤丝的集体运动是否会呈现出涌现性模式，包括过渡到有序阶段。为了检验这种可能性，沙勒等（Schaller et al.，2010）在实验中将未标记的肌动蛋白纤丝、荧光标记的纤维型肌动蛋白（factin）和 ATP（作为燃料）的混合物放在显微镜载玻片上，并在显微镜下观察操纵肌动蛋白丝密度作为控制参数的结果（见第二章）。在临界密度以下存在一个无序阶段，肌动蛋白纤丝在这个阶段随机移动，没有任何特定的方向偏好。但随着肌动蛋白纤丝密度提高到临界值以上，则会出现向有序阶段的过渡，呈现出连贯移动的波状结构。那么，细胞的运动机能是如何从分子马达与其他分子结构

（如微管）的相互作用中突现产生的呢?

表 10.1　分子、细胞和组织尺度的工程生物机器

力量产生的不同尺度	功能	例证
生物分子马达（1～45pN 的力）	使用分子马达（如 DNA、运动蛋白、肌球蛋白、F1-ATP 酶）运输和组装	纳米马达、DNA 折纸、DNA 行走器、DNA 转运体
利用心脏和骨骼细胞或细胞群的生物促动器（80nN 至 3.5μN 的收缩力）	鞭毛泵送、细菌转运、心肌细胞微悬臂梁作用	鞭毛马达、心肌细胞、骨骼肌细胞
组织，即细胞层（25μN 至 1.18mN 的收缩力）	心肌细胞层的微泵送和推进，以及骨骼肌的推进	水母和鳐鱼

资料来源：A. Feinberg（2015），Biological soft robotics，Annual Review of Biomedical Engineering，17，243-265.

真核细胞纤毛和鞭毛的核心结构称为轴丝（axoneme），由分子马达——动力蛋白（dynein）组装而成，动力蛋白将来自 ATP 的能量转换为沿微管轨道的线性运动（Chan et al.，2014）。每个轴丝内数千个分子马达的集体活动导致了自持振荡节律模式，这是一种与马达自身线性运动本质上完全不同的涌现性行为。为了检验纤毛样运动的突现是否为微管和动力蛋白马达集体自组织相互作用的结果，桑切斯等（Sanchez et al.，2011）利用生物素标记驱动蛋白马达（kinesin）簇、微管和聚乙二醇（PEG，诱导微管之间的相互吸引作用以形成微管"束"）混合物进行体外实验。那些被气泡困住的微管束开始呈现出均匀的、大规模的跳动模式。这些合成纤维束与生物纤毛和鞭毛的主要区别在于前者的跳动频率明显较慢，这可能是由于生物系统具有较高密度的马达（Sanchez et al.，2011）。因此，该实验和其他实验支持这样的假设：生物纤毛高度协调的运动行为不是由化学信号通路控制的，而是突现于相邻纤毛之间的流体动力学耦合作用。更为复杂的生物结构，如控制细胞分裂过程中染色体分离的纺锤体，是否可能也同样突现于微管的相互作用呢?

中期纺锤体是微管、分子马达和相关蛋白质的集合，它们在细胞分裂过程中负责染色体的分离（Karsenti，2004）。为了研究这些相互作用分子组件的集体行为如何自组织形成纺锤体，布鲁格斯和尼德曼（Brugues and

Needleman，2012）使用共聚焦显微镜视频来计算微管相互作用波动中的时空相关性。他们认为，纺锤体的形成是因为其组成部分的局部相互作用压倒了其他波动，这一假设得到了证实：相互靠近的微管倾向于朝向同一方向，而相距较远的微管排列较为混乱（Brugues and Needeman，2012）。此外，他们发现，纺锤体的椭圆形状是由于微管密度的整体分布，类似于液晶液滴的形成过程（Brugues and Needeman，2012）。

（二）混合自我的实现

纽曼等（Newman et al.，2006；Newman and Bhat，2008；Newman，2012）提出了多细胞生命中“自我”（self）突现的设想。当古老的单细胞生物相互黏附并形成多细胞聚集体时，它们的体型变得足够大（约 100μm），使基因能够利用介观层面兴奋性柔软物质特有的物理过程。兴奋性柔软物质通过细胞边界相互黏附，使信息在多个时间和空间尺度上流动成为可能。包括神经系统在内的内部功能突现于正反馈和负反馈回路的形成和分解，这些反馈回路能够“实时”地预测事件并持续到事件之后。所有多细胞生物的内部和外部界限都是模糊的，微观部件集合形成宏观个体。例如，团藻属的绿藻，其物种特征包括了单细胞形态的绿藻和多细胞形态的团藻。

团藻证明了个体性的演化转变，在这种转变中，选择单位从单个细胞转变为一群互相协作的细胞（Herron et al.，2009；Kirk，2005；Srivastara et al.，2010）。所有的团藻属藻类通过连接细胞的胞质桥进行复制并相互黏附在一起。在后来的进化形式中，这些藻类随着细胞开始分化而分解，细胞壁转化为胞外基质（ECM）（Kirk，2005）。胞外基质的组装是通过一种称为 ISG 的初始支架蛋白（initial scaffolding protein）来实现的，在此基础上，剩余胞外基质的体积扩大了 10 000 倍。胞外基质将生物体作为一个单一实体结合在一起，同时，由两个共存途径调节的细胞不对称分裂产生了体细胞（泳动细胞）和生殖细胞（藻胞）。因此，团藻的成年形态由分化的内部细胞组成，这些细胞放弃了自身的个体性，以支持胞外基质边界内细胞群落的成功（Srivastava et al.，2010）。

（三）深度具身化的内共生

内共生（endosymbiosis）是指一个生物体生活在另一个生物体内，包括有害（寄生）和有益（互利）两种关系（Werngreen，2012）。越来越多的人一致认为，动物和微生物之间的互利共生相互关系不是例外，而是从根本上是非常重要的交织式生态相互作用（McFallngai et al.，2013）。这些交织式相互作用的一个例证是动物与其细菌微生物群落之间的关系，例如，细菌在肠道、口腔和皮肤上通过彼此之间以及与动物器官系统之间的通信发挥内稳态作用（McFallngai et al.，2013）。另一个例证是巨型管虫（*Riftia pachyptila*）及其内共生的硫氧化细菌之间的关系（Bright et al.，2012；Dubilier et al.，2008）。在这些例证中，细菌融合是建立化学合成共生关系的基础。然而，自然界也会将融合作为一种手段，利用身体内外的现有部件来构建新的器官。

单细胞生物，如单眼甲藻（warnowiid dinoflagellates），是一种单细胞浮游生物。它们在微生物中非常有名，因为它们拥有像眼睛一样非常复杂的视觉器官——单眼（ocelloids）。通常在眼中均存在视觉器官的三种结构：晶状体、角膜和视网膜体（Richards and Gomes，2015）。在单眼甲藻中，这些结构实际上是由通过内共生获得的细胞器（线粒体和质体）构建的（Gavelis et al.，2015）。通过综合运用电子显微镜、断层扫描和基因组学技术，盖维斯等（Gavelis et al.，2015）发现视网膜体是由一种古老的红藻内共生体组装而成的，角膜由一层线粒体构成。通过这样的共生关系，自然界发现了一个令人惊讶的解决方案，它要求我们将装置设计问题置于更广阔的视野中，包括将身体外部组件融合为新的整体，其具有涌现性功能，并且使相互关系中的所有参与者都能获得益处。

在已知的无脊椎动物共生体中，已经得到特别深入研究的是夜间活动的夏威夷短尾乌贼（*Euprymna scolopes*）与海洋费氏弧菌（*Vibrio fischeri*）之间的合作关系（Nyholm and Graf，2012）。类似于单眼的涌现功能，乌贼和细菌之间共生关系的特征是形成了一个新的器官，为动物生态位的适应性问题提供了解决方案。与许多其他共生关系中微生物伴侣向宿主提供营养物质不同的是，生物发光的费氏弧菌为乌贼提供了启动发育过程实现功能性发光器官的必要手段（McFall-Ngai et al.，2012）。当费氏弧菌成为发光器官的一部分时，乌贼身体的腹侧表面发光作为一种反照明手段与夜空（月亮和星星）光亮相匹配，遮蔽自身在海底的阴影，以此作为防御捕食者的一种手段（Nyholm and McFallngai，2014）（图 10.1）。

图 10.1　短尾乌贼。生活在夏威夷短尾乌贼体内的细菌会在乌贼腹部产生一种生物发光光束，这种光束模仿上方照射的月光，使得乌贼不会被下方的捕食鱼类发现。反过来，细菌得到了营养丰富的居所。图片由 Sara McBride 提供

乌贼宿主和细菌伴侣相互结合的迷人过程包括主动采集、筛选和诱导。主动采集是宿主上皮纤毛将颗粒扫入通向光器官的毛孔的放任性过程，几乎在乌贼孵化后立即开始，持续约 30min。筛选是一个限制性的过程，在这个过程中，发光器官的黏液内衬促进费氏弧菌的聚集，使其大量增殖并超过其他细菌（Nyholm and McFall-Ngai，2014）。发光器官的诱导是对细菌生物发光的反应：宿主组织必须检测到光线才能发生诱导作用（Heath Heckman et al.，2013）。生物发光细菌在发光器官内的群落增长受乌贼昼夜周期反应的调节。当乌贼夜间从沙中出来觅食时，发光器官对它是有用的；但在白天的光照时间里乌贼挖洞躲藏在沙下，发光器官没有作用。值得注意的是，每天黎明时分，乌贼会将发光器官中大约 95%的细菌排入周围的海水中。当它藏身沙中时，剩下约 5%的费氏弧菌在发光器官内繁殖，到下午 3 点左右，费氏弧菌又会繁殖并充满发光器官（McFall-Ngai，2014）。

开发深度具身化的神经假体装置可以从宿主—共生体的合作伙伴关系

中吸取一些经验。第一，与人工合成装置形成深度具身化关系可能需要一个诱导过程来启动宿主和装置之间某些功能能力的发展。人工模式生成源的激发功能可能类似于新生细胞群中的功能诱导性早熟神经元。第二，深度具身化可能需要从装置到多个层次神经机械系统的信息流，不仅包括对原动力的反馈，而且包括对参与特定功能活动的肌肉群的反馈，对脊髓的本体感受反馈，以及对大脑的感觉输入。第三，学习运用肢体可能需要一个初步的自由过程以探索与人工合成肌肉群合作开展相同活动的多种方式，还需要一个限制性过程，招募某些肌肉群（而不是其他肌肉群）来执行任务。

（四）粪便与蝙蝠侠

在以漫画为灵感的《蝙蝠侠》（*Batman*）电影中，饱受批评的警察局长戈登用一个带有蝙蝠标志的信号灯照亮天空，以此召唤哥谭市的超级英雄犯罪斗士。蝙蝠侠的艺术创造者们所不知道的是，某些猪笼草也有办法吸引蝙蝠：它们有专门的器官，可以增加蝙蝠回声定位的反射性，从而在杂乱环境背景中引起蝙蝠的注意。为什么猪笼草需要吸引蝙蝠？在婆罗洲，肉食性的赫氏猪笼草（*Nepenthes Hemsleyana*）与超声反射定位的哈氏彩蝠（*Kerivoula hardwickii*）形成了一种互利共生关系（Jones，2015）。虽然蝙蝠侠显然是由利他主义驱动的，但对哈氏彩蝠来说，好处是一个没有寄生虫的栖息处。而对于赫氏猪笼草呢？嗯，它从蝙蝠粪便中获得了所需的氮元素（Jones，2015）。有什么证据表明，蝙蝠被特定植物物种标志性的特征和位置结构所吸引呢？

施纳等（Schoner et al.，2015）开展了有关实验，他们首先证实了猪笼草确实拥有超声反射器官：它们建造了一个“仿生”声呐头和扬声器，从猪笼草笼口周围的不同角度向外广播 40～160kHz 的频率。然后他们测量了赫氏猪笼草的回波反射率，并与另一种猪笼草进行了比较。施纳等（Schoner et al.，2015）发现两种不同猪笼草的回波光谱内容存在明显差异，其中赫氏猪笼草的声学效果特别适合在婆罗洲混乱的新热带环境中脱颖而出。哈氏彩蝠呼叫信号的特征是频率极高（高达 292 kHz），因此具有很强的方向性，有助于在杂乱的环境中发现目标。此外，施纳等（Schoner et al.，2015）还开展了行为实验，将猪笼草的反射器保持原样、放大或完全移除。一个有趣的结果是，蝙蝠靠近实验放大反射器的频率明显高于偶然性预期（Schoner et al.，2015）。因此，蝙蝠和植物进化出了一种互利共生关系，前者被更好的栖息地所吸引，后者从更高的氮摄入中受益。

二、互利共生为生物混合机器人提供生物灵感

（一）水母

水母是伞状浮游动物，围绕单一的摄食—排泄开口呈放射状对称排列（Katsuki and Greenspan，2013）。水母的神经系统由感棍（rhopalium，一个具有感光结构、重力受体和游泳用起搏神经元的感觉系统）、一个直接激活肌肉收缩以响应游泳起搏神经元的运动神经网络和一个调节起搏神经元活动的弥散性神经网络组成（Katsuki and Greens，2013）。水母如何组织这些组件系统，使其高度对称（放射性对称或双侧对称）的身体能够完成包括太阳罗盘导航、精确控制游泳动作以避开障碍物、躲避捕食者及聚集成群等行为（Katsuki and Greenspan，2013）呢？放射状身体结构意味着水母的所有部位都或多或少对环境产生同样的反应，通过类似水泵的肌肉收缩环来进行运动。萨特利（Satterlie，2011，2015）认为，对于放射状身体构造的动物来说，这些行为是通过弥散性神经网络与综合神经中枢的相互作用实现的，而且比双侧对称动物的中枢神经系统更为有利。

为了更好地了解弥散性神经网络的整合如何构成生物水母推进的基础，怀斯研究所的基特·帕克（Kit Parker）和卡内基梅隆大学的生物工程师亚当·费因伯格（Adam Feinberg）采取仿生手段设计制造人工合成水母（Nawroth et al.，2012；Feinberg，2015）。首先，他们考虑了水母在早期发育阶段（幼体阶段）如何利用身体组织的肌肉力量和弹性回缩力进行推进。在这个阶段，水母身体是由八片体叶围绕一个中央圆盘呈放射状排列组成，而不是封闭的钟形。然后，他们利用自己实验室开发的一种名为“肌肉薄膜”

（muscular thin film）的新技术，在独立、柔性薄膜（聚二甲基硅氧烷，PDMS）上合成制造肌肉组织（人工培养大鼠心室肌细胞）（Feinberg et al.，2007；Shim et al.，2012）。

肌肉组织和弹性体这两种组件为模拟水母提供了自我推进方式：大鼠心肌细胞的快速肌肉收缩产生主动推进脉冲，PDMS 固有的弹性特性提供慢速的弹性回缩力。他们利用这种人工合成水母——他们称之为“类水母体”（medusoid）开展了运动学实验，对于了解看似简单的人工模拟生物体结构可能需要什么部件，提供了非常有价值的见解。水母幼体的实际身体形态是一种异质性基底，其硬化肋柱起弹簧的作用，软性褶皱起压缩的作用，枢轴使表面形成无皱褶的钟形（Nawroth et al.，2012）。最初的类水母体设计没有包含这些身体结构特征，结果是 PDMS 无法变形，根本不能产生推进力。因此，研究人员开发了一种新的“叶片式”设计，允许每支“手臂”围绕其底部自由弯曲，在最大程度收缩时形成准封闭的钟形结构。当将类水母体放入水浴中并在水浴中施以电场时，它们的运动学和推进模式与其生物学同类极为相似。

（二）组织工程化生物混合鳐鱼

尽管类水母体能够模拟水母的游泳动作，但这种生物混合水母缺乏游泳动物在其自然栖息地的关键功能：它无法对感官信息做出反应以调节其行为，即根据从环境中获取的信息进行运动。帕克的生物混合研究计划的下一步就是将组织工程技术与光遗传学相结合，模拟鳐目鱼类（如魟或鳐）控制身体波动的方式，以便与游泳时产生的涡流交换动量（Park et al.，2016）。生物混合鳐的生物促动源是一层约 20 万个活体心肌细胞，它们之间通过细胞间隙连接进行电耦合。这些心肌细胞负责推进一个长约 16.3mm，重约 0.43mg 的弹性体。研究人员还与卡尔·迪塞罗斯（Karl Deisseroth）实验室合作，对这些心肌细胞开展了进一步的工程设计，使其表达一种光敏离子通道——通道视紫红质 2（ChR2）（详见第五章）。由于表达 ChR2 的心肌细胞为选择性反应，鳐前方 1.5Hz 频率的光点刺激可以触发动作电位的传播。模仿生物鳐蛇形结构的身体构造也对游泳模式做出了至关重要的贡献。生物混合鳐的可运动性是通过不同频率、左右交替的光刺激来实现的。与活体鳐一样，仿生的生物混合体能够产生正向与负向涡流。通过趋光性转向，生物混合鳐还能够穿越需要复杂协调和操纵的障碍路线。这项研究计划的未来挑战之一是发展自主性、适应性行为能力，目前在生物混合机器人中尚无法实现这种能力。

伊利诺伊大学拉希德·巴希尔（Rashid Bashir）实验室开发了另一种名为生物虫（biobot）的混合肌肉驱动软体机器人（Cvetkovic et al., 2014；Raman et al.，2016，2017）。每一个生物虫机器人都由骨骼（而不是心脏）肌肉提供动力，并与3D打印柔性梁耦合，后者发挥关节连接的作用。与生物混合鳐鱼一样，最新一代生物虫机器人的肌肉是由光遗传学驱动的，通过光刺激控制肌肉收缩（Raman et al.，2016；Raman et al.，2017）。此外，采用骨骼肌有可能通过神经肌肉接头与神经网络耦合，提供更高水平的控制（Raman et al.，2017）。

（三）当前机器人学的局限性

自然界的适应性过程很好地解决了环境所带来的问题。例如，自然界对远距离物体进行更近距离感官检查的解决方案包括通过运动接近物体，或通过四肢使物体靠近身体。机器人，甚至包括那些发送到其他星球的机器人，现在都非常擅长预编程的移动（尽管速度很慢）以找到感兴趣的物体。行星探测器对于机械臂够不到的地方，可以用激光轰击岩石。一旦伸手可及，它就模仿人类胳膊和手部的伸展与抓握能力，与岩石进行物理接触以便进一步分析。那么，我们如何提高未来行星探测器的能力？

在过去20年中，研究大脑如何控制身体四肢的重要方法之一是计算神经科学领域（参见Shadmehr and Krakauer，2008；另见第九章）。计算神经科学工程师广泛阅读的期刊《IEEE会刊》（*Proceedings of the IEEE*）将其列为一项重要专题，该学科的主要目标之一是了解大脑细胞和网络中的电活动如何实现生物智能（McDonnell et al.，2014）。计算神经科学的首要目标是通过对一系列大脑功能的“反向工程”（见第一章）来设计工程系统，包括感知和运动、计算和学习、装置和通信，以及可靠性和能量等（McDonnell et al.，2014）。从计算角度来看，反向工程的一个例子是采用仿生视觉电路建造小型昆虫机器人（Franceschini，2014），或者通过不断变化的身体形态和环境之间一代又一代的相互作用演化发展其自身控制架构（Bongard and Lipson，2014）。

计算神经科学长期忽视的一个重要的生物启发领域，是身体的力学特性与运动控制环境相互作用的意义。泰特尔等（Tytell et al.，2011）在一篇重要文章中指出，对具身化神经系统的任何充分分析都需要了解身体力学及其与环境的相互作用，该文章标题中声称“仅靠棘波信号不会产生行为”。神经回路活动受身体生物力学与环境相互作用影响的方式，可以通过七鳃鳗等鱼类游泳的例子来说明。在七鳃鳗的游泳过程中，神经回路产生由头部到尾部的活动，激活波浪状运动的肌肉以及相应的身体弯曲程度的变化（Tytell et al.，2011）。然而，值得注意的是，机械波的传播速度与神经活动波的传播速度不同，它取决于身体所受的流体作用力（Tytell et al.，2010）。反过来，神经回路可利用身体的力学特性发挥作用，例如，通过调节肌肉的力学性能（如硬度）来提高人体的目标导向手臂运动的准确性（Selen et al.，2005）。

生物启发方法可以模仿动物受到干扰时的稳定行为来制造运动机器，科学家和工程师据此研发出了能够使机器像动物一样行动的模型（参见Ijspeert，2014）。这是一个极其困难的挑战，因为描述动物神经系统、身体和环境之间相互作用的变量具有高维性特征。目前已有许多基于抽象动力学系统的建模方法，并通过现实世界中的各种约束得以体现。例如，富尔和科迪切克（Full and Koditschek，1999）提出了一种由“模板”（templates）和“锚定”（anchors）组成的建模方法，“模板”是一种抽象动力学模型，它将复杂变量集的维数减少到生成性动力学系统（例如，质量弹簧钟摆系统）。然而，模板并不能对运动控制所需的神经和肌肉骨骼详细机制做出因果解释。因此，在运动建模的动力学方法中，又增加了“锚定”来补充“模板”。“锚定”是一种神经力学模型，用于确定关节、肌肉骨骼和神经系统功能的作用，以及环境对运动等行为突现的贡献。换言之，锚定将抽象动力学系统置于动物身体形态和生理学所施加的约束之下（Revzen et al.，2009）。总之，模板和锚定构成了一种更完整的复杂行为建模方法：模板负责确定生成性功能单元及其关系，并制定高水平的神经力学控制政策，而锚定则包含了环境背景下行为控制动力学的身体和环境约束细节。

（四）使计算更加生物化

现代数字计算机的基本架构是可靠部件的精确排列，计算执行技术依赖于这种架构的精度和可靠性（Abelson et al.，2009）。另外一种利用复杂系统原理的计算方法，被称为无定形计算（amorphous computing）。无定形计算的基础是大量不可靠部件的协作，这些部件以未知、不规则和时变的方式排列。无定形计算的基本原理是通过“计算粒子”（computational particles）集合来实现计算，每个“计算粒子”对其位置或方向都没有先验知识（Abelson et al.，2009）。此外：①所有粒子具有相同的编程，②每个粒子都可以与邻近的几个粒子通信，③这种通信并不可靠，④与无定形计算机的整体大小相比，两个粒子之间能够有效通信的最大距离相对较小（Abelson et al.，2009）。

怀斯研究所科研人员拉希卡・纳格帕尔（Radhika Nagpal）早期开发的基于无定形计算的多主体系统（例如，Werfel and Nagpal，2008），是我在分散式可穿戴机器人系统领域开展相关工作的基础，在第九章中作了进一步介绍。其核心思想是使用基于生成规则的编程语言对高阶描述目标进行全局到局部的编译，然后将生成规则映射到各个主体的局部程序。主体如何在局部相互作用？纳格帕尔提出了一套衍生于发育生物学的基元集，作为局部程序的基础，包括形态发生因子梯度、趋化性和各种类型的局部竞争与合作。例如，余和纳格帕尔（Yu and Nagpal，2009，2011）开发了一个类似于生物组织的模块化表面，它由一个基于分散控制组织的相互连接的自主机器人主体网络组成。表面的整体形状由物理连接机器人的集体动作局部控制，并受一组全局约束条件的引导。集体动作的目标是适应以实现全局内稳态（global homeostasis），其由一组即使发生环境变化也必须保持的局部约束条件所定义。这种内稳态的例子是具有特定形状的表面，例如，保持特定方向的平面（如桥面）。对于物理连接结构局部视野有限的机器人主体，保持内稳态需要互相协作。纳格帕尔及其同事为了实现这一目标，向每个主体提供一个简单的控制规则：检测测量到的传感器值和每个相邻主体所需局部约束之间的误差，然后计算减少平均局部误差方向上的驱动变化。换句话说，每一个机器人主体就像一个细胞，根据其感知的局部环境计算自身响应动作。科学家最近进一步研究了其他类型的多主体系统，包括微型机器人集群中的无定形计算仿生基元（Rubenstein et al.，2014）。

无定形计算为柔软形态的可扩展控制提供了潜力，不仅包括身体形态的几何结构（例如，器官和关节），还包括材料特性，如摩擦系数或描述柔顺性的参数（Correll et al.，2014；Hauser et al.，2013）。身体的柔软形态、柔顺性、非线性和高维性产生了能够执行计算的内在机械动力学。因此，控制不再是中央执行器的专属领域。相反，一些计算可以外包给身体的内在动力学来执行。有了无定形计算和柔软形态，控制变得更像是一个乐队协奏的问题，以至于身体不是在每一瞬间都被控制，而是间或受到乐队指挥的引导。为了使控制"足够好"，以便身体能够在结构化环境能量场中实现特定的行为动力学（Loeb，2012），乐队指挥可以将能量引入系统，将其移动到场的某一特定区域而不是其他区域（Warren，2006）。

拉希卡和她的同事一直在开发基于无定形计算的编程语言，用于控制机器人集群（参见 Wood et al.，2013）及建造机器人（参见 Werfel et al.，2014）。例如，拉希卡在一种名为"Karma"的确定性编程语言中，首先从一个全局性机构"蜂巢"（hive）开始，该机构发出指令并将其翻译为单个程序（Dantu et al.，2012）。全局性指令的组织形式为任务流程图，该任务由集群作为一个整体来完成，其中包括了触发新任务的局部条件。随着群体成员集体行为的逐步展开，返回蜂巢的个体信息被用来调整任务的优先级别。第二种编程语言名为"optRAD"（优化反应—平流—扩散），采用了一种随机的集群控制方法。OptRAD 将微型机器人的行为视为在环境中扩散的流体。蜂巢为宏观连续模型提供了一组针对特定目标优化的参数。在每次行动前，参数被传递给微型机器人以指导它们的移动速度和局部行为（例如，在花上飞行和盘旋）。

Kilobots 是低成本开源机器人集群，能够在沿地平面移动时呈现出集体行动（Rubenstein et al.，2014）。单个 Kilobot 在成本（每个约 14 美元）和功能（能够前移、旋转、与邻近 Kilobot 通信并测量彼此距离；检测环境光照水平；易于调试和可扩展操作）之间达成了平衡。作为这项工作的延伸，鲁宾斯坦等（Rubenstein et al.，2014）设计了低成本的 1024 个机器人，这是一种分散式 Kilobots 集群，其集体行为仅通过相邻机器人之间的局部交互作用实现。1024 个机器人中的每一个都只编程了三种“基元”能力：①边界跟踪，机器人可以通过测量与边界位置机器人的距离，沿着一组机器人的边界移动；②梯度形成，源机器人产生一个信息，其随着在集群中的传递而递增，从而可以提供与源机器人的测地距离；③定位，机器人可以通过测量与相邻机器人的距离及相互通信而形成局部坐标系（Rubenstein et al.，2014）。

（五）白蚁 TERMES

第一章中介绍了电影《超能陆战队》中的微型机器人集群，它们能够将自我组装、分解和变形，形成一系列大型模式和物理对象，这让人联想到沙漠中的白蚁建筑（参见 Turner，2010）。然而，电影中虚构的这些微型机器人和白蚁建筑师之间存在着根本性区别：电影中的虚构机器人是由一名执行者来指挥的，即佩戴某种脑机接口的一位个人（电影中我们仁慈的大英雄或恶棍，具体取决于情节的起伏）。相比之下，昆虫集群并没有一位主体来指导它们的行为。相反，社会性昆虫在同伴交流互动过程中利用有限的局部感觉信息做出决定，它们的局部行为通过化学、机械和视觉通信网络传播扩散，从而产生全局性模式（Ramdya et al.，2015）。

大白蚁属（*Macrotermes*）的筑巢白蚁建造了自然界中最大和最复杂的建筑物，而且没有任何建造计划或领导（Turner，2010）。要想让类昆虫机器人真正模仿白蚁的建造壮举，就需要机器人通过操纵和感知共享环境，或称为共识主动性（stigmergy，源自希腊语“stigma”，意思是显示，以及“ergon”，意思是工作或行动；Dehmelt and Bastiaens，2010），间接地协调它们的建造活动。韦费尔等（Werfel et al.，2014；另见 Petersen et al.，2011）已经证明，能力有限、简单独立的机器人基于共识主动性的分散系统能够用预制“砖块”建造大型结构。在这项工作中，共识主动性的特征是通过检测发现砖块的不同排列而触发动作。这个分散系统被称为 TERMES，为其中的每个机器人都提供了所要建造结构的高级表现形式，确定砖块所要占据的位置，以及一组“交通规则”或方向约束。这种方法对自然界利用大量感知能力有限的动物进行分散式构建的策略进行了真实的测试，每个机器人都有一个目标而不是计划；一组如何实现目标的现实世界约束；使用砖块排列确定下一步动作的算法；以及与行动能力成比例的砖块属性。《科学》上发布的 TERMES 视频（Werfel et al.，2014）与《超能陆战队》一样有趣，证实了该系统能够成功建造大型建筑。但这并不是科学幻想。这是 21 世纪的机器人技术。

（六）新人工智能

1936 年“通用机”（现代数字计算机的先驱）的创造者阿兰·图灵（Alan Turing）在其 1950 年发表的关于“计算机器和智能”经典论文中指出了未来的挑战（Turing，2004）。1950 年的这篇论文被广泛引用，因为其中包含了图灵的“模仿游戏”（imitation game），现在被称为图灵测试，可以用于确定机器是否具有人类般的智能。自这篇论文发表以来，人工智能（AI）领域已成为工业发展的主导力量，为（不是很聪明的）计算机提供了快速算法。然而，在制造具有昆虫群体智能或乌鸦聪明程度的机器方面却进展缓慢。

随着 2012 年纪念图灵一百周年诞辰以及 2015 年电影《模仿游戏》（*The Imitation Game*）的上映（该电影描绘了图灵在第二次世界大战期间破译德国 Enigma 密码机的惊人成就），人工智能界重新获得了活力，以实现其建造人类智能机器的目标（Chouard and Venema，2015）。“新人工智能”（new AI）不是由计算机回答问题所驱动（在此向苹果公司的“Siri”、IBM 公司的“Watson”、科幻电影中的“HAL 9000”表示歉意），而是以物理世界中的人工存在体（机器人、人形机器人）为中心，以感觉输入作为自适应智能行为的基础（Chouard and Venema，2015）。以这种方式将人工智能融入物理世界，或许再次解决了图灵在 1950 年预测的其他挑战。在 21 世纪，机器人已经开始能够对自己和他人所受的伤害做出反应（Cully et al.，2015）；通过避免完全自主而采用“共生自主”（symbiotic autonomy）——请求其他机器或人类提供帮助，成为人类社会关系的一部分（Rosenthal et al.，2012b）；并正在成为人类早期语言发展的学习伙伴（Kory et al.，2013）。

进化算法（evolutionary algorithms）是采用达尔文自然选择方式的机器（包括机器人）优化方法（Floriano and Keller，2010；Maesani et al.，2014）。例如，进化机器人学中的方法论涉及四个主要步骤：①生成一个具有不同基因组的群体，每个基因组定义了人工神经网络的突触连接强度；②利用传感器输入和驱动输出，通过真实或模拟实验评估每个机器人的适应度，即在执行分配任务时的表现；③有针对性地选择具有最高适合度的机器人基因组，以此制造新一代机器人；④对选定的基因组进行配对以实现交叉和突变；⑤在多个世代中重复上述过程（Floriano and Keller，2010）。

模拟自然选择的进化算法在机器学习系统方面取得了显著进步，例如，类视觉图像处理和机器人导航系统（参见 Floriano et al.，2014；Jordan and Mitchell，2015）。进化计算即将开启“智能物体”自动化制造的新时代（Eiben and Smith，2015）。下一代飞行机器人无人机将使用进化算法进行“反应式”和“认知式”自主飞行的路径规划（Floriano and Wood，2015）。

（七）适应自身身体损伤的机器人

“好奇号”火星探测器是一个六足轮式机械，2012 年登陆火星开始探索这颗红色星球。在穿越火星崎岖地形的旅途中，“好奇号”经常遇到一些遍布尖锐岩石的区域，这些岩石在它的车轮上扎了许多破洞。火星探测器的摄像头使美国宇航局的科学家和工程师能够在地球上监测车轮损伤发展情况，并提出了一种自适应策略。为了将进一步的损伤降到最低，任务控制小组指示火星探测器选择距离可能更长但损坏车轮岩石较少的路线行驶。在目前的火星探测器发展阶段，“好奇号”的最初设计并不具备这种自我决定适应损伤的策略。但毫无疑问，未来的探测器和其他移动机器人将具有这种自适应能力。

库利等（Cully et al.，2015）开发的六足机器人有助于了解此类机器人的工作原理。这种六足机器人的自适应行为受到了动物弥补自身身体损伤方式的启发。例如，狗这种四足动物可以通过采用三足式步态，快速适应失去一条腿的情况（Fuchs et al.，2014；Jarvis et al.，2013）。库利等（Cully et al.，2015）提出，动物的行为是基于试错式学习，并以先前的经验为指导。他们设计了一个采取类似策略的机器人控制器：它给出了可能行为（如行走步态特征）的空间维度和性能指标（如速度）（图 10.2）。[我注意到，库利等错过了在描述可能行为空间时结合动力学系统视角的机会，即采用特维等（Turvey et al.，2012）提出的步态对称性。] 因此，机器人的知识库就是行为性能空间地图。受损机器人搜索这一空间地图，寻找预计会表现良好的不同类型行为，并对这些行为进行测试，更新其评估：这个过程被称为“智能试错”（intelligent trial and error）（Cully et al.，2015）。

（八）大白向何处去？

在本书的结尾部分，让我们重新回顾第一章的开头，我非常喜爱亲社会型机器人和业余超级英雄大白。今天，我们是否能够建造一个能够应对甚至预测伤害和疾病的辅助机器人？这个问题的答案核心是，我们在建造宏观尺度类人机器人方面取得的进展。我思考这个问题的灵感来源是 20 世纪 60 年代电视节目《杰森一家》（*The Jetsons*）中一个受人喜爱的角色：名叫萝西的人形机器人女仆。也许，我们可以原谅动画师把萝西描绘成一个有轮子、有胳膊和头部、身上系着围裙的形象。毕竟，她可以和乔治、简和同伴交谈。事实上，对于观众来说，无论是儿童还是成人，萝西之所以如此讨人喜欢，是因为她的人性、她的同情心，以及她是被接受的家庭成员，而不是她与我们人类的相似程度。现在，50 多年后，机器人技术和人工智能的进步已经使我们进入了将社会机器人接纳为家庭成员的时代。

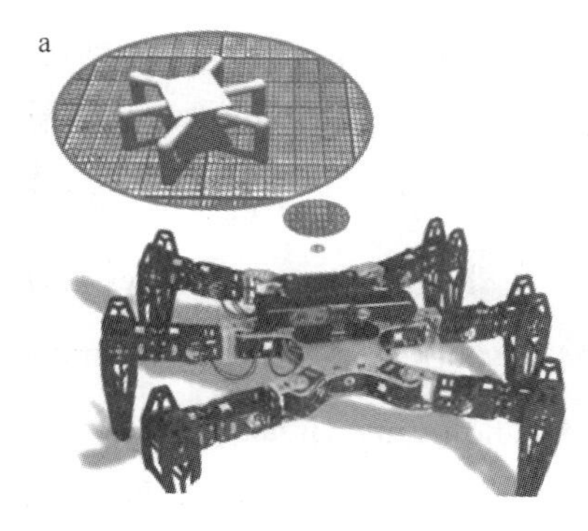

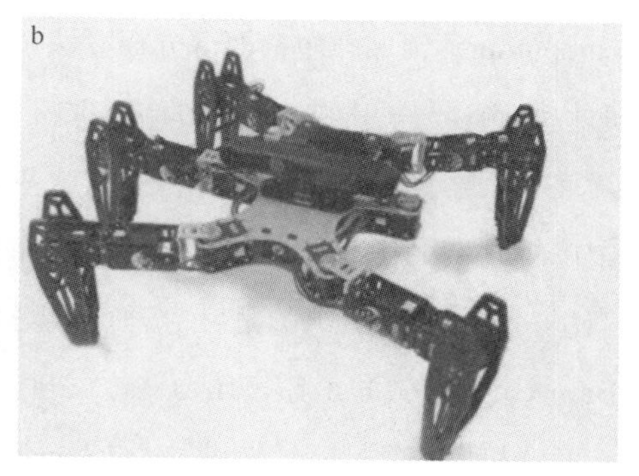

图 10.2　机器人使用智能试错（IT&E）算法，可以像动物一样快速适应损伤并恢复。（a）未受损伤的六足机器人和自动生成的行为性能空间地图。（b）断腿行走。为了在受到损伤的情况下保持行走，它采用了显示可能动作空间及其性能数值的大型地图。具体来说，机器人根据之前存储在地图中的（模拟）经验选择一种它认为会表现良好的行为。如果该行为在测试时无法工作，机器人则会移动到不同的地图区域，这意味着选择完全不同的行为类型。这种新的算法可以让受损机器人在仅仅尝试了几种不同的行为后，1 分钟之内就能够站立行走。图片由让・巴普蒂斯特・莫雷特（Jean-Baptiste Mouret）根据创意共享许可（Creative Commons license）提供

制造萝西这类人形社会机器人的工作尚在发展之中，其中一个重大突破是卡内基梅隆大学的曼努埃拉・韦洛索（Manuela Veloso）和她的学生制造的一种可以寻求帮助的机器人，并且创造了机器人和人类之间互相帮助的社会共生关系。罗森塔尔等（Rosenthal Veloso and Dey，2012）将与机器人的共生关系定义为机器人帮助我们人类，同时我们也在机器人无法完成通往目标的关键步骤时（例如，按下电梯按钮）帮助它们。这种共生关系也许与宿主–细菌之间的关系有所不同，宿主–细菌关系要求短尾乌贼和费氏弧菌协调它们的活动，以产生互利的捕食防御行为。罗森塔尔等特意制造了没有手臂的合作机器人（CoBot），但是它能够与人类沟通交流，可以在卡内基・梅隆大学实验大楼的不同楼层间转动来运送包裹。因为 CoBot 没有手臂不能按下电梯按钮，当送货需要使用电梯时，它必须请求人类提供帮助才能乘坐电梯。有了人类的这些帮助，CoBot 就能够顺利完成任务，使包裹的发送者和接收者都感到满意。

人类与 CoBot 的交流可能是互利共生的，但其情感内容相当有限。随着情感感知（affective sensing）技术的发展，也随之产生了情感计算（affective computing）领域，包括面部分析算法（El Kaliouby and Robinson，2005）、原位检测和分析皮肤电活动的精密腕带（Gao et al.，2016）。机器人能够解读面部表情等人类情感信号，根据这些表情做出推论，并在自然世界情境中确定它们的意义，这一可能性促进了社会机器人学（social robotics）的产生，其中特别突出的是麻省理工学院（MIT）辛西娅·布雷泽尔（Cynthia Breazeal）所做的工作（Breazeal，2003；Spaulding and Breazeal，2015）。在社会机器人领域，社交机器人（sociable robots）具有与人类形成共生关系的潜力。布雷泽尔（Breazeal，2003）将社交机器人定义为参与型机器人：他们积极地以社交方式与人类交往，使人类及自身受益。在布雷泽尔实验室，社交机器人的早期实例是 Kismet，它能够在面对面的交流过程中交换看法（Breazeal，2003）。最新型的社交机器人包括一种适用于儿童环境的泰迪熊机器人 Huggable（Jeong et al.，2015），以及用于早期教育的社交机器人等。

社会辅助机器人技术是结合了辅助机器人技术的专业领域，专注于通过机器人互动来帮助人类用户，例如，作为人类的移动助手（见第九章）和社会互动机器人（Rabbitt et al.，2015）。在精神心理卫生环境中运用社会辅助机器人（socially assistive robots，SAR）的方式包括生活伙伴，如海豹机器人 Paro；模拟眼神交流等社会互动的治疗性游戏伙伴（Scassellati et al，2012）；以及帮助患者遵循药物依从性等治疗问题的教练/辅导师（Fasola and Mataric，2013）。社会辅助机器人目前的应用方式是与人类治疗师协作，但最终可能会延伸到家庭之中（Rabbitt et al.，2015）。其中最令人感兴趣的是，将社会辅助机器人作为游戏伙伴，使患有自闭症谱系障碍（ASD）的儿童参与社会交往并诱导积极的社会反应。

十多年来，耶鲁大学的计算机科学家和发展心理学家布莱恩·斯卡塞拉蒂（Brian Scassellati）已经研发出了一系列社会辅助机器人（SAR），推动了它们与自闭症儿童眼睛凝视、面部表情及社会交往的改善(参见 Scassellati Admoni and Mataric，2012）。斯卡塞拉蒂发现，社会辅助机器人比普通玩具更栩栩如生，但社会复杂度要低于人类，因此能有效地让自闭症儿童参与共同社会活动。这样做面临的挑战是引导孩子进一步参与涉及共同注意（通过手指或眼神接触将共同兴趣引导向目标物体）、模仿和轮流游戏的活动。例如，一个名为 Kaspar 的社会辅助机器人，可发起与自闭症儿童的轮流游戏。一个人用手持遥控器控制机器人的运动，另一个人则模仿机器人的互动。因为孩子能够看到按下按钮对 Kaspar 动作的影响，遥控器就成为了一种控制手段。在这种情况下，儿童通过互相之间传递遥控器的动作参与轮流游戏（Scassellati et al.，2012）。

三、互利共生是合成生物学和器官芯片装置的基础

（一）肠道微生物组

健康人体肠道是一个由约数百万亿个单细胞微生物（细菌、病毒、真菌，在某些情况下还包括原生动物）组成的生态群落，使我们人类成为全功能体生物（holobiont）（Charbonneau et al.，2016）。肠道微生物组在人类健康中发挥着重要作用，通过四个相互关联的功能促进了定植抗力（colonization resistance）作用：直接抑制、屏障维持、免疫调节和新陈代谢（McKenney and Pamer，2015）（表 10.2，译者注：原文表格如此，怀疑有误）。从发育的角度来看，人类的功能生物群落是生态演替（ecological succession）的一个实例：微生物群落在最初定植之后，其组成和功能发生持续变化，直到形成相对稳定的顶极群落（climax community）（Lozupone et al.，2012）。在妊娠期间，哺乳动物胎儿居住在一个很大程度上无菌的环境中，并受到母体免疫力的保护（McKenney and Pamer，2015）。在出生后的早期发育过程中，新生儿小肠和结肠中的基因表达变化被认为会引起免疫系统的改变（Rakoff-Nahoum et al.，2015）。随后，乳汁中分泌的抗体确定了肠道微生物群的长期组成（Rogier et al.，2014）。

正如索内博格等（Sonnenburg and Backhed，2016）所指出的，肠道微生物可能被认为是调节人体生理的“控制中心”。这可以通过对营养不良儿童的研究加以说明，健康生长的定义来自微生物的角度（Blanton et al.，2016；Gordon et al.，2012；Subramanian et al.，2014，2015）。苏布拉曼尼亚等

（Subramanian et al.，2014，2015）在孟加拉国开展了研究，观察不同程度的营养不良与肠道微生物组成熟度之间的关系。孟加拉国严重营养不良儿童（根据身高体重测量结果确定）的肠道微生物群明显“更加年轻”，中度急性营养不良儿童的肠道微生物群同样不太成熟但并不严重（Subramanian et al.，2014）。但是营养不良与肠道微生物群健康状况有因果关系吗？肠道微生物群在人体营养不良中的因果作用得到了研究的支持，研究人员将来自人类供体的粪便样本移植到无菌小鼠体内，从而将人类供体的微生物群落传递给了受体动物（Blanton et al.，2016；Kau et al.，2015；Ridaura et al.，2013）。布兰顿等（Blanton et al.，2016）发现，接受马拉维健康供体儿童微生物群的小鼠与接受营养不良供体儿童微生物群的小鼠相比，体重和去脂体重显著增加，尽管这两组小鼠的食物消耗并没有差异。

肠道微生物可能作为生理控制中心的另一个例证是，流行病学研究发现孕期母体肥胖会增加后代发生后期发育障碍（如 ASD）的风险（Gohir et al.，2015；Krakowiak et al.，2012）。以常量营养素高为特征的母体肥胖可能会改变子宫内胎儿的肠道微生物组，并通过肠—脑轴干扰胎儿的神经发育（Cryan and Dinan，2012）。一项对治疗干预具有深远意义的发现是，通过操控后代的肠道微生物组有可能逆转其大脑和行为缺陷。例如，巴芬顿等（Buffington et al.，2016）在小鼠研究中首次证明，母体高脂饮食（MHFD）诱发的肥胖不仅导致后代肠道微生物组中特定细菌种类的减少，而且还会导致后代发生行为功能障碍。MHFD 诱导的后代肠道微生物群变化对腹侧被盖区（VTA）中的边缘叶多巴胺奖赏系统具有特异性效应，与提高催产素水平有关。然而，巴芬顿等（Buffington et al.，2016）发现，通过口服一种共生粪便细菌，可以纠正 VTA 突触功能障碍，并选择性逆转后代的社会缺陷。随后，值得注意的是，粪便移植对微生物组的突出效应显著改善了这些小鼠的社会行为功能失调。

（二）微生物群落—肠—脑轴

数万亿肠道微生物与神经系统近1000亿神经元及数10亿非神经胶质细

胞之间的双向交流，称为肠—脑轴（gut-brain axis），其中包括多种直接和间接的内分泌、免疫、中枢和周围神经系统路径（Collins et al.，2012；Cryan and Dinan，2012，2015）。例如，连接微生物组和中枢神经系统的路径即包括迷走神经、循环系统和免疫系统（Sampson and Mazmanian，2015）。肠道微生物群似乎通过这些路径在健康和疾病中调节宿主大脑的发育和功能（Fung Olson and Hsaio，2017；Vuong et al.，2017；Sampson and Mazmanian，2015；Sharon et al.，2016）。无菌（GF）动物的使用，如小鼠，使得研究人员有可能直接评估微生物群对神经生理学的影响（Cryan and Dinan，2012）。例如，与传统的定植对照组相比，GF 小鼠的特点是神经层、海马体、杏仁核和下丘脑的回路紊乱，具有显著的社会回避性，并且在社会认知方面存在缺陷，使得它们无法识别熟悉和陌生的小鼠（Collins et al.，2012；Sampson and Mazmanian，2015）。

（三）合成生物学和肠道

由于肠道微生物群的变化会影响健康、疾病和新陈代谢，合成生物学与其他科学技术面临的挑战是研发有望作为微生物群落组成部分的装置，并且能够非破坏性地参与肠道活动（Arnold Roach and Azcarate-Peril，2016）。肠道内合成生物学装置面临的特殊挑战是能够存活，融入复杂的肠道微生物群，感知肠道环境，对环境做出反应，提供某些帮助，并在排出体外后反映肠道状态（Hays et al.，2015）。怀斯研究所科研人员帕姆·希尔弗（Pam Silver）及其同事设计制造了一种细胞存储器，能够将瞬时信号转换为持续响应（Inniss and Silver，2013）。科图拉等（Kotula et al.，2014）构建了一种具有人工合成记忆系统的工程大肠杆菌，该菌可以在哺乳动物肠道中存活，并且能够在通过小鼠肠道的过程中感知和记录抗生素接触情况。该研究为这类合成遗传电路成为诊断系统奠定了基础。

（四）人类肠道芯片

建立肠道与人工合成诊断治疗装置之间互利共生关系的另一种方法是

器官芯片（organ-on-chip）技术（参见 Benam et al.，2015）。研发人类肠道芯片是为了探索肠道微生物群间一系列复杂相互作用的影响。这种生物启发装置的特征在于，它提供了生理相关腔流和蠕动样机械变形的环境，促进形成由上皮细胞排列成的小肠绒毛（Kim et al.，2012；H. J. Kim et al.，2016）。像人类肠道一样，肠道芯片也易受疾病的影响，如小肠细菌的过度生长和感染。此外，由于有可能系统控制肠道微生物群产生功能的各个参数，并且微流体环境能够维持细胞存活长达 2 周的时间，因此可以使用肠道芯片来评估益生菌抑制细菌过度生长和感染的作用。这正是金等（H. J. Kim et al., 2016）所做的研究工作，他们首先证明，在实验中停止装置的蠕动样运动，即使维持腔流，也会引发细菌的过度生长，类似于肠梗阻和肠炎患者的情况。然后，他们使用该装置来观察益生菌和抗生素临床治疗对于细菌过度生长和炎症的保护作用。金等（H. J. Kim et al.，2016）发现，肠道器官模型系统所采用的这些疗法成功地保护了小肠绒毛免受损伤。

（五）集成传感功能的芯片装置

早期研究利用心肌细胞实现受控微尺度驱动，需要通过光刻技术制造肌肉—弹性体混合装置。如第四章所述，这些技术需要多个手工操作步骤、掩膜和专用工具。例如，费因伯格等（Feinberg et al.，2007）通过在聚二甲基硅氧烷（PDMS）弹性体薄膜上培养大鼠心室肌细胞来制造工程化二维心肌组织。专业工程设计的各向异性组织具有收缩功能，可以使 PDMS 薄膜基质发生弯曲。随后，格罗斯贝格等（Grosberg et al.，2011）进一步发展了这项技术，批量制造出“心脏芯片”基质。但他们的方法仍然需要大量的手工制作，包括手工切割薄膜，运用立体显微镜和图像处理进行运动性能测量等。最近，怀斯研究所的詹妮弗 · 刘易斯（Jennifer Lewis）和基特 · 帕克（Kit Parker）开发了一种可编程复合材料 3D 打印技术，能够实现材料的自动模式化和集成，可以应用于组织驱动和传感。他们将这类集成装置称为微生理系统（microphysiological systems，MPS）（Lind et al.，2016）。在微生理系统的 3D 打印过程中，不同类型的专用墨水可以沉积形成：①多层悬臂，包括基底层、嵌入式应变传感器、组织引导的柔性 PDMS 微束；②读取传感器数据的导线和触点；③容纳心肌细胞的孔室，顶部覆有绝缘盖。因此，集成了直接传感能力的微生理系统大大提高了这项技术的水平，不再需要使用基于显微镜的运动学方法来测量组织收缩应力。

四、再生医学

（一）模拟生物生长的材料和装置

再生医学（regenerative medicine）一词可与组织工程（tissue engineering）互换使用。毛和穆尼（Mao and Mooney，2015）提出了再生医学的三种策略：制造支架、血管化和神经支配、改变宿主环境（表 10.2）。制造能够模仿组织生长的材料向我们提出了大量艰巨的挑战。生物组织在其生长过程中不断改变形状，这意味着，对涉及生长组织相互作用的应用领域，任何机械印制装置的架构必须能够动态改变自身形状以适应组织的生长。此外，这类装置如果需要植入体内，还必须能够被人体吸收。增材制造，又称 3D 打印，是在计算机设计的可打印模型的控制下，通过连续添加分层材料来制造三维物体的过程。进一步整合了随时间而变形的能力（第四维度），或材料能够直接在印刷床上改变形状的材料打印过程称为 4D 打印（Tibbits，2012）。

表 10.2　再生医学策略

策略	说明
通过支架制作重建器官与组织结构	制造可生物降解的人工支架。3D 生物打印（通过喷墨或微挤压）可以创建结合了高分辨率控制材料的结构，并将细胞置于该工程结构中
通过血管化和神经支配使移植物与宿主相结合	促进移植物血管化的策略包括使用血管生成因子、在移植前对移植物进行预血管化；促进宿主神经支配可以通过模式化水凝胶来实现，水凝胶上有各种通道并含有生长因子
改变宿主环境以诱导治疗反应	细胞输注（如来自人脐带血）可诱导治疗反应，例如，血管生成有助于卒中恢复。通过改变支架的性能，可以减少支架植入引发的炎症

资料来源：A. Mao & D. Mooney（2015），Regenerative medicine：Current therapies and future directions，Proceedings of the National Academy of Sciences，112，14452–14459.

这里介绍一个受生物生长启发的4D打印实例，怀斯研究所核心成员詹妮弗·刘易斯（Jennifer Lewis）和马哈德万（L. Mahadevan）及其同事制作了植物状的复杂结构，浸入水中时其形状会发生变化（Gladman et al., 2016）。植物形态随水合作用发生变化的快速播放电影十分有趣且令人惊讶，因为其揭示了固着生长植物实际上总是处于运动之中（Awell Kriedemann and Turnbull, 1999）。水合作用形态学变化的基础是植物细胞壁刚性纤维素纤维的方向性所导致的局部膨胀行为差异（Gladman et al., 2016）。格拉德曼等（Gladman et al., 2016）通过在柔性丙烯酰胺基质中采用由刚性纤维素纤维组成的水凝胶复合油墨来模拟植物细胞壁的组成，并控制纤维素纤维沿4D打印路径的局部定向，从而能够编程制造复杂的三维形态。在之前的研究中，马哈德万根据弹性模量和厚度关系的数学模型，证明了长形叶片的形状（Liang and Mahadevan, 2009）和百合的开花（Liang and Mahadevan, 2011）都受到弹性薄层高斯曲率发生变化的控制。格拉德曼等（Gladman et al., 2016）将该模型加以扩展，用来指导墨水的打印沉积，通过纤维素纤维的方向实现对高斯曲率的精确控制。

已被用于开发3D打印装置的另一种4D打印方法略有不同，其架构会随着时间推移改变形态以应对生物生长。莫里森等（Morrison et al., 2015）报道，他们将4D打印、植入式、可重复使用的活动夹板初步成功应用于人类婴儿，缓解了危及生命的气管支气管软化症（TBM），这是一种呼吸时气道过度塌陷的疾病。与不能适应气道生长而常常失效的早期气道支架和假体不同，这种新型气道夹板装置由一个具有开放截面的圆柱形架构组成，可以随着气道的径向增长而逐渐开放。此外，每个夹板都与患者具体的气道解剖尺寸相吻合，从而制造出了真正个性化的装置（Morrison et al., 2015）。

（二）生物打印

与采用水凝胶等生物相容性材料的3D或4D打印不同，生物打印（bioprinting）是一个涉及生物材料、生物化学物质、活体细胞精确逐层定位的过程，并能够实现功能组分的空间控制（Murphy and Atala, 2014; Ozbolat,

2015）。生物打印的一种方法是模拟蜘蛛的纤维纺丝器官（Kang et al., 2011），该器官将一系列腹部腺体产生的液体加以混合，然后用该混合物纺出蜘蛛丝纤维。每个腺体都有各自不同的成分，这样蜘蛛就能够产生具有一定特性的定制混合蛛丝。怀斯研究所的阿里·哈德姆侯赛尼（Ali Khademhosseini）及其同事发明了一种模拟蜘蛛不同腺体成分流动的方法，可以纺出材料组成与形状都得到精确控制的合成材料（Kang et al., 2011）。自然界的另一个制造解决方案是使用一根连续纤维来纺出整个结构。家蚕（*Bombyx mori*）结茧的过程，首先是将一根数千米长的纤维纺成支架结构，然后在支架范围将这根纤维继续纺成茧，并采用 8 字形模式来增加壁的厚度（Zhao et al., 2005）。麻省理工学院的内里·奥克斯曼（Neri Oxman）和她的同事使用挤压机和机械臂来模拟结茧过程，制造大型架构（参见 Oxman，2012），由此产生的结构坚固、轻便、美观大方。

生物打印面临的一项艰巨挑战是，它要制造的合成材料不仅具有生物相容性，而且还包含异质多细胞组分。这就需要生物打印机不仅能够沿打印路径精确定位细胞，还需要能够在不同细胞类型和生物材料之间切换。研究人员针对这一非常困难的挑战，提出了不同的解决方案。詹妮弗·刘易斯及其同事使用微流体打印头，能够在基于 PDMS 弹性体的两种黏弹性油墨之间无缝切换（Hardin et al., 2015）。这项工作的进一步发展是研发了采用旋转叶轮的打印头，该打印头能够主动混合多种微尺度材料，实现黏弹性油墨 3D 打印的局部控制（Ober Foresti and Lewis，2015）。

生物打印还面临着一个更大的挑战，有些人甚至认为这是科学幻想（Ozbolat，2015），那就是创造出模拟自然组织几何结构的异质血管组织结构。天然的可灌注血管组织负责提供营养、生长/信号因子和废物转运，因此是维持活细胞组织结构的必备条件。为了创建模仿这种组织所需的精确几何结构，詹妮弗·刘易斯与怀斯研究所的同事（Kolesky et al., 2016）定制了一台大型 3D 生物打印机，配有 4 个独立控制的打印头。打印头能够释放多种墨水（如水性无组织墨水及含细胞的水凝胶墨水），其预先确定的移动顺序会使墨水相互重叠。

威克森林再生医学研究所（Wake Forest Institute for Regenerative Medicine）的安东尼·阿塔拉（Anthony Atala）实验室采用了另一种方法。康等（Kang et al.，2016）依次用合成聚合物和临时支架打印含细胞水凝胶。他们在打印的、含细胞的水凝胶结构中使用微通道来促进营养物质和氧气的运输，以维持细胞的存活。他们打印的人体尺度结构，如生物打印的骨骼肌，其基础是将计算机生成的3D组织模型转换成移动程序，操作并引导充满细胞与墨水的打印机喷嘴。这些生物打印组织随后可以通过外科手术植入人体。

五、再生医学与受损神经系统

（一）大脑类器官

体外建模是21世纪一个有力的科学工具，它可以帮助我们了解疾病并开发有效的治疗方法。人类大脑860亿个神经元的复杂性、细胞异质性和基因表达以及大约同等数量的胶质细胞，对构建体外模型提出了一个极其艰巨的挑战（Azevedo et al.，2009）。让我们再次回到先前讨论的小鼠大脑新皮质纳米尺度“饱和重建”（saturated reconstruction）的例子，它确定了每一个突触囊泡，提醒我们体外大脑建模面临的技术挑战（Kasshuri et al.，2015；参见第五章）。神经系统体外生长研究的一个主要进展是利用多能神经干细胞构建“大脑类器官”（cerebral organoid）培养物（Ader and Tanaka，2014；Benam et al.，2015；Lancaster et al.，2013；Tangschomer et al.，2014；Camp et al.，2015）。这种方法的巨大潜力在于胎儿大脑和类器官细胞之间基因表达的相似性：胎儿皮质谱系表达的基因80%以上也在类器官中表达（Camp et al.，2015）。这意味着，无论是类器官细胞还是胎儿细胞，在构建结构化大脑组织时都使用了相似的基因。因此，类器官可用于体外研究特定的大脑疾病。例如，自闭症谱系障碍（ASD）个体的端脑类器官，其特征是 *FOXG1* 基因表达增加引起的抑制性神经元过度生成（Mariani et al.，2015）。这与前面讨论过的建议一致，即兴奋—抑制失衡是自闭症的发展前兆。

（二）大脑芯片

类器官模拟真实器官存在一个缺点，即它们缺乏功能完备器官的关键特征，无法将细胞水平的行为与器官水平的行为联系起来（Ingber，2016）。了解机械和化学环境如何指导大脑布线和突触可塑性的另一种体外技术是采用微流体系统（Millet and Gillette，2012；Jain and Gillette，2015）。最先进的微型装置可以在神经元网络的不同子区域周围，即突触、突触前和突触后过程，创造出尺寸低至 10nm 的微环境。举例来说，一种突触研究装置有三个平行的主要通道，宽约 100μm，高约 50μm，连接到更狭窄、垂直、交叉的联系通道，具有可独立控制的流体入口和出口。神经元被植入两个外部通道，在装置物理结构的引导下，其轴突和树突延伸入中枢通道，并在那里形成突触（Jain and Gillette，2015）。

神经科学家目前正在使用微流体装置研究大脑薄层切片制备物，可以提供营养和氧气输送、代谢废物清除，并能连接到高分辨率显微镜和电生理记录仪（参见 Huang Williams and Johnson，2012）。一项更为先进的技术，将间隔的流动微流体腔室与快速电压敏感染料成像和激光刺激相结合，可以绘制活脑切片中的神经网络活动图谱（Ahar et al.，2013）。无线光流控神经探针将超薄微流体给药与细胞尺度无机 LED（发光二极管）阵列相结合，可以用来研究清醒、有行为体现动物的神经回路（Jeong et al.，2015），利用纳米线元件开发的纳米电子网络可能很快就可以对神经元网络进行主动监测和控制（Liu et al.，2013）。

（三）血脑屏障芯片

与肠道微生物组一样，人类神经系统也是一个细胞群落，包括神经元、胶质细胞和内皮细胞。神经系统的功能，包括损伤反应，是在其循环系统复杂网络结构的背景下，从其细胞成员的相互作用中产生的（参见第五章和第六章）。大脑循环系统负责维持血脑屏障（BBB），其功能是调控局部的氧气和营养物质交换以及大脑中的局部免疫反应（Abbott et al.，2010）。三维血脑屏障芯片（blood-brain barrier-on-a-chip）的特征在于，它模拟了大脑毛细血管结构的三维（圆柱形）结构，以及液体流动力学和细胞外基质（ECM）力学（Herland et al.，2016）。此外，血脑屏障器官芯片可以通过实验梳理大脑微血管内皮、血管周围细胞和胶质细胞（星形胶质细胞）对炎症刺激的独立作用，这种炎症刺激导致了促炎细胞因子的释放。为了研究不同细胞类型对炎症细胞因子诱导释放的影响，赫兰德等（Herland et al.，2016）首先将人脑源性微血管内皮细胞，以及原代人血管周围细胞或星形胶质细胞，种植在圆柱形胶原蛋白凝胶的内表面上，这种三维血脑屏障器官芯片成功形成了渗透屏障。然后他们将肿瘤坏死因子 TNF-α 添加到这个三维细胞关系的模型系统中，观察与阿尔茨海默病和创伤性脑损伤相关的炎症细胞因子释放。与未采用三维细胞架构共同培养的相同细胞比较，血脑屏障模型系统对 TNF-α 炎症刺激的反应，更接近于活体大脑中观察到的反应。

六、结语

最后，我根据本书各章节的材料，提出了构建仿生装置的 5 个原则，从而实现对自然界组装与修复过程的模拟。

（1）自组装（self-assembly） 模拟自然界的自组装过程构建各种尺度的装置，从 DNA 折纸到器官芯片，再到微型机器人的智能复合制造，以及无定形控制可穿戴机器人的部件。

（2）组合（consortia） 从生物或人工合成的可互换部件组合中构建生物–人工合成混合装置，并让它们在社会环境中相互结合。

（3）分散控制（decentralized control） 使用单独时能力有限但集合在一起时能够自组装成复杂架构的部件构建装置。

（4）灵活性和稳定性（flexibility with stability） 利用冗余部件（如乐高积木）构建装置，使它们松散地组装在一起并且对于特定功能保持稳定，然后可以快速分解并重新组装以实现新功能。

（5）涌现行为（emergent behavior） 利用单独时具有特化功能但集体

时表现出涌现行为动力学的组件构建装置。

在未来几十年里，对于按照上述原则制造的模拟自然组装与修复的仿生装置，我们有什么期待呢？根据怀斯研究所目前的研究进展，未来可能取得突破的领域包括：①DNA 分子机器人，以威廉·施（William Shih）、尹鹏（Peng Yin）和卫斯理·黄（Wesley Wong）的工作为代表；②芯片人（Homo chippiens），将单个器官芯片微流体装置集成为复杂系统模拟整个人体，以唐·因格贝尔（Don Ingber）的工作为代表；③控制系统与神经系统无缝集成的可穿戴机器人，其基础是罗伯·伍德（Rob Wood）和拉希卡·纳格帕尔（Radhika Nagpal）的智能复合材料制造和无定形计算。尽管这些科技今天仍是科幻小说和电影的主题，但可能明天就成为现实。

参 考 文 献

Abbott, N. J., Patabendige, A. A. K., Dolman, D. E. M., Yusof, S. R., & Begley, D. J. (2010). Structure and function of the blood-brain barrier. *Neurobiology of Disease, 37*(1), 13–25. doi:10.1016/j.nbd.2009.07.030

Abelson, H., Beal, J., & Sussman, G. J. (2009). Amorphous computing. *Encyclopedia of complexity and applied systems science* (pp. 257–271).

Abrahams, B. S., & Geschwind, D. H. (2008). Advances in autism genetics: On the threshold of a new neurobiology. *Nat Rev Genet, 9*(5), 341–355. doi:10.1038/nrg2346

Abraira, V. E., & Ginty, D. D. (2013). The sensory neurons of touch. *Neuron, 79*(4), 618–639. doi:10.1016/j.neuron.2013.07.051

Ackman, J. B., Burbridge, T. J., & Crair, M. C. (2012). Retinal waves coordinate patterned activity throughout the developing visual system. *Nature, 490*(7419), 219–225. doi:10.1038/nature11529

Ackman, J. B., & Crair, M. C. (2014). Role of emergent neural activity in visual map development. *Current Opinion in Neurobiology, 24*(1), 166–175. doi:10.1016/j.conb.2013.11.011

Adam, M. P., Lloyd, E. R., Henry, W. P. D., & Michael, H. (2014). Simultaneous all-optical manipulation and recording of neural circuit activity with cellular resolution in vivo. *Nature Methods.* doi:10.1038/nmeth.3217

Ader, M., & Tanaka, E. M. (2014). Modeling human development in 3D culture. *Curr Opin Cell Biol, 31C,* 23–28. doi:10.1016/j.ceb.2014.06.013

Adolph, K. E., & Robinson, S. R. (2013). The road to walking. *The Oxford handbook of developmental psychology* (Vol. 1: *Body and Mind,* pp. 1–79). New York: Oxford University Press.

Ahn, A. N., & Full, R. J. (2002). A motor and a brake: Two leg extensor muscles acting at the same joint manage energy differently in a running insect. *J Exp Biol, 205*(Pt 3), 379–389.

Ahrar, S., Nguyen, T. V., Shi, Y., Ikrar, T., Xu, X., & Hui, E. E. (2013). Optical stimulation and imaging of functional brain circuitry in a segmented laminar flow chamber. *Lab Chip, 13*(4), 536–541. doi:10.1039/c2lc40689f

Ahrens, M. B., Li, J. M., Orger, M. B., Robson, D. N., Schier, A. F., Engert, F., & Portugues, R. (2012). Brain-wide neuronal dynamics during motor adaptation in zebrafish. *Nature, 485*(7399), 471–477. doi:10.1038/nature11057

Ahrens, M. B., Orger, M. B., Robson, D. N., Li, J. M., & Keller, P. J. (2013). Whole-brain functional imaging at cellular resolution using light-sheet microscopy. *Nat Methods, 10*(5), 413–420. doi:10.1038/nmeth.2434

Aizenberg, J., Weaver, J. C., Thanawala, M. S., Sundar, V. C., Morse, D. E., & Fratzl, P. (2005). Skeleton of *Euplectella* sp.: Structural hierarchy from the nanoscale to the macroscale. *Science, 309*(5732), 275–278. doi:10.1126/science.1112255

Ajiboye, A. B., Willett, F. R., Young, D. R., Memberg, W. D., Murphy, B. A., Miller, J. P., . . . Kirsch, R. F. (2017). Restoration of reaching and grasping movements through brain-controlled muscle stimulation in a person with tetraplegia: A proof-of-concept demonstration. *The Lancet.* doi:10.1016/s0140-6736(17)30601-3

Akam, T., & Kullmann, D. M. (2010). Oscillations and filtering networks support flexible routing of information. *Neuron, 67*(2), 308–320. doi:10.1016/j.neuron.2010.06.019

Akam, T., & Kullmann, D. M. (2014). Oscillatory multiplexing of population codes for selective communication in the mammalian brain. *Nat Rev Neurosci, 15*(2), 111–122. doi:10.1038/nrn3668

Akay, T., Tourtellotte, W. G., Arber, S., & Jessell, T. M. (2014). Degradation of mouse locomotor pattern in the absence of proprioceptive sensory feedback. *Proc Natl Acad Sci USA, 111*(47),

16877–16882. doi:10.1073/pnas.1419045111

Alexander-Bloch, A., Giedd, J. N., & Bullmore, E. (2013). Imaging structural co-variance between human brain regions. *Nat Rev Neurosci, 14*(5), 322–336. doi:10.1038/nrn3465

Alivisatos, A. P., Chun, M., Church, G. M., Deisseroth, K., Donoghue, J. P., Greenspan, R. J., . . . Yuste, R. (2013). Neuroscience: The brain activity map. *Science, 339*(6125), 1284–1285. doi:10.1126/science.1236939

Alivisatos, A. P., Chun, M., Church, G. M., Greenspan, R. J., Roukes, M. L., & Yuste, R. (2012). The brain activity map project and the challenge of functional connectomics. *Neuron, 74*(6), 970–974. doi:10.1016/j.neuron.2012.06.006

Alsteens, D., Gaub, H. E., Newton, R., Pfreundschuh, M., Gerber, C., & Müller, D. J. (2017). Atomic force microscopy-based characterization and design of biointerfaces. *Nature Reviews Materials, 2,* 17008. doi:10.1038/natrevmats.2017.8

Alstermark, B., & Isa, T. (2012). Circuits for skilled reaching and grasping. *Annu Rev Neurosci, 35,* 559–578. doi:10.1146/annurev-neuro-062111-150527

Amador, A., Perl, Y. S., Mindlin, G. B., & Margoliash, D. (2013). Elemental gesture dynamics are encoded by song premotor cortical neurons. *Nature, 495*(7439), 59–64. doi:10.1038/nature11967

Amir, Y., Ben-Ishay, E., Levner, D., Ittah, S., Abu-Horowitz, A., & Bachelet, I. (2014). Universal computing by DNA origami robots in a living animal. *Nat Nanotechnol, 9*(5), 353–357. doi:10.1038/nnano.2014.58

Ampatzis, K., Song, J., Ausborn, J., & El Manira, A. (2014). Separate microcircuit modules of distinct v2a interneurons and motoneurons control the speed of locomotion. *Neuron, 83*(4), 934–943. doi:10.1016/j.neuron.2014.07.018

Amunts, K., Lepage, C., Borgeat, L., Mohlberg, H., Dickscheid, T., Rousseau, M. E., . . . Evans, A. C. (2013). BigBrain: an ultrahigh-resolution 3D human brain model. *Science, 340*(6139), 1472–1475. doi:10.1126/science.1235381

An, B., Miyashita, S., Tolley, M. T., Aukes, D. M., Meeker, l., Demaine, E., . . . Rus, D. (2014). *An end-to-end approach to making self-folded 3D surface shapes by uniform heating.* Paper presented at the IEEE International Conference on Robotics and Automation (ICRA), Hong Kong, China.

Andersen, R. A., & Cui, H. (2009). Intention, action planning, and decision making in parietal-frontal circuits. *Neuron, 63*(5), 568–583. doi:10.1016/j.neuron.2009.08.028

Andersen, R. A., Kellis, S., Klaes, C., & Aflalo, T. (2014). Toward more versatile and intuitive cortical brain-machine interfaces. *Curr Biol, 24*(18), R885–R897. doi:10.1016/j.cub.2014.07.068

Anderson, M. A., Burda, J. E., Ren, Y., Ao, Y., O'Shea, T. M., Kawaguchi, R., . . . Sofroniew, M. V. (2016). Astrocyte scar formation aids central nervous system axon regeneration. *Nature, 532*(7598), 195–200. doi:10.1038/nature17623

Angle, M. R., Cui, B., & Melosh, N. A. (2015). Nanotechnology and neurophysiology. *Curr Opin Neurobiol, 32,* 132–140. doi:10.1016/j.conb.2015.03.014

Araya, R., Vogels, T. P., & Yuste, R. (2014). Activity-dependent dendritic spine neck changes are correlated with synaptic strength. *Proc Natl Acad Sci USA, 111*(28), E2895–2904. doi:10.1073/pnas.1321869111

Arber, S. (2012). Motor circuits in action: Specification, connectivity, and function. *Neuron, 74*(6), 975–989. doi:10.1016/j.neuron.2012.05.011

Arnold, J. W., Roach, J., & Azcarate-Peril, M. A. (2016). Emerging technologies for gut microbiome research. *Trends Microbiol, 24*(11), 887–901. doi:10.1016/j.tim.2016.06.008

Artavanis-Tsakonas, S., Rand, M. D., & Lake, R. J. (1999). Notch signaling: Cell fate control and signal integration in development. *Science, 284*(5415), 770–776.

Arthur, W. (2006). D'Arcy Thompson and the theory of transformations. *Nature Reviews Genetics, 7*(5), 401. doi:10.1038/nrg1835

Ashmore, A. (2013). The man who illustrated the heavens. *Sky and Telescope, 126*(4), 72.

Aslin, R. N., Shukla, M., & Emberson, L. L. (2015). Hemodynamic correlates of cognition in human infants. *Annu Rev Psychol, 66,* 349–379. doi:10.1146/annurev-psych-010213-115108

Aukes, D. M., Goldberg, B., Cutkosky, M., & Wood, R. J. (2014). An analytical framework for developing inherently manufacturable pop-up laminate devices. *Smart Materials and Structures, 23*, 1–15.

Autumn, K., Dittmore, A., Santos, D., Spenko, M., & Cutkosky, M. (2006). Frictional adhesion: A new angle on gecko attachment. *J Exp Biol, 209*(Pt 18), 3569–3579. doi:209/18/3569 [pii] 10.1242/jeb.02486

Autumn, K., Sitti, M., Liang, Y. A., Peattie, A. M., Hansen, W. R., Sponberg, S., . . . Full, R. J. (2002). Evidence for van der Waals adhesion in gecko setae. *Proc Natl Acad Sci USA, 99*(19), 12252–12256. doi:10.1073/pnas.192252799

Ayoub, A., Oh, S. W., Xie, Y., Leng, J., Cotney, J., Dominguez, M. H., . . . Rakic, P. (2011). Transcriptional programs in transient embryonic zones of the cerebral cortex defined by high-resolution mRNA sequencing. *Proc Natl Acad Sci, 108*, 14950–14955.

Ayoub, A. E., & Rakic, P. (2015). Neuronal misplacement in schizophrenia. *Biol Psychiatry, 77*(11), 925–926. doi:10.1016/j.biopsych.2015.03.022

Azevedo, F. A., Carvalho, L. R., Grinberg, L. T., Farfel, J. M., Ferretti, R. E., Leite, R. E., . . . Herculano-Houzel, S. (2009). Equal numbers of neuronal and nonneuronal cells make the human brain an isometrically scaled-up primate brain. *J Comp Neurol, 513*(5), 532–541. doi:10.1002/cne.21974

Azim, E., & Alstermark, B. (2015). Skilled forelimb movements and internal copy motor circuits. *Curr Opin Neurobiol, 33*, 16–24. doi:10.1016/j.conb.2014.12.009

Azim, E., Jiang, J., Alstermark, B., & Jessell, T. M. (2014). Skilled reaching relies on a V2a propriospinal internal copy circuit. *Nature, 508*(7496), 357–363. doi:10.1038/nature13021

Azuma, R., Deeley, Q., Campbell, L. E., Daly, E. M., Giampietro, V., Brammer, M. J., . . . Murphy, D. G. M. (2015). An fMRI study of facial emotion processing in children and adolescents with 22q11.2 deletion syndrome. (Research) (Report). *Journal of Neurodevelopmental Disorders, 7*, 1.

Bachmann, L. C., Matis, A., Lindau, N. T., Felder, P., Gullo, M., & Schwab, M. E. (2013). Deep brain stimulation of the midbrain locomotor region improves paretic hindlimb function after spinal cord injury in rats. *Sci Transl Med, 5*(208), 208ra146. doi:10.1126/scitranslmed.3005972

Back, S. A., Luo, N. L., Borenstein, N. S., Levine, J. M., Volpe, J. J., & Kinney, H. C. (2001). Late oligodendrocyte progenitors coincide with the developmental window of vulnerability for human perinatal white matter injury. *J Neurosci, 21*, 1302–1312.

Back, S. A., & Miller, S. P. (2014). Brain injury in premature neonates: A primary cerebral dysmaturation disorder? *Ann Neurol, 75*(4), 469–486. doi:10.1002/ana.24132

Back, S. A., & Rivkees, S. A. (2004). Emerging concepts in periventricular white matter injury. *Seminars in Perinatology, 28*(6), 405–414.

Back, S. A., & Rosenberg, P. A. (2014). Pathophysiology of glia in perinatal white matter injury. *Glia, 62*(11), 1790–1815. doi:10.1002/glia.22658

Bae, B. I., Tietjen, I., Atabay, K. D., Evrony, G. D., Johnson, M. B., Asare, E., . . . Walsh, C. A. (2014). Evolutionarily dynamic alternative splicing of GPR56 regulates regional cerebral cortical patterning. *Science, 343*(6172), 764–768. doi:10.1126/science.1244392

Bagnall, M. W., & McLean, D. L. (2014). Modular organization of axial microcircuits in zebrafish. *Science, 343*(6167), 197–200. doi:10.1126/science.1245629

Baillet, S. (2017). Magnetoencephalography for brain electrophysiology and imaging. *Nat Neurosci, 20*(3), 327–339. doi:10.1038/nn.4504

Baisch, A. T., Ozcan, O., Goldberg, B., Ithier, D., & Wood, R. J. (2014). High speed locomotion for a quadrupedal microrobot. *Int J Rob Res, 33*(8), 1063–1082. doi:10.1177/0278364914521473

Balasubramaniam, R., & Turvey, M. T. (2004). Coordination modes in the multisegmental dynamics of hula hooping. *Biol Cybern, 90*(3), 176–190. doi:10.1007/s00422-003-0460-4

Ball, G., Boardman, J. P., Rueckert, D., Aljabar, P., Arichi, T., Merchant, N., . . . Counsell, S. J. (2012). The effect of preterm birth on thalamic and cortical development. *Cerebral Cortex, 22*, 1016–1024.

Ball, M. P., Thakuria, J. V., Zaranek, A. W., . . . , & Church, G. M. (2012). A public resource facilitating clinical use of genomes. *Proc Natl Acad Sci, 109*, 11920–11927.

Bareyre, F. M., Kerschensteiner, M., Raineteau, O., Mettenleiter, T. C., Weinmann, O., & Schwab, M. E. (2004). The injured spinal cord spontaneously forms a new intraspinal circuit in adult rats. *Nat Neurosci, 7*(3), 269–277. doi:10.1038/nn1195

Bargmann, C. I. (2012). Beyond the connectome: How neuromodulators shape neural circuits. *Bioessays, 34*(6), 458–465. doi:10.1002/bies.201100185

Bargmann, C. I., & Marder, E. (2013). From the connectome to brain function. *Nature Methods, 10*(6), 483–490. doi:10.1038/nmeth.2451

Bargmann, C. I., Newsome, W. T., Anderson, D. G., Brown, E. H., Deisseroth, K., Donoghue, J. A., . . . Ugurbil, K. (2014). *Brain 2025: A scientific vision.* Bethesda, MD: National Institutes of Health.

Barth, F. G. (2004). Spider mechanoreceptors. *Curr Opin Neurobiol, 14*(4), 415–422. doi:10.1016/j.conb.2004.07.005

Barthelat, F., Yin, Z., & Buehler, M. J. (2016). Structure and mechanics of interfaces in biological materials. *Nat Rev Mater, 1*(4), 16007. doi:10.1038/natrevmats.2016.7

Bartlett, N. W., Tolley, M., Overvelde, J. T., Weaver, J. C., Mosadegh, B., Bertoldi, K., . . . Wood, R. J. (2015). A 3D-printed, functionally graded soft robot powered by combustion. *Science, 349*(6244), 161–165.

Bassett, D. S., & Sporns, O. (2017). Network neuroscience. *Nat Neurosci, 20*(3), 353–364. doi:10.1038/nn.4502

Bastian, A. J. (2006). Learning to predict the future: The cerebellum adapts feedforward movement control. *Curr Opin Neurobiol, 16*(6), 645–649. doi:10.1016/j.conb.2006.08.016

Bastian, A. J. (2011). Moving, sensing and learning with cerebellar damage. *Curr Opin Neurobiol, 21*(4), 596–601. doi:10.1016/j.conb.2011.06.007

Bastos, A. M., Vezoli, J., & Fries, P. (2015). Communication through coherence with inter-areal delays. *Curr Opin Neurobiol, 31*, 173–180. doi:10.1016/j.conb.2014.11.001

Bauer, U., & Federle, W. (2009). The insect-trapping rim of Nepenthes pitchers. *Plant Signaling and Behavior, 4*, 1019–1023.

Baumann, N., & Pham-Dinh, D. (2001). Biology of oligodendrocyte and myelin in the mammalian central nervous system. *Physiol Rev*, 81, 871–927.

Baumann, O., Borra, R. J., Bower, J. M., Cullen, K. E., Habas, C., Ivry, R. B., . . . Sokolov, A. A. (2015). Consensus paper: The role of the cerebellum in perceptual processes. *Cerebellum* (London), 197–220. doi:10.1007/s12311-014-0627-7

Bavelier, D., Levi, D. M., Li, R. W., Dan, Y., & Hensch, T. K. (2010). Removing brakes on adult brain plasticity: From molecular to behavioral interventions. *J Neurosci, 30*(45), 14964–14971. doi:10.1523/JNEUROSCI.4812-10.2010

Beek, P. J. (1989). Timing and phase locking in cascade juggling. *Ecological Psychology, 1*(1), 55–96.

Belmonte, J.-C. I., Callaway, E. M., Caddick, S. J., Churchland, P., Feng, G., Homanics, G. E., . . . Zhang, F. (2015). Brains, genes, and primates. *Neuron, 87*(3), 671. doi:10.1016/j.neuron.2015.07.021

Benam, K. H., Dauth, S., Hassell, B., Herland, A., Jain, A., Jang, K.-J., . . . Ingber, D. E. (2015). Engineered in vitro disease models. *Annual Review of Pathology: Mechanisms of Disease, 10*, 195–262. doi:10.1146/annurev-pathol-012414-040418

Benam, K. H., Villenave, R., Lucchesi, C., Varone, A., Hubeau, C., Lee, H. H., . . . Ingber, D. E. (2016). Small airway-on-a-chip enables analysis of human lung inflammation and drug responses in vitro. *Nat Methods, 13*(2), 151–157. doi:10.1038/nmeth.3697

Ben-Ishay, E., Abu-Horowitz, A., & Bachelet, I. (2013). Designing a bio-responsive robot from DNA origami. *J Vis Exp*(77), e50268. doi:10.3791/50268

Bensmaia, S. J., & Miller, L. E. (2014). Restoring sensorimotor function through intracortical interfaces: Progress and looming challenges. *Nat Rev Neurosci, 15*(5), 313–325. doi:10.1038/nrn3724

Berg, E. M., Hooper, S. L., Schmidt, J., & Buschges, A. (2015). A leg-local neural mechanism mediates the decision to search in stick insects. *Curr Biol, 25*(15), 2012–2017. doi:10.1016/j.cub.2015.06.017

Bergou, A. J., Ristroph, L., Guckenheimer, J., Cohen, I., & Wang, Z. J. (2010). Fruit flies modulate passive wing pitching to generate in-flight turns. *Phys Rev Lett, 104*(14). doi:10.1103/PhysRevLett.104.148101

Berni, J., Pulver, S. R., Griffith, L. C., & Bate, M. (2012). Autonomous circuitry for substrate exploration in freely moving Drosophila larvae. *Curr Biol, 22*(20), 1861–1870. doi:10.1016/j.cub.2012.07.048

Berthouze, L., & Goldfield, E. (2008). Assembly, tuning, and transfer of action systems in infants and robots. *Infant and Child Development, 17*, 25–42.

Beyeler, A., Metais, C., Combes, D., Simmers, J., & Le Ray, D. (2008). Metamorphosis-induced changes in the coupling of spinal thoraco-lumbar motor outputs during swimming in Xenopus laevis. *J Neurophysiol, 100*(3), 1372–1383. doi:10.1152/jn.00023.2008

Bhanpuri, N. H., Okamura, A. M., & Bastian, A. J. (2012). Active force perception depends on cerebellar function. *J Neurophysiol, 107*(6), 1612–1620. doi:10.1152/jn.00983.2011

Bhanpuri, N. H., Okamura, A. M., & Bastian, A. J. (2013). Predictive modeling by the cerebellum improves proprioception. *J Neurosci, 33*(36), 14301–14306. doi:10.1523/JNEUROSCI.0784-13.2013

Bhanpuri, N. H., Okamura, A. M., & Bastian, A. J. (2014). Predicting and correcting ataxia using a model of cerebellar function. *Brain, 137*(Pt 7), 1931–1944. doi:10.1093/brain/awu115

Bhatia, S. N., & Ingber, D. E. (2014). Microfluidic organs-on-chips. *Nat Biotechnol, 32*(8), 760–772. doi:10.1038/nbt.2989

Bialas, A. R., & Stevens, B. (2013). TGF-beta signaling regulates neuronal C1q expression and developmental synaptic refinement. *Nat Neurosci, 16*(12), 1773–1782. doi:10.1038/nn.3560

Bialek, W., Cavagna, A., Giardina, I., Mora, T., Pohl, O., Silvestri, E., . . . Walczak, A. M. (2014). Social interactions dominate speed control in poising natural flocks near criticality. *Proc Natl Acad Sci, 111*, 7212–7217.

Bicanski, A., Ryczko, D., Cabelguen, J. M., & Ijspeert, A. J. (2013a). From lamprey to salamander: An exploratory modeling study on the architecture of the spinal locomotor networks in the salamander. *Biol Cybern, 107*(5), 565–587. doi:10.1007/s00422-012-0538-y

Bicanski, A., Ryczko, D., Knuesel, J., Harischandra, N., Charrier, V., Ekeberg, O., . . . Ijspeert, A. J. (2013b). Decoding the mechanisms of gait generation in salamanders by combining neurobiology, modeling and robotics. *Biol Cybern, 107*(5), 545–564. doi:10.1007/s00422-012-0543-1

Biewener, A. A. (2016). Locomotion as an emergent property of muscle contractile dynamics. *J Exp Biol, 219*(Pt 2), 285–294. doi:10.1242/jeb.123935

Biewener, A. A., & Roberts, T. J. (2000). Muscle and tendon contributions to force, work, and elastic energy savings: A comparative perspective. *Exercise Sport Science Review, 28*, 99–107.

Biswal, B. B. (2012). Resting state fMRI: A personal history. *Neuroimage, 62*(2), 938–944. doi:10.1016/j.neuroimage.2012.01.090

Biswal, B. B., Mennes, M., Zuo, X. N., Gohel, S., Kelly, C., Smith, S. M., . . . Milham, M. P. (2010). Toward discovery science of human brain function. *Proc Natl Acad Sci USA, 107*(10), 4734–4739. doi:10.1073/pnas.0911855107

Bizzi, E., & Cheung, V. C. (2013). The neural origin of muscle synergies. *Front Comput Neurosci, 7*, 51. doi:10.3389/fncom.2013.00051

Bizzi, E., Cheung, V. C., d'Avella, A., Saltiel, P., & Tresch, M. (2008). Combining modules for movement. *Brain Res Rev, 57*(1), 125–133. doi:S0165-0173(07)00177-4 [pii] 10.1016/j.brainresrev.2007.08.004

Blanchard, G. B., & Adams, R. J. (2011). Measuring the multi-scale integration of mechanical forces during morphogenesis. *Curr Opin Genet Dev, 21*(5), 653–663. doi:10.1016/j.gde.2011.08.008

Blankenship, A. G., & Feller, M. B. (2009). Mechanisms underlying spontaneous patterned activity in developing neural circuits. *Nat Rev Neurosci, 11*(1), 18–29. doi:10.1038/nrn2759

Blanton, L. V., Barratt, M., Charbonneau, M., Ahmed, T., & Gordon, J. I. (2016). Childhood undernutrition, the gut microbiota, and microbiota-directed therapeutics. *Science, 352*(6293), 1533–1539. doi:10.1126/science

Bleyenheuft, Y., & Gordon, A. M. (2013). Precision grip control, sensory impairments and their interactions in children with hemiplegic cerebral palsy: A systematic review. *Res Dev Disabil, 34*(9), 3014–3028. doi:10.1016/j.ridd.2013.05.047

Blickhan, R., Seyfarth, A., Geyer, H., Grimmer, S., Wagner, H., & Gunther, M. (2007). Intelligence by mechanics. *Philos Trans A Math Phys Eng Sci, 365*(1850), 199–220. doi:10.1098/rsta.2006.1911

Bloch-Salisbury, E., Indic, P., Bednarek, F., & Paydarfar, D. (2009). Stabilizing immature breathing patterns of preterm infants using stochastic mechanosensory stimulation. *J Appl Physiol, 107*, 1017–1027.

Blumberg, M. S., Coleman, C. M., Sokoloff, G., Weiner, J. A., Fritzsch, B., & McMurray, B. (2015). Development of Twitching in Sleeping Infant Mice Depends on Sensory Experience. *Curr Biol, 25*(12), 1672. doi:10.1016/j.cub.2015.05.050

Blumberg, M. S., Marques, H. G., & Iida, F. (2013). Twitching in sensorimotor development from sleeping rats to robots. *Curr Biol, 23*(12), R532–R537. doi:10.1016/j.cub.2013.04.075

Bobak, M., Chuan-Hsien, K., Yi-Chung, T., Yu-Suke, T., Tommaso, B.-B., Hossein, T., & Shuichi, T. (2010). Integrated elastomeric components for autonomous regulation of sequential and oscillatory flow switching in microfluidic devices. *Nat Phys, 6*(6), 433. doi:10.1038/nphys1637

Bolek, S., Wittlinger, M., & Wolf, H. (2012). Establishing food site vectors in desert ants. *J Exp Biol, 215*(Pt 4), 653. doi:10.1242/jeb.062406

Bongard, J. (2011). Morphological change in machines accelerates the evolution of robust behavior. *Proc Natl Acad Sci USA, 108*(4), 1234–1239. doi:10.1073/pnas.1015390108

Bongard, J., & Lipson, H. (2014). Evolved machines shed light on robustness and resilience. *Proc IEEE, 102*(5), 899–914.

Bongard, J., Zykov, V., & Lipson, H. (2006). Resilient machines through continuous self-modeling. *Science, 314*(5802), 1118–1121. doi:10.1126/science.1133687

Bonner, J. F., & Steward, O. (2015). Repair of spinal cord injury with neuronal relays: From fetal grafts to neural stem cells. *Brain Res, 1619*, 115–123. doi:10.1016/j.brainres.2015.01.006

Bonner, J. T. (2010). Brainless behavior: A myxomycete chooses a balanced diet. *Proc Natl Acad Sci USA, 107*(12), 5267–5268. doi:10.1073/pnas.1000861107

Borodinsky, L. N., Belgacem, Y. H., & Swapna, I. (2012). Electrical activity as a developmental regulator in the formation of spinal cord circuits. *Curr Opin Neurobiol, 22*(4), 624–630. doi:10.1016/j.conb.2012.02.004

Borton, D., Micera, S., Millan Jdel, R., & Courtine, G. (2013). Personalized neuroprosthetics. *Sci Transl Med, 5*(210), 1–12. doi:10.1126/scitranslmed.3005968

Bosch, M., & Hayashi, Y. (2012). Structural plasticity of dendritic spines. *Curr Opin Neurobiol, 22*(3), 383–388. doi:10.1016/j.conb.2011.09.002

Bouton, C. E., Shaikhouni, A., Annetta, N. V., Bockbrader, M. A., Friedenberg, D. A., Nielson, D. M., . . . Rezai, A. R. (2016). Restoring cortical control of functional movement in a human with quadriplegia. *Nature, 533*(7602), 247–250. doi:10.1038/nature17435

Boyan, G. S., & Reichert, H. (2011). Mechanisms for complexity in the brain: Generating the insect central complex. *Trends Neurosci, 34*(5), 247–257. doi:10.1016/j.tins.2011.02.002

Boyden, E. S. (2015). Optogenetics and the future of neuroscience. *Nat Neurosci, 18*(9), 1200–1201. doi:10.1038/nn.4094

Boyden, E. S., Zhang, F., Bamberg, E., Nagel, G., & Deisseroth, K. (2005). Millisecond-timescale, genetically targeted optical control of neural activity. *Nat Neurosci, 8*(9), 1263–1268. doi:10.1038/nn1525

Bradley, J. M., Paola, A., Joao, R. L. M., & Jeffrey, D. M. (2007). Neuronal subtype specification in the cerebral cortex. *Nature Reviews Neuroscience, 8*(6), 427. doi:10.1038/nrn2151

Brainard, M. S., & Doupe, A. J. (2013). Translating birdsong: Songbirds as a model for basic and applied medical research. *Annu Rev Neurosci, 36*, 489–517. doi:10.1146/annurev-neuro-060909-152826

Bramble, D. M., & Wake, D. B. (1985). Feeding mechanism of lower tetrapods. In M. Hildebrand, D. Bramble, K. Liem, & D. Wake (Eds.), *Functional vertebrate morphology* (pp. 230–261). Cambridge, MA: Harvard University Press.

Bramhall, Naomi F., Shi, F., Arnold, K., Hochedlinger, K., & Edge, Albert S. B. (2014). Lgr5-positive supporting cells generate new hair cells in the postnatal cochlea. *Stem Cell Reports, 2*(3). doi:10.1016/j.stemcr.2014.01.008

Brandman, O., & Meyer, T. (2008). Feedback loops shape cellular signals in space and time. *Science, 322*, 390–395.

Braun, H. A., Wissing, H., Schafer, K., & Hirsch, M. C. (1994). Oscillation and noise determine signal transduction in shark multimodal sensory cells. *Nature, 367*, 270–273.

Breakspear, M. (2017). Dynamic models of large-scale brain activity. *Nat Neurosci 20*, 340–352.

Breazeal, C. (2003). Toward sociable robots. *Robotics and Autonomous Systems, 42*(3), 167–175. doi:10.1016/S0921-8890(02)00373-1

Bressler, S. L., & Richter, C. G. (2014). Interareal oscillatory synchronization in top-down neocortical processing. *Curr Opin Neurobiol, 31C*, 62–66. doi:10.1016/j.conb.2014.08.010

Briffa, M., & Mowles, S. L. (2008). Hermit crabs. *Curr Biol, 18*(4), R144–R146. doi:10.1016/j.cub.2007.12.003

Briggs, D. E. (2015). The Cambrian explosion. *Curr Biol, 25*(19), R864–R868. doi:10.1016/j.cub.2015.04.047

Bright, M., Klose, J., & Nussbaumer, A. D. (2013). Giant tubeworms. *Curr Biol, 23*(6), R224--R225. doi:10.1016/j.cub.2013.01.039

Brindley, G. S., & Lewin, W. S. (1968). The sensations produced by electrical stimulation of the visual cortex. *J Physiol, 196*(2), 479.

Brooks, J. X., Carriot, J., & Cullen, K. E. (2015). Learning to expect the unexpected: Rapid updating in primate cerebellum during voluntary self-motion. *Nat Neurosci, 18*(9), 1310–1317. doi:10.1038/nn.4077

Bruderer, A. G., Danielson, D. K., Kandhadai, P., & Werker, J. F. (2015). Sensorimotor influences on speech perception in infancy. *Proc Natl Acad Sci USA, 112*(44), 13531–13536. doi:10.1073/pnas.1508631112

Brugues, J., & Needleman, D. (2012). Modeling the dynamics and structure of the mitotic spindle. *Mol Biol Cell, 23*.

Bruno, A. M., Frost, W. N., & Humphries, M. D. (2015). Modular deconstruction reveals the dynamical and physical building blocks of a locomotion motor program. *Neuron, 86*(1), 304–318. doi:10.1016/j.neuron.2015.03.005

Buckner, R. L., Krienen, F. M., & Yeo, B. T. (2013). Opportunities and limitations of intrinsic functional connectivity MRI. *Nat Neurosci, 16*(7), 832–837. doi:10.1038/nn.3423

Buehler, M. J. (2010). Tu(r)ning weakness to strength. *Nano Today, 5*(5), 379–383. doi:10.1016/j.nantod.2010.08.001

Buehlmann, C., Hansson, B. S., & Knaden, M. (2012). Path integration controls nest-plume following in desert ants. *Curr Biol, 22*(7), 645–649. doi:10.1016/j.cub.2012.02.029

Buffington, S. A., Di Prisco, G. V., Auchtung, T. A., Ajami, N. J., Petrosino, J. F., & Costa-Mattioli, M. (2016). Microbial reconstitution reverses maternal diet-induced social and synaptic deficits in offspring. *Cell, 165*(7), 1762–1775. doi:10.1016/j.cell.2016.06.001

Bui, T. V., Akay, T., Loubani, O., Hnasko, T. S., Jessell, T. M., & Brownstone, R. M. (2013). Circuits for grasping: Spinal dI3 interneurons mediate cutaneous control of motor behavior. *Neuron, 78*(1), 191–204. doi:10.1016/j.neuron.2013.02.007

Bullmore, E., & Sporns, O. (2009). Complex brain networks: Graph theoretical analysis of structural and functional systems. *Nat Rev Neurosci, 10*(3), 186–198. doi:nrn2575 [pii] 10.1038/nrn2575

Bullmore, E., & Sporns, O. (2012). The economy of brain network organization. *Nat Rev Neurosci, 13*(5), 336–349. doi:10.1038/nrn3214

Bullmore, E. T., & Bassett, D. S. (2011). Brain graphs: Graphical models of the human brain connectome. *Annual Review of Clinical Psychology, 7,* 1–28.

Burke, A. C., Nelson, C. E., Morgan, B. A., & Tabin, C. (1995). Hox genes and the evolution of vertebrate axial morphology. *Development, 121,* 333–346.

Burykin, A., Costa, M. D., Citi, L., & Goldberger, A. L. (2014). Dynamical density delay maps: Simple, new method for visualising the behaviour of complex systems. *BMC Medical Informatics and Decision Making.* doi:10.1186/1472-6947-14-6

Buschges, A. (2012). Lessons for circuit function from large insects: Towards understanding the neural basis of motor flexibility. *Curr Opin Neurobiol, 22*(4), 602–608. doi:10.1016/j.conb.2012.02.003

Buschman, T. J., Denovellis, E. L., Diogo, C., Bullock, D., & Miller, E. K. (2012). Synchronous oscillatory neural ensembles for rules in the prefrontal cortex. *Neuron, 76*(4), 838–846. doi:10.1016/j.neuron.2012.09.029

Buser, J. R., Maire, J., Riddle, A., Gong, X., Nguyen, T., Nelson, K., . . . Back, S. A. (2012). Arrested preoligodendrocyte maturation contributes to myelination failure in premature infants. *Ann Neurol, 71*(1), 93–109. doi:10.1002/ana.22627

Bush, J. W. M., & Hu, D. L. (2006). Walking on water: Biolocomotion at the interface. *Ann Rev Fluid Mechanics, 38,* 339–369.

Buss, R. R., Sun, W., & Oppenheim, R. O. (2006). Adaptive roles of programmed cell death during nervous system development. *Ann Rev Neurosci, 29,* 1–35. doi:10.1146/

Buzsáki, G. (2006). *Rhythms of the brain.* New York: Oxford University Press.

Buzsaki, G., Anastassiou, C. A., & Koch, C. (2012). The origin of extracellular fields and currents—EEG, ECoG, LFP and spikes. *Nat Rev Neurosci, 13*(6), 407–420. doi:10.1038/nrn3241

Buzsaki, G., & Draguhn, A. (2004). Neuronal oscillations in cortical networks. *Science, 304,* 1926–1929.

Buzsaki, G., Logothetis, N., & Singer, W. (2013). Scaling brain size, keeping timing: evolutionary preservation of brain rhythms. *Neuron, 80*(3), 751–764. doi:10.1016/j.neuron.2013.10.002

Buzsáki, G., Peyrache, A., & Kubie, J. (2014). Emergence of cognition from action. *Cold Spring Harbor Symposia on Quantitative Biology, 79,* 41. doi:10.1101/sqb.2014.79.024679

Buzsaki, G., Stark, E., Berenyi, A., Khodagholy, D., Kipke, D. R., Yoon, E., & Wise, K. D. (2015). Tools for probing local circuits: high-density silicon probes combined with optogenetics. *Neuron, 86*(1), 92–105. doi:10.1016/j.neuron.2015.01.028

Buzsaki, G., & Wang, X.-J. (2012). Mechanisms of gamma oscillations. *Ann Rev Neuro, 35,* 203–225.

Byrd, D., & Saltzman, E. (2003). The elastic phrase: Modeling the dynamics of boundary-adjacent lengthening. *J Phon, 31*(2), 149–180.

Bystron, I., Blakemore, C., & Rakic, P. (2008). Development of the human cerebral cortex: Boulder Committee revisited. *Nat Rev Neurosci, 9*(2), 110–122. doi:10.1038/nrn2252

Cai, D., Cohen, K. B., Luo, T., Lichtman, J., & Sanes, J. R. (2013). Improved tools for the brainbow toolbox. *Nature Methods.* doi:10.1038/nmeth.2450

Cai, L., Fong, A., Otoshi, C., Liang, Y., Burdick, J. W., Roy, R., & Edgerton, V. (2006). Implications of assist-as-needed robotic step training after a complete spinal cord injury on intrinsic strategies of motor learning. *J Neurosci, 26*(41), 10564–10568. doi:10.1523/JNEUROSCI.2266-06.2006

Callier, T., Schluter, E. W., Tabot, G. A., Miller, L. E., Tenore, F. V., & Bensmaia, S. J. (2015). Long-term stability of sensitivity to intracortical microstimulation of somatosensory cortex. *Journal of Neural Engineering, 12*(5), 056010. doi:10.1088/1741-2560/12/5/056010

Camazine, S., Deneubourg, J.-L., & al. (Eds.). (2001). *Self-organization in biological systems.* Princeton, NJ: Princeton University Press.

Camp, J. G., Badsha, F., Florio, M., Kanton, S., Gerber, T., Wilsch-Brauninger, M., . . . Treutlein, B. (2015). Human cerebral organoids recapitulate gene expression programs of fetal neocortex development. *Proc Natl Acad Sci USA, 112*(51), 15672–15677.

Campas, O. (2016). A toolbox to explore the mechanics of living embryonic tissues. *Semin Cell Dev Biol, 55*, 119–130. doi:10.1016/j.semcdb.2016.03.011

Campas, O., Mammoto, T., Hasso, S., Sperling, R. A., O'Connell, D., Bischof, A. G., . . . Ingber, D. E. (2014). Quantifying cell-generated mechanical forces within living embryonic tissues. *Nat Methods, 11*(2), 183–189. doi:10.1038/nmeth.2761

Cannon, T. D. (2015). How schizophrenia develops: Cognitive and brain mechanisms underlying onset of psychosis. *Trends Cogn Sci, 19*(12), 744–756. doi:10.1016/j.tics.2015.09.009

Cannon, W. B. (1929). *A laboratory course in physiology* (7th ed.). Cambridge, MA: Harvard University Press.

Card, G., & Dickinson, M. H. (2008a). Performance trade-offs in the flight initiation of Drosophila. *J Exp Biol, 211*(Pt 3), 341–353. doi:10.1242/jeb.012682

Card, G., & Dickinson, M. H. (2008b). Visually mediated motor planning in the escape response of Drosophila. *Curr Biol, 18*(17), 1300–1307. doi:10.1016/j.cub.2008.07.094

Card, G. M. (2012). Escape behaviors in insects. *Curr Opin Neurobiol, 22*(2), 180–186. doi:10.1016/jconb.2011.12.009

Carello, C., Grosofsky, A., Reichel, F., Solomon, H., & Turvey, M. T. (1989). Visually perceiving what is reachable. *Ecol Psychol, 1*, 27–54.

Carello, C., & Turvey, M. (2015). Dynamic (effortful) touch. *Scholarpedia, 10*(4), 8242. doi:10.4249/scholarpedia.8242

Carlson, J. M., & Doyle, J. (2002). Complexity and robustness. *Proc Natl Acad Sci USA, 99 Suppl 1*, 2538–2545. doi:10.1073/pnas.012582499

Caron, J. B., Morris, S. C., & Cameron, C. B. (2013). Tubicolous enteropneusts from the Cambrian period. *Nature, 495*(7442), 503–506. doi:10.1038/nature12017

Caron, J. B., Scheltema, A., Schander, C., & Rudkin, D. (2006). A soft-bodied mollusc with radula from the Middle Cambrian Burgess Shale. *Nature, 442*(7099), 159–163. doi:10.1038/nature04894

Carrillo-Reid, L., Yang, W., Kang Miller, J. E., Peterka, D. S., & Yuste, R. (2017). Imaging and optically manipulating neuronal ensembles. *Annu Rev Biophys*. doi:10.1146/annurev-biophys-070816-033647

Carroll, S. B. (2008). Evo-devo and an expanding evolutionary synthesis: A genetic theory of morphological evolution. *Cell, 134*(1), 25–36. doi:10.1016/j.cell.2008.06.030

Carroll, S. B., Grenier, J. K., & Weatherbee, S. D. (2005). *From DNA to diversity* (2nd ed.). Malden, MA: Blackwell.

Carter, A. R., Shulman, G. L., & Corbetta, M. (2012). Why use a connectivity-based approach to study stroke and recovery of function? *Neuroimage, 62*(4), 2271–2280. doi:10.1016/j.neuroimage.2012.02.070

Carus-Cadavieco, M., Gorbati, M., Li, Y., Bender, F., Van Der, V., S., Kosse, C., . . . Korotkova, T. (2017). Gamma oscillations organize top-down signalling to hypothalamus and enable food seeking. *Nature, 542*(7640). doi:10.1038/nature21066

Castro, C. E., Kilchherr, F., Kim, D. N., Shiao, E. L., Wauer, T., Wortmann, P., . . . Dietz, H. (2011). A primer to scaffolded DNA origami. *Nat Methods, 8*(3), 221–229. doi:10.1038/nmeth.1570

Catania, K. C. (2012). Tactile sensing in specialized predators—from behavior to the brain. *Curr Opin Neurobiol, 22*(2), 251–258. doi:10.1016/j.conb.2011.11.014

Catania, K. C., & Henry, E. C. (2006). Touching on somatosensory specializations in mammals. *Curr Opin Neurobiol, 16*, 467–473.

Catania, K. C., Leitch, D. B., & Gauthier, D. (2011). A star in the brainstem reveals the first step of cortical magnification. *PLoS ONE, 6*, 1–9.

Catherine, A. L., Jesse, I. S., Jeffrey, I. G., Janet, K. J., & Rob, K. (2012). Diversity, stability and resilience of the human gut microbiota. *Nature, 489*(7415), 220. doi:10.1038/nature11550

Cerda, E., & Mahadevan, L. (2003). Geometry and physics of wrinkling. *Phys Rev Lett, 90*(7), 074302.

Cerminara, N. L., Lang, E. J., Sillitoe, R. V., & Apps, R. (2015). Redefining the cerebellar cortex as an assembly of non-uniform Purkinje cell microcircuits. *Nat Rev Neurosci, 16*(2), 79–93. doi:10.1038/nrn3886

Chakravarthy, V. S., Joseph, D., & Bapi, R. S. (2010). What do the basal ganglia do? A modeling perspective. *Biol Cybern, 103*(3), 237–253. doi:10.1007/s00422-010-0401-y

Chan, V., Asada, H. H., & Bashir, R. (2014). Utilization and control of bioactuators across multiple length scales. *Lab Chip, 14*(4), 653–670. doi:10.1039/c3lc50989c

Chan, V., Park, K., Collens, M. B., Kong, H., Saif, T. A., & Bashir, R. (2012). Development of miniaturized walking biological machines. *Sci Rep, 2*, 857. doi:10.1038/srep00857

Chao, D. L., Ma, L., & Shen, K. (2009). Transient cell-cell interactions in neural circuit formation. *Nat Rev Neurosci, 10*, 262–271.

Chapple, W. (2012). Kinematics of walking in the hermit crab, *Pagurus pollicarus. Arthropod Structure and Development, 41*(2), 119–131. doi:10.1016/j.asd.2011.11.004

Charbonneau, M. R., Blanton, L. V., DiGiulio, D. B., Relman, D. A., Lebrilla, C. B., Mills, D. A., & Gordon, J. I. (2016). A microbial perspective of human developmental biology. *Nature, 535*(7610), 48–55. doi:10.1038/nature18845

Che, J., & Dorgan, K. M. (2010). It's tough to be small: Dependence of burrowing kinematics on body size. *J Exp Biol, 213*(Pt 8), 1241–1250. doi:10.1242/jeb.038661

Chhetri, R. K., Amat, F., Wan, Y., Hockendorf, B., Lemon, W. C., & Keller, P. J. (2015). Whole-animal functional and developmental imaging with isotropic spatial resolution. *Nat Methods, 12*(12), 1171–1178. doi:10.1038/nmeth.3632

Chialvo, D. R. (2010). Emergent complex neural dynamics. *Nat Physics, 6*(10), 744–750. doi:10.1038/nphys1803

Chirarattananon, P., Chen, Y., Helbling, E. F., Ma, K. Y., Cheng, R., & Wood, R. J. (2017). Dynamics and flight control of a flapping-wing robotic insect in the presence of wind gusts. *Interface Focus, 7*(1), 20160080. doi:10.1098/rsfs.2016.0080

Chittka, L., & Niven, J. (2009). Are bigger brains better? *Curr Biol, 19*(21), R995–R1008. doi:10.1016/j.cub.2009.08.023Nat.

Choe, M. S., Ortiz-Mantilla, S., Makris, N., Gregas, M., Bacic, J., Haehn, D., . . . Grant, P. E. (2013). Regional infant brain development: An MRI-based morphometric analysis in 3 to 13 month olds. *Cereb Cortex, 23*(9), 2100–2117. doi:10.1093/cercor/bhs197

Choi, H. J., & Mark, L. S. (2004). Scaling affordances for human reach actions. *Hum Mov Sci, 23*(6), 785–806. doi:10.1016/j.humov.2004.08.004

Chouard, T., & Venema, A. (2015). Nature insight: Machine intelligence. *Nature, 521*(7553), 435.

Chrastil, E. R., Sherrill, K. R., Hasselmo, M. E., & Stern, C. E. (2016). Which way and how far? Tracking of translation and rotation information for human path integration. *Hum Brain Mapp, 37*(10), 3636–3655. doi:10.1002/hbm.23265

Christensen, D., Van Naarden Braun, K., Doernberg, N. S., Maenner, M. J., Arneson, C. L., Durkin, M. S., . . . Yeargin-Allsopp, M. (2014). Prevalence of cerebral palsy, co-occurring autism spectrum disorders, and motor functioning—Autism and Developmental Disabilities Monitoring Network, USA, 2008. *Developmental Medicine & Child Neurology, 56*(1), 59–65. doi:10.1111/dmcn.12268

Chu, D. M., Ma, J., Prince, A. L., Antony, K. M., Seferovic, M. D., & Aagaard, K. M. (2017). Maturation of the infant microbiome community structure and function across multiple body sites and in relation to mode of delivery. *Nat Med, 23*(3), 314–326. doi:10.1038/nm.4272

Chung, W. S., & Barres, B. A. (2012). The role of glial cells in synapse elimination. *Curr Opin Neurobiol, 22*(3), 438–445. doi:10.1016/j.conb.2011.10.003

Chung, W. S., Welsh, C. A., Barres, B. A., & Stevens, B. (2015). Do glia drive synaptic and cognitive impairment in disease? *Nat Neurosci, 18*(11), 1539–1545. doi:10.1038/nn.4142

Churchland, M. M., Afshar, A., & Shenoy, K. V. (2006). A central source of movement variability. *Neuron, 52*(6), 1085–1096. doi:10.1016/j.neuron.2006.10.034

Churchland, M. M., & Cunningham, J. P. (2014). A dynamical basis set for generating reaches. *Cold Spring Harb Symp Quant Biol, 79*, 67–80. doi:10.1101/sqb.2014.79.024703

Churchland, M. M., Cunningham, J. P., Kaufman, M. T., Foster, J. D., Nuyujukian, P., Ryu, S. I., & Shenoy, K. V. (2012). Neural population dynamics during reaching. *Nature, 487*(7405), 51–56. doi:10.1038/nature11129

Churchland, M. M., Cunningham, J. P., Kaufman, M. T., Ryu, S. I., & Shenoy, K. V. (2010). Cortical preparatory activity: Representation of movement or first cog in a dynamical machine? *Neuron, 68*(3), 387–400. doi:10.1016/j.neuron.2010.09.015

Cisek, P. (2012). Making decisions through a distributed consensus. *Curr Opin Neurobiol, 22,* 1–10.

Cisek, P., & Kalaska, J. F. (2010). Neural mechanisms for interacting with a world full of action choices. *Annu Rev Neurosci, 33,* 269–298. doi:10.1146/annurev.neuro.051508.135409

Cisek, P., & Pastor-Bernier, A. (2014). On the challenges and mechanisms of embodied decisions. *Philos Trans R Soc Lond B Biol Sci, 369*(1655). doi:10.1098/rstb.2013.0479

Clark, A. (1997). *Being there: Putting brain, body, and world together again.* Cambridge, MA: MIT Press.

Clark, A. (2003). *Natural-born cyborgs: Minds, technologies, and the future of human intelligence.* New York: Oxford University Press.

Clark, A. (2006). Language, embodiment, and the cognitive niche. *Trends Cog Sci, 10,* 370–374.

Clark, A. (2008). *Supersizing the mind: Embodiment, action, and cognitive extension.* New York: Oxford University Press.

Clarke, L. E., & Barres, B. A. (2013). Emerging roles of astrocytes in neural circuit development. *Nat Rev Neurosci, 14*(5), 311–321. doi:10.1038/nrn3484

Clause, A., Kim, G., Sonntag, M., Weisz, C. J., Vetter, D. E., Rubsamen, R., & Kandler, K. (2014). The precise temporal pattern of prehearing spontaneous activity is necessary for tonotopic map refinement. *Neuron, 82*(4), 822–835. doi:10.1016/j.neuron.2014.04.001

Clawson, T. S., Ferrari, S., Fuller, S. B., & Wood, R. J. (2016). *Spiking neural network (SNN) control of a flapping insect-scale robot.* Paper presented at the 2016 IEEE 55th Conference on Decision aand Control, Las Vegas, NV.

Clouchoux, C., & Limperopoulos, C. (2012). Novel applications of quantitative MRI for the fetal brain. *Pediatr Radiol, 42 Suppl 1,* S24–S32. doi:10.1007/s00247-011-2178-0

Clouchoux, C., Riviere, D., Mangin, J. F., Operto, G., Regis, J., & Coulon, O. (2010). Model-driven parameterization of the cortical surface for localization and inter-subject matching. *Neuroimage, 50*(2), 552–566. doi:10.1016/j.neuroimage.2009.12.048

Coen, P., Clemens, J., Weinstein, A. J., Pacheco, D. A., Deng, Y., & Murthy, M. (2014). Dynamic sensory cues shape song structure in Drosophila. *Nature, 507*(7491). doi:10.1038/nature13131

Cohen, A. E., & Mahadevan, L. (2003). Kinks, rings, and rackets in filamentous structures. *Proc Natl Acad Sci, 100,* 12141–12146.

Collin, G., & van den Heuvel, M. P. (2013). The ontogeny of the human connectome: Development and dynamic changes of brain connectivity across the life span. *Neuroscientist, 19*(6), 616–628. doi:10.1177/1073858413503712

Collinger, J. L., Foldes, S., Bruns, T. M., Wodlinger, B., Gaunt, R., & Weber, D. J. (2013). Neuroprosthetic technology for individuals with spinal cord injury. *J Spinal Cord Med, 36*(4), 258–272. doi:10.1179/2045772313Y.0000000128

Collinger, J. L., Kryger, M. A., Barbara, R., Betler, T., Bowsher, K., Brown, E. H. P., . . . Boninger, M. L. (2014). Collaborative approach in the development of high-performance brain–computer interfaces for a neuroprosthetic arm: Translation from animal models to human control. *Clin Transl Sci, 7*(1), 52–59. doi:10.1111/cts.12086

Collinger, J. L., Wodlinger, B., Downey, J. E., Wang, W., Tyler-Kabara, E. C., Weber, D. J., . . . Schwartz, A. B. (2012). High-performance neuroprosthetic control by an individual with tetraplegia. *The Lancet.* doi:10.1016/S0140-6736(12)61816-9

Collins, J. J., Imhoff, T. T., & Grigg, P. (1996). Noise-enhanced information transmission in rat SA1 cutaneous mechanoreceptors via aperiodic stochastic resonance. *J Neurophysiol, 76,* 642–645.

Collins, J. J., & Stewart, I. (1993). Coupled nonlinear oscillators and the symmetries of animal gaits. *Journal of Nonlinear Science, 3*(3), 349–392.

Collins, S. M., Surette, M., & Bercik, P. (2012). The interplay between the intestinal microbiota and the brain. *Nat Rev Microbiol, 10*(11), 735–742. doi:10.1038/nrmicro2876

Colonnese, M., Kaminska, A., Minlabaev, M., Milh, M., Bloem, B., Lescure, S., . . . Khazipov, R. (2010). A conserved switch in sensory processing prepares developing neocortex for vision. *Neuron, 67*, 480–498.

Combes, D., Merrywest, S. D., Simmers, J., & Sillar, K. T. (2004). Developmental segregation of spinal networks driving axial- and hindlimb-based locomotion in metamorphosing Xenopus laevis. *J Physiol, 559*(Pt 1), 17–24. doi:10.1113/jphysiol.2004.069542

Combes, S. A., & Daniel, T. L. (2003). Flexural stiffness in insect wings. I. Scaling and the influence of wing venation. *J Exp Bio, 206*(Pt 17), 2979.

Combes, S. A., Rundle, D. E., Iwasaki, J. M., & Crall, J. D. (2012). Linking biomechanics and ecology through predator-prey interactions: flight performance of dragonflies and their prey. *J Exp Biol, 215*(Pt 6), 903–913. doi:10.1242/jeb.059394

Concha, A., Mellado, P., Morera-Brenes, B., Sampaio Costa, C., Mahadevan, L., & Monge-Najera, J. (2015). Oscillation of the velvet worm slime jet by passive hydrodynamic instability. *Nat Commun, 6*, 6292. doi:10.1038/ncomms7292

Conway Morris, S. (1998). *The crucible of creation: The Burgess Shale and the rise of animals.* New York: Oxford University Press.

Coombs, S. (2014). *Lateral line system.* New York.

Coombs, S., & Bleckmann, H. (2006). Lateral line research: Recent advances and new opportunities. *J Acoust Soc Amer, 120*(5), 3056–3056. doi:10.1121/1.4787292

Coombs, S., Görner, P., and Münz, H. (Eds.) (1989). *Mechanosensory lateral line: Neurobiology and evolution.* New York: Springer.

Cooper, K. L., Sears, K. E., Uygur, A., Maier, J., Baczkowski, K. S., Brosnahan, M., . . . Tabin, C. J. (2014). Patterning and post-patterning modes of evolutionary digit loss in mammals. *Nature, 511*(7507), 41–45. doi:10.1038/nature13496

Corbett, D., Jeffers, M., Nguemeni, C., Gomez-Smith, M., & Livingston-Thomas, J. (2015). Lost in translation: Rethinking approaches to stroke recovery. *Prog Brain Res, 218*, 413–434. doi:10.1016/bs.pbr.2014.12.002

Corbett, E. A., Ethier, C., Oby, E. M., Kording, K., Perreault, E. J., & Miller, L. E. (2013). Advanced user interfaces for upper limb functional electrical stimulation. In D. Farina, W. Jensen, & M. Akay (Eds.), *Introduction to neural engineering for motor rehabilitation* (pp. 377–399). New York: Wiley.

Corbetta, M. (2010). Functional connectivity and neurological recovery. *Developmental Psychobiology, 54*, 239–253.

Cordo, P., Inglis, J. T., Verschueren, S., Collins, J. J., Merfeld, D. M., Rosenblum, S., . . . Moss, F. (1996). Noise in human muscle spindles. *Nature, 383*(6603), 769–770.

Correll, N., Onal, C., Liang, H., Schoenfeld, E., & Rus, D. (2014). Soft autonomous materials using active elasticity and embedded distributred computation. *Experimental Robotics, Springer Tracts in Advanced Robotics, 79*, 227–240.

Courtine, G., Gerasimenko, Y., van den Brand, R., Yew, A., Musienko, P., Zhong, H., . . . Edgerton, V. R. (2009). Transformation of nonfunctional spinal circuits into functional states after the loss of brain input. *Nat Neurosci, 12*(10), 1333–1342. doi:10.1038/nn.2401

Courtine, G., Micera, S., DiGiovanna, J., & del R Millán, J. (2013). Brain–machine interface: Closer to therapeutic reality? *The Lancet, 381*(9866), 515–517. doi:10.1016/s0140-6736(12)62164-3

Courtine, G., Song, B., Roy, R. R., Zhong, H., Herrmann, J. E., Ao, Y., . . . Sofroniew, M. V. (2008). Recovery of supraspinal control of stepping via indirect propriospinal relay connections after spinal cord injury. *Nat Med, 14*(1), 69–74. doi:10.1038/nm1682

Couzin-Fuchs, E., Kiemel, T., Gal, O., Ayali, A., & Holmes, P. (2015). Intersegmental coupling and recovery from perturbations in freely running cockroaches. *J Exp Biol, 218*(Pt 2), 285–297. doi:10.1242/jeb.112805

Cowan, N. J., Ankarali, M. M., Dyhr, J. P., Madhav, M. S., Roth, E., Sefati, S., . . . Daniel, T. L. (2014). Feedback control as a framework for understanding tradeoffs in biology. *Integrative and Comparative Biology, 54*(2), 223–237. doi:10.1093/icb/icu050

Coyne, J., Boussy, I., Prout, T., Bryant, S., Jones, J., & Moore, J. (1982). Long-distance migration of "Drosophila." *American Naturalist, 119*(4), 589–595.

Coyne, J. A. (2005). Switching on evolution: How does evo-devo explain the huge diversity of life on Earth. *Nature, 435,* 1029–1030.

Craddock, R. C., Jbabdi, S., Yan, C. G., Vogelstein, J. T., Castellanos, F. X., Di Martino, A., . . . Milham, M. P. (2013). Imaging human connectomes at the macroscale. *Nat Methods, 10*(6), 524–539. doi:10.1038/nmeth.2482

Cramer, S. C., Sur, M., & Dobkin, B. H. (2011). Harnessing neuroplasticity for clinical applications. *Brain, 134,* 1591–1609.

Cranford, S. W., Tarakanova, A., Pugno, N. M., & Buehler, M. J. (2012). Nonlinear material behaviour of spider silk yields robust webs. *Nature, 482*(7383), 72–76. doi:10.1038/nature10739

Crapse, T. B., & Sommer, M. A. (2008). Corollary discharge circuits in the primate brain. *Curr Opin Neurobiol, 18*(6), 552–557. doi:10.1016/j.conb.2008.09.017

Cregg, J. M., Depaul, M. A., Filous, A. R., Lang, B. T., Tran, A., & Silver, J. (2014). Functional regeneration beyond the glial scar. *Experimental Neurology, 253,* 197–207. doi:10.1016/j.expneurol.2013.12.024

Crespi, A., Karakasiliotis, K., Guignard, A., & Ijspeert, A. J. (2013). Salamandra Robotica II: An amphibious robot to study salamander-like swimming and walking gaits. *Robotics, IEEE Transactions on, 29*(2), 308–320. doi:10.1109/TRO.2012.2234311

Crompton, A. W., German, R. Z., & Thexton, A. J. (2008). Development of the movement of the epiglottis in infant and juvenile pigs. *Zoology (Jena), 111*(5), 339–349. doi:10.1016/j.zool.2007.10.002

Crompton, A. W., & Musinsky, C. (2011). How dogs lap: Ingestion and intraoral transport in *Canis familiaris*. *Biol Lett, 7*(6), 882–884. doi:10.1098/rsbl.2011.0336

Crutchfield, J. P. (2012). Between order and chaos. *Nat Phys, 8,* 17–24.

Cryan, J. F., & Dinan, T. G. (2012). Mind-altering microorganisms: The impact of the gut microbiota on brain and behaviour. *Nat Rev Neurosci, 13*(10), 701–712. doi:10.1038/nrn3346

Cryan, J. F., & Dinan, T. G. (2015). Gut microbiota: Microbiota and neuroimmune signalling—Metchnikoff to microglia. *Nat Rev Gastroenterol Hepatol, 12*(9), 494–496. doi:10.1038/nrgastro.2015.127

Cully, A., Clune, J., Tarapore, D., & Mouret, J. B. (2015). Robots that can adapt like animals. *Nature, 521*(7553), 503–507. doi:10.1038/nature14422

Cunningham, J. P., & Yu, B. M. (2014). Dimensionality reduction for large-scale neural recordings. *Nat Neurosci, 17*(11), 1500–1509. doi:10.1038/nn.3776

Currie, C. R., Scott, J. A., Summerbell, R. C., & Malloch, D. (1999). Fungus-growing ants use antibiotic-producing bacteria to control garden parasites. *Nature, 398,* 701–704.

Cvetkovic, C., Raman, R., Chan, V., Williams, B. J., Tolish, M., Bajaj, P., . . . Bashir, R. (2014). Three-dimensionally printed biological machines powered by skeletal muscle. *Proc Natl Acad Sci USA, 111*(28), 10125–10130. doi:10.1073/pnas.1401577111

Dacke, M., Baird, E., Byrne, M., Scholtz, C. H., & Warrant, E. J. (2013). Dung beetles use the Milky Way for orientation. *Curr Biol, 23*(4), 298–300. doi:10.1016/j.cub.2012.12.034

Daeschler, E. B., Shubin, N. H., & Jenkins, F. A., Jr. (2006). A Devonian tetrapod-like fish and the evolution of the tetrapod body plan. *Nature, 440*(7085), 757–763. doi:nature04639 [pii] 10.1038/nature04639

Dai, X., Zhou, W., Gao, T., Liu, J., & Lieber, C. M. (2016). Three-dimensional mapping and regulation of action potential propagation in nanoelectronics-innervated tissues. *Nat Nanotechnol, 11*(9), 776–782. doi:10.1038/nnano.2016.96

Dale, L., Smith, J. C., & Slack, J. M. (1985). Mesoderm induction in Xenopus laevis: A quantitative study using a cell lineage label and tissue-specific antibodies. *Journal of Embryology and Experimental Morphology, 89,* 289.

Daley, M. A., Felix, G., & Biewener, A. A. (2007). Running stability is enhanced by a proximo-distal gradient in joint neuromechanical control. *J Exp Biol, 210*(Pt 3), 383–394. doi:10.1242/jeb.02668

Damen, W. G., Saridaki, T., & Averof, M. (2002). Diverse adaptations of an ancestral gill: A common evolutionary origin for wings, breathing organs, and spinnerets. *Curr Biol, 12*(19), 1711–1716. doi:S0960982202011260 [pii]

Dammann, O., & Leviton, A. (2014). Intermittent or sustained systemic inflammation and the preterm brain. *Pediatr Res, 75*(3), 376–380. doi:10.1038/pr.2013.238

Daniels, J. T. (2016). Visionary stem-cell therapies: Stem-cell engineering has allowed successful cornea transplantations in rabbits and the regeneration of transparent lens tissue in children, demonstrating the therapeutic potential of this approach. (Biomedicine) (Report). *Nature, 531*(7594), 309.

Dantu, K., Berman, S., Kate, B., & Nagpal, R. (2012). *A comparison of deterministic and stochastic approaches for allocating spatially dependent tasks in micro-aerial vehicle collectives.* Paper presented at the IEEE / RSJ International Conference on Intelligent Robots and Systems, Vilamoura, Portugal, October 2012, pp. 793–800.

David, A. L., Takanori, H., & David, W. V. (2005). Cortical inhibitory neurons and schizophrenia. *Nature Reviews Neuroscience, 6*(4), 312. doi:10.1038/nrn1648

David, L. H., Brian, C., & John, W. M. B. (2003). The hydrodynamics of water strider locomotion. *Nature, 424*(6949), 663. doi:10.1038/nature01793

Davidson, E. H., & Erwin, D. H. (2006). Gene regulatory networks and the evolution of animal body plans. *Science, 311*(5762), 796–800. doi:10.1126/science.1113832

Davis, M. F., Figueroa Velez, D. X., Guevarra, R. P., Yang, M. C., Habeeb, M., Carathedathu, M. C., & Gandhi, S. P. (2015). Inhibitory neuron transplantation into adult visual cortex creates a new critical period that rescues impaired vision. *Neuron, 86*(4), 1055–1066. doi:10.1016/j.neuron.2015.03.062

Dean, J. M., McClendon, E., Hansen, K., Azimi-Zonooz, A., Chen, K., Riddle, A., ... Back, S. A. (2013). Prenatal cerebral ischemia disrupts MRI-defined cortical microstructure through disturbances in neuronal arborization. *Sci Transl Med,* 5(168), 1–11. doi:10.1126/scitranslmed.3004669

Deck, M., Lokmane, L., Chauvet, S., Mailhes, C., Keita, M., Niquille, M., ... Garel, S. (2013). Pathfinding of corticothalamic axons relies on a rendezvous with thalamic projections. *Neuron, 77*(3), 472–484. doi:10.1016/j.neuron.2012.11.031

Deco, G., Jirsa, V., & McIntosh, A. (2011). Emerging concepts for the dynamical organization of resting-state activity in the brain. *Nat Rev Neurosci, 12,* 43–56.

Deco, G., Jirsa, V., & McIntosh, A. (2013). Resting brains never rest: Computational insights into potential cognitive architectures. *Trends Neurosci, 36*(5), 268–274. doi:10.1016/j.tins.2013.03.001

Deco, G., Jirsa, V., McIntosh, A., Sporns, O., & Kotter, R. (2009). Key role of coupling, delay, and noise in resting state brain fluctuations. *Proc Natl Acad Sci, 106,* 10302–10307.

Deco, G., & Kringelbach, M. L. (2014). Great expectations: Using whole-brain computational connectomics for understanding neuropsychiatric disorders. *Neuron, 84*(5), 892–905. doi:10.1016/j.neuron.2014.08.034

Deco, G., & Kringelbach, M. L. (2016). Metastability and coherence: Extending the communication through coherence hypothesis using a whole-brain computational perspective. *Trends Neurosci, 39*(3), 125–135. doi:10.1016/j.tins.2016.01.001

Dehmelt, L., & Bastiaens, P. I. (2010). Spatial organization of intracellular communication: Insights from imaging. *Nat Rev Mol Cell Biol, 11*(6), 440–452. doi:10.1038/nrm2903

Deisseroth, K. (2010). Controlling the brain with light. *Scientific American,* 49–55.

Deisseroth, K. (2014). Circuit dynamics of adaptive and maladaptive behaviour. *Nature, 505*(7483), 309–317. doi:10.1038/nature12982

Deisseroth, K. (2015). Optogenetics: 10 years of microbial opsins in neuroscience. *Nat Neurosci, 18*(9), 1213–1225.

Deisseroth, K., Etkin, A., & Malenka, R. C. (2015). Optogenetics and the circuit dynamics of psychiatric disease. *JAMA, 313*(20), 2019–2020. doi:10.1001/jama.2015.2544

de Jeu, M., & De Zeeuw, C. I. (2012). Video-oculography in mice. *J Vis Exp*(65), e3971. doi:10.3791/3971

Dekkers, M. P., & Barde, Y. A. (2013). Developmental biology: Programmed cell death in neuronal development. *Science, 340*(6128), 39–41. doi:10.1126/science.1236152

Del Negro, C. A., Wilson, C. G., Butera, R. J., Rigatto, H., & Smith, J. C. (2002). Periodicity, mixed-mode oscillations, and quasiperiodicity in a rhythm-generating neural network. *Biophys J, 82*, 206–214.

Deluca, C., Golzar, A., Santandrea, E., Lo Gerfo, E., Eštočinová, J., Moretto, G., . . . Chelazzi, L. (2014). The cerebellum and visual perceptual learning: Evidence from a motion extrapolation task. *Cortex, 58*, 52–71. doi:10.1016/j.cortex.2014.04.017

Demaine, E. D., & O'Rourke, J. (2007). A survey of folding and unfolding in computational geometry. *Combinatorial and Computational Geometry, 2007-01-01*, ISBN 0521848628, 167–211.

De Robertis, E. M. (2006). Spemann's organizer and self-regulation in amphibian embryos. *Nat Rev Mol Cell Biol, 7*, 296–302.

De Robertis, E. M. (2009). Spemann's organizer and the self-regulation of embryonic fields. *Mech Dev, 126*, 925–941.

Deschenes, M., Moore, J., & Kleinfeld, D. (2012). Sniffing and whisking in rodents. *Curr Opin Neurobiol, 22*, 243–250.

Devor, A., Bandettini, P. A., Boas, D. A., Bower, J. M., Buxton, R. B., Cohen, L. B., . . . Yodh, A. G. (2013). The challenge of connecting the dots in the B.R.A.I.N. *Neuron, 80*(2), 270–274. doi:10.1016/j.neuron.2013.09.008

de Vries, J. I. P., Visser, G. H. A., & Prechtl, H. F. R. (1982). The emergence of fetal behaviour. I. Qualitative aspects. *Early Human Development, 7*(4), 301–322. doi:10.1016/0378-3782(82)90033-0

De Zeeuw, C. I., Hoebeek, F. E., Bosman, L. W., Schonewille, M., Witter, L., & Koekkoek, S. K. (2011). Spatiotemporal firing patterns in the cerebellum. *Nat Rev Neurosci, 12*(6), 327–344. doi:10.1038/nrn3011

De Zeeuw, C. I., & Ten Brinke, M. M. (2015). Motor learning and the cerebellum. *Cold Spring Harb Perspect Biol, 7*(9), a021683. doi:10.1101/cshperspect.a021683

Dhindsa, R. S., & Goldstein, D. B. (2016). Schizophrenia: From genetics to physiology at last. *Nature, 530*(7589), 162–163. doi:10.1038/nature16874

Diamond, M. E., von Heimendahl, M., Knutsen, P. M., Kleinfeld, D., & Ahissar, E. (2008). "Where" and "what" in the whisker sensorimotor system. *Nat Rev Neurosci, 9*(8), 601–612. doi:10.1038/nrn2411

Diaz Quiroz, J. F., & Echeverri, K. (2013). Spinal cord regeneration: Where fish, frogs and salamanders lead the way, can we follow? *Biochem J, 451*(3), 353–364. doi:10.1042/BJ20121807

Dickinson, M., & Moss, C. F. (2012). Neuroethology. *Curr Opin Neurobiol, 22*, 177–179.

Dickinson, M. H. (1999). Wing rotation and the aerodynamic basis of insect flight. *Science, 284*(5422), 1954–1960. doi:10.1126/science.284.5422.1954

Dickinson, M. H. (2014). Death Valley, Drosophila, and the Devonian toolkit. *Annu Rev Entomol, 59*, 51–72. doi:10.1146/annurev-ento-011613-162041

Dickinson, M. H., Farley, C. T., Full, R. J., Koehl, M. A. R., Kram, R., & Lehman, S. (2000). How animals move: An integrative view. *Science, 288*(5463), 100–106. doi:10.1126/science.288.5463.100

Di Fiore, J. M., Martin, R. J., & Gauda, E. B. (2013). Apnea of prematurity—perfect storm. *Respir Physiol Neurobiol, 189*(2), 213–222. doi:10.1016/j.resp.2013.05.026

Dinan, T. G., & Cryan, J. F. (2017). Gut-brain axis in 2016: Brain-gut-microbiota axis—mood, metabolism and behaviour. *Nat Rev Gastroenterol Hepatol, 14*(2), 69–70. doi:10.1038/nrgastro.2016.200

Ding, Y., Sharpe, S. S., Wiesenfeld, K., & Goldman, D. I. (2013). Emergence of the advancing neuromechanical phase in a resistive force dominated medium. *Proc Natl Acad Sci USA, 110*(25), 10123–10128. doi:10.1073/pnas.1302844110

Dinstein, I., Pierce, K., Eyler, L., Solso, S., Malach, R., Behrmann, M., & Courchesne, E. (2011). isrupted neural synchronization in toddlers with autism. *Neuron, 70*(6), 1218–1225. doi:10.1016/j.neuron.2011.04.018

Do, K. Q., Cuenod, M., & Hensch, T. K. (2015). Targeting oxidative stress and aberrant critical period plasticity in the developmental trajectory to schizophrenia. *Schizophr Bull, 41*(4), 835–846. doi:10.1093/schbul/sbv065

Dobkin, B. H., & Duncan, P. W. (2012). Should body weight-supported treadmill training and robotic-assistive steppers for locomotor training trot back to the starting gate? *Neurorehabil Neural Repair, 26*(4), 308–317. doi:10.1177/1545968312439687

Dominici, N., Ivanenko, Y. P., Cappellini, G., d'Avella, A., Mondi, V., Cicchese, M., . . . Lacquaniti, F. (2011). Locomotor primitives in newborn babies and their development. *Science, 334*(6058), 997–999. doi:10.1126/science.1210617

Dominici, N., Keller, U., Vallery, H., Friedli, L., van den Brand, R., Starkey, M. L., . . . Courtine, G. (2012). Versatile robotic interface to evaluate, enable and train locomotion and balance after neuromotor disorders. *Nat Med, 18*(7), 1142–1147. doi:10.1038/nm.2845

Dong, X., Shen, K., & Bulow, H. E. (2015). Intrinsic and extrinsic mechanisms of dendritic morphogenesis. *Annu Rev Physiol, 77*, 271–300. doi:10.1146/annurev-physiol-021014-071746

Donnelly, J. L., Clark, C. M., Leifer, A. M., Pirri, J. K., Haburcak, M., Francis, M. M., . . . Alkema, M. J. (2013). Monoaminergic orchestration of motor programs in a complex C. elegans behavior. *PLoS Biol, 11*(4), e1001529. doi:10.1371/journal.pbio.1001529

Dorgan, K. M. (2015). The biomechanics of burrowing and boring. *J Exp Biol, 218*(Pt 2), 176–183. doi:10.1242/jeb.086983

Dorgan, K. M., Jumars, P. A., Johnson, B., Boudreau, B. P., & Landis, E. (2005). Burrow extension by crack propagation. *Nature, 433*, 475.

Douglas, R. J., & Martin, K. A. (2004). Neuronal circuits of the neocortex. *Annu Rev Neurosci, 27*, 419–451. doi:10.1146/annurev.neuro.27.070203.144152

Douglas, R. J., & Martin, K. A. (2012). Behavioral architecture of the cortical sheet. *Curr Biol, 22*(24), R1033–R1038. doi:10.1016/j.cub.2012.11.017

Douglas, S. M., Bachelet, I., & Church, G. M. (2012). A logic-gated nanorobot for targeted transport of molecular payloads. *Science, 335*(6070), 831–834. doi:10.1126/science.1214081

Douglas, S. M., Dietz, H., Liedl, T., Hogberg, B., Graf, F., & Shih, W. M. (2009). Self-assembly of DNA into nanoscale three-dimensional shapes. *Nature, 459*(7245), 414–418. doi:10.1038/nature08016

Downey, J. E., Weiss, J. M., Muelling, K., Venkatraman, A., Valois, J. S., Hebert, M., . . . Collinger, J. L. (2016). Blending of brain-machine interface and vision-guided autonomous robotics improves neuroprosthetic arm performance during grasping. *J Neuroeng Rehabil, 13*, 28. doi:10.1186/s12984-016-0134-9

Downs, J., Daeschler, E., Jenkins, F., & Shubin, N. (2008). The cranial endoskeleton of *Tiktaalik rosae*. *Nature, 455*, 925–929.

Dreier, T., Wolff, P. H., Cross, E. E., & Cochran, W. D. (1979). Patterns of breath intervals during non-nutritive sucking in full-term and "at risk" preterm infants with normal neurological examinations. *Early Hum Develop*, 3, 187–199.

Drew, P. J., Duyn, J. H., Golanov, E., & Kleinfeld, D. (2008). Finding coherence in spontaneous oscillations. *Nature Neuroscience, 11*(9), 991. doi:10.1038/nn0908-991

Driggers, R. W., Ho, C. Y., Korhonen, E. M., Kuivanen, S., Jaaskelainen, A. J., Smura, T., . . . Vapalahti, O. (2016). Zika virus infection with prolonged maternal viremia and fetal brain abnormalities. *N Engl J Med, 374*(22), 2142–2151. doi:10.1056/NEJMoa1601824

Dubilier, N., Bergin, C., & Lott, C. (2008). Symbiotic diversity in marine animals: The art of harnessing chemosynthesis. *Nat Rev Microbiol, 6*(10), 725–740. doi:10.1038/nrmicro1992

Dubois, J., Hertz-Pannier, L., Dehaene-Lambertz, G., Cointepas, Y., & Le Bihan, D. (2006). Assessment of the early organization and maturation of infants' cerebral white matter fiber bundles: A feasibility study using quantitative diffusion tensor imaging and tractography. *Neuroimage, 30*(4), 1121–1132. doi:10.1016/j.neuroimage.2005.11.022

Dudley, R., & Yanoviak, S. P. (2011). Animal aloft: The origins of aerial behavior and flight. *Integr Comp Biol, 51*(6), 926–936. doi:10.1093/icb/icr002

Dugas, R. (1958). *Mechanics in the seventeenth century, from the scholastic antecedents to classical thought.* Neuchâtel, Switzerland, n.p.

Dunlop, J. W. C., & Fratzl, P. (2010). Biological Composites. *Ann Rev Mater Res, 40*(1), 1–24. doi:10.1146/annurev-matsci-070909-104421

Dunlop, J. W. C., Weinkamer, R., & Fratzl, P. (2011). Artful interfaces within biological materials. *Materials Today, 14*(3), 70–78. doi:10.1016/s1369-7021(11)70056-6

Dupre, C., & Yuste, R. (2017). Non-overlapping neural networks in *Hydra vulgaris. Current Biology, 27*(8), 1085–1097. doi:10.1016/j.cub.2017.02.049

Duque, A., Krsnik, Z., Kostovic, I., & Rakic, P. (2016). Secondary expansion of the transient subplate zone in the developing cerebrum of human and nonhuman primates. *Proc Natl Acad Sci USA, 113*(35), 9892–9897. doi:10.1073/pnas.1610078113

Dyke, G., de Kat, R., Palmer, C., van der Kindere, J., Naish, D., & Ganapathisubramani, B. (2013). Aerodynamic performance of the feathered dinosaur Microraptor and the evolution of feathered flight. *Nat Commun, 4*, 2489. doi:10.1038/ncomms3489

Eberhard, W. G., & Wcislo, W. T. (2011). Grade changes in brain-body allometry: Morphological and behavioural correlates of brain size in miniature spiders, insects and other vertebrates. *Adv Insect Physiol, 40*, 155–213.

Ebert, D. H., & Greenberg, M. E. (2013). Activity-dependent neuronal signalling and autism spectrum disorder. *Nature, 493*(7432), 327–337. doi:10.1038/nature11860

Edelman, G. M., & Gally, J. A. (2001). Degeneracy and complexity in biological systems. *Proc Natl Acad Sci USA, 98*(24), 13763–13768. doi:10.1073/pnas.231499798

Edgar, J., Khan, S., Blaskey, L., Chow, V., Rey, M., Gaetz, W., . . . Roberts, T. (2015). Neuromagnetic oscillations predict evoked-response latency delays and core language deficits in autism spectrum disorders. *J Autism Dev Disord, 45*(2), 395–405. doi:10.1007/s10803-013-1904-x

Ehrlich, P. J., & Lanyon, L. E. (2002). Mechanical strain and bone cell function: A review. *Osteoporosis International, 13*, 688–700.

Ehrsson, H. H. (2012). The concept of body ownership and its relation to multisensory integration. In B. E. Stein (Ed.), *New handbook of multisensory processing* (pp. 775–792). Cambridge, MA: MIT Press.

Ehrsson, H. H., Rosén, B., Stockselius, A., Ragnö, C., Köhler, P., & Lundborg, G. (2008). Upper limb amputees can be induced to experience a rubber hand as their own. *Brain, 131*(12), 3443–3452. doi:10.1093/brain/awn297

Eiben, A. E., & Smith, J. (2015). From evolutionary computation to the evolution of things. *Nature, 521*(7553), 476–482. doi:10.1038/nature14544

Einspieler, C., & Prechtl, H. F. (2005). Prechtl's assessment of general movements: A diagnostic tool for the functional assessment of the young nervous system. *Ment Retard Dev Disabil Res Rev, 11*(1), 61–67. doi:10.1002/mrdd.20051

Eisner, T., & Aneshansley, D. (2000). Defense by foot adhesion in a beetle (Hemisphaerota cynea). *Proc Natl Acad Sci, 97*, 6568–6573.

Eklof-Ljunggren, E., Haupt, S., Ausborn, J., Dehnisch, I., Uhlen, P., Higashijima, S., & El Manira, A. (2012). Origin of excitation underlying locomotion in the spinal circuit of zebrafish. *Proc Natl Acad Sci USA, 109*(14), 5511–5516. doi:10.1073/pnas.1115377109

El Kaliouby, R., & Robinson, P. (2005). Generalization of a vision-based computational model of mind-reading. *Lecture Notes Comput Sci, 3784*, 582–589.

Emery, B. (2010). Regulation of oligodendrocyte differentiation and myelination. *Science, 330*(6005), 779–782. doi:10.1126/science.1190927

Engel, A. K., & Fries, P. (2010). Beta-band oscillations—signalling the status quo? *Curr Opin Neurobiol, 20*(2), 156–165. doi:10.1016/j.conb.2010.02.015

Engel, A. K., König, P., Kreiter, A. K., & Singer, W. (1991). Interhemispheric synchronization of oscillatory neuronal responses in cat visual cortex. *Science, 252*(5009), 1177–1179.

Engel, M. S. (2015). Insect evolution. *Curr Biol, 25*(19), R868–R872. doi:10.1016/j.cub.2015.07.059

Engel, P. (2009). *10-fold origami: Fabulous paperfolds you can make in just 10 steps!* North Clarendon, VT: Tuttle.

Engert, F. (2014). The big data problem: Turning maps into knowledge. *Neuron, 83*(6), 1246–1248. doi:10.1016/j.neuron.2014.09.008

Eric, W. R., Aubrey, L. F., Maria, E. C. B., Leia, W., Donald, A. C., Arnold, J. S., & Charlotte, S. K. (2014). Secretory antibodies in breast milk promote long-term intestinal homeostasis by regulating the gut microbiota and host gene expression. *Proc Natl Acad Sci, 111*(8), 3074. doi:10.1073/pnas.1315792111

Erny, D., Hrabe de Angelis, A. L., Jaitin, D., Wieghofer, P., Staszewski, O., David, E., . . . Prinz, M. (2015). Host microbiota constantly control maturation and function of microglia in the CNS. *Nat Neurosci, 18*(7), 965–977. doi:10.1038/nn.4030

Erwin, D. H., & Davidson, E. (2009). The evolution of hierarchical gene regulatory networks. *Nat Genetics, 10,* 141–148.

Espinosa, J. S., & Stryker, M. P. (2012). Development and plasticity of the primary visual cortex. *Neuron, 75*(2), 230–249. doi:10.1016/j.neuron.2012.06.009

Esposito, M. S., Capelli, P., & Arber, S. (2014). Brainstem nucleus MdV mediates skilled forelimb motor tasks. *Nature, 508*(7496), 351–356. doi:10.1038/nature13023

Estes, M. L., & McAllister, A. K. (2016). Maternal immune activation: Implications for neuropsychiatrc disorders. *Science, 353*(6301), 772–777.

Fajen, B. R., Riley, M., & Turvey, M. T. (2008). Information, affordances, and the control of action in sport. *Int J Sports Psychol, 40,* 79–107.

Fajen, B. R., & Warren, W. H. (2003). Behavioral dynamics of steering, obstacle avoidance, and route selection. *J Exp Psychol: Hum Percep Perform, 29*(2), 343–362. doi:10.1037/0096-1523.29.2.343

Fan, J. M., Nuyujukian, P., Kao, J. C., Chestek, C. A., Ryu, S. I., & Shenoy, K. V. (2014). Intention estimation in brain–machine interfaces. *J Neural Eng, 11*(1), 016004. doi:10.1088/1741-2560/11/1/016004

Farah, M. J. (2015). An ethics toolbox for neurotechnology. *Neuron, 86*(1), 34–37. doi:10.1016/j.neuron.2015.03.038

Fasola, J., & Mataric, M. (2013). A socially assistive robot exercise coach for the elderly. *Journal of Human-Robot Interaction, 2*(2), 32. doi:10.5898/JHRI.2.2.Fasola

Fasoli, S. E., Fragala-Pinkham, M., Hughes, R., Hogan, N., Krebs, H. I., & Stein, J. (2008). Upper limb robotic therapy for children with hemiplegia. *Am J Phys Med Rehabil, 87*(11), 929–936. doi:10.1097/PHM.0b013e31818a6aa4

Fee, M. S. (2014). The role of efference copy in striatal learning. *Curr Opin Neurobiol, 25,* 194–200. doi:10.1016/j.conb.2014.01.012

Feinberg, A. W. (2015). Biological soft robotics. *Annu Rev Biomed Eng, 17,* 243–265. doi:10.1146/annurev-bioeng-071114-040632

Feinberg, A. W., Feigel, A., Shevkoplyas, S., Sheehy, S., Whitesides, G. M., & Parker, K. K. (2007). Muscular thin films for building actuators and powering devices. *Science, 317,* 1366–1370.

Feldman, D. E. (2009). Synaptic mechanisms for plasticity in neocortex. *Ann Rev Neurosci, 32,* 33–55.

Feldman, J. L., Del Negro, C. A., & Gray, P. A. (2013). Understanding the rhythm of breathing: So near, yet so far. *Annu Rev Physiol, 75,* 423–452. doi:10.1146/annurev-physiol-040510-130049

Felton, S., Tolley, M., Demaine, E., Rus, D., & Wood, R. (2014). Applied origami: A method for building self-folding machines. *Science, 345*(6197), 644–646. doi:10.1126/science.1252610

Felton, S. M., Tolley, M. T., Shin, B., Onal, C. D., Demaine, E. D., Rus, D., & Wood, R. J. (2013). Self-folding with shape memory composites. *Soft Matter, 9*(32), 7688. doi:10.1039/c3sm51003d

Fenno, L., Yizhar, O., & Deisseroth, K. (2011). The development and application of optogenetics. *Annu Rev Neurosci, 34*, 389–412. doi:10.1146/annurev-neuro-061010-113817

Ferenczi, E. A., Zalocusky, K. A., Liston, C., Grosenick, L., Warden, M. R., Amatya, D., . . . Deisseroth, K. (2016). Prefrontal cortical regulation of brainwide circuit dynamics and reward-related behavior. *Science, 351*(6268), aac9698. doi:10.1126/science.aac9698

Ferrell, J. E., Jr. (2012). Bistability, bifurcations, and Waddington's epigenetic landscape. *Curr Biol, 22*(11), R458–R466. doi:10.1016/j.cub.2012.03.045

Fets, L., Kay, R., & Velazquez, F. (2010). Dictyostelium. *Curr Biol, 20*, R1008–R1010.

Fetters, L., Chen, Y. P., Jonsdottir, J., & Tronick, E. Z. (2004). Kicking coordination captures differences between full-term and premature infants with white matter disorder. *Human Movement Science, 22*(6), 729–748.

Feynman, R. (2012). There's plenty of room at the bottom: An invitation to enter a new field of physics (transcript). In W. Goddard III, D. Brenner, S. Lyshevski, & G.Iafrate (Eds.), *Handbook of nanoscience, engineering, and technology* (3rd ed.) (pp. 3–12). New York: Taylor and Francis.

Fidelin, K., & Wyart, C. (2014). Inhibition and motor control in the developing zebrafish spinal cord. *Curr Opin Neurobiol, 26C*, 103–109. doi:10.1016/j.conb.2013.12.016

Fields, R. D., Araque, A., Johansen-Berg, H., Lim, S. S., Lynch, G., Nave, K. A., . . . Wake, H. (2013). Glial biology in learning and cognition. *Neuroscientist.* doi:10.1177/1073858413504465

Finio, B. M., & Wood, R. J. (2010). Distributed power and control actuation in the thoracic mechanics of a robotic insect. *Bioinspir Biomim, 5*(4), 045006. doi:10.1088/1748-3182/5/4/045006

Fisher, M., Loewy, R., Hardy, K., Schlosser, D., & Vinogradov, S. (2013). Cognitive interventions targeting brain plasticity in the prodromal and early phases of schizophrenia. *Annu Rev Clin Psychol, 9*, 435–463. doi:10.1146/annurev-clinpsy-032511-143134

Flash, T., & Hochner, B. (2005). Motor primitives in vertebrates and invertebrates. *Curr Opin Neurobiol, 15*(6), 660–666.

Fleiss, B., & Gressens, P. (2011). Tertiary mechanisms of brain damage: A new hope for treatment of cerebral palsy? *Lancet Neurology, 11*(6), 556–566. doi:10.1016/S1474-4422(12)70058-3

Flemming, H. C., Wingender, J., Szewzyk, U., Steinberg, P., Rice, S. A., & Kjelleberg, S. (2016). Biofilms: An emergent form of bacterial life. *Nat Rev Microbiol, 14*(9), 563–575. doi:10.1038/nrmicro.2016.94

Flesher, S. N., Collinger, J. L., Foldes, S. T., Weiss, J. M., Downey, J. E., Tyler-Kabara, E. C., . . . Gaunt, R. (2016). Intracortical microstimulation of human somatosensort cortex. *Sci Transl Med, 8*, 1–10.

Floreano, D., Ijspeert, A. J., & Schaal, S. (2014). Robotics and Neuroscience. *Curr Biol, 24*(18), R910-R920. doi:10.1016/j.cub.2014.07.058

Floreano, D., & Keller, L. (2010). Evolution of adaptive behaviour in robots by means of Darwinian selection. *PLoS Biol, 8*(1), e1000292. doi:10.1371/journal.pbio.1000292

Floreano, D., Pericet-Camara, R., Viollet, S., Ruffier, F., Bruckner, A., Leitel, R., . . . Franceschini, N. (2013). Miniature curved artificial compound eyes. *Proc Natl Acad Sci USA, 110*(23), 9267–9272. doi:10.1073/pnas.1219068110

Floreano, D., & Wood, R. J. (2015). Science, technology and the future of small autonomous drones. *Nature, 521*(7553), 460–466. doi:10.1038/nature14542

Fluet, G., Merians, A. S., Qiu, Q., Davidow, A., & Adamovich, S. (2014). Comparing integrated training of the hand and arm with isolated training of the same effectors in persons with stroke using haptically rendered virtual environments, a randomized clinical trial. *J Neuroeng Rehabil, 11*, 1–11.

Fonseca, S. T., Holt, K. G., Fetters, L., & Saltzman, E. (2004). Dynamic resources used in ambulation by children with spastic hemiplegic cerebral palsy: Relationship to kinematics, energetics, and asymmetries. *Phys Ther, 84*(4), 344–354; discussion 355–358.

Fonseca, S. T., Holt, K. G., Saltzman, E., & Fetters, L. (2001). A dynamical model of locomotion in spastic hemiplegic cerebral palsy: Influence of walking speed. *Clin Biomech (Bristol, Avon), 16*(9), 793–805. doi:S0268003301000675

Forger, D. B., & Paydarfar, D. (2004). Starting, stopping, and resetting biological oscillators: In search of optimum perturbations. *J Theoret Biol, 230*(4), 521–532.

Fornito, A., & Bullmore, E. T. (2015). Connectomics: A new paradigm for understanding brain disease. *Eur Neuropsychopharmacol, 25*(5), 733–748. doi:10.1016/j.euroneuro.2014.02.011

Fornito, A., Zalesky, A., & Breakspear, M. (2015). The connectomics of brain disorders. *Nat Rev Neurosci, 16*(3), 159–172. doi:10.1038/nrn3901

Forterre, Y., Skotheim, J., Dumais, J., & Mahadevan, L. (2005). How the Venus flytrap snaps. *Nature, 433*(7024), 417–421. doi:10.1038/nature03072

Foster, P. C., Mlot, N. J., Lin, A., & Hu, D. L. (2014). Fire ants actively control spacing and orientation within self-assemblages. *J Exp Biol, 217*(Pt 12), 2089–2100. doi:10.1242/jeb.093021

Fox, M. D., & Raichle, M. E. (2007). Spontaneous fluctuations in brain activity observed with functional magnetic resonance imaging. *Nat Rev Neurosci, 8*(9), 700–711.

Franceschini, N. (2014). Small brains, smart machines: From fly vision to robot vision and back again. *Proc IEEE, 102*(5), 751–781. doi:10.1109/JPROC.2014.2312916

Franchak, J. M., Celano, E. C., & Adolph, K. E. (2012). Perception of passage through openings depends on the size of the body in motion. *Exp Brain Res, 223*(2), 301–310. doi:10.1007/s00221-012-3261-y

Franco, S. J., & Muller, U. (2013). Shaping our minds: Stem and progenitor cell diversity in the mammalian neocortex. *Neuron, 77*(1), 19–34. doi:10.1016/j.neuron.2012.12.022

Frankel, F., and Whitesides, G. M. (2007). *On the surface of things: Images of the extraordinary in science*. Cambridge, MA: Harvard University Press.

Fransson, P. (2005). Spontaneous low-frequency BOLD signal fluctuations: An fMRI investigation of the resting-state default mode of brain function hypothesis. *Human Brain Mapping, 26*(1), 15–29. doi:10.1002/hbm.20113

Fransson, P., Aden, U., Blennow, M., & Lagercrantz, H. (2011). The functional architecture of the infant brain as revealed by resting-state fMRI. *Cereb Cortex, 21*(1), 145–154. doi:10.1093/cercor/bhq071

Franze, K. (2013). The mechanical control of nervous system development. *Development, 140*(15), 3069–3077. doi:10.1242/dev.079145

Fratzl, P., & Barth, F. G. (2009). Biomaterial systems for mechanosensing and actuation. *Nature, 462*(7272), 442–448. doi:10.1038/nature08603

Friedli, L., Rosenzweig, E. S., Barraud, Q., Schubert, M., Dominici, N., Awai, L., . . . Courtine, G. (2015). Pronounced species divergence in corticospinal tract reorganization and functional recovery after lateralized spinal cord injury favors primates. *Sci Transl Med, 7*(302), 1–12.

Fries, P. (2005). A mechanism for cognitive dynamics: Neuronal communication through neuronal coherence. *Trends Cogn Sci, 9*(10), 474–480. doi:10.1016/j.tics.2005.08.011

Fries, P. (2009). Neuronal gamma-band synchronization as a fundamental process in cortical computation. *Annu Rev Neurosci, 32*, 209–224. doi:10.1146/annurev.neuro.051508.135603

Fries, P. (2015). Rhythms for cognition: Communication through coherence. *Neuron, 88*(1), 220–235. doi:10.1016/j.neuron.2015.09.034

Fries, P., Nikolić, D., & Singer, W. (2007). The gamma cycle. *Trends in Neurosciences, 30*(7), 309–316. doi:10.1016/j.tins.2007.05.005

Friesen, L. M., Shannon, R. V., Baskent, D., & Wang, X. (2001). Speech recognition in noise as a function of the number of spectral channels: Comparison of acoustic hearing and cochlear implants. *J Acoust Soc Amer, 110*(2), 1150. doi:10.1121/1.1381538

Frisch, K. V., Wenner, A. M., & Johnson, D. L. (1967). Honeybees: Do they use direction and distance information provided by their dancers? *Science, 158*(3804), 1072–1077.

Frith, U., & Happé, F. (2005). Autism spectrum disorder. *Curr Biol, 15*(19), R786–R790. doi:10.1016/j.cub.2005.09.033

Frohnhofer, H. G., & Nusslein-Volhard, C. (1986). Organization of anterior pattern in the Drosophila embryo by the maternal gene bicoid. *Nature*(6093), 120–125.

Frye, M. A., Tarsitano, M., & Dickinson, M. H. (2003). Odor localization requires visual feedback during free flight in Drosophila melanogaster. *Journal of Experimental Biology, 206*(Pt 5), 843.

Fu, T. M., Hong, G., Zhou, T., Schuhmann, T. G., Viveros, R. D., & Lieber, C. M. (2016). Stable long-term chronic brain mapping at the single-neuron level. *Nat Methods, 13*(10), 875–882. doi:10.1038/nmeth.3969

Fuchs, A., Goldner, B., Nolte, I., & Schilling, N. (2014). Ground reaction force adaptations to tripedal locomotion in dogs. *Veterinary Journal, 201*(3), 307–315. doi:10.1016/j.tvjl.2014.05.012

Fujioka, M., Okano, H., & Edge, A. S. (2015). Manipulating cell fate in the cochlea: A feasible therapy for hearing loss. *Trends Neurosci, 38*(3), 139–144. doi:10.1016/j.tins.2014.12.004

Full, R. J., & Koditschek, D. E. (1999). Templates and anchors: Neuromechanical hypotheses of legged locomotion on land. *J Exper Biol, 202*(Pt 23), 3325–3332.

Fuller, S. B., Karpelson, M., Censi, A., Ma, K. Y., & Wood, R. J. (2014). Controlling free flight of a robotic fly using an onboard vision sensor inspired by insect ocelli. *J R Soc Interface, 11*(97), 20140281. doi:10.1098/rsif.2014.0281

Fung, T. C., Olson, C. A., & Hsiao, E. Y. (2017). Interactions between the microbiota, immune and nervous systems in health and disease. *Nat Neurosci, 20*(2), 145–155. doi:10.1038/nn.4476

Gaige, T. A., Benner, T., Wang, R., Wedeen, V. J., & Gilbert, R. J. (2007). Three dimensional myoarchitecture of the human tongue determined in vivo by diffusion tensor imaging with tractography. *Journal of Magnetic Resonance Imaging, 26*(3), 654–661. doi:10.1002/jmri.21022

Galantucci, B., Fowler, C., & Turvey, M. (2006). The motor theory of speech perception reviewed (vol 13, pg 361, 2006). *Psychonomic Bulletin & Review, 13*(4), 361–377.

Gallo, V., & Deneen, B. (2014). Glial development: The crossroads of regeneration and repair in the CNS. *Neuron, 83*(2), 283–308. doi:10.1016/j.neuron.2014.06.010

Gao, P., & Ganguli, S. (2015). On simplicity and complexity in the brave new world of large-scale neuroscience. *Curr Opin Neurobiol, 32*, 148–155. doi:10.1016/j.conb.2015.04.003

Gao, P., Sultan, K. T., Zhang, X.-J., & Shi, S.-H. (2013). Lineage-dependent circuit assembly in the neocortex. *Development* (Cambridge, England), *140*(13), 2645. doi:10.1242/dev.087668

Gao, W., Emaminejad, S., Nyein, H. Y., Challa, S., Chen, K., Peck, A., . . . Javey, A. (2016). Fully integrated wearable sensor arrays for multiplexed in situ perspiration analysis. *Nature, 529*(7587), 509–514. doi:10.1038/nature16521

Gao, Z., van Beugen, B. J., & De Zeeuw, C. I. (2012). Distributed synergistic plasticity and cerebellar learning. *Nat Rev Neurosci, 13*(9), 619–635. doi:10.1038/nrn3312

Garate, V. R., Parri, A., Yan, T., Munih, M., Lova, R. M., Vitiello, N., & Ronsse, R. (2016). Walking assistance using artificial primitives. *IEEE Robotics & Automation Magazine, 23*(1), 83–95. doi:10.1109/MRA.2015.2510778

Gardner, D. L., Mark, L. S., Ward, J. A., & Edkins, H. (2001). How do task characteristics affect the transitions between seated and standing reaches? *Ecol Psychol, 13*, 245–274.

Garel, S., & Lopez-Bendito, G. (2014). Inputs from the thalamocortical system on axon pathfinding mechanisms. *Curr Opin Neurobiol, 27*, 143–150. doi:10.1016/j.conb.2014.03.013

Gart, S., Socha, J. J., Vlachos, P., & Jung, S. (2015). Dogs lap using acceleration-driven open pumping. *Proc Natl Acad Sci, 112*(52), 15798. doi:10.1073/pnas.1514842112

Gates, B. D., Xu, Q., Love, J. C., Wolfe, D. B., & Whitesides, G. M. (2004). Unconventional nanofabrication. *Ann Rev Matls Res, 34*(1), 339–372. doi:10.1146/annurev.matsci.34.052803.091100

Gauda, E. B., & Martin, R. J. (2012). Control of breathing. In C. A. Gleason & S. U. Devaskar (Eds.), *Avery's diseases of the newborn* (Chapter 43, pp. 584–597). New York: Elsevier.

Gavelis, G. S., Hayakawa, S., White, R. A., III, Gojobori, T., Suttle, C. A., Keeling, P. J., & Leander, B. S. (2015). Eye-like ocelloids are built from different endosymbiotically acquired components. *Nature, 523*(7559), 204–207. doi:10.1038/nature14593

Gee, H. (2013). Tubular worms from the Burgess Shale. *Nature, 495*(7442), 458–459.

George, P. M., & Steinberg, G. K. (2015). Novel stroke therapeutics: Unraveling stroke pathophysiology and its impact on clinical treatments. *Neuron, 87*(2), 297–309. doi:10.1016/j.neuron.2015.05.041

Gérard, K., & Mathieu, F. (2012). The contribution of bone to whole-organism physiology. *Nature, 481*(7381), 314. doi:10.1038/nature10763

Gerits, A., Farivar, R., Rosen, B. R., Wald, L. L., Boyden, E. S., & Vanduffel, W. (2012). Optogenetically induced behavioral and functional network changes in primates. *Curr Biol, 22*(18), 1722–1726. doi:10.1016/j.cub.2012.07.023

Geschwind, D. H., & Levitt, P. (2007). Autism spectrum disorders: Developmental disconnection syndromes. *Curr Opin Neurobiol, 17*(1), 103–111. doi:10.1016/j.conb.2007.01.009

Geschwind, D. H., & Rakic, P. (2013). Cortical evolution: Judge the brain by its cover. *Neuron, 80*(3), 633–647. doi:10.1016/j.neuron.2013.10.045

Gesell, A. (1946). *The child from five to ten* (2nd ed.). New York: Harper and Brothers.

Gibson, J. (1966). *The senses considered as perceptual systems.* Boston: Houghton Mifflin.

Gibson, J. J. (1986). *The ecological approach to visual perception.* Hillsdale, NJ: Lawrence Erlbaum. Originally published in 1979.

Gibson, M. C., Patel, A. B., Nagpal, R., & Perrimon, N. (2006). The emergence of geometric order in proliferating metazoan epithelia. *Nature, 442*(7106), 1038–1041. doi:10.1038/nature05014

Gilbert, R. J., Napadow, V. J., Gaige, T. A., & Wedeen, V. J. (2007). Anatomical basis of lingual hydrostatic deformation. *J Exper Biol, 210*(Pt 23), 4069–4082.

Gilbert, S. F. (2001). Ecological developmental biology: Developmental biology meets the real world. *Dev Biol, 233*(1), 1–12. doi:10.1006/dbio.2001.0210 S0012-1606(01)90210-6 [pii]Gillespie, P. G., & Muller, U. (2009). Mechanotransduction by hair cells: Models, molecules, and mechanisms. *Cell, 139*(1), 33–44. doi:10.1016/j.cell.2009.09.010

Gilmour, D., Rembold, M., & Leptin, M. (2017). From morphogen to morphogenesis and back. *Nature, 541*(7637), 311–320. doi:10.1038/nature21348

Giszter, S. F. (2015). Motor primitives—new data and future questions. *Curr Opin Neurobiol, 33,* 156–165. doi:10.1016/j.conb.2015.04.004

Gjorgjieva, J., Drion, G., & Marder, E. (2016). Computational implications of biophysical diversity and multiple timescales in neurons and synapses for circuit performance. *Curr Opin Neurobiol, 37,* 44–52. doi:10.1016/j.conb.2015.12.008

Gladman, S. A., Matsumoto, E. A., Nuzzo, R. G., Mahadevan, L., & Lewis, J. A. (2016). Biomimetic 4D printing. *Nat Mater, 15,* 413–418. doi:10.1038/nmat4544

Glass, L. (1988). *From clocks to chaos: The rhythms of life.* Princeton, NJ: Princeton University Press.

Glasser, M. F., Coalson, T. S., Robinson, E. C., Hacker, C. D., Harwell, J., Yacoub, E., . . . Van Essen, D. C. (2016). A multi-modal parcellation of human cerebral cortex. *Nature, 536*(7615), 171–178. doi:10.1038/nature18933

Goaillard, J. M., Taylor, A. L., Schulz, D. J., & Marder, E. (2009). Functional consequences of animal-to-animal variation in circuit parameters. *Nat Neurosci, 12*(11), 1424–1430. doi:10.1038/nn.2404

Goehring, L., Mahadevan, L., & Morris, S. W. (2009). Nonequilibrium scale selection mechanism for columnar jointing. *Proc Natl Acad Sci, 106,* 387–392.

Goehring, N. W., & Grill, S. W. (2013). Cell polarity: Mechanochemical patterning. *Trends Cell Biol, 23*(2), 72–80. doi:10.1016/j.tcb.2012.10.009

Gohir, W., Ratcliffe, E. M., & Sloboda, D. M. (2015). Of the bugs that shape us: Maternal obesity, the gut microbiome, and long-term disease risk. *Pediatr Res, 77*(1-2), 196–204. doi:10.1038/pr.2014.169

Goldberger, A. L., Amaral, L. A., Hausdorff, J. M., Ivanov, P., Peng, C. K., & Stanley, H. E. (2002). Fractal dynamics in physiology: Alterations with disease and aging. *Proc Natl Acad Sci USA, 99 Suppl 1,* 2466–2472.

Goldberger, A. L., & West, B. J. (1987). Applications of nonlinear dynamics to clinical cardiology. *Ann N Y Acad Sci, 504,* 195.

Goldfarb, M., Lawson, B., & Shultz, A. (2013). Realizing the promise of robotic leg prostheses. *Sci Transl Med, 5*(210), 1–4.

Goldfield, E. C. (1989). Transition from rocking to crawling: Postural constraints on infant movement. *Developmental Psychology, 25*(6), 913–919.

Goldfield, E. C. (1995). *Emergent forms: Origins and early development of human action and perception*. New York: Oxford University Press.

Goldfield, E. C. (2007). A dynamical systems approach to infant oral feeding and dysphagia: From model system to therapeutic medical device. *EcolPsychol, 19*(1), 21–48.

Goldfield, E. C. (2016). *Developmental foundations of technology for pediatric neurorehabilitation*. Paper presented at the NIH workshop Can Technology Make a Difference in Pediatric Rehabilitation?, Bethesda, MD.

Goldfield, E. C., Kay, B. A., & Warren, W. H., Jr. (1993). Infant bouncing: The assembly and tuning of action systems. *Child Devel, 64*(4), 1128–1142.

Goldfield, E. C., & Michel, G. F. (1986a). The ontogeny of infant bimanual reaching during the first year. *Infant Behavior and Development, 9*(1), 81–89. doi:10.1016/0163-6383(86)90040-8

Goldfield, E. C., & Michel, G. F. (1986b). Spatiotemporal linkage in infant interlimb coordination. *Developmental Psychobiology, 19*(3), 259–264. doi:10.1002/dev.420190311

Goldfield, E. C., Park, Y.-L., Chen, B.-R., Hsu, W.-H., Young, D., Wehner, M., . . . Wood, R. J. (2012). Bio-inspired design of soft robotic assistive devices: The interface of physics, biology, and behavior. *Ecological Psychol, 24*(4), 300–327. doi:10.1080/10407413.2012.726179

Goldfield, E. C., Perez, J., & Engstler, K. (2017). Neonatal feeding behavior as a complex dynamical system. *Seminars in Speech and Language, 38*(2), 77.

Goldfield, E. C., Richardson, M. J., Lee, K. G., & Margetts, S. (2006). Coordination of sucking, swallowing, and breathing and oxygen saturation during early infant breast-feeding and bottle-feeding. *Pediatr Res, 60*(4), 450–455. doi:01.pdr.0000238378.24238.9d [pii] 10.1203/01.pdr.0000238378.24238.9d

Goldfield, E. C., Schmidt, R. C., & Fitzpatrick, P. (1999). Coordination dynamics of abdomen and chest during infant breathing: A comparison of full-term and preterm infants at 38 weeks postconceptional age. *Ecological Psychol, 11*(3), 209.

Goldfield, E., & Wolff, P. H. (2002). Motor development in infancy. In A. Slater and M. Lewis (Eds.), *Introduction to infant development*. Oxford: Oxford University Press.

Goldstein, J. (1999). Emergence as a construct: History and issues. *Emergence: Complexity and Organization, 1*(1), 49.

Goldstein, L., Byrd, D., & Saltzman, E. (2006). The role of vocal tract gestural action units in understanding the evolution of phonology. In M. Arbib (Ed.), *Action to language via the mirror neuron system* (pp. 215–249). New York: Cambridge University Press.

Golubitsky, M., Stewart, I., Buono, P.-L., & Collins, J. J. (1998). A modular network for legged locomotion. *Physica D, 115*, 56–72.

Golubitsky, M., Stewart, I., Buono, P.-L., & Collins, J. J. (1999). Symmetry in locomotor central pattern generators and animal gaits. *Nature, 401*, 693–695.

Gonzalez-Fernandez, M. (2014). Development of upper limb prostheses: Current progress and areas for growth. *Arch Phys Med Rehabil, 95*(6), 1013–1014. doi:10.1016/j.apmr.2013.11.021

Gordon, J. I., Dewey, K. G., Mills, D. A., & Medzhitov, R. M. (2012). The human gut microbiota and undernutrition. *Sci Transl Med, 4*(137), 137ps112. doi:10.1126/scitranslmed.3004347

Gottlieb, G. (1998). Normally occurring environmental and behavioral influences on gene activity: From central dogma to probabilistic epigenesis. *Psychol Rev, 105*(4), 792.

Gottlieb, G. (2007). Probabilistic epigenesis. *Dev Sci, 10*(1), 1–11. doi:DESC556 [pii] 10.1111/j.1467-7687.2007.00556.x

Goulding, M. (2009). Circuits controlling vertebrate locomotion: Moving in a new direction. *Nat Rev Neurosci, 10*(7), 507–518. doi:10.1038/nrn2608

Goulding, M. (2012). Motor neurons that multitask. *Neuron, 76*(4), 669–670. doi:10.1016/j.neuron.2012.11.011

Graeber, M. B. (2010). Changing face of microglia. *Science, 330*(6005), 783–788. doi:10.1126/science.1190929

Grant, R. A., Mitchinson, B., Fox, C. W., & Prescott, T. J. (2009). Active touch sensing in the rat: Anticipatory and regulatory control of whisker movements during surface exploration. *J Neurophysiol, 101*(2), 862–874. doi:10.1152/jn.90783.2008

Grant, S. G. (2012). Synaptopathies: Diseases of the synaptome. *Curr Opin Neurobiol, 22*(3), 522–529. doi:10.1016/j.conb.2012.02.002

Graule, M. A., Chirarattananon, P., Fuller, S. B., Jafferis, N. T., Ma, K. Y., Spenko, M., . . . Wood, R. J. (2016). Perching and takeoff of a robotic insect on overhangs using switchable electrostatic adhesion. *Science, 352*(6288), 978–982.

Graybiel, A. M. (2008). Habits, rituals, and the evaluative brain. *Annu Rev Neurosci, 31,* 359–387. doi:10.1146/annurev.neuro.29.051605.112851

Graziano, M. S., & Aflalo, T. N. (2007). Rethinking cortical organization: Moving away from discrete areas arranged in hierarchies. *Neuroscientist, 13*(2), 138–147. doi:10.1177/1073858406295918

Graziano, M. S., Aflalo, T. N., & Cooke, D. F. (2005). Arm movements evoked by electrical stimulation in the motor cortex of monkeys. *J Neurophysiol, 94*(6), 4209–4223. doi:10.1152/jn.01303.2004

Green, M. F., Horan, W. P., & Lee, J. (2015). Social cognition in schizophrenia. *Nat Rev Neurosci, 16*(10), 620–631. doi:10.1038/nrn4005

Grefkes, C., & Fink, G. R. (2014). Connectivity-based approaches in stroke and recovery of function. *Lancet Neurol, 13*(2), 206–216. doi:10.1016/s1474-4422(13)70264-3

Gremillion, G., Humbert, J. S., & Krapp, H. G. (2014). Bio-inspired modeling and implementation of the ocelli visual system of flying insects. *Biol Cybern, 108*(6), 735–746. doi:10.1007/s00422-014-0610-x

Grice, E. A., & Segre, J. A. (2012). The human microbiome: Our second genome. *Annu Rev Genomics Hum Genet, 13,* 151–170. doi:10.1146/annurev-genom-090711-163814

Grienberger, C., & Konnerth, A. (2012). Imaging calcium in neurons. *Neuron, 73*(5), 862–885. doi:10.1016/j.neuron.2012.02.011

Griffith, L. C. (2012). Identifying behavioral circuits in Drosophila melanogaster: Moving targets in a flying insect. *Curr Opin Neurobiol, 22*(4), 609–614. doi:10.1016/j.conb.2012.01.002

Grill, S., & Hyman, A. A. (2005). Spindle positioning by cortical pulling forces. *Dev Cell, 8*(4), 461–465. doi:10.1016/j.devcel.2005.03.014

Grillner, S., Hellgren, J., Menard, A., Saitoh, K., & Wikstrom, M. A. (2005). Mechanisms for selection of basic motor programs—roles for the striatum and pallidum. *Trends Neurosci, 28*(7), 364–370. doi:S0166-2236(05)00129-3 [pii] 10.1016/j.tins.2005.05.004

Grillner, S., Ip, N., Koch, C., Koroshetz, W., Okano, H., Polachek, M., . . . Sejnowski, T. J. (2016). Worldwide initiatives to advance brain research. *Nat Neurosci, 19*(9), 1118–1122. doi:10.1038/nn.4371

Grillner, S., Wallen, P., Saitoh, K., Kozlov, A., & Robertson, B. (2008). Neural bases of goal-directed locomotion in vertebrates—an overview. *Brain Res Rev, 57*(1), 2–12. doi:10.1016/j.brainresrev.2007.06.027

Grimaldi, D. A., & Engel, M. S. (2005). *Evolution of the insects.* New York: Cambridge University Press.

Grimes, D. T., Boswell, C. W., Morante, N. F., Henkelman, R. M., Burdine, R. D., & Ciruna, B. (2016). Zebrafish models of idiopathic scoliosis link cerebrospinal fluid flow defects to spinal curvature. *Science, 352*(6291), 1341–1344.

Grinthal, A., Noorduin, W. L., & Aizenberg, J. (2016). A constructive chemical conversation. *Amer Scientist, 104,* 228–235.

Grosberg, A., Alford, P. W., McCain, M. L., & Parker, K. K. (2011). Ensembles of engineered cardiac tissues for physiological and pharmacological study: Heart on a chip. *Lab Chip, 11*(24), 4165–4173. doi:10.1039/c1lc20557a

Grosenick, L., Marshel, J. H., & Deisseroth, K. (2015). Closed-loop and activity-guided optogenetic control. *Neuron, 86*(1), 106–139. doi:10.1016/j.neuron.2015.03.034

Grover, D., Katsuki, T., & Greenspan, R. J. (2016). Flyception: Imaging brain activity in freely walking fruit flies. *Nat Methods, 13*(7), 569–572. doi:10.1038/nmeth.3866

Grzybowski, B. A., & Huck, W. T. (2016). The nanotechnology of life-inspired systems. *Nat Nanotechnol, 11*(7), 585–592. doi:10.1038/nnano.2016.116

Guillot, C., & Lecuit, T. (2013). Mechanics of epithelial tissue homeostasis and morphogenesis. *Science, 340*, 1185–1189.

Gurney, J. (1992). *Dinotopia: A land apart from time.* Nashville, TN: Turner.

Gutfreund, Y., Matzner, H., Flash, T., & Hochner, B. (2006). Patterns of motor activity in the isolated nerve cord of the octopus arm. *Biol Bull, 211*(3), 212.

Guttmacher, A. E., Maddox, Y. T., & Spong, C. Y. (2014). The Human Placenta Project: Placental structure, development, and function in real time. *Placenta, 35*(5), 303–304. doi:10.1016/j.placenta.2014.02.012

Habas, P. A., Scott, J. A., Roosta, A., Rajagopalan, V., Kim, K., Rousseau, F., . . . Studholme, C. (2012). Early folding patterns and asymmetries of the normal human brain detected from in utero MRI. *Cereb Cortex, 22*(1), 13–25. doi:10.1093/cercor/bhr053

Hafed, Z. M., Stingl, K., Bartz-Schmidt, K. U., Gekeler, F., & Zrenner, E. (2016). Oculomotor behavior of blind patients seeing with a subretinal visual implant. *Vision Res, 118*, 119–131. doi:10.1016/j.visres.2015.04.006

Hagglund, M., Dougherty, K. J., Borgius, L., Itohara, S., Iwasato, T., & Kiehn, O. (2013). Optogenetic dissection reveals multiple rhythmogenic modules underlying locomotion. *Proc Natl Acad Sci USA, 110*(28), 11589–11594. doi:10.1073/pnas.1304365110

Hagmann, P., Grant, P. E., & Fair, D. A. (2012). MR connectomics: A conceptual framework for studying the developing brain. *Front Syst Neurosci, 6*, 43. doi:10.3389/fnsys.2012.00043

Haith, A. M., & Krakauer, J. W. (2013). Model-based and model-free mechanisms of human motor learning. *Adv Exp Med Biol, 782*, 1–21. doi:10.1007/978-1-4614-5465-6_1

Haiyi, L., & Mahadevan, L. (2009). The shape of a long leaf. *Proc Natl Acad Sci, 106*(52), 22049. doi:10.1073/pnas.0911954106

Haken, H. (1983). *Synergetics: An introduction* (3rd rev. and enl. ed.). Berlin: Springer.

Haken, H., Kelso, J. A., & Bunz, H. (1985). A theoretical model of phase transitions in human hand movements. *Biol Cybern, 51*(5), 347–356.

Halder, G., Dupont, S., & Piccolo, S. (2012). Transduction of mechanical and cytoskeletal cues by YAP and TAZ. *Nat Rev Mol Cell Biol, 13*(9), 591–600. doi:10.1038/nrm3416

Hall, B. K. (2006). *Fins into limbs: Evolution,development and transformation.* Chicago: University of Chicago Press.

Hamm, J. P., Peterka, D. S., Gogos, J. A., & Yuste, R. (2017). Altered cortical ensembles in mouse models of schizophrenia. *Neuron, 94*(1), 153–167 e158. doi:10.1016/j.neuron.2017.03.019

Hansell, M. H. (2005). *Animal architecture.* New York: Oxford University Press.

Haotian, L., Hong, O., Jie, Z., Shan, H., Zhenzhen, L., Shuyi, C., . . . Yizhi, L. (2016). Lens regeneration using endogenous stem cells with gain of visual function. *Nature, 531*(7594), 323. doi:10.1038/nature17181

Harada, S., & Rodan, G. A. (2003). Control of osteoblast function and regulation of bone mass. *Nature, 423*, 349–355.

Hardin, J. O., Ober, T. J., Valentine, A. D., & Lewis, J. A. (2015). Microfluidic printheads for multimaterial 3D printing of viscoelastic inks. *Adv Mater, 27*(21), 3279–3284. doi:10.1002/adma.201500222

Hardwick, R. M., Rottschy, C., Miall, R. C., & Eickhoff, S. B. (2013). A quantitative meta-analysis and review of motor learning in the human brain. *Neuroimage, 67*, 283–297. doi:10.1016/j.neuroimage.2012.11.020

Hargrove, L. J., Simon, A. M., Young, A. J., Lipschutz, R. D., Finucane, S. B., Smith, D. G., & Kuiken, T. A. (2013). Robotic leg control with EMG decoding in an amputee with nerve transfers. *N Engl J Med, 369*(13), 1237–1242. doi:10.1056/NEJMoa1300126

Harkema, S., Gerasimenko, Y., Hodes, J., Burdick, J., Angeli, C., Chen, Y., . . . Edgerton, V. R. (2011). Effect of epidural stimulation of the lumbosacral spinal cord on voluntary movement, standing, and assisted stepping after motor complete paraplegia: A case study. *The Lancet, 377*(9781), 1938–1947. doi:10.1016/s0140-6736(11)60547-3

Harvey, C. D., Coen, P., & Tank, D. W. (2012). Choice-specific sequences in parietal cortex during a virtual-navigation decision task. *Nature, 484*(7392), 62–68. doi:10.1038/nature10918

Harvey, C. D., & Svoboda, K. (2007). Locally dynamic synaptic learning rules in pyramidal neuron dendrites. *Nature, 450*(7173), 1195–1200. doi:10.1038/nature06416

Hashimoto, K., Ichikawa, R., Kitamura, K., Watanabe, M., & Kano, M. (2009). Translocation of a "winner" climbing fiber to the Purkinje cell dendrite and subsequent elimination of "losers" from the soma in developing cerebellum. *Neuron, 63*(1), 106–118. doi:10.1016/j.neuron.2009.06.008

Hashimoto, K., & Kano, M. (2013). Synapse elimination in the developing cerebellum. *Cell Mol Life Sci, 70*(24), 4667–4680. doi:10.1007/s00018-013-1405-2

Hatten, M. E. (2002). New directions in neuronal migration. *Science, 297*(5587), 1660–1663. doi:10.1126/science.1074572

Hauser, H., Sumioka, H., Fuchslin, R. M., & Pfeifer, R. (2013). Introduction to the special issue on morphological computation. *Artif Life, 19,* 1–8.

Hawkes, E., An, B., Benbernou, N. M., Tanaka, H., Kim, S., Demaine, E. D., . . . Wood, R. J. (2010). Programmable matter by folding. *Proc Natl Acad Sci USA, 107*(28), 12441–12445. doi:10.1073/pnas.0914069107

Hawkes, E. W., Eason, E. V., Christensen, D. L., & Cutkosky, M. R. (2015). Human climbing with efficiently scaled gecko-inspired dry adhesives. *J R Soc Interface, 12*(102), 20140675. doi:10.1098/rsif.2014.0675

Hawrylycz, M., Anastassiou, C., Arkhipov, A., Berg, J., Buice, M., Cain, N., . . . MindScope. (2016). Inferring cortical function in the mouse visual system through large-scale systems neuroscience. *Proc Natl Acad Sci USA, 113*(27), 7337–7344. doi:10.1073/pnas.1512901113

Hayashi, R., Ishikawa, Y., Sasamoto, Y., Katori, R., Nomura, N., Ichikawa, T., . . . Nishida, K. (2016). Co-ordinated ocular development from human iPS cells and recovery of corneal function. *Nature, 531*(7594), 376–380. doi:10.1038/nature17000

Hays, S. G., Patrick, W. G., Ziesack, M., Oxman, N., & Silver, P. A. (2015). Better together: Engineering and application of microbial symbioses. *Curr Opin Biotechnol, 36,* 40–49. doi:10.1016/j.copbio.2015.08.008

Hazlett, B. A. (1981). Daily movements of the hermit crab *Clibanarius vittatus*. *Bulletin of Marine Science, 31*(1), 177–183.

Heath-Heckman, E. A., Peyer, S. M., Whistler, C. A., Apicella, M. A., Goldman, W. E., & McFall-Ngai, M. J. (2013). Bacterial bioluminescence regulates expression of a host cryptochrome gene in the squid-Vibrio symbiosis. *MBio, 4*(2). doi:10.1128/mBio.00167-13

Heepe, L., & Gorb, S. N. (2014). Biologically inspired mushroom-shaped adhesive microstructures. *Ann Rev Mater Res, 44*(1), 173–203. doi:10.1146/annurev-matsci-062910-100458

Heinze, S., & Homberg, U. (2007). Maplike representation of celestial e-vector orientations in the brain of an insect. *Science, 315,* 995–997. doi:10.1126/science.1135531

Hensch, T. K. (2005). Critical period plasticity in local cortical circuits. *Nat Rev Neurosci, 6*(11), 877–888. doi:10.1038/nrn1787

Hensch, T. K. (2014). Bistable parvalbumin circuits pivotal for brain plasticity. *Cell, 156*(1–2), 17–19. doi:10.1016/j.cell.2013.12.034

Herland, A., van der Meer, A. D., FitzGerald, E. A., Park, T. E., Sleeboom, J. J., & Ingber, D. E. (2016). Distinct contributions of astrocytes and pericytes to neuroinflammation identified in a 3D human blood-brain barrier on a chip. *PLoS ONE, 11*(3), e0150360. doi:10.1371/journal.pone.0150360

Hermann, D. M., & Chopp, M. (2012). Promoting brain remodelling and plasticity for stroke recovery: Therapeutic promise and potential pitfalls of clinical translation. *Lancet Neurol, 11*(4), 369–380. doi:10.1016/s1474-4422(12)70039-x

Herron, M., Hackett, J., Aylward, F., & Michod, R. (2009). Triassic origin and early radiation of multicellular volvocine algae. *Proc Natl Acad Sci, 106,* 3254–3258.

Higham, T. E., & Biewener, A. A. (2011). Functional and architectural complexity within and between muscles: Tegional variation and intermuscular force transmission. *Philos Trans R Soc Lond B Biol Sci, 366*(1570), 1477–1487. doi:10.1098/rstb.2010.0359

Hiiemae, K. M., & Crompton, A. W. (1985). Mastication, food transport and swallowing. In M. Hildebrand, D. Bramble, K. Liem, & D. Wake (Eds.), *Functional vertebrate morphology* (pp. 262–290). Cambridge, MA: Harvard University Press.

Hilgetag, C., & Barbas, H. (2006). Role of mechanical factors in the morphology of the primate cerebral cortex. *PLOS Comp Biol, 2,* 146–159.

Hill, D. N., Curtis, J. C., Moore, J. D., & Kleinfeld, D. (2011). Primary motor cortex reports efferent control of vibrissa motion on multiple timescales. *Neuron, 72*(2), 344–356. doi:10.1016/j.neuron.2011.09.020

Hochberg, L. R., Bacher, D., Jarosiewicz, B., Masse, N., Simeral, J. D., Vogel, J., . . . Donoghue, J. (2012). Reach and grasp by people with tetraplegia using a neurally controlled robot arm. *Nature, 485,* 372–377. doi:10.1016/j.neuron.2012.06.006, 10.1021/nn304724q,10.1038/483397a ,10.3171/2011.10.JNS102122, 10.1038/nature11076.

Hochner, B. (2008). Octopuses. *Curr Biol, 18*(19), R897–R898. doi:10.1016/j.cub.2008.07.057

Hochner, B. (2012). An embodied view of octopus neurobiology. *Curr Biol, 22*(20), R887–R892. doi:10.1016/j.cub.2012.09.001

Hoerder-Suabedissen, A., & Molnar, Z. (2013). Molecular diversity of early-born subplate neurons. *Cereb Cortex, 23*(6), 1473–1483. doi:10.1093/cercor/bhs137

Hoerder-Suabedissen, A., & Molnar, Z. (2015). Development, evolution and pathology of neocortical subplate neurons. *Nat Rev Neurosci, 16*(3), 133–146. doi:10.1038/nrn3915

Hoffman, K. L., & Wood, R. J. (2011). Myriapod-like ambulation of a segmented microrobot. *Auton Robots, 31*(1), 103–114. doi:10.1007/s10514-011-9233-4

Hogan, N., & Sternad, D. (2012). Dynamic primitives of motor behavior. *Biol Cybern, 106*(11–12), 727–739. doi:10.1007/s00422-012-0527-1

Hogan, N., & Sternad, D. (2013). Dynamic primitives in the control of locomotion. *Front Comput Neurosci, 7,* 71. doi:10.3389/fncom.2013.00071

Hogy, S. M., Worley, D. R., Jarvis, S. L., Hill, A. E., Reiser, R. F., & Haussler, K. K. (2013). Kinematic and kinetic analysis of dogs during trotting after amputation of a pelvic limb. *American Journal of Veterinary Research, 74*(9), 1164. doi:10.2460/ajvr.74.9.1164

Hölldobler, B., & Wilson, E. O. (2009). *The superorganism: The beauty, elegance, and strangeness of insect societies.* New York: Norton.

Holmes, P., Full, R. J., Koditschek, D., & Guckenheimer, J. (2006). The dynamics of legged locomotion: Models, analyses, and challenges. *SIAM Review, 48*(2), 207–304.

Holst, E. V. (1973). *The behavioural physiology of animals and man: The collected papers of Erich von Holst.* Coral Gables, FL: University of Miami Press.

Holt, K. G., Fonseca, S. T., & LaFiandra, M. E. (2000). The dynamics of gait in children with spastic hemiplegic cerebral palsy: Theoretical and clinical implications. *Human Movement Science, 19*(3), 375–405.

Holt, K. G., Kubo, M., Saltzman, E., Ulrich, B., & Ho, C.-L. (2006). Discovery of the pendulum and spring dynamics in the early stages of walking. *J Mot Behav, 38,* 206–218.

Holt, K. G., Obusek, J. P., & Fonseca, S. T. (1996). Constraints on disordered locomotion: A dynamical systems perspective on spastic cerebral palsy. *Hum Movement Sci, 15*(2), 177–202.

Holt, K. G., Saltzman, E., Ho, C. L., Kubo, M., & Ulrich, B. D. (2006). Discovery of the pendulum and spring dynamics in the early stages of walking. *J Mot Behav, 38*(3), 206–218.

Holtmaat, A., Randall, J., & Cane, M. (2013). Optical imaging of structural and functional synaptic plasticity in vivo. *Eur J Pharmacol, 719*(1–3), 128–136. doi:10.1016/j.ejphar.2013.07.020

Holtmaat, A., & Svoboda, K. (2009). Experience-dependent structural synaptic palsticity in the mammalian brain. *Nature Reviews Neuroscience, 10,* 647–658.

Holzapfel, B. M., Reichert, J. C., Schantz, J. T., Gbureck, U., Rackwitz, L., Noth, U., . . . Hutmacher, D. W. (2013). How smart do biomaterials need to be? A translational science and clinical point of view. *Adv Drug Deliv Rev, 65*(4), 581–603. doi:10.1016/j.addr.2012.07.009

Hooper, S. L. (2012). Body size and the neural control of movement. *Curr Biol, 22*(9), R318–R322. doi:10.1016/j.cub.2012.02.048

Hooper, S. L., Guschlbauer, C., Blümel, M., Rosenbaum, P., Gruhn, M., Akay, T., & Büschges, A. (2009). Neural control of unloaded leg posture and of leg swing in stick insect, cockroach, and mouse differs from that in larger animals. *J Neurosci, 29*(13), 4109. doi:10.1523/JNEUROSCI.5510-08.2009

Howard, J., Grill, S. W., & Bois, J. S. (2011). Turing's next steps: The mechanochemical basis of morphogenesis. *Nat Rev Mol Cell Biol, 12*, 392–398.

Hsiao, E. Y., McBride, S. W., Hsien, S., Sharon, G., Hyde, E. R., McCue, T., . . . Mazmanian, S. K. (2013). Microbiota modulate behavioral and physiological abnormalities associated with neurodevelopmental disorders. *Cell, 155*(7), 1451–1463. doi:10.1016/j.cell.2013.11.024

Hsu, W. H., Miranda, D., Young, D., Cakert, K., Qureshi, M., & Goldfield, E. (2014). Developmental changes in coordination of infant arm and leg movements and the emergence of function. *Journal of Motor Learning and Development, 2*(4), 69–79. doi:10.1123/jmld.2013-0033

Hu, D. L., & Bush, J. W. M. (2010). The hydrodynamics of water-walking arthropods. *Journal of Fluid Mechanics, 644*, 5–33. doi:10.1017/S0022112009992205

Hu, D. L., Chan, B., & Bush, J. W. M. (2003). Water-walking. *Physics of Fluids, 15*(9), S10–S10. doi:10.1063/1.4739214

Hu, H., Gan, J., & Jonas, P. (2014). Fast-spiking, parvalbumin$^+$ GABAergic interneurons: From cellular design to microcircuit function. *Science, 345*(6196), 1255263. doi:10.1126/science.1255263

Huang, B.-L., & Mackem, S. (2014). Use it or lose it. *Nature, 511*, 34–35.

Huang, H., & Vasung, L. (2014). Gaining insight of fetal brain development with diffusion MRI and histology. *Int J Dev Neurosci, 32*, 11–22. doi:10.1016/j.ijdevneu.2013.06.005

Huang, Y., Williams, J. C., & Johnson, S. M. (2012). Brain slice on a chip: Opportunities and challenges of applying microfluidic technology to intact tissues. *Lab Chip, 12*(12), 2103–2117. doi:10.1039/c2lc21142d

Huber, D., Gutnisky, D. A., Peron, S., O'Connor, D. H., Wiegert, J. S., Tian, L., . . . Svoboda, K. (2012). Multiple dynamic representations in the motor cortex during sensorimotor learning. *Nature, 484*(7395), 473–478. doi:10.1038/nature11039

Hudspeth, A. J. (1989). How the ear's works work. *Nature, 341*, 397–404.

Hudspeth, A. J. (2014). Integrating the active process of hair cells with cochlear function. *Nat Rev Neurosci, 15*(9), 600–614. doi:10.1038/nrn3786

Huh, D., Matthews, B. D., Mammoto, A., Montoya-Zavala, M., Hsin, H. Y., & Ingber, D. E. (2010). Reconstituting organ-level lung functions on a chip. *Science, 328*(5986), 1662–1668. doi:10.1126/science.1188302

Humayun, M. S., de Juan, E., & Dagnelie, G. (2016). The bionic eye: A quarter century of retinal prosthesis research and development. *Ophthalmology, 123*(10), S89–S97. doi:10.1016/j.ophtha.2016.06.044

Huys, R., Perdikis, D., & Jirsa, V. K. (2014). Functional architectures and structured flows on manifolds: A dynamical framework for motor behavior. *Psychol Rev, 121*(3), 302–336. doi:10.1037/a0037014

Hwang, E. J. (2013). The basal ganglia, the ideal machinery for the cost-benefit analysis of action plans. *Front Neural Circuits, 7*, 121. doi:10.3389/fncir.2013.00121

Hwang, E. J., Bailey, P. M., & Andersen, R. A. (2013). Volitional control of neural activity relies on the natural motor repertoire. *Curr Biol, 23*(5), 353–361. doi:10.1016/j.cub.2013.01.027

Ijspeert, A. J. (2008). Central pattern generators for locomotion in animals and robots: A review. *Neural Networks, 21*, 642–653.

Ijspeert, A. J. (2014). Biorobotics: Using robots to emulate and investigate agile locomotion. *Science, 346*(6206), 196–203. doi:10.1126/science.1254486

Ijspeert, A. J., Crespi, A., Ryczko, D., & Cabelguen, J. M. (2007). From swimming to walking with a salamander robot driven by a spinal cord model. *Science, 315*(5817), 1416–1420.

Ijspeert, A., Nakanishi, J., Hoffman, H., Pastor, P., & Schaal, S. (2013). Dynamical movement primitives: Learning attractor models for motor behaviors. *Neural Computation, 25*, 328–373.

Ilievski, F., Mazzeo, A. D., Shepherd, R. F., Chen, X., & Whitesides, G. M. (2011). Soft robots for chemists. *Angewandte Chemie, 50*, 1890–1895.

Im, K., Paldino, M. J., Poduri, A., Sporns, O., & Grant, P. E. (2014). Altered white matter connectivity and network organization in polymicrogyria revealed by individual gyral topology-based analysis. *Neuroimage, 86*, 182–193. doi:10.1016/j.neuroimage.2013.08.011

Imamura, F., Ayoub, A., Rakic, P., & Greer, C. (2011). Timing of neurogenesis is a determinant of olfactory circuitry. *Nat Neurosci, 14*, 331–337.

Ingber, D. (1998). In search of cellular control: Signal transduction in context. *Journal of Cellular Biochemistry, 72*, 232–237.

Ingber, D. E. (2006). Cellular mechanotransduction: Putting all the pieces together again. *FASEB J, 20*(7), 811–827. doi:10.1096/fj.05-5424rev

Ingber, D. E. (2016). Reverse engineering human pathophysiology with organs-on-chips. *Cell, 164*(6), 1105–1109. doi:10.1016/j.cell.2016.02.049

Ingber, D. E., & Jamieson, J. D. (1985). *Cells as tensegrity structures: Architectural regulation of histodifferentiation by physical forces transduced over basement membrane*. London: Academic Press.

Inniss, M. C., & Silver, P. A. (2013). Building synthetic memory. *Curr Biol, 23*(17), R812–R816. doi:10.1016/j.cub.2013.06.047

Innocenti, G. M., & Price, D. J. (2005). Exuberance in the development of cortical networks. *Nat Rev Neurosci, 6*, 955–965.

Isaacson, J. S., & Scanziani, M. (2011). How inhibition shapes cortical activity. *Neuron, 72*(2), 231–243. doi:10.1016/j.neuron.2011.09.027

Iverson, J. M. (2010). Multimodality in infancy: Vocal-motor and speech-gesture coordinations in typical and atypical development. *Enfance, 2010*(3), 257. doi:10.4074/S0013754510003046

Iwasaki, T., & Chen, A. (2014). Biological clockwork underlying adaptive rhythmic movements. *Proc Natl Acad Sci, 111*, 978–983.

Izquierdo, E. J., & Beer, R. D. (2016). The whole worm: Brain-body-environment models of C. elegans. *Curr Opin Neurobiol, 40*, 23–30. doi:10.1016/j.conb.2016.06.005

Jacob, F. (1977). Evolution and tinkering. *Science, 196*(4295), 1161–1166.

Jacobson, M., & Rao, M. S. (2005). *Developmental neurobiology* (4th ed.). New York.

Jain, A., & Gillette, M. U. (2015). Development of microfluidic devices for the manipulation of neuronal synapses. In E. Biffi (Ed.), *Microfluidic and compartmentalized platforms for neurobiological research. Neuromethods*, vol. 103. New York: Springer Science and Business Media,127–137. doi:10.1007/978-1-4939-2510-0_7

James, A. W., Jessica, M., Don, S., Stephen, R. Q., & Mark, A. H. (2010). Static control logic for microfluidic devices using pressure-gain valves. *Nat Phys, 6*(3), 218. doi:10.1038/nphys1513

James, B. A., Timothy, J. B., & Michael, C. C. (2012). Retinal waves coordinate patterned activity throughout the developing visual system. *Nature, 490*(7419), 219. doi:10.1038/nature11529

Jan, B., & Daniel, N. (2014). Physical basis of spindle self-organization. *Proc Natl Acad Sci, 111*(52), 18496. doi:10.1073/pnas.1409404111

Janssen, P., & Scherberger, H. (2015). Visual guidance in control of grasping. *Ann Rev Neurosci, 38*, 69–86. doi:10.1146/annurev-neuro-071714-034028

Jarvis, S. L., Worley, D. R., Hogy, S. M., Hill, A. E., Haussler, K. K., & Reiser, R. F., II. (2013). Kinematic and kinetic analysis of dogs during trotting after amputation of a thoracic limb. *American Journal of Veterinary Research, 74*(9), 1155–1163. doi:10.2460/ajvr.74.9.1155

Jean, A. (2001). Brain stem control of swallowing: Neuronal network and cellular mechanisms. *Physiol Rev, 81*(2), 929–969.

Jenkinson, N., & Brown, P. (2011). New insights into the relationship between dopamine, beta oscillations and motor function. *Trends Neurosci, 34*(12), 611–618. doi:10.1016/j.tins.2011.09.003

Jennings, J. H., & Stuber, G. D. (2014). Tools for resolving functional activity and connectivity within intact neural circuits. *Curr Biol, 24*(1), R41–R50. doi:10.1016/j.cub.2013.11.042

Jeong, J. W., McCall, J. G., Shin, G., Zhang, Y., Al-Hasani, R., Kim, M., ... Rogers, J. A. (2015). Wireless optofluidic systems for programmable in vivo pharmacology and optogenetics. *Cell, 162*(3), 662–674. doi:10.1016/j.cell.2015.06.058

Ji, N., & Flavell, S. W. (2017). Hydra: Imaging nerve nets in action. *Current Biology, 27*(8), R294–R295. doi:10.1016/j.cub.2017.03.040

Jin, X., Tecuapetla, F., & Costa, R. M. (2014). Basal ganglia subcircuits distinctively encode the parsing and concatenation of action sequences. *Nat Neurosci, 17*(3), 423–430. doi:10.1038/nn.3632

Johansen-Berg, H., & Rushworth, M. F. (2009). Using diffusion imaging to study human connectional anatomy. *Annu Rev Neurosci, 32,* 75–94. doi:10.1146/annurev.neuro.051508.135735

John, F. C., & Timothy, G. D. (2012). Mind-altering microorganisms: The impact of the gut microbiota on brain and behaviour. *Nature Reviews Neuroscience, 13*(10), 701. doi:10.1038/nrn3346

Jones, E. G., & Rakic, P. (2010). Radial columns in cortical architecture: t is the composition that counts. *Cereb Cortex, 20*(10), 2261–2264. doi:10.1093/cercor/bhq127

Jones, G. (2015). Sensory biology: Acoustic Reflectors attract bats to roost in pitcher plants. *Curr Biol, 25*(14), R609–R610. doi:10.1016/j.cub.2015.06.004

Jordan, M. I., & Mitchell, T. M. (2015). Machine learning: Trends, perspectives, and prospects. *Science, 349*(6245), 255–260.

Jorgenson, L. A., Newsome, W. T., Anderson, D. J., Bargmann, C. I., Brown, E. N., Deisseroth, K., ... Wingfield, J. C. (2015). The BRAIN Initiative: Developing technology to catalyse neuroscience discovery. *Philos Trans R Soc Lond B Biol Sci, 370*(1668). doi:10.1098/rstb.2014.0164

Kadoya, K., Lu, P., Nguyen, K., Lee-Kubli, C., Kumamaru, H., Yao, L., ... Tuszynski, M. H. (2016). Spinal cord reconstitution with homologous neural grafts enables robust corticospinal regeneration. *Nat Med, 22*(5), 479–487. doi:10.1038/nm.4066

Kahn, A. (2000). *Kind of blue.* New York: Da Capo Press.

Kalaska, J. F. (2009). From intention to action: Motor cortex and the control of reaching movements. *Adv Exp Med Biol, 629,* 139–178. doi:10.1007/978-0-387-77064-2_8

Kandel, E. R., Markram, H., Matthews, P. M., Yuste, R., & Koch, C. (2013). Neuroscience thinks big (and collaboratively). *Nat Rev Neurosci, 14*(9), 659–664. doi:10.1038/nrn3578

Kang, E., Jeong, G. S., Choi, Y. Y., Lee, K. H., Khademhosseini, A., & Lee, S. H. (2011). Digitally tunable physicochemical coding of material composition and topography in continuous microfibres. *Nat Mater, 10*(11), 877–883. doi:10.1038/nmat3108

Kang, H. W., Lee, S. J., Ko, I. K., Kengla, C., Yoo, J. J., & Atala, A. (2016). A 3D bioprinting system to produce human-scale tissue constructs with structural integrity. *Nat Biotechnol, 34*(3), 312–319. doi:10.1038/nbt.3413

Kannan, S., Dai, H., Raghavendra, S., Navatah, B., Jyoti, A., Janisse, J., ... Kannan, R. (2012). Dendrimer-based postnatal therapy for neuroinflammation and cerebral palsy in a rabbit model. *Sci Transl Med, 4,* 1–11.

Kano, M., & Hashimoto, K. (2009). Synapse elimination in the central nervous system. *Curr Opin Neurobiol, 19,* 154–161.

Kano, M., & Watanabe, M. (2013). Cerebellar circuits. In J. Rubenstein and P. Rakic (Eds.), *Neural circuit development and function in the brain: Comprehensive developmental neuroscience* (Vol. 3, pp. 75–93). Amsterdam: Academic Press. doi:10.1016/b978-0-12-397267-5.00028-5

Kantz, H., & Schreiber, T. (1997). *Nonlinear time series analysis.* New York: Cambridge University Press.

Kao, J. C., Nuyujukian, P., Ryu, S. I., Churchland, M. M., Cunningham, J. P., & Shenoy, K. V. (2015). Single-trial dynamics of motor cortex and their applications to brain-machine interfaces. *Nat Commun, 6,* 7759. doi:10.1038/ncomms8759

Kapur, S., Friedman, J., Zatsiorsky, V. M., & Latash, M. L. (2010). Finger interaction in a three-dimensional pressing task. *Exp Brain Res, 203*(1), 101–118. doi:10.1007/s00221-010-2213-7

Kargo, W. J., & Giszter, S. F. (2008). Individual premotor drive pulses, not time-varying synergies, are the units of adjustment for limb trajectories constructed in spinal cord. *J Neurosci, 28*(10), 2409–2425. doi:10.1523/JNEUROSCI.3229-07.2008

Karsenti, E. (2004). Spindle saga. *Nature, 432*, 563–564.

Karsenty, G. (2003). The complexities of skeletal biology. *Nature, 423*, 316–318.

Karsenty, G., & Oury, F. (2012). Biology without walls: The novel endocrinology of bone. *Annual Review of Physiology, 74*, 87–105.

Kastanenka, K. V., & Landmesser, L. T. (2010). In vivo activation of channelrhodopsin-2 reveals that normal patterns of spontaneous activity are required for motoneuron guidance and maintenance of guidance molecules. *J Neurosci, 30*(31), 10575–10585. doi:10.1523/JNEUROSCI.2773-10.2010

Kasthuri, N., Hayworth, K. J., Berger, D. R., Schalek, R. L., Conchello, J. A., Knowles-Barley, S., . . . Lichtman, J. W. (2015). Saturated reconstruction of a volume of neocortex. *Cell, 162*(3), 648–661. doi:10.1016/j.cell.2015.06.054

Kato, S., Kaplan, H. S., Schrodel, T., Skora, S., Lindsay, T. H., Yemini, E., . . . Zimmer, M. (2015). Global brain dynamics embed the motor command sequence of Caenorhabditis elegans. *Cell, 163*(3), 656–669. doi:10.1016/j.cell.2015.09.034

Kato, S., Xu, Y., Cho, C. E., Abbott, L. F., & Bargmann, C. I. (2014). Temporal responses of C. *elegans* chemosensory neurons are preserved in behavioral dynamics. *Neuron, 81*(3), 616–628. doi:10.1016/j.neuron.2013.11.020

Katsuki, T., & Greenspan, R. J. (2013). Jellyfish nervous systems. *Curr Biol, 23*(14), R592–R594. doi:10.1016/j.cub.2013.03.057

Katz, L. C., & Shatz, C. J. (1996). Synaptic activity and the construction of cortical circuits. *Science, 274*(5290), 1133–1138.

Kau, A. L., Planer, J. D., Liu, J., Rao, S., Yatsunenko, T., Trehan, I., . . . Gordon, J. I. (2015). Functional characterization of IgA-targeted bacterial taxa from undernourished Malawian children that produce diet-dependent enteropathy. *Sci Transl Med, 7*(276), 276ra224. doi:10.1126/scitranslmed.aaa4877

Kaufman, M. T., Churchland, M. M., Ryu, S. I., & Shenoy, K. V. (2014). Cortical activity in the null space: Permitting preparation without movement. *Nat Neurosci, 17*(3), 440–448. doi:10.1038/nn.3643

Kay, B. A., Kelso, J. A. S., Saltzman, E. L., & Schöner, G. (1987). Space-time behavior of single and bimanual rhythmical movements: Data and limit cycle model. *J Exp Psychol: Hum Percep Perform, 13*(2), 178–192. doi:10.1037/0096-1523.13.2.178

Keedwell, P. A., Andrew, C., Williams, S. C. R., Brammer, M. J., & Phillips, M. L. (2005). A double dissociation of ventromedial prefrontal cortical responses to sad and happy stimuli in depressed and healthy individuals. *Biol Psychiatry, 58*(6), 495–503. doi:10.1016/j.biopsych.2005.04.035

Keller, P. J. (2013). Imaging morphogenesis: Technological advances and biological insights. *Science, 340*, 1184–1194.

Keller, P. J., & Ahrens, M. B. (2015). Visualizing whole-brain activity and development at the single-cell level using light-sheet microscopy. *Neuron, 85*(3), 462–483. doi:10.1016/j.neuron.2014.12.039

Kelley, M. W. (2006). Regulation of cell fate in the sensory epithelia of the inner ear. *Nat Rev Neurosci, 7*(11), 837–849. doi:10.1038/nrn1987

Kelso, J. A. (1995). Extending the basic picture: Breaking away. In *Dynamic patterns: The self-organization of brain and behavior* (pp. 97–135). Cambridge, MA: MIT Press.

Kelso, J. A. S., & Engstrom, D. A. (2006). *The complementary nature*. Cambridge, MA: MIT Press.

Kelso, J. A. S., Holt, K. G., Rubin, P., & Kugler, P. N. (1981). Patterns of human interlimb coordination emerge from the properties of non-linear, limit cycle oscillatory processes: Theory and data. *J Mot Behav, 13*(4), 226–261. doi:10.1080/00222895.1981.10735251

Kelso, J. S., Tuller, B., Vatikiotis-Bateson, E., & Fowler, C. A. (1984). Functionally specific articulatory cooperation following jaw perturbations during speech: Evidence for coordinative structures. *J Exp Psychol: Hum Percep Perform, 10*(6), 812–832. doi:10.1037/0096-1523.10.6.812

Kelty-Stephen, D. G., & Dixon, J. A. (2013). Temporal correlations in postural sway moderate effects of stochastic resonance on postural stability. *Hum Mov Sci, 32*(1), 91–105. doi:10.1016/j.humov.2012.08.006

Kelty-Stephen, D. G., Palatinus, K., Saltzman, E., & Dixon, J. A. (2013). A tutorial on multifractality, cascades, and interactivity for empirical time series in ecological science. *Ecolog Psychol, 25*(1), 1–62. doi:10.1080/10407413.2013.753804

Kempf, A., & Schwab, M. E. (2013). Nogo-A represses anatomical and synaptic plasticity in the central nervous system. *Physiology (Bethesda), 28*(3), 151–163. doi:10.1152/physiol.00052.2012

Khalil, A. S., & Collins, J. J. (2010). Synthetic biology: applications come of age. *Nat Rev Genet, 11*(5), 367–379. doi:10.1038/nrg2775

Khazipov, R., Colonnese, M., & Minlebaev, M. (2013). Neonatal cortical rhythms. In J. Rubenstein and P. Rakic (Eds.), *Neural circuit development and function in the brain: Comprehensive developmental neuroscience* (Vol. 3, pp. 131–153). Amsterdam: Academic Press. doi:10.1016/b978-0-12-397267-5.00141-2

Khundrakpam, B. S., Reid, A., Brauer, J., Carbonell, F., Lewis, J., Ameis, S., . . . Brain Development Cooperative Group. (2013). Developmental changes in organization of structural brain networks. *Cereb Cortex, 23*(9), 2072–2085. doi:10.1093/cercor/bhs187

Khwaja, O., & Volpe, J. J. (2008). Pathogenesis of cerebral white matter injury of prematurity. *Arch Dis Child Fetal Neonatal Ed, 93*(2), F153–F161. doi:93/2/F153 [pii] 10.1136/adc.2006.108837

Kiecker, C., & Lumsden, A. (2012). The role oforganizers in patterning the nervous system. *Ann Rev Neurosci, 35*, 347–367.

Kiehn, O. (2011). Development and functional organization of spinal locomotor circuits. *Curr Opin Neurobiol, 21*(1), 100–109. doi:10.1016/j.conb.2010.09.004

Kiehn, O. (2016). Decoding the organization of spinal circuits that control locomotion. *Nat Rev Neurosci, 17*(4), 224–238. doi:10.1038/nrn.2016.9

Kier, W. M. (2012). The diversity of hydrostatic skeletons. *J Exper Biol 215*, 1247–1257.

Kier, W. M., & Smith, K. K. (1985). Tongues, tentacles and trunks: The biomechanics of movement in muscular-hydrostats. *Zoological Journal of the Linnean Society, 83*(4), 307–324. doi:10.1111/j.1096-3642.1985.tb01178.x

Kim, C. K., Adhikari, A., & Deisseroth, K. (2017). Integration of optogenetics with complementary methodologies in systems neuroscience. *Nat Rev Neurosci, 18*(4), 222–235. doi:10.1038/nrn.2017.15

Kim, C. K., Yang, S. J., Pichamoorthy, N., Young, N. P., Kauvar, I., Jennings, J. H., . . . Deisseroth, K. (2016). Simultaneous fast measurement of circuit dynamics at multiple sites across the mammalian brain. *Nat Methods, 13*(4), 325–328. doi:10.1038/nmeth.3770

Kim, H. J., Huh, D., Hamilton, G., & Ingber, D. E. (2012). Human gut-on-a-chip inhabited by microbial flora that experiences intestinal peristalsis-like motions and flow. *Lab Chip, 12*(12), 2165–2174. doi:10.1039/c2lc40074j

Kim, H. J., Li, H., Collins, J. J., & Ingber, D. E. (2016). Contributions of microbiome and mechanical deformation to intestinal bacterial overgrowth and inflammation in a human gut-on-a-chip. *Proc Natl Acad Sci USA, 113*(1), E7–E15. doi:10.1073/pnas.1522193112

Kim, J. S., Greene, M. J., Zlateski, A., Lee, K., Richardson, M., Turaga, S. C., . . . EyeWirers. (2014). Space-time wiring specificity supports direction selectivity in the retina. *Nature, 509*(7500), 331–336. doi:10.1038/nature13240

Kim, S., Laschi, C., & Trimmer, B. (2013). Soft robotics: A bioinspired evolution in robotics. *Trends Biotechnol, 31*(5), 287–294. doi:10.1016/j.tibtech.2013.03.002

Kim, S. Y., Adhikari, A., Lee, S. Y., Marshel, J. H., Kim, C. K., Mallory, C. S., . . . Deisseroth, K. (2013). Diverging neural pathways assemble a behavioural state from separable features in anxiety. *Nature, 496*(7444), 219–223. doi:10.1038/nature12018

Kim, S. Y., Chung, K., & Deisseroth, K. (2013). Light microscopy mapping of connections in the intact brain. *Trends Cogn Sci, 17*(12), 596–599. doi:10.1016/j.tics.2013.10.005

King, H. M., Shubin, N. H., Coates, M. I., & Hale, M. E. (2011). Behavioral evidence for the evolution of walking and bounding before terrestriality in sarcopterygian fishes. *Proc Natl Acad Sci, 108*(52), 21146–21151.

Kinkhabwala, A., Riley, M., Koyama, M., Monen, J., Satou, C., Kimura, Y., . . . Fetcho, J. (2011). A structural and functional ground plan for neurons in the hindbrain of zebrafish. *Proc Natl Acad Sci, 108,* 1164–1169.

Kirk, D. L. (2005). A twelve-step program for evolving multicellularity and a division of labor. *Bioessays, 27,* 299–310.

Kirkby, L. A., Sack, G. S., Firl, A., & Feller, M. B. (2013). A role for correlated spontaneous activity in the assembly of neural circuits. *Neuron, 80*(5), 1129–1144. doi:10.1016/j.neuron.2013.10.030

Kirschner, M., & Gerhart, J. (2005). *The plausibility of life.* New Haven, CT: Yale University Press.

Klamroth-Marganska, V., Blanco, J., Campen, K., Curt, A., Dietz, V., Ettlin, T., . . . Riener, R. (2014). Three-dimensional, task-specific robot therapy of the arm after stroke: A multicentre, parallel-group randomised trial. *Lancet Neurol, 13*(2), 159–166. doi:10.1016/s1474-4422(13)70305-3

Kleinfeld, D., & Deschenes, M. (2011). Neuronal basis for object location in the vibrissa scanning sensorimotor system. *Neuron, 72*(3), 455–468. doi:10.1016/j.neuron.2011.10.009

Kleinfeld, D., Deschenes, M., Wang, F., & Moore, J. D. (2014). More than a rhythm of life: Breathing as a binder of orofacial sensation. *Nat Neurosci, 17*(5), 647–651. doi:10.1038/nn.3693

Knierim, J. J., & Zhang, K. (2012). Attractor dynamics of spatially correlated neural activity in the limbic system. *Ann Rev Neuro, 35,* 267. doi:10.1146/annurev-neuro-062111-150351

Knoll, A. H. (2003). *Life on a young planet: The first three billion years of evolution on earth.* Princeton, NJ: Princeton University Press.

Knoll, A. H., & Carroll, S. B. (1999). Early animal evolution: emerging views from comparative biology and geology. *Science, 284*(5423), 2129–2137. doi:7621 [pii]

Knopfel, T. (2012). Genetically encoded optical indicators for the analysis of neuronal circuits. *Nat Rev Neurosci, 13*(10), 687–700. doi:10.1038/nrn3293

Knowlton, N. (2008). Coral reefs. *Curr Biol, 18,* R18–R21.

Knuesel, I., Chicha, L., Britschgi, M., Schobel, S. A., Bodmer, M., Hellings, J., . . . Prinssen, E. (2014). Maternal immune activation and abnormal brain development across CNS disorders. *Nat Rev Neurol, 10,* 643–660.

Koch, H., Garcia, A. J., III, & Ramirez, J. M. (2011). Network reconfiguration and neuronal plasticity in rhythm-generating networks. *Integr Comp Biol, 51*(6), 856–868. doi:10.1093/icb/icr099

Koehl, M. A. (2004). Biomechanics of microscopic appendages: Functional shifts caused by changes in speed. *J Biomech, 37*(6), 789–795. doi:10.1016/j.jbiomech.2003.06.001

Koehl, M. A., Silk, W. K., Liang, H., & Mahadevan, L. (2008). How kelp produce blade shapes suited to different flow regimes: A new wrinkle. *Integr Comp Biol, 48*(6), 834–851. doi:10.1093/icb/icn069

Koenig, J. E., Spor, A., Scalfone, N., Fricker, A. D., Stombaugh, J., Knight, R., . . . Ley, R. E. (2011). Succession of microbial consortia in the developing infant gut microbiome. *Proc Natl Acad Sci, 108,* 4578–4585.

Koh, J.-S., Yang, E., Jung, G., Jung, S.-P., Son, J., Lee, S.-I., . . . Cho, K.-J. (2015). Jumping on water: Surfacetension–dominated jumping of water striders and robotic insects. *Science, 349,* 517–521. Kolasinski, J., Takahashi, E., Stevens, A. A., Benner, T., Fischl, B., Zollei, L., & Grant, P. E. (2013). Radial and tangential neuronal migration pathways in the human fetal brain: Anatomically distinct patterns of diffusion MRI coherence. *Neuroimage, 79,* 412–422. doi:10.1016/j.neuroimage.2013.04.125

Kolesky, D. B., Homan, K. A., Skylar-Scott, M. A., & Lewis, J. A. (2016). Three-dimensional bioprinting of thick vascularized tissues. *Proc Natl Acad Sci USA, 113*(12), 3179–3184. doi:10.1073/pnas.1521342113

Kollmannsberger, P., Bidan, C. M., Dunlop, J. W. C., & Fratzl, P. (2011). The physics of tissue patterning and extracellular matrix organisation: How cells join forces. *Soft Matter, 7*(20), 9549. doi:10.1039/c1sm05588g

Kopell, N. J., Gritton, H. J., Whittington, M. A., & Kramer, M. A. (2014). Beyond the connectome: The dynome. *Neuron, 83*(6), 1319–1328. doi:10.1016/j.neuron.2014.08.016

Kory, J. M., Jeong, S., & Breazeal, C. (2013). *Robotic learning companions for early language development.* Paper presented at the ICMI 2013, Sydney, Australia.

Koser, D. E., Thompson, A. J., Foster, S. K., Dwivedy, A., Pillai, E. K., Sheridan, G. K., . . . Franze, K. (2016). Mechanosensing is critical for axon growth in the developing brain. *Nat Neurosci, 19*(1592–1598). doi:10.1038/nn.4394

Kostovic, I., & Jovanov-Milosevic, N. (2006). The development of cerebral connections during the first 20–45 weeks' gestation. *Semin Fetal Neonatal Med, 11*(6), 415–422. doi:10.1016/j.siny.2006.07.001

Kostovic, I., & Vasung, L. (2009). Insights from in vitro fetal magnetic resonance imaging of cerebral development. *Semin Perinatol, 33*(4), 220–233. doi:10.1053/j.semperi.2009.04.003

Kotter, R. (2004). Online retrieval, processing, and visualization of primate connectivity data from the CoCoMac Database. (Author abstract) (Report). *Neuroinformatics, 2*(2), 127.

Kotula, J. W., Kerns, S. J., Shaket, l. A., Siraj, L., Collins, J. J., Way, J. C., & Silver, P. A. (2014). Programmable bacteria detect and record an environmental signal in the mammalian gut. *Proc Natl Acad Sci, 111,* 4838–4843.

Kovac, M. (2016). Learning from nature how to land aerial robots. *Science, 352*(6288), 895–896.

Krakauer, J. W. (2006). Motor learning: Its relevance to stroke recovery and neurorehabilitation. *Curr Opin Neurol, 19,* 84–90.

Krakauer, J. W., Ghazanfar, A. A., Gomez-Marin, A., Maciver, M. A., & Poeppel, D. (2017). Neuroscience needs behavior: Correcting a reductionist bias. *Neuron, 93*(3), 480–490. doi:10.1016/j.neuron.2016.12.041

Krakowiak, P., Walker, C. K., Bremer, A. A., Baker, A. S., Ozonoff, S., Hansen, R. L., & Hertz-Picciotto, I. (2012). Maternal metabolic conditions and risk for autism and other neurodevelopmental disorders. *Pediatrics, 129*(5), e1121. doi:10.1542/peds.2011-2583

Krapp, H. G. (2009). Ocelli. *Curr Biol, 19*(11), R435–R437. doi:10.1016/j.cub.2009.03.034

Krebs, H. I., Hogan, N., Durfee, W. K., & Herr, H. (2006). Rehabilitation robotics, orthotics, and prosthetics. In M. E. Selzer, S. Clarke, L. Cohen, P. Duncan, & F. Gage (Eds.), *Textbook of neural repair and rehabilitation* (Vol. 2, pp. 165–181). Cambridge, UK: Cambridge University Press.

Krebs, H. I., Volpe, B., & Hogan, N. (2009). A working model of stroke recovery from rehabilitation robotics practitioners. *J Neuroeng Rehabil, 6,* 6. doi:10.1186/1743-0003-6-6

Krieg, M., Helenius, J., Heisenberg, C.-P., & Muller, D. J. (2008). A bond for a lifetime: Employing membrane nanotubes from living cells to determine receptor-ligand kinetics. *Angewandte Chemie* (International ed. in English), *47*(50), 9775. doi:10.1002/anie.200803552

Krigger, K. W. (2006). Cerebral palsy: An overview. *American Family Physician, 73*(1), 91.

Kronenberg, H. M. (2003). Developmental regulation of the growth plate. *Nature, 423,* 332–336.

Kuban, K. C., Allred, E. N., O'Shea, T. M., Paneth, N., Pagano, M., Dammann, O., . . . Keller, C. E. (2009). Cranial ultrasound lesions in the NICU predict cerebral palsy at age 2 years in children born at extremely low gestational age. *Journal of Child Neurology, 24,* 63–72.

Kubow, T. M., & Full, R. J. (1999). The role of the mechanical system in control: A hypothesis of selfstabilization in hexapedal runners. *Philos Trans R Soc B: Biological Sciences, 354*(1385), 849–861. doi:10.1098/rstb.1999.0437

Kugler, P. N., & Turvey, M. T. (1987). *Information, natural laws, and the self-assembly of rhythmic movement.* Hillsdale, NJ: Lawrence Erlbaum.

Kuhlman, S. J., O'Connor, D. H., Fox, K., & Svoboda, K. (2014). Structural plasticity within the barrel cortex during initial phases of whisker-dependent learning. *J Neurosci, 34*(17), 6078–6083. doi:10.1523/JNEUROSCI.4919-12.2014

Kuiken, T. A., Li, G., Lock, B. A., Lipschutz, R. D., Miller, L., Stubblefield, K., & Englehart, K. (2009). Targeted muscle reinnervation for real-time myoelectric control of multifunction artificial arms. *JAMA 301*(6), 619–628.

Kuiken, T. A., Marasco, P. D., Lock, B. A., Harden, R. N., & Dewald, J. P. (2007). Redirection of cutaneous sensation from the hand to the chest skin of human amputees with targeted reinnervation. *Proc Natl Acad Sci USA, 104*(50), 20061–20066. doi:10.1073/pnas.0706525104

Kukillaya, R. P., & Holmes, P. (2009). A model for insect locomotion in the horizontal plane: Feedforward activation of fast muscles, stability, and robustness. *J Theoret Biol, 261*, 210–226.

Kumar, A. A., Hennek, J. W., Smith, B. S., Kumar, S., Beattie, P., Jain, S., . . . Whitesides, G. M. (2015). From the bench to the field in low-cost diagnostics: Two case studies. *Angew Chem Int Ed Engl, 54*(20), 5836–5853. doi:10.1002/anie.201411741

Kuratani, S. (2013). Evolution. A muscular perspective on vertebrate evolution. *Science, 341*(6142), 139–140. doi:10.1126/science.1241451

Kuratani, S., Nobusada, Y., Horigome, N., & Shigetani, Y. (2001). Embryology of the lamprey and evolution of the vertebrate jaw: Insights from molecular and developmental perspectives. *Philosophical Transactions of the Royal Society B: Biological Sciences*, 356(1414), 1615–1632. doi:10.1098/rstb.2001.0976

Kurlansky, M. (2016). *Paper: Paging through history*. New York: Norton.

Kurth, J. A., & Kier, W. M. (2014). Scaling of the hydrostatic skeleton in the earthworm Lumbricus terrestris. *J Exp Biol, 217*(Pt 11), 1860–1867. doi:10.1242/jeb.098137

Kutch, J. J., & Valero-Cuevas, F. J. (2012). Challenges and new approaches to proving the existence of muscle synergies of neural origin. *PLoS Comput Biol, 8*(5), e1002434. doi:10.1371/journal.pcbi.1002434

Kwakkel, G., & Meskers, C. G. M. (2014). Effects of robotic therapy of the arm after stroke. *Lancet Neurol, 13*(2), 132–133. doi:10.1016/s1474-4422(13)70285-0

Kwan, K. Y., Lam, M. M., Krsnik, Z., Kawasawa, Y. I., Lefebvre, V., & Sestan, N. (2008). SOX5 postmitotically regulates migration, postmigratory differentiation, and projections of subplate and deep-layer neocortical neurons. *Proc Natl Acad Sci USA, 105*(41), 16021–16026. doi:10.1073/pnas.0806791105

Kwok, R. (2013). Once more with feeling. *Nature, 497*, 176–178.

Lahiri, S., Shen, K., Klein, M., Tang, A., Kane, E., Gershow, M., . . . Samuel, A. D. T. (2011). Two alternating motor programs drive navigation in Drosophila larva. *PLoS ONE, 6*(8), 1–12. doi:10.1371/journal.pone.0023180.g001, 10.1371/journal.pone.0023180.g002

Lancaster, M. A., Renner, M., Martin, C. A., Wenzel, D., Bicknell, L. S., Hurles, M. E., . . . Knoblich, J. A. (2013). Cerebral organoids model human brain development and microcephaly. *Nature, 501*(7467), 373–379. doi:10.1038/nature12517

Lander, A. D. (2007). Morpheus unbound: Reimagining the morphogen gradient. *Cell, 128*(2), 245–256. doi:10.1016/j.cell.2007.01.004

Latash, M. L. (2012). The bliss (not the problem) of motor abundance (not redundancy). *Exp Brain Res, 217*(1), 1–5. doi:10.1007/s00221-012-3000-4

Latash, M. L., Scholz, J. P., & Schöner, G. (2007). Toward a new theory of motor synergies. *Motor Control, 11*, 276–308.

Latash, M. L., & Turvey, M. T. (Eds.). (1996). *Dexterity and its development*. Mahwah, NJ: Lawrence Erlbaum Associates.

Lauder, G. V. (2015). Fish locomotion: Recent advances and new directions. *Ann Rev Mar Sci, 7*, 521–545. doi:10.1146/annurev-marine-010814-015614

Laudet, V. (2011). The origins and evolution of vertebrate metamorphosis. *Curr Biol, 21*(18), R726–R737. doi:10.1016/j.cub.2011.07.030

Lawn, J. E., & Kinney, M. (2014). Preterm birth: Now the leading cause of child death worldwide. *Sci Transl Med, 6*(263), 1–3.

Leadbeater, E., & Chittka, L. (2007). Social learning in insects—from miniature brains to consensus building. *Curr Biol, 17*(16), R703–R713. doi:10.1016/j.cub.2007.06.012

Lee, M. S., Cau, A., Naish, D., & Dyke, G. (2014). Sustained miniaturization and anatomical innovation in the dinosaurian ancestors of birds. *Science, 345*, 562–566.

Lee, N. K., Sowa, H., Hinoi, E., Ferron, M., Ahn, J. D., Confavreux, C., . . . Karsenty, G. (2007). Endocrine regulation of energy metabolism by the skeleton. *Cell, 130*(3), 456–469. doi:10.1016/j.cell.2007.05.047

Leeder, A. C., Palma-Guerrero, J., & Glass, N. L. (2011). The social network: Deciphering fungal language. *Nat Rev Microbiol, 9,* 440–451.

Lefort, S., Gray, A. C., & Turrigiano, G. G. (2013). Long-term inhibitory plasticity in visual cortical layer 4 switches sign at the opening of the critical period. *Proc Natl Acad Sci USA, 110*(47), E4540–E4547. doi:10.1073/pnas.1319571110

Lemaire, P. (2011). Evolutionary crossroads in developmental biology: The tunicates. *Development, 138*(11), 2143–2152. doi:10.1242/dev.048975

Lerch, J. P., van der Kouwe, A. J., Raznahan, A., Paus, T., Johansen-Berg, H., Miller, K. L., . . . Sotiropoulos, S. N. (2017). Studying neuroanatomy using MRI. *Nat Neurosci, 20*(3), 314–326. doi:10.1038/nn.4501

Levin, J. E., & Miller, J. P. (1996). Broadband neural encoding in the cricket cereal sensory system enhanced by stochastic resonance. *Nature, 380*(6570), 165. doi:10.1038/380165a0

Levin, M. F., Kleim, J. A., & Wolf, S. L. (2009). What do motor "recovery" and "compensation" mean in patients following stroke? *Neurorehabilitation and Neural Repair 23,* 313–319.

Levin, M. F., Weiss, P. L., & Keshner, E. A. (2015). Emergence of virtual reality as a tool for upper limb rehabilitation: Incorporation of motor control and motor learning principles. *Phys Ther, 95*(3), 415–425. doi:10.2522/ptj.20130579

Levine, A. J., Hinckley, C. A., Hilde, K. L., Driscoll, S. P., Poon, T. H., Montgomery, J. M., & Pfaff, S. L. (2014). Identification of a cellular node for motor control pathways. *Nat Neurosci, 17*(4), 586–593. doi:10.1038/nn.3675

Levine, J. N., Gu, Y., & Cang, J. (2015). Seeing anew through interneuron transplantation. *Neuron, 86*(4), 858–860. doi:10.1016/j.neuron.2015.05.003

Leviton, A., Allred, E. N., Dammann, O., Engelke, S., Fichorova, R. N., Hirtz, D., . . . Investigators, E. S. (2013). Systemic inflammation, intraventricular hemorrhage, and white matter injury. *J Child Neurol, 28*(12), 1637–1645. doi:10.1177/0883073812463068

Leviton, A., Gressens, P., Wolkenhauer, O., & Dammann, O. (2015). Systems approach to the study of brain damage in the very preterm newborn. *Front Syst Neurosci, 9,* 58. doi:10.3389/fnsys.2015.00058

Levy, G., Flash, T., & Hochner, B. (2015). Arm coordination in octopus crawling involves unique motor control strategies. *Curr Biol, 25*(9), 1195–1200. doi:10.1016/j.cub.2015.02.064

Lewis, D., Mirnics, K., Hashimoto, T., & Volk, D. (2004). Gene expression and cortical circuit abnormalities in schizophrenia: Identifying pathophysiological mechanisms. *J Neurochem, 90 Suppl 1,* 131 (Abstract).

Lewis, D. A., Hashimoto, T., & Volk, D. (2005). Cortical inhibitory neurons and schizophrenia. *Nature Reviews Neuroscience, 6*(4), 312. doi:10.1038/nrn1648

Lewis, P. M., Ackland, H. M., Lowery, A. J., & Rosenfeld, J. V. (2015). Restoration of vision in blind individuals using bionic devices: A review with a focus on cortical visual prostheses. *Brain Res, 1595,* 51–73. doi:10.1016/j.brainres.2014.11.020

Li, R., & Bowerman, B. (2010). Symmetry breaking in biology. *Cold Spring Harbor Perspectives in Biology, 2*(3), a003475. doi:10.1101/cshperspect.a003475

Li, Z., Song, J., Mantini, G., Lu, M., Fang, H., Falconi, C., . . . Wang, Z. (2009). Quantifying the traction force of a single cell by aligned silicon nanowire array. *Nano Lett, 9*(10), 3575–3580. doi:10.1021/nl901774m

Liang, H., & Mahadevan, L. (2009). The shape of a long leaf. *Proc Natl Acad Sci, 106*(52), 22049. doi:10.1073/pnas.0911954106

Liang, H., & Mahadevan, L. (2011). Growth, geometry, and mechanics of a blooming lily. *Proc Natl Acad Sci USA, 108*(14), 5516–5521. doi:10.1073/pnas.1007808108

Liberman, A. M., Cooper, F. S., Shankweiler, D. P., & Studdert-Kennedy, M. (1967). Perception of the speech code. *Psychol Rev, 74,* 431–461.

Liberman, A. M., & Mattingly, I. G. (1985). The motor theory of speech perception revised. *Cognition, 21*(1), 1–36. doi:10.1016/0010-0277(85)90021-6
Lichtman, J., Livet, J., & Sanes, J. R. (2008). A technicolour approach to the connectome. *Nat Rev Neurosci, 9*, 417–422.
Lichtman, J. W., Pfister, H., & Shavit, N. (2014). The big data challenges of connectomics. *Nat Neurosci, 17*(11), 1448–1454. doi:10.1038/nn.3837
Lichtman, J. W., & Smith, S. J. (2008). Seeing circuits assemble. *Neuron, 60*, 441–448.
Liddelow, S. A., & Barres, B. A. (2016). Not everything is scary about a glial scar. *Nature, 532*, 182–183.
Liebovitch, L. S., Jirsa, V. K., & Shehadeh, L. A. (2006). *Structure of genetic regulatory networks: Evidence for scale free networks*. Vienna: World Scientific.
Lienert, F., Lohmueller, J. J., Garg, A., & Silver, P. A. (2014). Synthetic biology in mammalian cells: Next generation research tools and therapeutics. *Nat Rev Mol Cell Biol, 15*(2), 95–107. doi:10.1038/nrm3738
Lillicrap, T. P., & Scott, S. H. (2013). Preference distributions of primary motor cortex neurons reflect control solutions optimized for limb biomechanics. *Neuron, 77*(1), 168–179. doi:10.1016/j.neuron.2012.10.041
Limperopoulos, C., Chilingaryan, G., Sullivan, N., Guizard, N., Robertson, R. L., & du Plessis, A. J. (2014). Injury to the premature cerebellum: Outcome is related to remote cortical development. *Cereb Cortex, 24*(3), 728–736. doi:10.1093/cercor/bhs354
Lin, H., Ouyang, H., Zhu, J., Huang, S., Liu, Z., Chen, S., . . . Liu, Y. (2016). Lens regeneration using endogenous stem cells with gain of visual function. *Nature, 531*(7594), 323–328. doi:10.1038/nature17181
Lin, H. T., Leisk, G. G., & Trimmer, B. (2011). GoQBot: A caterpillar-inspired soft-bodied rolling robot. *Bioinspir Biomim, 6*(2), 026007. doi:10.1088/1748-3182/6/2/026007
Lin, H. T., & Trimmer, B. A. (2010). The substrate as a skeleton: Ground reaction forces from a soft-bodied legged animal. *J Exp Biol, 213*(Pt 7), 1133–1142. doi:10.1242/jeb.037796
Lin, M. Z., & Schnitzer, M. J. (2016). Genetically encoded indicators of neuronal activity. *Nat Neurosci, 19*(9), 114–-1153. doi:10.1038/nn.4359
Lin, P. Y., Hagan, K., Fenoglio, A., Grant, P. E., & Franceschini, M. A. (2016). Reduced cerebral blood flow and oxygen metabolism in extremely preterm neonates with low-grade germinal matrix-intraventricular hemorrhage. *Sci Rep, 6*, 25903. doi:10.1038/srep25903
Lind, J. U., Busbee, T. A., Valentine, A. D., Pasqualini, F. S., Yuan, H., Yadid, M., . . . Parker, K. K. (2016). Instrumented cardiac microphysiological devices via multimaterial three-dimensional printing. *Nat Mater, 16*, 303–308. doi:10.1038/nmat4782
Lipkind, D., Marcus, G. F., Bemis, D. K., Sasahara, K., Jacoby, N., Takahasi, M., . . . Tchernichovski, O. (2013). Stepwise acquisition of vocal combinatorial capacity in songbirds and human infants. *Nature, 498*(7452), 104–108. doi:10.1038/nature12173
Lipton, J. O., & Sahin, M. (2014). The neurology of mTOR. *Neuron, 84*(2), 275–291. doi:10.1016/j.neuron.2014.09.034
Lisman, J. (2015). The challenge of understanding the brain: Where we stand in 2015. *Neuron, 86*(4), 864–882. doi:10.1016/j.neuron.2015.03.032
Lisman, J. E., & Jensen, O. (2013). The θ-γ neural code. *Neuron, 77*(6), 1002. doi:10.1016/j.neuron.2013.03.007
Litcofsky, K. D., Afeyan, R. B., Krom, R. J., Khalil, A. S., & Collins, J. J. (2012). Iterative plug-and-play methodology for constructing and modifying synthetic gene networks. *Nat Methods, 9*(11), 1077–1080. doi:10.1038/nmeth.2205
Liu, C. H., Keshavan, M. S., Tronick, E., & Seidman, L. J. (2015). Perinatal risks and childhood premorbid indicators of later psychosis: Next steps for early psychosocial interventions. *Schizophr Bull, 41*(4), 801–816. doi:10.1093/schbul/sbv047
Liu, J., Fu, T. M., Cheng, Z., Hong, G., Zhou, T., Jin, L., . . . Lieber, C. M. (2015). Syringe-injectable electronics. *Nat Nanotechnol, 10*(7), 629–636. doi:10.1038/nnano.2015.115

Liu, J. C., Xie, C., Dai, X., Jin, L., Zhou, W., & Lieber, C. M. (2013). Multifunctional three-dimensional macroporous nanoelectronic networks for smart materials. *Proc Natl Acad Sci, 110*(17, April 23), 6694–6699. doi:10.1073/pnas.1305209110

Liu, Z., & Keller, P. J. (2016). Emerging imaging and genomic tools for developmental systems biology. *Dev Cell, 36*(6), 597–610. doi:10.1016/j.devcel.2016.02.016

Liubicich, D. M., Serano, J. M., Pavlopoulos, A., Kontarakis, Z., Protas, M. E., Kwan, E., . . . Patel, N. H. (2009). Knockdown of Parhyale Ultrabithorax recapitulates evolutionary changes in crustacean appendage morphology. *Proc Natl Acad Sci USA, 106*(33), 13892–13896. doi:10.1073/pnas.0903105106

Loeb, G. E. (2012). Optimal isn't good enough. *Biol Cybern, 106*(11–12), 757–765. doi:10.1007/s00422-012-0514-6

Long, M. A., Jin, D. Z., & Fee, M. S. (2010). Support for a synaptic chain model of neuronal sequence generation. *Nature, 468*(7322), 394–399. doi:10.1038/nature09514

Lopez-Bendito, G., & Molnar, Z. (2003). Thalamocortical development: How are we going to get there? *Nat Rev Neurosci, 4*(4), 276–289. doi:10.1038/nrn1075

Lopez-Rios, J., Duchesne, A., Speziale, D., Andrey, G., Peterson, K. A., Germann, P., . . . Zeller, R. (2014). Attenuated sensing of SHH by Ptch1 underlies evolution of bovine limbs. *Nature, 511*(7507), 46–51. doi:10.1038/nature13289

LoTurco, J. J., & Booker, A. B. (2013). Neuronal migration disorders. In J. L. Rubenstein & P. Rakic (Eds.), *Comprehensive developmental neuroscience* (pp. 481–494). New York: Elsevier.

Louie, K. (2013). Exploiting exploration: Past outcomes and future actions. *Neuron, 80*(1), 6–9. doi:10.1016/j.neuron.2013.09.016

Loukola, O., Perry, C., Coscos, L., & Chittka, L. (2017). Bumblebees show cognitive flexibility by improving on an observed complex behavior. *Science, 355*(6327), 833–836. doi:10.1126/science.aag2360

Lowe, T., Garwood, R. J., Simonsen, T. J., Bradley, R. S., & Withers, P. J. (2013). Metamorphosis revealed: Time-lapse three-dimensional imaging inside a living chrysalis. *J Roy Soc Int, 10*, 1–6. doi:10.1098/rsif.2013.0304, 10.5061/dryad.b451gLu, P., Kadoya, K., & Tuszynski, M. H. (2014). Axonal growth and connectivity from neural stem cell grafts in models of spinal cord injury. *Curr Opin Neurobiol, 27*, 103–109. doi:10.1016/j.conb.2014.03.010

Lozupone, C. A., Stombaugh, J. I., Gordon, J. I., Jansson, J. K., & Knight, R. (2012). Diversity, stability and resilience of the human gut microbiota. *Nature, 489*(7415), 220–230. doi:10.1038/nature11550

Lu, P., Wang, Y., Graham, L., McHale, K., Gao, M., Wu, D., . . . Tuszynski, M. H. (2012). Long-distance growth and connectivity of neural stem cells after severe spinal cord injury. *Cell, 150*(6), 1264–1273. doi:10.1016/j.cell.2012.08.020

Lui, J. H., Hansen, D. V., & Kriegstein, A. R. (2011a). Development and evolution of the human neocortex. *Cell, 146*(1), 18–36. doi:10.1016/j.cell.2011.06.030

Lui, J. H., Hansen, D. V., & Kriegstein, A. R. (2011b). Development and evolution of the human neocortex. *Cell, 146*(2), 332. doi:10.1016/j.cell.2011.07.005

Lumpkin, E. A., & Caterina, M. J. (2007). Mechanisms of sensory transduction in the skin. *Nature, 445*(7130), 858–865. doi:10.1038/nature05662

Lynch, G. F., Okubo, T. S., Hanuschkin, A., Hahnloser, R. H., & Fee, M. S. (2016). Rhythmic continuous-time coding in the songbird analog of vocal motor cortex. *Neuron, 90*(4), 877–892. doi:10.1016/j.neuron.2016.04.021

Lyttle, D., Gill, J., Shaw, K., Thomas, P., & Chiel, H. (2017). Robustness, flexibility, and sensitivity in a multifunctional motor control model. *Biol Cybern, 111*(1), 25–47. doi:10.1007/s00422-016-0704-8

Ma, K. Y., Chirarattananon, P., Fuller, S. B., & Wood, R. J. (2013). Controlled flight of a biologically inspired, insect-scale robot. *Science, 340*(6132), 603–607. doi:10.1126/science.1231806

Ma, L., & Gibson, D. A. (2013). Axon growth and branching. In J. Rubenstein and P. Rakic (Eds.), *Cellular migration and formation of neuronal connections: Comprehensive developmental neuroscience* (Vol. 2, pp. 51–68). Amsterdam: Elsevier. doi:10.1016/B978-0-12-397266-8.00056-9

Maciejasz, P., Eschweiler, J., Gerlach-Hahn, K., Jansen-Troy, A., & Leonhardt, S. (2014). A survey on robotic devices for upper limb rehabilitation. *J Neuroeng Rehabil, 11*(1), 3. doi:10.1186/1743-0003-11-3

MacIver, M. A., Schmitz, L., Mugan, U., Murphey, T. D., & Mobley, C. D. (2017). Massive increase in visual range preceded the origin of terrestrial vertebrates. *Proc Natl Acad Sci USA, 114*(12), E2375–E2384. doi:10.1073/pnas.1615563114

Macosko, E. Z., Pokala, N., Feinberg, E. H., Chalasani, S. H., Butcher, R. A., Clardy, J., & Bargmann, C. I. (2009). A hub-and-spoke circuit drives pheromone attraction and social behaviour in C. elegans. *Nature, 458*(7242), 1171–1175. doi:10.1038/nature07886

Maesani, A., Pradeep, R. F., & Floreano, D. (2014). Artificial evolution by viability rather than competition. *PLoS ONE, 9*(1), 1–12. doi:10.1371/journal.pone0086831

Magdalon, E. C., Michaelsen, S. M., Quevedo, A. A., & Levin, M. F. (2011). Comparison of grasping movements made by healthy subjects in a 3-dimensional immersive virtual versus physical environment. *Acta Psychol (Amst), 138*(1), 126–134. doi:10.1016/j.actpsy.2011.05.015

Majidi, C., Shepherd, R. F., Kramer, R. K., Whitesides, G. M., & Wood, R. J. (2013). Influence of surface traction on soft robot undulation. *Iinternational J Robotics Res, 32*(13), 1577–1584. doi:10.1177/0278364913498432

Mallarino, R., & Abzhanov, A. (2012). Paths less traveled: Evo-devo approaches to investigating animal morphological evolution. *Annu Rev Cell Dev Biol, 28*, 743–763. doi:10.1146/annurev-cellbio-101011-155732

Mammoto, T., & Ingber, D. (2010). Mechanical control of tissue and organ development. *Development, 137*, 1407–1420.

Mammoto, T., Mammoto, A., & Ingber, D. E. (2013). Mechanobiology and developmental control. *Annu Rev Cell Dev Biol, 29*, 27–61. doi:10.1146/annurev-cellbio-101512-122340

Mante, V., Sussillo, D., Shenoy, K. V., & Newsome, W. T. (2013). Context-dependent computation by recurrent dynamics in prefrontal cortex. *Nature, 503*(7474), 78–84. doi:10.1038/nature12742

Mao, A. S., & Mooney, D. J. (2015). Regenerative medicine: Current therapies and future directions. *Proc Natl Acad Sci USA, 112*(47), 14452–14459. doi:10.1073/pnas.1508520112

Marasco, P. D., Kim, K., Colgate, J. E., Peshkin, M. A., & Kuiken, T. A. (2011). Robotic touch shifts perception of embodiment to a prosthesis in targeted reinnervation amputees. *Brain, 134*(Pt 3), 747–758. doi:10.1093/brain/awq361

Marder, E. (2011). Variability, compensation, and modulation in neurons and circuits. *Proc Natl Acad Sci USA, 108 Suppl 3*, 15542–15548. doi:10.1073/pnas.1010674108

Marder, E. (2012). Neuromodulation of neuronal circuits: back to the future. *Neuron, 76*(1), 1–11. doi:10.1016/j.neuron.2012.09.010

Marder, E., & Bucher, D. (2007). Understanding circuit dynamics using the stomatogastric nervous system of lobsters and crabs. *Ann Rev Physiol, 69*, 291–316. doi:10.1146/annurev.physiol.69.031905.161516

Marder, E., Goeritz, M. L., & Otopalik, A. G. (2015). Robust circuit rhythms in small circuits arise from variable circuit components and mechanisms. *Curr Opin Neurobiol, 31*, 156–163. doi:10.1016/j.conb.2014.10.012

Marder, E., O'Leary, T., & Shruti, S. (2014). Neuromodulation of circuits with variable parameters: Single neurons and small circuits reveal principles of state-dependent and robust neuromodulation. *Annu Rev Neurosci, 37*, 329–346. doi:10.1146/annurev-neuro-071013-013958

Marder, E., & Taylor, A. L. (2011). Multiple models to capture the variability in biological neurons and networks. *Nat Neurosci, 14*, 133–138.

Marent, T. (2006). *Rainforest* (1st American ed.). New York: Dorian Kindersley.

Margolis, D. J., Lutcke, H., & Helmchen, F. (2014). Microcircuit dynamics of map plasticity in barrel cortex. *Curr Opin Neurobiol, 24*(1), 76–81. doi:10.1016/j.conb.2013.08.019

Margolis, D. J., Lutcke, H., Schulz, K., Haiss, F., Weber, B., Kugler, S., . . . Helmchen, F. (2012). Reorganization of cortical population activity imaged throughout long-term sensory deprivation. *Nat Neurosci, 15*(11), 1539–1546. doi:10.1038/nn.3240

Mariani, J., Coppola, G., Zhang, P., Abyzov, A., Provini, L., Tomasini, L., . . . Vaccarino, F. M. (2015). FOXG1-dependent dysregulation of GABA/glutamate neuron differentiation in autism spectrum disorders. *Cell, 162*(2), 375–390. doi:10.1016/j.cell.2015.06.034

Marin, O., Valiente, M., Ge, X., & Tsai, L. H. (2010). Guiding neuronal cell migrations. *Cold Spring Harb Perspect Biol, 2*(2), a001834. doi:10.1101/cshperspect.a001834

Marín-Padilla, M. (2011). *The human brain: Prenatal development and structure.* Heidelberg: Springer.

Markram, H., Lubke, J., Frotscher, M., & Sakmann, B. (1997). Regulation of synaptic efficacy by coincidence of postsynaptic APs and EPSPs. *Science, 275*(5297), 213–215.

Marta, C.-C., Maria, G., Li, Y., Franziska, B., Suzanne Van Der, V., Christin, K., . . . Tatiana, K. (2017). Gamma oscillations organize top-down signalling to hypothalamus and enable food seeking. *Nature, 542*(7640). doi:10.1038/nature21066

Martinez, R. V., Branch, J. L., Fish, C. R., Jin, L., Shepherd, R. F., Nunes, R. M., . . . Whitesides, G. M. (2013). Robotic tentacles with three-dimensional mobility based on flexible elastomers. *Adv Mater, 25*(2), 205–212. doi:10.1002/adma.201203002

Martinez, R. V., Fish, C. R., Chen, X., & Whitesides, G. M. (2012). Elastomeric origami: Programmable paper-elastomer composites as pneumatic actuators. *Adv Func Mater 36,* 1376–1384. doi:10.1002/adfm.201102978

Masland, R. H. (2012). The neuronal organization of the retina. *Neuron, 76*(2), 266–280. doi:10.1016/j.neuron.2012.10.002

Mayr, E. (1982). *The growth of biological thought diversity, evolution, and inheritance.* Cambridge, MA: Belknap Press of Harvard University Press.

McCall, J. G., Kim, T.-i., Shin, G., Huang, X., Jung, Y. H., Hasani, R. A., . . . Rogers, J. A. (2013). Fabrication and application of flexible, multimodal light-emitting devices for wireless optogenetics. (Protocol) (Report). *Nature Protocols, 8*(12), 2413.

McDonnell, M. D., Boahen, K., Ijspeert, A., & Sejnowski, T. (2014). Engineering intelligent electronic systems based on computational neuroscience. *Proc IEEE, 102,* 646–651.

McDonnell, M. D., & Ward, L. M. (2011). The benefits of noise in neural systems: Bridging theory and experiment. *Nat Rev Neurosci, 12,* 415–425.

McFall-Ngai, M., Hadfield, M. G., Bosch, T. C., Carey, H. V., Domazet-Loso, T., Douglas, A. E., . . . Wernegreen, J. J. (2013). Animals in a bacterial world, a new imperative for the life sciences. *Proc Natl Acad Sci USA, 110*(9), 3229–3236. doi:10.1073/pnas.1218525110

McFall-Ngai, M., Heath-Heckman, E. A., Gillette, A. A., Peyer, S. M., & Harvie, E. A. (2012). The secret languages of coevolved symbioses: Insights from the Euprymna scolopes-Vibrio fischeri symbiosis. *Semin Immunol, 24*(1), 3–8. doi:10.1016/j.smim.2011.11.006

McFall-Ngai, M. J. (2014). The importance of microbes in animal development: Lessons from the squid-vibrio symbiosis. *Annu Rev Microbiol, 68,* 177–194. doi:10.1146/annurev-micro-091313-103654

McGraw, M. B. (1943). *The neuromuscular maturation of the human infant.* New York.

McHedlishvili, L., Mazurov, V., Grassme, K. S., Goehler, K., Robl, B., Tazaki, A., . . . Tanaka, E. M. (2012). Reconstitution of the central and peripheral nervous system during salamander tail regeneration. *Proc Natl Acad Sci USA, 109*(34), E2258–E2266. doi:10.1073/pnas.1116738109

McKenney, P. T., & Pamer, E. G. (2015). From hype to hope: The gut microbiota in enteric infectious disease. *Cell, 163*(6), 1326–1332. doi:10.1016/j.cell.2015.11.032

McLean, W. J., Yin, X., Lu, L., Lenz, D. R., McLean, D., Langer, R., . . . Edge, A. S. (2017). Clonal expansion of Lgr5-positive cells from mammalian cochlea and high-purity generation of sensory hair cells. *Cell Rep, 18*(8), 1917–1929. doi:10.1016/j.celrep.2017.01.066

McMahon, T. A. (1984). *Muscles, reflexes, and locomotion*. Princeton, NJ: Princeton University Press.

McNaughton, B. L., Battaglia, F. P., Jensen, O., Moser, E. I., & Moser, M. B. (2006). Path integration and the neural basis of the "cognitive map." *Nat Rev Neurosci, 7*(8), 663–678. doi:10.1038/nrn1932

Melin, J., & Quake, S. R. (2007). Microfluidic large-scale integration: The evolution of design rules for biological automation. *Annu Rev Biophys Biomol Struct, 36*, 213–231. doi:10.1146/annurev.biophys.36.040306.132646

Menelaou, E., & McLean, D. (2012). A gradient in endogenous rhythmicity and oscillatory drive matches recruitment order in an axial motor pool. *J Neurosci, 32*(32), 10925–10939. doi:10.1523/JNEUROSCI.1809-12.2012

Menon, V. (2013). Developmental pathways to functional brain networks: Emerging principles. *Trends Cogn Sci, 17*(12), 627–640. doi:10.1016/j.tics.2013.09.015

Menzel, R. (2012). The honeybee as a model for understanding the basis of cognition. *Nat Rev Neurosci, 13*(11), 758–768. doi:10.1038/nrn3357

Merabet, L. B. (2011). Building the bionic eye: An emerging reality and opportunity. *Prog Brain Res, 192*, 3–15. doi:10.1016/B978-0-444-53355-5.00001-4

Merians, A. S., & Fluet, G. G. (2014). Rehabilitation applications using virtual reality for persons with residual impairments following stroke. In P. L. Weiss (Ed.), *Virtual reality for physical and motor rehabilitation*. New York: Springer Science and Business Media, 119–144. doi:10.1007/978-1-4939-0968-1_7

Merians, A. S., Fluet, G. G., Qiu, Q., Saleh, S., Lafond, I., Davidow, A., & Adamovich, S. (2011). Robotically facilitated virtual rehabilitation of arm transport integrated with finger movement in persons with hemiparesis. *J Neuroeng Rehabil, 8*, 1–10.

Merlin, C., Heinze, S., & Reppert, S. M. (2012). Unraveling navigational strategies in migratory insects. *Curr Opin Neurobiol, 22*, 353–361.

Metin, C., Vallee, R., Rakic, p., & Bhide, P. (2008). Modes and mishaps of neuronal migration in the mammalian brain. *J Neurosci, 12*, 11746–11752.

Michel, K. B., Heiss, E., Aerts, P., & Van Wassenbergh, S. (2015). A fish that uses its hydrodynamic tongue to feed on land. *Proc Biol Sci, 282*, 1–7. doi:10.1098/rspb.2015.0057

Mijailovich, S. M., Stojanovic, B., Kojic, M., Liang, A., Wedeen, V., & Gilbert, R. (2010). Derivation of a finite-element model of lingual deformation during swallowing from the mechanics of mesoscale myofiber tracts obtained by MRI. *J App Physio, 109*(5), 1500–1514. doi:10.1152/japplphysiol.00493.2010

Miles, G. B., & Sillar, K. T. (2011). Neuromodulation of vertebrate locomotor control networks. *Physiology (Bethesda), 26*(6), 393–411. doi:10.1152/physiol.00013.2011

Milinkovitch, M. C., Manukyan, L., Debry, A., Di-Poi, N., Martin, S., Singh, D., . . . Zwicker, M. (2013). Crocodile head scales are not developmental units but emerge from physical cracking. *Science*, 339(6115), 78–81. doi:10.1126/science.1226265

Miller, A. J. (2002). Oral and pharyngeal reflexes in the mammalian nervous system: Their diverse range in complexity and the pivotal role of the tongue. *Crit Rev Oral Biol Med, 13*(5), 409–425.

Miller, L. A., Goldman, D. I., Hedrick, T. L., Tytell, E. D., Wang, Z. J., Yen, J., & Alben, S. (2012). Using computational and mechanical models to study animal locomotion. *Integr Comp Biol, 52*(5), 553–575. doi:10.1093/icb/ics115

Millet, L. J., & Gillette, M. U. (2012). New perspectives on neuronal development via microfluidic environments. *Trends Neurosci, 35*(12), 752–761. doi:10.1016/j.tins.2012.09.001

Minev, I. R., Musienko, P., Hirsch, A., . . . , & Lacour, S. P. (2015). Electronic dura mater for long-term multimodal neural interfaces. *Science, 347*, 159–163.

Mirollo, R., & Strogatz, S. H. (1990). Synchronization of pulse-coupled biological oscillators. *SIAM Journal on Applied Mathematics, 50*(6), 1645–1662.

Mischiati, M., Lin, H. T., Herold, P., Imler, E., Olberg, R., & Leonardo, A. (2015). Internal models direct dragonfly interception steering. *Nature, 517*(7534), 333–338. doi:10.1038/nature14045

Mizutari, K., Fujioka, M., Hosoya, M., Bramhall, N., Okano, H. J., Okano, H., & Edge, A. S. (2013). Notch inhibition induces cochlear hair cell regeneration and recovery of hearing after acoustic trauma. *Neuron, 77*(1), 58–69. doi:10.1016/j.neuron.2012.10.032

Mlot, N. J., Tovey, C. A., & Hu, D. L. (2011). Fire ants self-assemble into waterproof rafts to survive floods. *Proc Natl Acad Sci, 108*(19), 7669. doi:10.1073/pnas.1016658108

Mogdans, J., & Bleckmann, H. (2012). Coping with flow: Behavior, neurophysiology and modeling of the fish lateral line system. *Biol Cybern, 106*(11–12), 627–642. doi:10.1007/s00422-012-0525-3

Molnar, Z., Garel, S., Lopez-Bendito, G., Maness, P., & Price, D. J. (2012). Mechanisms controlling the guidance of thalamocortical axons through the embryonic forebrain. *Eur J Neurosci, 35*(10), 1573–1585. doi:10.1111/j.1460-9568.2012.08119.x

Molyneaux, B. J., Arlotta, P., Menezes, J. R., & Macklis, J. D. (2007). Neuronal subtype specification in the cerebral cortex. *Nat Rev Neurosci, 8*(6), 427–437. doi:10.1038/nrn2151

Mongeau, J. M., Demir, A., Lee, J., Cowan, N. J., & Full, R. J. (2013). Locomotion- and mechanics-mediated tactile sensing: Antenna reconfiguration simplifies control during high-speed navigation in cockroaches. *J Exp Biol, 216*(Pt 24), 4530–4541. doi:10.1242/jeb.083477

Mooney, R. (2009). Neurobiology of song learning. *Curr Opin Neurobiol, 19*(6), 654–660. doi:10.1016/j.conb.2009.10.004

Moore, J. D., Deschenes, M., Furuta, T., Huber, D., Smear, M. C., Demers, M., & Kleinfeld, D. (2013). Hierarchy of orofacial rhythms revealed through whisking and breathing. *Nature, 497*(7448), 205–210. doi:10.1038/nature12076

Moore, J. D., Kleinfeld, D., & Wang, F. (2014). How the brainstem controls orofacial behaviors comprised of rhythmic actions. *Trends Neurosci, 37*(7), 370–380. doi:10.1016/j.tins.2014.05.001

Moore, T. Y., Organ, C. L., Edwards, S. V., Biewener, A. A., Tabin, C. J., Jenkins, F. A., Jr., & Cooper, K. L. (2015). Multiple phylogenetically distinct events shaped the evolution of limb skeletal morphologies associated with bipedalism in the jerboas. *Curr Biol, 25*(21), 2785–2794. doi:10.1016/j.cub.2015.09.037

Morgan, C., Darrah, J., Gordon, A. M., Harbourne, R., Spittle, A., Johnson, R., & Fetters, L. (2016). Effectiveness of motor interventions in infants with cerebral palsy: A systematic review. *Dev Med Child Neurol, 58*(9), 900–909. doi:10.1111/dmcn.13105

Morgan, J. L., & Lichtman, J. W. (2013). Why not connectomics? *Nat Methods, 10*(6), 494–500. doi:10.1038/nmeth.2480

Mori, S. (2002). Principles, methods, and applications of diffusion tensor imaging-15. In A. Toga and J. Mazziota (Eds.), *Brain mapping: The methods* (2nd ed.) (pp. 379–397). Boston: Academic Press.

Mori, S. (2013). *Introduction to diffusion tensor imaging and higher order models.* Burlington: Elsevier Science.

Mori, S., & Zhang, J. (2006). Principles of diffusion tensor imaging and its applications to basic neuroscience research. *Neuron, 51*(5), 527–539. doi:10.1016/j.neuron.2006.08.012

Morin, S. A., Shepherd, R. F., Kwok, S. W., Stokes, A. A., Nemiroski, A., & Whitesides, G. M. (2012). Camouflage and display for soft machines. *Science, 337*(6096), 828–832. doi:10.1126/science.1222149

Morishita, H., & Hensch, T. K. (2008). Critical period revisited: impact on vision. *Curr Opin Neurobiol, 18*(1), 101–107. doi:10.1016/j.conb.2008.05.009

Morrison, P. (1982). *Powers of ten: A book about the relative size of things in the universe and the effect of adding another zero.* Redding, CT: Scientific American Library.

Morrison, R. J., Hollister, S. J., Niedner, M. F., Mahani, M. G., Park, A. H., Meehta, D. K., . . . Green, G. E. (2015). Mitigation of tracheobronchomalacia with 3D-printed personalized medical devices in pediatric patients. *Sci Transl Med, 7*(285), 1–11.

Mortazavi, F., Oblak, A. L., Morrison, W. Z., Schmahmann, J. D., Stanley, H. E., Wedeen, V. J., & Rosene, D. L. (2017). Geometric navigation of axons in a cerebral pathway: Comparing dMRI with tract tracing and immunohistochemistry. *Cereb Cortex*, February, 1–14. doi:10.1093/cercor/bhx034

Mosadegh, B., Mazzeo, A. D., Shepherd, R. F., Morin, S. A., Gupta, U., Sani, I. Z., . . . Whitesides, G. M. (2014). Control of soft machines using actuators operated by a Braille display. *Lab Chip, 14*(1), 189–199. doi:10.1039/c3lc51083b

Mosadegh, B., Polygerinos, P., Keplinger, C., Wennstedt, S., Shepherd, R. F., Gupta, U., . . . Whitesides, G. M. (2014). Pneumatic networks for soft robotics that actuate rapidly. *Adv Func Mater, 24*(15), 2163–2170. doi:10.1002/adfm.201303288

Moser, T. (2015). Optogenetic stimulation of the auditory pathway for research and future prosthetics. *Curr Opin Neurobiol, 34,* 29–36. doi:10.1016/j.conb.2015.01.004

Moss, F., Ward, L. M., & Sannita, W. G. (2004). Stochastic resonance and sensory information processing: a tutorial and review of application. *Clin Neurophysiol, 115,* 267–281.

Muglia, L. J., & Katz, M. (2010). The enigma of spontaneous preterm birth. *N Engl J Med, 362,* 529–535.

Muller, D., & Nikonenko, I. (2013). Dendritic spines. In J. Rubenstein and P. Rakic (Eds.), *Neural circuit development and function in the brain: Comprehensive developmental neuroscience* (pp. 95–108). Amsterdam: Academic Press. doi:10.1016/b978-0-12-397267-5.00145-x

Murphey, D. K., Herman, A. M., & Arenkiel, B. R. (2014). Dissecting inhibitory brain circuits with genetically-targeted technologies. *Front Neural Circuits, 8,* 124. doi:10.3389/fncir.2014.00124

Murphy, S. V., & Atala, A. (2014). 3D bioprinting of tissues and organs. *Nat Biotechnol, 32*(8), 773–785. doi:10.1038/nbt.2958

Murphy, T. H., & Corbett, D. (2009). Plasticity during stroke recovery: From synapse to behavior. *Nat Rev Neurosci, 10,* 861–872.

Musienko, P., Heutschi, J., Friedli, L., van den Brand, R., & Courtine, G. (2012). Multi-system neurorehabilitative strategies to restore motor functions following severe spinal cord injury. *Exp Neurol, 235*(1), 100_109. doi:10.1016/j.expneurol.2011.08.025

Mussa-Ivaldi, F. A., & Bizzi, E. (2000). Motor learning through the combination of primitives. *Philos Trans R Soc Lond B Biol Sci,* 355(1404), 1755_1769. doi:10.1098/rstb.2000.0733

Muth, J. T., Vogt, D. M., Truby, R. L., Menguc, Y., Kolesky, D. B., Wood, R. J., & Lewis, J. A. (2014). Embedded 3D printing of strain sensors within highly stretchable elastomers. *Adv Mater, 26*(36), 6307_6312. doi:10.1002/adma.201400334

Nacu, E., Gromberg, E., Oliveira, C. R., Drechsel, D., & Tanaka, E. M. (2016). FGF8 and SHH substitute for anterior-posterior tissue interactions to induce limb regeneration. *Nature,* 533(7603), 407–410. doi:10.1038/nature17972

Nacu, E., & Tanaka, E. M. (2011). Limb regeneration: A new development? *Annu Rev Cell Dev Biol, 27,* 409–440. doi:10.1146/annurev-cellbio-092910-154115

Nagpal, R., Patel, A., & Gibson, M. C. (2008). Epithelial topology. *Bioessays, 30*(3), 260–266. doi:10.1002/bies.20722

Natale, L., Paikan, A., Randazzo, M., & Domenichelli, D. E. (2016). The iCub software architecture: Evolution and lessons learned. *Front Robot AI, 3.* doi:10.3389/frobt.2016.00024

Nathan, J. M., Craig, A. T., & David, L. H. (2011). Fire ants self-assemble into waterproof rafts to survive floods. *Proc Natl Acad Sci, 108*(19), 7669. doi:10.1073/pnas.1016658108

Nathanael, J., Vincent, C., & Johanna, R. (2014). Robotic exoskeletons: A perspective for the rehabilitation of arm coordination in stroke patients. *Front Hum Neurosci,* 8(NA), NA-NA. doi:10.3389/fnhum.2014.00947

Nave, K. A. (2010). Myelination and support of axonal integrity by glia. *Nature, 468*(7321), 244–252. doi:10.1038/nature09614

Nawroth, J. C., Lee, H., Feinberg, A. W., Ripplinger, C. M., McCain, M. L., Grosberg, A., . . . Parker, K. K. (2012). A tissue-engineered jellyfish with biomimetic propulsion. *Nat Biotechnol, 30*(8), 792–797. doi:10.1038/nbt.2269

Nef, T., Guidali, M., & Riener, R. (2009). ARMin III—Arm therapy exoskeleton with an ergonomic shoulder actuation. *Applied Bionics and Biomechanics,* 6(2), 127–142. doi:10.1155/2009/962956

Nelson, C. M., & Gleghorn, J. P. (2012). Sculpting organs: Mechanical regulation of tissue development. *Annu Rev Biomed Eng, 14*, 129–154. doi:10.1146/annurev-bioeng-071811-150043

Neutens, C., Adriaens, D., Christiaens, J., De Kegel, B., Dierick, M., Boistel, R., & Van Hoorebeke, L. (2014). Grasping convergent evolution in syngnathids: A unique tale of tails. *J Anat, 224*(6), 710–723. doi:10.1111/joa.12181

Newman, S. A. (2012). Physico-genetic determinants in the evolution of development. *Science, 338*(6104), 217–219. doi:10.1126/science.1222003

Newman, S. A., & Bhat, R. (2008). Dynamical patterning modules: Physico-genetic determinants of morphological development and evolution. *Phys Biol, 5*(1), 015008. doi:10.1088/1478-3975/5/1/015008

Newman, S. A., Forgacs, G., & Muller, G. B. (2006). Before programs: The physical origination of multicellular forms. *Int J Dev Biol, 50*(2-3), 289-299. doi:052049sn [pii], 10.1387/ijdb.052049snNguyen, Q. T., & Kleinfeld, D. (2005). Positive feedback in a brainstem tactile sensorimotor loop. *Neuron, 45*(3), 447–457. doi:10.1016/j.neuron.2004.12.042

Nicosia, V., Vertes, P. E., Schafer, W. R., Latora, V., & Bullmore, E. (2013). Phase transition in the economically modeled growth of a cellular nervous system. *Proc Natl Acad Sci, 110*, 7880–7885.

Nielson, J. L., Haefeli, J., Salegio, E. A., Liu, A. W., Guandique, C. F., Stuck, E. D., . . . Ferguson, A. R. (2015). Leveraging biomedical informatics for assessing plasticity and repair in primate spinal cord injury. *Brain Res, 1619*, 124–138. doi:10.1016/j.brainres.2014.10.048

Nikolic, D., Fries, P., & Singer, W. (2013). Gamma oscillations: Precise temporal coordination without a metronome. *Trends Cogn Sci, 17*(2), 54–55. doi:10.1016/j.tics.2012.12.003

Nilsson, D. E., Warrant, E. J., Johnsen, S., Hanlon, R., & Shashar, N. (2012). A unique advantage for giant eyes in giant squid. *Curr Biol, 22*(8), 683–688. doi:10.1016/j.cub.2012.02.031

Nishikawa, K., Biewener, A. A., Aerts, P., Ahn, A. N., Chiel, H. J., Daley, M. A., . . . Szymik, B. (2007). Neuromechanics: An integrative approach for understanding motor control. *Integr Comp Biol, 47*(1), 16–54. doi:10.1093/icb/icm024

Nishiyama, J., & Yasuda, R. (2015). Biochemical computation for spine structural plasticity. *Neuron, 87*(1), 63–75. doi:10.1016/j.neuron.2015.05.043

Noctor, S. C., Cunningham, C. L., & Kriegstein, A. R. (2013). Radial migration in the developing cerebral cortex. In J. Rubenstein and P. Rakic (Eds.), *Comprehensive developmental neuroscience: Cellular migration and formation of neural connections*(Chapter 16, pp. 299–316). New York: Academic Press.

Nonaka, T. (2013). Motor variability but functional specificity: The case of a C4 tetraplegic mouth calligrapher. *Ecol Psychol, 25*(2), 131–154. doi:10.1080/10407413.2013.780492

Nonaka, T., Bril, B., & Rein, R. (2010). How do stone knappers predict and control the outcome of flaking? Implications for understanding early stone tool technology. *Journal of Human Evolution, 59*(2), 155–167. doi:10.1016/j.jhevol.2010.04.006

Nonaka, T., & Goldfield, E. C. (2017; under review). Mother-infant interaction in the emergence of a tool-using skill at mealtime: A process of affordance selection. *Ecological Psychology*.

Nonaka, T., & Sasaki, M. (2009). When a toddler starts handling multiple detached objects: Descriptions of a toddler's niche through everyday actions. *Ecological Psychology, 21*(2), 155–183. doi:10.1080/10407410902877207

Noorduin, W. L., Grinthal, A., Mahadevan, L., & Aizenberg, J. (2013). Rationally designed complex, hierarchical microarchitectures. *Science, 340*(6134), 832–837. doi:10.1126/science.1234621

Norell, M. A., & Xu, X. (2005). Feathered dinosaurs. *Ann Rev Earth Planetary Sci, 33*(1), 277–299. doi:10.1146/annurev.earth.33.092203.122511

Novak, B., & Tyson, J. (2008). Design principles of biochemical oscillators. *Nat Rev Mol Cell Biol, 9*, 981–991.

Novak, D., & Riener, R. (2015). Control strategies and artificial intelligence in rehabilitation robotics. *AI Magazine, Winter*, 23–33.

Nyholm, S. V., & Graf, J. (2012). Knowing your friends: Invertebrate innate immunity fosters beneficial bacterial symbioses. *Nat Rev Microbiol, 10*(12), 815–827. doi:10.1038/nrmicro2894

Nyholm, S. V., & McFall-Ngai, M. (2004). The winnowing: Establishing the squid-vibrio symbiosis. *Nat Rev Microbiol, 2*(8), 632–642. doi:10.1038/nrmicro957

Nyholm, S. V., & McFall-Ngai, M. (2014). Animal development in a microbial world. In A. Minelli & T. Pradeu (Eds.), *Towards a theory of development*. New York: Oxford University Press.

Ober, T. J., Foresti, D., & Lewis, J. A. (2015). Active mixing of complex fluids at the microscale. *Proc Natl Acad Sci USA, 112*(40), 12293–12298. doi:10.1073/pnas.1509224112

Oh, S. W., Harris, J. A., Ng, L., Winslow, B., Cain, N., Mihalas, S., . . . Zeng, H. (2014). A mesoscale connectome of the mouse brain. *Nature, 508*(7495), 207–214. doi:10.1038/nature13186

Okada, Y., Hamalainen, M., Pratt, K., Mascarenas, A., Miller, P., Han, M., . . . Paulson, D. (2016). BabyMEG: A whole-head pediatric magnetoencephalography system for human brain development research. *Rev Sci Instrum, 87*(9), 094301. doi:10.1063/1.4962020

Okubo, T. S., Mackevicius, E. L., Payne, H. L., Lynch, G. F., & Fee, M. S. (2015). Growth and splitting of neural sequences in songbird vocal development. *Nature, 528*, 352–357. doi:10.1038/nature15741

Olkowicz, S., Kocourek, M., Lucan, R. K., Portes, M., Fitch, W. T., Herculano-Houzel, S., & Nemec, P. (2016). Birds have primate-like numbers of neurons in the forebrain. *Proc Natl Acad Sci USA, 113*(26), 7255–7260. doi:10.1073/pnas.1517131113

Olusanya, B. O., Neumann, K. J., & Saunders, J. E. (2014). The global burden of disabling hearing impairment: A call to action. *Bulletin of the World Health Organization, 92*(5), 367. doi:10.2471/BLT.13.128728

Olveczky, B. P., & Gardner, T. J. (2011). A bird's eye view of neural circuit formation. *Curr Opin Neurobiol, 21*(1), 124–131. doi:10.1016/j.conb.2010.08.001

Omura, T., Omura, K., Tedeschi, A., Riva, P., Painter, M. W., Rojas, L., . . . Woolf, C. J. (2015). Robust axonal regeneration occurs in the injured CAST / Ei mouse CNS. *Neuron, 86*(5), 1215–1227. doi:10.1016/j.neuron.2015.05.005

Onal, C., Wood, R. J., & Rus, D. (2013). An origami-inspired approach to worm robots. *IEEE / ASME Trans Mechatronics, 18*, 430–438.

Ong, J. M., & da Cruz, L. (2012). The bionic eye: A review. *Clin Exper Ophthalmol, 40*(1), 6–17. doi:10.1111/j.1442-9071.2011.02590.x

Orefice, L. L., Zimmerman, A. L., Chirila, A. M., Sleboda, S. J., Head, J. P., & Ginty, D. D. (2016). Peripheral mechanosensory neuron dysfunction underlies tactile and behavioral deficits in mouse models of ASDs. *Cell, 166*(2), 299–313. doi:10.1016/j.cell.2016.05.033

O'Shea, T. M., Allred, E. N., Dammann, O., Hirtz, D., Kuban, K. C., Paneth, N., . . . Leviton, A. (2009). The ELGAN study of the brain and related disorders in extremely low gestational age newborns. *Early Hum Dev, 85*(11), 719–725. doi:10.1016/j.earlhumdev.2009.08.060

Overduin, S. A., d'Avella, A., Carmena, J. M., & Bizzi, E. (2012). Microstimulation activates a handful of muscle synergies. *Neuron, 76*(6), 1071–1077. doi:10.1016/j.neuron.2012.10.018

Overduin, S. A., d'Avella, A., Carmena, J. M., & Bizzi, E. (2014). Muscle synergies evoked by microstimulation are preferentially encoded during behavior. *Front Comput Neurosci, 8*, 20. doi:10.3389/fncom.2014.00020

Overvelde, J. T., Kloek, T., D'Haen J, J., & Bertoldi, K. (2015). Amplifying the response of soft actuators by harnessing snap-through instabilities. *Proc Natl Acad Sci USA, 112*(35), 10863–10868. doi:10.1073/pnas.1504947112

Oxman, N. (2012). Programming matter. *Architectural Design, 82*(2), 88–95. doi:10.1002/ad.1384

Ozbolat, I. T. (2015). Bioprinting scale-up tissue and organ constructs for transplantation. *Trends Biotechnol, 33*(7), 395–400. doi:10.1016/j.tibtech.2015.04.005

Packer, A. M., Russell, L. E., Dalgleish, H., & Hausser, M. (2015). Simultaneous all-optical manipulation and recording of neural circuit activity with cellular resolution *in vivo*. *Nature Methods, 12*(7), 140–146.

Palatinus, Z., Dixon, J. A., & Kelty-Stephen, D. G. (2013). Fractal fluctuations in quiet standing predict the use of mechanical information for haptic perception. *Ann Biomed Eng, 41*(8), 1625-1634. doi:10.1007/s10439-012-0706-1

Palmer, C., Bik, E. M., DiGiulio, D. B., Relman, D. A., Brown, P. O., & Ruan, Y. (2007). Development of the human infant intestinal microbiota. *PLoS Biology, 5*(7), 1556–1573. doi:10.1371/journal.pbio.0050177

Paolicelli, R. C., Bolasco, G., Pagani, F., Maggi, L., Scianni, M., Panzanelli, P., . . . Gross, C. T. (2011). Synaptic pruning by microglia is necessary for normal brain development. *Science, 333*(6048), 1456–1458. doi:10.1126/science.1202529

Pardee, K., Green, A. A., Takahashi, M. K., Braff, D., Lambert, G., Lee, J. W., . . . Collins, J. J. (2016). Rapid, low-cost detection of Zika virus using programmable biomolecular components. *Cell, 165*(5), 1255–1266. doi:10.1016/j.cell.2016.04.059

Park, S. I., Brenner, D. S., Shin, G., Morgan, C. D., Copits, B. A., Chung, H. U., . . . Rogers, J. A. (2015). Soft, stretchable, fully implantable miniaturized optoelectronic systems for wireless optogenetics. *Nat Biotechnol, 33*(12), 1280–1286. doi:10.1038/nbt.3415

Park, S.-J., Gazzola, M., Park, K. S., Park, S., DiSanto, V., Blevins, E. L., . . . Parker, K. K. (2016). Phototactic guidance of a tissue-engineered soft-robotic ray. *Science, 353*(6295), 158–162.

Park, Y.-L., Chen, B. R., Perez-Arancibia, N. O., Young, D., Stirling, L., Wood, R. J., . . . Nagpal, R. (2014). Design and control of a bio-inspired soft wearable robotic device for ankle-foot rehabilitation. *Bioinspir Biomim, 9*(1), 016007. doi:10.1088/1748-3182/9/1/016007

Park, Y.-L., Majidi, C., Kramer, R., Bérard, P., & Wood, R. J. (2010). Hyperelastic pressure sensing with a liquid-embedded elastomer. *J Micromechan Microeng, 20*(12), 125029. doi:10.1088/0960-1317/20/12/125029

Park, Y.-L., Santos, J., Galloway, K. G., Goldfield, E., & Wood, R. J. (2014). *A soft wearable robotic device for active knee motions using flat pneumatic artificial muscles.* Paper presented at the IEEE International Conference on Robotics and Automation (ICRA), Hong Kong, China.

Parkhurst, C. N., Yang, G., Ninan, I., Savas, J. N., Yates, J. R., 3rd, Lafaille, J. J., . . . Gan, W. B. (2013). Microglia promote learning-dependent synapse formation through brain-derived neurotrophic factor. *Cell, 155*(7), 1596–1609. doi:10.1016/j.cell.2013.11.030

Parpura, V. (2012). Bionanoelectronics: Getting close to the action. *Nat Nanotechnol, 7*(3), 143–145. doi:10.1038/nnano.2012.22

Patrick, J. D., Jeff, H. D., Eugene, G., & David, K. (2008). Finding coherence in spontaneous oscillations. *Nat Neurosci, 11*(9), 991. doi:10.1038/nn0908-991

Paydarfar, D., Gilbert, R. J., Poppel, C. S., & Nassab, P. F. (1995). Respiratory phase resetting and airflow changes induced by swallowing in humans. *J Physiol, 483*(Pt 1), 273–288.

Peitgen, H.-O., Jurgens, H., & Saupe, D. (1992). *Chaos and fractals: New frontiers of science.* New York: Springer-Verlag.

Peña Ramirez, J., Aihara, K., Fey, R. H. B., & Nijmeijer, H. (2014). Further understanding of Huygens' coupled clocks: The effect of stiffness. *Physica D: Nonlinear Phenomena, 270,* 11–19. doi:10.1016/j.physd.2013.12.005Pennycott, A., Wyss, D., Vallery, H., Klamroth-Marganska, V., & Riener, R. (2012). Towards more effective robotic gait training for stroke rehabilitation: A review. *J Neuroengin Rehabil, 9,* 1–13.

Perdikis, D., Huys, R., & Jirsa, V. (2011). Complex processes from dynamical architectures with time-scale hierarchy. *PLoS ONE, 6,* 1–12.

Perez-Arancibia, N. O., Duhamel, P.-E. J., Ma, K. Y., & Wood, R. J., (2015). Model-free control of a hovering flapping-wing microrobot. *J of Intelligent & Robotic Sys, 77,* 95–111. doi:10.1007/s10846-014-0096-8)

Pérez-Arancibia, N. O., Ma, K. Y., Galloway, K. C., Greenberg, J. D., & Wood, R. J. (2011). First controlled vertical flight of a biologically inspired microrobot. *Bioinspiration and Biomemetics* 6(3), 036009. doi:10.1088/1748-3182/6/3/036009

Perko, L. (2001). *Differential equations and dynamical systems* (3rd ed.). New York: Springer.

Petersen, K. H., Nagpal, R., & Werfel, J. K. (2011). TERMES: An autonomous robotic system for three-dimensional collective construction. In H. Durrant-Whyte, N. Roy, & P. Abbeel (Eds.), *Robotics: Science and systems*, vol. 7. Cambridge, MA: MIT Press.

Petkova, V., & Ehrsson, H. H. (2008). If I were you: Perceptual illusion of body swapping. *PLoS ONE, 3*(12), 1–9. doi:10.1371/journal.pone.0003832.g001, 10.1371/journal.pone.0003832.g002

Pettinger, P. (1998). *Bill Evans: How my heart sings*. New Haven, CT: Yale University Press.

Peyrache, A., Lacroix, M. M., Petersen, P. C., & Buzsaki, G. (2015). Internally organized mechanisms of the head direction sense. *Nat Neurosci, 18*(4), 569–575. doi:10.1038/nn.3968

Pezzulo, G., & Cisek, P. (2016). Navigating the affordance landscape: Feedback control as a process model of behavior and cognition. *Trends Cogn Sci, 20*(6), 414–424. doi:10.1016/j.tics.2016.03.013

Pfeifer, R., Lungarella, M., & Iida, F. (2007). Self-organization, embodiment, and biologically-inspired robotics. *Science, 318*, 1088–1093.

Pfeiffer, B. E., & Foster, D. J. (2015). Autoassociative dynamics in the generation of sequences of hippocampal place cells. *Science, 349*(6244), 180. doi:10.1126/science.aaa9633

Piao, X., Hill, R., Bodell, A., & Chang, B. (2004). G protein-coupled receptor-dependent development of human frontal cortex. *Science, 303*(5666), 2033–2036. doi:10.1126/science.1092780

Pinto, C. M., & Golubitsky, M. (2006). Central pattern generators for bipedal locomotion. *J Math Biol, 53*(3), 474–489. doi:10.1007/s00285-006-0021-2

Pokroy, B., Epstein, A. K., Persson-Gulda, M. C. M., & Aizenberg, J. (2009). Fabrication of bioinspired actuated nanostructures with arbitrary geometry and stiffness. *Adv Mater, 21*(4), 463–469. doi:10.1002/adma.200801432

Poldrack, R. A., & Farah, M. J. (2015). Progress and challenges in probing the human brain. *Nature, 526*(7573), 371–379. doi:10.1038/nature15692

Polygerinos, P., Wang, Z., Overvelde, J. T., Galloway, K. C., R.J., W., Bertoldi, K., & C., W. (2015). Modeling of soft fiber-reinforced bending actuators. *IEEE Trans Robotics, 31*, 778–789.

Poo, C., & Isaacson, J. S. (2009). Odor representations in olfactory cortex: "Sparse" coding, global inhibition, and oscillations. *Neuron, 62*(6), 850–-861. doi:10.1016/j.neuron.2009.05.022

Porter, M. M., Adriaens, D., Hatton, R. L., Meyers, M. A., & McKittrick, J. (2015). Biomechanics: Why the seahorse tail is square. *Science, 349*(6243), 48–53, aaa6683. doi:10.1126/science.aaa6683

Portugues, R., Feierstein, C. E., Engert, F., & Orger, M. B. (2014). Whole-brain activity maps reveal stereotyped, distributed networks for visuomotor behavior. *Neuron, 81*(6), 1328–1343. doi:10.1016/j.neuron.2014.01.019

Portugues, R., Haesemeyer, M., Blum, M. L., & Engert, F. (2015). Whole-field visual motion drives swimming in larval zebrafish via a stochastic process. *J Exp Biol, 218*(Pt 9), 1433–1443. doi:10.1242/jeb.118299

Portugues, R., Severi, K. E., Wyart, C., & Ahrens, M. B. (2013). Optogenetics in a transparent animal: Circuit function in the larval zebrafish. *Curr Opin Neurobiol, 23*(1), 119–126. doi:10.1016/j.conb.2012.11.001

Potts, R. (2012). Evolution and environmental change in early human prehistory. *Ann Rev Anthropol, 41*(1), 151–167. doi:10.1146/annurev-anthro-092611-145754

Power, J., Fair, D., Schlaggar, B., & Pertersen, S. E. (2010). The development of human functional brain networks. *Neuron, 67*, 735–748.

Powers of ten: A film dealing with the relative size of things in the universe and the effect of adding another zero. (2000). Directed by Eames Demetrios and Shelley Mills. Santa Monica, CA.

Prevalence of cerebral palsy and intellectual disability among children identified in two U.S. national surveys, 2011–2013. (2016). *Annals of Epidemiology, 26*(3), 222. doi:10.1016/j.annepidem.2016.01.001

Preyer, W. T. (1885). *Specielle physiologie des embryo: Untersuchungen über die lebenserscheinungen vor der geburt*. Leipzig, n.p.

Prinz, A. A., Bucher, D., & Marder, E. (2004). Similar network activity from disparate circuit parameters. *Nat Neurosci, 7*(12), 1345–1352. doi:10.1038/nn1352

Prinz, M., Erny, D., & Hagemeyer, N. (2017). Ontogeny and homeostasis of CNS myeloid cells. *Nat Immunol, 18*(4), 385–392. doi:10.1038/ni.3703

Priplata, A., Niemi, J., Salen, M., Harry, J., Lipsitz, L. A., & Collins, J. J. (2002). Noise-enhanced human balance control. *Phys Rev Lett, 89*(23), 238101. doi:10.1103/PhysRevLett.89.238101

Proctor, J., & Holmes, P. (2010). Reflexes and preflexes: On the role of sensory feedback on rhythmic patterns in insect locomotion. *BiolCybernet, 102*, 513–531.

Proctor, J., Kukillaya, R. P., & Holmes, P. (2010). A phase-reduced neuro-mechanical model for insect locomotion: Feedforward stability and proprioceptive feedback. *Philos Trans R Soc A, 368*, 5087–5104.

Prud'homme, B., Minervino, C., Hocine, M., Cande, J. D., Aouane, A., Dufour, H. D., . . . Gompel, N. (2011). Body plan innovation in treehoppers through the evolution of an extra wing-like appendage. *Nature, 473*(7345), 83–86. doi:10.1038/nature09977

Purnell, B. (2013). Introduction: Getting into shape. *Science, 340*, 1183.

Qin, D., Xia, Y., & Whitesides, G. M. (2010). Soft lithography for micro- and nanoscale patterning. *Nature Protocols, 5*(3), 491. doi:10.1038/nprot.2009.234

Qiu, A., Mori, S., & Miller, M. I. (2015). Diffusion tensor imaging for understanding brain development in early life. *Annu Rev Psychol, 66*, 853–876. doi:10.1146/annurev-psych-010814-015340

Quesada, R., Triana, E., Vargas, G., Douglass, J. K., Seid, M. A., Niven, J. E., . . . Wcislo, W. T. (2011). The allometry of CNS size and consequences of miniaturization in orb-weaving and cleptoparasitic spiders. *Arthropod Structure and Development, 40*, 521–529.

Rabbitt, S. M., Kazdin, A. E., & Scassellati, B. (2015). Integrating socially assistive robotics into mental healthcare interventions: Applications and recommendations for expanded use. *Clin Psychol Rev, 35*, 35–46. doi:10.1016/j.cpr.2014.07.001

Raff, R. A. (1996). *The shape of life: Genes, development and the evolution of animal form*. Chicago: University of Chicago Press.

Raichle, M. E. (2010). Two views of brain function. *Trends Cogn Sci, 14*(4), 180–190. doi:10.1016/j.tics.2010.01.008

Raineteau, O., & Schwab, M. E. (2001). Plasticity of motor systems after incomplete spinal cord injury. *Nat Rev Neurosci, 2*, 263–273.

Rakic, P. (1988). Specification of cerebral cortical areas. *Science, 241*, 170–176.

Rakic, P. (2007). The radial edifice of cortical architecture: From neuronal silhouettes to genetic engineering. *Brain Res Rev, 55*, 204–219.

Rakic, P. (2009). Evolution of the neocortex: a perspective from developmental biology. *Nat Rev Neurosci, 10*(10), 724–735. doi:10.1038/nrn2719

Rakic, P., Ayoub, A. E., Breunig, J. J., & Dominguez, M. H. (2009). Decision by division: Making cortical maps. *Trends Neurosci, 32*(5), 291–301. doi:10.1016/j.tins.2009.01.007

Rakoff-Nahoum, S., Kong, Y., Kleinstein, S. H., Subramanian, S., Ahern, P. P., Gordon, J., & Medzhitov, R. (2015). Analysis of gene–environment interactions in postnatal development of the mammalian intestine. *Proc Natl Acad Sci, 112*(7), 1929. doi:10.1073/pnas.1424886112

Raman, R., Cvetkovic, C., & Bashir, R. (2017). A modular approach to the design, fabrication, and characterization of muscle-powered biological machines. *Nat Protoc, 12*(3), 519–533. doi:10.1038/nprot.2016.185

Raman, R., Cvetkovic, C., Uzel, S. G., Platt, R. J., Sengupta, P., Kamm, R. D., & Bashir, R. (2016). Optogenetic skeletal muscle-powered adaptive biological machines. *Proc Natl Acad Sci USA, 113*(13), 3497–3502. doi:10.1073/pnas.1516139113

Ramdya, P., Lichocki, P., Cruchet, S., Frisch, L., Tse, W., Floreano, D., & Benton, R. (2015). Mechanosensory interactions drive collective behaviour in Drosophila. *Nature, 519*(7542), 233–236. doi:10.1038/nature14024

Randel, D. M. (Ed.) (2003). *The Harvard dictionary of music* (4th ed.). Cambridge, MA: Belknap Press of Harvard University Press.

Ransohoff, R. M., & Stevens, B. (2011). Neuroscience. How many cell types does it take to wire a brain? *Science, 333*(6048), 1391–1392. doi:10.1126/science.1212112

Raphael, G., Tsianos, G. A., & Loeb, G. E. (2010). Spinal-like regulator facilitates control of a two-degree-of-freedom wrist. *J Neurosci, 30*(28), 9431–9444. doi:10.1523/JNEUROSCI.5537-09.2010

Rash, B. G., & Rakic, P. (2014). Neuroscience: Genetic resolutions of brain convolutions. *Science, 343*(6172), 744–745. doi:10.1126/science.1250246

Raspopovic, S., Capogrosso, M., Petrini, F. M., Bonizzato, M., Rigosa, J., Di Pino, G., . . . Micera, S. (2014). Restoring natural sensory feedback in real-time bidirectional hand prostheses. *Sci Transl Med, 6*(222), 1–10. doi:10.1126/scitranslmed.3006820

Rauscent, A., Einum, J., Le Ray, D., Simmers, J., & Combes, D. (2009). Opposing aminergic modulation of distinct spinal locomotor circuits and their functional coupling during amphibian metamorphosis. *J Neurosci, 29*(4), 1163–1174. doi:10.1523/JNEUROSCI.5255-08.2009

Rauscent, A., Le Ray, D., Cabirol-Pol, M. J., Sillar, K. T., Simmers, J., & Combes, D. (2006). Development and neuromodulation of spinal locomotor networks in the metamorphosing frog. *J Physiol Paris, 100*(5-6), 317–327. doi:10.1016/j.jphysparis.2007.05.009

Reed, E. (1988). *James J. Gibson and the psychology of perception.* New Haven, CT: Yale University Press.

Reid, C. R., Latty, T., Dussutour, A., & Beekman, M. (2012). Slime mold uses an externalized spatial "memory" to navigate in complex environments. *Proc Natl Acad Sci, 109*(43), 17490–17494.

Reid, L. B., Rose, S. E., & Boyd, R. N. (2015). Rehabilitation and neuroplasticity in children with unilateral cerebral palsy. *Nat Rev Neurol, 11*(7), 390–400. doi:10.1038/nrneurol.2015.97

Rein, R., Nonaka, T., & Bril, B. (2014). Movement pattern variability in stone knapping: Implications for the development of percussive traditions. *PLoS ONE, 9*(11), e113567. doi:10.1371/journal.pone.0113567

Reinitz, J. (2012). Pattern formation. *Nature, 482,* 464.

Reinkensmeyer, D. J., Bonato, P., Boninger, M. L., Chan, L., Cowan, R. E., Fregly, B. J., & Rodgers, M. M. (2012). Major trends in mobility technology research and development: Overview of the results of the NSF-WTEC European study. *J Neuroeng Rehabil, 9,* 22. doi:10.1186/1743-0003-9-22

Reinkensmeyer, D. J., Burdet, E., Casadio, M., Krakauer, J. W., Kwakkel, G., Lang, C. E., . . . Schweighofer, N. (2016). Computational neurorehabilitation: Modeling plasticity and learning to predict recovery. *J Neuroeng Rehabil, 13*(1), 42. doi:10.1186/s12984-016-0148-3

Reiser, M. B., & Dickinson, M. H. (2013). Visual motion speed determines a behavioral switch from forward flight to expansion avoidance in Drosophila. *J Exp Biol, 216*(Pt 4), 719–732. doi:10.1242/jeb.074732

Ren, K., Chen, Y., & Wu, H. (2014). New materials for microfluidics in biology. *Curr Opin Biotechnol, 25,* 78–85. doi:10.1016/j.copbio.2013.09.004

Renier, N., Adams, Eliza l., Kirst, C., Wu, Z., Azevedo, R., Kohl, J., . . . Tessier-Lavigne, M. (2016). Mapping of brain activity by automated volume analysis of immediate early genes. *Cell, 165*(7), 1789–1802. doi:10.1016/j.cell.2016.05.007

Resnik, L., Klinger, S. L., & Etter, K. (2014). The DEKA Arm: Its features, functionality, and evolution during the Veterans Affairs Study to optimize the DEKA Arm. *Prosthetics and Orthotics International, 38*(6), 492–504. doi:10.1177/0309364613506913

Revzen, S., Burden, S. A., Moore, T. Y., Mongeau, J. M., & Full, R. J. (2013). Instantaneous kinematic phase reflects neuromechanical response to lateral perturbations of running cockroaches. *Biol Cybern, 107*(2), 179–200. doi:10.1007/s00422-012-0545-z

Revzen, S., Koditschek, D., & Full, R. J. (2009). Towards testable neuromechnical control architectures for running. In D. Sternad (Ed.), *Progress in motor control: A multidisciplinary perspective.* New York: Springer.

Rey, H. A. (1952). *The stars: A new way to see them*. New York: Houghton Mifflin.

Rey, M., & Rey, H. A. (1966). *Curious George goes to the hospital*. Boston: Houghton Mifflin Harcourt.

Richards, T., & Gomes, S. (2015). How to build a microbial eye. *Nature, 523*, 166–167.

Richardson, M. J., Harrison, S. J., Kallen, R. W., Walton, A., Eiler, B. A., Saltzman, E., & Schmidt, R. C. (2015). Self-organized complementary joint action: Behavioral dynamics of an interpersonal collision-avoidance task. *J Exp Psychol Hum Percept Perform, 41*(3), 665–679. doi:10.1037/xhp0000041

Rico-Guevara, A., Fan, T. H., & Rubega, M. A. (2015). Hummingbird tongues are elastic micropumps. *Proc Biol Sci, 282*(1813), 20151014. doi:10.1098/rspb.2015.1014

Rico-Guevara, A., & Rubega, M. A. (2011). The hummingbird tongue is a fluid trap, not a capillary tube. *Proc Natl Acad Sci USA, 108*(23), 9356–9360. doi:10.1073/pnas.1016944108

Ridaura, V. K., Faith, J. J., Rey, F. E., Cheng, J., Duncan, A. E., Kau, A. L., . . . Gordon, J. I. (2013). Gut microbiota from twins discordant for obesity modulate metabolism in mice. *Science, 341*(6150), 1241214. doi:10.1126/science.1241214

Riedl, J., & Louis, M. (2012). Behavioral neuroscience: Crawling is a no-brainer for fruit fly larvae. *Current Biology, 22*(20), R867–R869. doi:10.1016/j.cub.2012.08.018

Rieffel, J., Valero-Cuevas, F., & Lipson, H. (2010). Morphological communication: Exploiting coupled dynamics in a complex mechanical structure to achieve locomotion. *J Royal Society Interface, 7*, 613–621.

Righetti, L., Buchli, J., & Ijspeert, A. (2006). Dynamic Hebbian learning in adaptive frequency oscillators. *Physica D, 216*, 269–281.

Riley, M. A., Shockley, K., & Van Orden, G. (2012). Learning from the body about the mind. *Top Cogn Sci, 4*(1), 21–34. doi:10.1111/j.1756-8765.2011.01163.x

Rio, K., Bonneaud, S., & Warren, W. H. (2012). Speed coordination in pedestrian groups: Linking individual locomotion with crowd behavior. *J Vis, 12*(9), 190–190. doi:10.1167/12.9.190

Rio, K., & Warren, W. H. (2014). The visual coupling between neighbors in real and virtual crowds. *Transportation Research Procedia, 2*, 132–140. doi:10.1016/j.trpro.2014.09.017

Rio, K. W., Rhea, C. K., & Warren, W. H. (2014). Follow the leader: Visual control of speed in pedestrian following. *J Vis, 14*(2). doi:10.1167/14.2.4

Robert, M. T., Guberek, R., Sveistrup, H., & Levin, M. F. (2013). Motor learning in children with hemiplegic cerebral palsy and the role of sensation in short-term motor training of goal-directed reaching. *Dev Med Child Neurol, 55*(12), 1121–1128. doi:10.1111/dmcn.12219

Roberts, T. F., Tschida, K. A., Klein, M. E., & Mooney, R. (2010). Rapid spine stabilization and synaptic enhancement at the onset of behavioural learning. *Nature, 463*(7283), 948–952. doi:10.1038/nature08759

Rogers, J., Someya, T., & Huang, Y. (2010). Materials and mechanics for stretchable electronics. *Science, 327*, 1603–1607.

Ronsse, R., Lenzi, T., Vitiello, N., Koopman, B., van Asseldonk, E., De Rossi, S. M., . . . Ijspeert, A. J. (2011). Oscillator-based assistance of cyclical movements: Model-based and model-free approaches. *Med Biol Eng Comput, 49*(10), 1173–1185. doi:10.1007/s11517-011-0816-1

Roos, G., Van Wassenbergh, S., Leysen, H., Herrel, A., Adriaens, D., & Aerts, P. (2009). Ontogeny of feeding kinematics in the seahorse *Hippocampus reidi* from newly born to adult. *Integrative and Comparative Biology, 49*, E146–E146.

Rosenbaum, P. (2007). A report: The definition and classification of cerebral palsy, April 2006. *Developmental Medicine and Child Neurology, 49 Suppl 109*, 8–14.

Rosenthal, S., Veloso, M., & Dey, A. (2012a). Acquiring accurate human responses to robots' questions. *Int J of Soc Robotics, 4*(2), 117–129. doi:10.1007/s12369-012-0138-y

Rosenthal, S., Veloso, M., & Dey, A. (2012b). Is someone in this office available to help me? *J Intell Robot Syst, 66*(1), 205–221. doi:10.1007/s10846-011-9610-4

Rosenzweig, E. S., Brock, J. H., Culbertson, M. D., Lu, P., Moseanko, R., Edgerton, V. R., . . . Tuszynski, M. H. (2009). Extensive spinal decussation and bilateral termination of cervical corticospinal projections in rhesus monkeys. *J Comp Neurol, 513*(2), 151–163. doi:10.1002/cne.21940

Roth, E., Sponberg, S., & Cowan, N. J. (2014). A comparative approach to closed-loop computation. *Curr Opin Neurobiol, 25*, 54–62. doi:10.1016/j.conb.2013.11.005

Rouse, E. J., Mooney, L. M., & Herr, H. M. (2014). Clutchable series-elastic actuator: Implications for prosthetic knee design. *Int J Robotics Res, 33*(13), 1611–1625. doi:10.1177/0278364914545673

Roux, L., Stark, E., Sjulson, L., & Buzsáki, G. (2014). In vivo optogenetic identification and manipulation of GABAergic interneuron subtypes. *Curr Opin Neurobiol, 26*, 88–95. doi:10.1016/j.conb.2013.12.013

Rubene, D., Hastad, O., Tauson, R., Wall, H., & Odeen, A. (2010). The presence of UV wavelengths improves the temporal resolution of the avian visual system. *J Exp Biol, 213*(Pt 19), 3357–3363. doi:10.1242/jeb.042424

Rubenstein, M., Ahler, C., Hoff, N., Cabrera, A., & Nagpal, R. (2014). Kilobot: A low cost robot with scalable operations designed for collective behaviors. *Robotics and Autonomous Systems, 62*(7), 966–975. doi:10.1016/j.robot.2013.08.006

Rubenstein, M., Cornejo, A., & Nagpal, R. (2014). Robotics: Programmable self-assembly in a thousand-robot swarm. *Science, 345*(6198), 795–799. doi:10.1126/science.1254295

Runeson, S. (1977). On the possibility of "smart" perceptual mechanisms. *Scandinavian Journal of Psychology, 18*(1), 172–179. doi:10.1111/j.1467-9450.1977.tb00274.x

Salmaso, N., Jablonska, B., Scafidi, J., Vaccarino, F. M., & Gallo, V. (2014). Neurobiology of premature brain injury. *Nat Neurosci, 17*(3), 341–346. doi:10.1038/nn.3604

Salter, M. W., & Beggs, S. (2014). Sublime microglia: Expanding roles for the guardians of the CNS. *Cell, 158*(1), 15–24. doi:10.1016/j.cell.2014.06.008

Saltzman, E., & Byrd, D. (2000). Demonstrating effects of parameter dynamics on gestural timing. *J Acoust Soc Amer, 107*(5), 2904 (Abstract). doi:10.1121/1.428807

Saltzman, E., & Holt, K. (2014). Movement forms: A graph-dynamic perspective. *Ecol Psychol, 26*(1–2), 60–68. doi:10.1080/10407413.2014.874891

Saltzman, E., & Kelso, J. A. (1987). Skilled actions: A task-dynamic approach. *Psychol Rev, 94*(1), 84–106.

Saltzman, E., Nam, H., Goldstein, L., & Byrd, D. (2006). The Distinctions between state, parameter and graph dynamics in sensorimotor control and coordination. In M. L. Latash & F. Lestienne (Eds.), *Motor Control and Learning* (pp. 63–87). New York: Springer.

Saltzman, E., Nam, H., Krivokapic, J., & Goldstein, L. (2008). *A task-dynamic toolkit for modeling the effects of prosodic structure on articulation.* Paper presented at the Speech Prosody 2008, Campinas, Brazil.

Saltzman, E. L., & Munhall, K. G. (1992). Skill acquisition and development: The roles of state-, parameter, and graph dynamics. *J Mot Behav, 24*(1), 49–57.

Sampson, T. R., & Mazmanian, S. K. (2015). Control of brain development, function, and behavior by the microbiome. *Cell Host Microbe, 17*(5), 565–576. doi:10.1016/j.chom.2015.04.011

Sanchez, T., Welch, D., Nicastro, D., & Dogic, Z. (2011). Cilia-like beating of active microtubule bundles. *Science, 333*, 456–459.

Sane, S. P., & Dickinson, M. H. (2002). The aerodynamic effects of wing rotation and a revised quasi-steady model of flapping flight. *J Exper Biol, 205*(Pt 8), 1087.

Sane, S. P., & McHenry, M. J. (2009). The biomechanics of sensory organs. *Integrative and Comparative Biology*, i8–i23.

Sanes, J. R., & Zipursky, S. L. (2010). Design principles of insect and vertebrate visual systems. *Neuron, 66*(1), 15–36. doi:10.1016/j.neuron.2010.01.018

Sanger, T. D., & Kalaska, J. F. (2014). Crouching tiger, hidden dimensions. *Nat Neurosci, 17*(3), 338–340. doi:10.1038/nn.3663

Santello, M., Baud-Bovy, G., & Jorntell, H. (2013). Neural bases of hand synergies. *Front Comput Neurosci, 7*, 23. doi:10.3389/fncom.2013.00023

Sargent, B., Scholz, J., Reimann, H., Kubo, M., & Fetters, L. (2015). Development of infant leg coordination: Exploiting passive torques. *Infant Behavior and Development, 40*, 108–121. doi:10.1016/j.infbeh.2015.03.002

Sarkar, A., Lehto, S. M., Harty, S., Dinan, T. G., Cryan, J. F., & Burnet, P. W. (2016). Psychobiotics and the manipulation of bacteria-gut-brain signals. *Trends Neurosci, 39*(11), 763–781. doi:10.1016/j.tins.2016.09.002

Sarvestani, K., Kozlov, A., Harischandra, N., Grillner, S., & Ekeberg, O. (2013). A computational model of visually guided locomotion in lamprey. *Biol Cybern, 107*(5), 497–512. doi:10.1007/s00422-012-0524-4

Sathish, S., Sayeeda, H., Tanya, Y., Rashidul, H., Mustafa, M., Mohammed, A. A., . . . Jeffrey, I. G. (2014). Persistent gut microbiota immaturity in malnourished Bangladeshi children. *Nature, 510*(7505), 417. doi:10.1038/nature13421

Sato, Y., Hiratsuka, Y., Kawamata, I., Murata, S., & Nomura, S.-I. M. (2017). Micrometer-sized molecular robot changes its shape in response to signal molecules. *Sci Robot, 2*(4), eaal3735. doi:10.1126/scirobotics.aal3735

Satterlie, R. A. (2011). Do jellyfish have central nervous systems? *J Exp Biol, 214*(Pt 8), 1215–1223. doi:10.1242/jeb.043687

Satterlie, R. A. (2015). The search for ancestral nervous systems: An integrative and comparative approach. *J Exp Biol, 218*(Pt 4), 612–617. doi:10.1242/jeb.110387

Saunders, A., Oldenburg, I. A., Berezovskii, V. K., Johnson, C. A., Kingery, N. D., Elliott, H. L., . . . Sabatini, B. L. (2015). A direct GABAergic output from the basal ganglia to frontal cortex. *Nature, 521*(7550), 85–89. doi:10.1038/nature14179

Savin, T., Kurpios, N. A., Shyer, A. E., Florescu, P., Liang, H., Mahadevan, L., & Tabin, C. J. (2011). On the growth and form of the gut. *Nature, 476*(7358), 57–62. doi:10.1038/nature10277

Sawczuk, A., & Mosier, K. M. (2001). Neural control of tongue movement with respect to respiration and swallowing. *Crit Rev Oral Biol Med, 12*(1), 18–37.

Saxena, T., & Bellamkonda, R. V. (2015). Implantable electronics: A sensor web for neurons. *Nat Mater, 14*(12), 1190–1191. doi:10.1038/nmat4454

Scarry, R. (1979). *What do people do all day?* Abridged ed. New York.

Scassellati, B., Admoni, H., & Mataric, M. (2012). Robots for use in autism research. *Annu Rev Biomed Eng, 14*, 275–294. doi:10.1146/annurev-bioeng-071811-150036

Schafer, D. P., Lehrman, E. K., Kautzman, A. G., Koyama, R., Mardinly, A. R., Yamasaki, R., . . . Stevens, B. (2012). Microglia sculpt postnatal neural circuits in an activity and complement-dependent manner. *Neuron, 74*(4), 691–705. doi:10.1016/j.neuron.2012.03.026

Schafer, D. P., Lehrman, E. K., & Stevens, B. (2013). The "quad-partite" synapse: Microglia-synapse interactions in the developing and mature CNS. *Glia, 61*(1), 24–36. doi:10.1002/glia.22389

Schafer, D. P., & Stevens, B. (2013). Phagocytic glial cells: Sculpting synaptic circuits in the developing nervous system. *Curr Opin Neurobiol, 23*(6), 1034–1040. doi:10.1016/j.conb.2013.09.012

Schafer, W. (2016). Nematode nervous systems. *Curr Biol, 26*(20), R955–R959. doi:10.1016/j.cub.2016.07.044

Schaller, V., Weber, C., Semmrich, C., Frey, E., & Bausch, A. R. (2010). Polar patterns of driven filaments. *Nature, 467*(7311), 73–77. doi:10.1038/nature09312

Scheck, S. M., Boyd, R. N., & Rose, S. E. (2012). New insights into the pathology of white matter tracts in cerebral palsy from diffusion magnetic resonance imaging: A systematic review. *Dev Med Child Neurol, 54*(8), 684–696. doi:10.1111/j.1469-8749.2012.04332.x

Schmidt, R. C., Shaw, B. K., & Turvey, M. T. (1993). Coupling dynamics in interlimb coordination. *J Exp Psychol: Hum Percep Perform, 19*, 397–415.

Schneider, D. M., Nelson, A., & Mooney, R. (2014). A synaptic and circuit basis for corollary discharge in the auditory cortex. *Nature, 513*(7517), 189–194. doi:10.1038/nature13724

Schöll, E. (2010). Neural control: Chaos control sets the pace. *Nat Phys, 6*(3), 161–162. doi:10.1038/nphys1611

Scholpp, S., & Lumsden, A. (2010). Building a bridal chamber: Development of the thalamus. *Trends Neurosci, 33*(8), 373–380. doi:10.1016/j.tins.2010.05.003

Scholz, J. P., Danion, F., Latash, M. L., & Schöner, G. (2002). Understanding finger coordination through analysis of the structure of force variability. *BiolCybern, 86*(1), 29–39.

Scholz, J. P., & Schöner, G. (1999). The uncontrolled manifold concept: Identifying control variables for a functional task. *Exper Brain Res, 126*(3), 289–306.

Schöner, G., & Scholz, J. P. (2007). Analyzing variance in multi-degree-of-freedom movements: Uncovering structure versus extracting correlations. *Motor Control, 11*(3), 259–275. doi:10.1123/mcj.11.3.259

Schöner, M. G., Schöner, C. R., Simon, R., Grafe, T. U., Puechmaille, S. J., Ji, L. L., & Kerth, G. (2015). Bats are acoustically attracted to mutualistic carnivorous plants. *Curr Biol, 25*(14), 1911–1916. doi:10.1016/j.cub.2015.05.054

Schrodel, T., Prevedel, R., Aumayr, K., Zimmer, M., & Vaziri, A. (2013). Brain-wide 3D imaging of neuronal activity in Caenorhabditis elegans with sculpted light. *Nat Methods, 10*(10), 1013–1020. doi:10.1038/nmeth.2637

Schroter, M., Paulsen, O., & Bullmore, E. T. (2017). Micro-connectomics: Probing the organization of neuronal networks at the cellular scale. *Nat Rev Neurosci, 18*(3), 131–146. doi:10.1038/nrn.2016.182

Schulze, A., Gomez-Marin, A., Rajendran, V., Ahammad, P., Jayaraman, V., & Louis, M. (2012). Using optogenetics to explore the sensory representation of dynamic odor stimuli in Drosophila larvae. *Journal of Neurogenetics, 26*, 9–10.

Schwab, M. E. (2010). Functions of Nogo proteins and their receptors in the nervous system. *Nat Rev Neurosci, 11*(12), 799–811. doi:10.1038/nrn2936

Schwab, M. E., & Strittmatter, S. M. (2014). Nogo limits neural plasticity and recovery from injury. *Curr Opin Neurobiol, 27*, 53–60. doi:10.1016/j.conb.2014.02.011

Schwarz, D. A., Lebedev, M. A., Hanson, T. L., Dimitrov, D. F., Lehew, G., Meloy, J., . . . Nicolelis, M. A. (2014). Chronic, wireless recordings of large-scale brain activity in freely moving rhesus monkeys. *Nat Methods, 11*(6), 670–676. doi:10.1038/nmeth.2936

Scott, S. H., & Kalaska, J. F. (1997). Reaching movements with similar hand paths but different arm orientations. I. Activiity of individual cells in motor cortex. *J Neurophysiol, 77*, 826–852.

Seelig, J. D., & Jayaraman, V. (2015). Neural dynamics for landmark orientation and angular path integration. *Nature, 521*(7551), 186–191. doi:10.1038/nature14446

Seeman, N. C. (1999). DNA engineering and its application to nanotechnology. *Trends Biotechnol, 17*(11), 437–443. doi:10.1016/S0167-7799(99)01360-8

Seidman, L. J., & Nordentoft, M. (2015). New targets for prevention of schizophrenia: Is it time for interventions in the premorbid phase? *Schizophr Bull, 41*(4), 795–800. doi:10.1093/schbul/sbv050

Sejnowski, T. J., Churchland, P. S., & Movshon, J. A. (2014). Putting big data to good use in neuroscience. *Nat Neurosci, 17*(11), 1440–1441. doi:10.1038/nn.3839

Sekar, A., Bialas, A. R., de Rivera, H., Davis, A., Hammond, T. R., Kamitaki, N., . . . McCarroll, S. A. (2016). Schizophrenia risk from complex variation of complement component 4. *Nature, 530*(7589), 177–183. doi:10.1038/nature16549

Selen, L., Beek, P., & Dieën, J. (2005). Can co-activation reduce kinematic variability? A simulation study. *Biol Cybern, 93*(5), 373–381. doi:10.1007/s00422-005-0015-y

Selen, L., Beek, P., & van Dieën, J. (2007). Fatigue-induced changes of impedance and performance in target tracking. *Experimental Brain Research, 181*(1), 99–108. doi:10.1007/s00221-007-0909-0

Sergio, L. E., & Kalaska, J. F. (2003). Systematic changes in motor cortex cell activity with arm posture during directional isometric force generation. *Journal of Neurophysiology, 89*(1), 212.

Serwane, F., Mongera, A., Rowghanian, P., Kealhofer, D. A., Lucio, A. A., Hockenbery, Z. M., & Campas, O. (2017). In vivo quantification of spatially varying mechanical properties in developing tissues. *Nat Methods, 14*(2), 181–186. doi:10.1038/nmeth.4101

Seth, R.-N., Yong, K., Steven, H. K., Sathish, S., Philip, P. A., Jeffrey, I. G., & Ruslan, M. (2015). Analysis of gene–environment interactions in postnatal development of the mammalian intestine. *Proc Natl Acad Sci, 112*(7), 1929. doi:10.1073/pnas.1424886112

Shadmehr, R., & Krakauer, J. W. (2008). A computational neuroanatomy for motor control. *Exp Brain Res, 185*(3), 359–381. doi:10.1007/s00221-008-1280-5

Shadmehr, R., & Mussa-Ivaldi, A. (1994). Adaptive representation of dynamics during learning of a motor task. *J Neurosci, 14,* 3208–3224.

Shah, P. K., Gerasimenko, Y., Shyu, A., Lavrov, I., Zhong, H., Roy, R. R., & Edgerton, V. R. (2012). Variability in step training enhances locomotor recovery after a spinal cord injury. *Eur J Neurosci, 36*(1), 2054–2062. doi:10.1111/j.1460-9568.2012.08106.x

Shapiro, M. D., Marks, M. E., Peichel, C. L., Blackman, B. K., Nereng, K. S., Jonsson, B., . . . Kingsley, D. M. (2004). Genetic and developmental basis of evolutionary pelvic reduction in threespine sticklebacks. *Nature, 428,* 717–723.

Sharon, G., Sampson, T. R., Geschwind, D. H., & Mazmanian, S. K. (2016). The central nervous system and the gut microbiome. *Cell, 167*(4), 915–932. doi:10.1016/j.cell.2016.10.027

Shaw, P., Law, J., & Lee, M. (2013). A comparison of learning strategies for biologically constrained development of gaze control on an iCub robot. *Autonomous Robots, 37*(1), 97–110. doi:10.1007/s10514-013-9378-4

Shenoy, K. V., & Carmena, J. M. (2014). Combining decoder design and neural adaptation in brain-machine interfaces. *Neuron, 84*(4), 665–680. doi:10.1016/j.neuron.2014.08.038

Shenoy, K. V., & Nurmikko, A. V. (2012). Brain models enabled by next-generation neurotechnology. *IEEE Pulse, March / April,* 31–36.

Shenoy, K. V., Sahani, M., & Churchland, M. M. (2013). Cortical control of arm movements: A dynamical systems perspective. *Ann Rev Neurosci, 36,* 337–359. doi:10.1146/annurev-neuro-062111-150509

Shepherd, R., Wise, A., & Fallon, J. (2013). Cochlear implants. *10,* 315–331. doi:10.1016/b978-0-7020-5310-8.00016-8

Shepherd, R. F., Ilievski, F., Choi, W., Morin, S. A., Stokes, A. A., Mazzeo, A. D., . . . Whitesides, G. M. (2011). Multigait soft robot. *Proc Natl Acad Sci USA, 108*(51), 20400–20403. doi:10.1073/pnas.1116564108

Shepherd, R. K., Shivdasani, M. N., Nayagam, D. A., Williams, C. E., & Blamey, P. J. (2013). Visual prostheses for the blind. *Trends Biotechnol, 31*(10), 562–571. doi:10.1016/j.tibtech.2013.07.001

Sherman, D. L., & Brophy, P. J. (2005). Mechanisms of axon ensheathment and myelin growth. *Nat Rev Neurosci, 6*(9), 683–690. doi:10.1038/nrn1743

Shigetani, Y., Sugahara, F., & Kuratani, S. (2005). A new evolutionary scenario for the vertebrate jaw. *BioEssays: News and Reviews in Molecular, Cellular and Developmental Biology 27*(3), 331–338).

Shih, C. T., Sporns, O., Yuan, S. L., Su, T. S., Lin, Y. J., Chuang, C. C., . . . Chiang, A. S. (2015). Connectomics-based analysis of information flow in the Drosophila brain. *Curr Biol, 25*(10), 1249–1258. doi:10.1016/j.cub.2015.03.021

Shim, J., Grosberg, A., Nawroth, J. C., Parker, K. K., & Bertoldi, K. (2012). Modeling of cardiac muscle thin films: Pre-stretch, passive and active behavior. *J Biomechan, 45,* 832–841.

Shin, J. W., & Mooney, D. J. (2016). Improving Stem Cell Therapeutics with Mechanobiology. *Cell Stem Cell, 18*(1), 16–19. doi:10.1016/j.stem.2015.12.007

Shmuelof, L., & Krakauer, J. W. (2011). Are we ready for a natural history of motor learning? *Neuron, 72*(3), 469–476. doi:10.1016/j.neuron.2011.10.017

Shubin, N. H., Daeschler, E. B., & Jenkins, F. A., Jr. (2014). Pelvic girdle and fin of Tiktaalik roseae. *Proc Natl Acad Sci USA, 111*(3), 893–899. doi:10.1073/pnas.1322559111

Shulz, D. E., & Feldman, D. E. (2013). Spike timing-dependent plasticity. In J. Rubenstein and P. Rakic (Eds.), *Neural circuit development and function in the brain: Comprehensive developmental neuroscience* (155–181).Amsterdam: Academic Press.. doi:10.1016/b978-0-12-397267-5.00029-7

Siegel, M., Buschman, T. J., & Miller, E. K. (2015). Cortical information flow during flexible sensorimotor decisions. *Science, 348*(6241), 1352–1355.

Siegle, J. H., Pritchett, D. L., & Moore, C. I. (2014). Gamma-range synchronization of fast-spiking interneurons can enhance detection of tactile stimuli. *Nat Neurosci, 17*(10), 1371–1379. doi:10.1038/nn.3797

Silasi, G., & Murphy, T. H. (2014). Stroke and the connectome: How connectivity guides therapeutic intervention. *Neuron, 83*(6), 1354–1368. doi:10.1016/j.neuron.2014.08.052

Sillar, K. T., Combes, D., Ramanathan, S., Molinari, M., & Simmers, J. (2008). Neuromodulation and developmental plasticity in the locomotor system of anuran amphibians during metamorphosis. *Brain Res Rev, 57*(1), 94–102. doi:10.1016/j.brainresrev.2007.07.018

Sillar, K. T., Combes, D., & Simmers, J. (2014). Neuromodulation in developing motor microcircuits. *Curr Opin Neurobiol, 29*, 73–81. doi:10.1016/j.conb.2014.05.009

Simon, M., Woods, W., Serebrenik, Y., & al, e. (2010). Visceral-locomotory pistoning in crawling caterpillars. *Curr Biol, 20*, 1458–1463.

Simone-Finstrom, M., & Spivak, M. (2010). Propolis and bee health: the natural history and significance of resin use by honey bees. *Apidologie, 41*(3), 295–311. doi:10.1051/apido/2010016

Skotheim, J. M., & Mahadevan, L. (2005). Physical limits and design principles for plant and fungal movements. *Science, 308*(5726), 1308–1310. doi:10.1126/science.1107976

Slack, J. M. W. (2002). Conrad Hal Waddington: The last Renaissance biologist? *Nature Reviews Genetics, 3*(11), 889.

Sloan, S. A., & Barres, B. A. (2014). Mechanisms of astrocyte development and their contributions to neurodevelopmental disorders. *Curr Opin Neurobiol, 27*, 75–81. doi:10.1016/j.conb.2014.03.005

Slotkin, J. R., Pritchard, C. D., Luque, B., Ye, J., Layer, R. T., Lawrence, M. S., . . . Langer, R. (2017). Biodegradable scaffolds promote tissue remodeling and functional improvement in non-human primates with acute spinal cord injury. *Biomaterials, 123*, 63–76. doi:10.1016/j.biomaterials.2017.01.024

Smith, J. C., Abdala, A. P., Borgmann, A., Rybak, I., & Paton, J. F. (2013). Brainstem respiratory networks: Building blocks and microcircuits. *Trends Neurosci, 36*, 152–162.

Smith, K. K., & Kier, W. M. (1989). Trunks, tongues, and tentacles: Moving with skeletons of muscle. *Am Scientist, 77*, 28–35.

Smith, V. C., Kelty-Stephen, D., Qureshi Amad, M., Mao, W., Cakert, K., Osborne, J., & Paydarfar, D. (2015). Stochastic resonance effects on apnea, bradycardia, and oxygenation: A randomized controlled trial. *Pediatrics, 136*, 1561–1568.

Smyser, C. D., & Neil, J. J. (2015). Use of resting-state functional MRI to study brain development and injury in neonates. *Semin Perinatol, 39*(2), 130–140. doi:10.1053/j.semperi.2015.01.006

Soekadar, S. R., Witkowski, M., Gómez, C., Opisso, E., Medina, J., Cortese, M., . . . Vitiello, N. (2016). Hybrid EEG / EOG-based brain / neural hand exoskeleton restores fully independent daily living activities after quadriplegia. *Sci Robot, 1*(1), eaag3296. doi:10.1126/scirobotics.aag3296

Sommer, F., & Backhed, F. (2013). The gut microbiota—masters of host development and physiology. *Nat Rev Microbiol, 11*(4), 227–238. doi:10.1038/nrmicro2974

Song, F., Xiao, K. W., Bai, K., & Bai, Y. L. (2007). Microstructure and nanomechanical properties of the wing membrane of dragonfly. *Mater Sci Engin: A, 457*(1), 254–260. doi:10.1016/j.msea.2007.01.136

Song, J. W., Mitchell, P. D., Kolasinski, J., Ellen Grant, P., Galaburda, A. M., & Takahashi, E. (2014). Asymmetry of white matter pathways in developing human brains. *Cereb Cortex 25*(9), 2883–2893, doi:10.1093/cercor/bhu084

Sonnenburg, J. L., & Backhed, F. (2016). Diet-microbiota interactions as moderators of human metabolism. *Nature, 535*(7610), 56–64. doi:10.1038/nature18846

Sonoda, K., Asakura, A., Minoura, M., Elwood, R. W., & Gunji, Y. P. (2012). Hermit crabs perceive the extent of their virtual bodies. *Biol Lett, 8*(4), 495–497. doi:10.1098/rsbl.2012.0085

Soska, K. C., & Adolph, K. E. (2014). Postural position constrains multimodal object exploration in infants. *Infancy, 19*(2), 138–161. doi:10.1111/infa.12039

Sosnik, R., Hauptmann, B., Karni, A., & Flash, T. (2004). When practice leads to co-articulation: The evolution of geometrically defined movement primitives. *Exp Brain Res, 156*(4), 422–438. doi:10.1007/s00221-003-1799-4

Southwell, D. G., Froemke, R. C., Alvarez-Buylla, A., Stryker, M., & Gandhi, S. P. (2010). Cortical plasticity induced by inhibitory neuron transplantation. *Science, 327,* 1145–1148.

Southwell, D. G., Paredes, M. F., Galvao, R. P., Jones, D. L., Froemke, R. C., Sebe, J. Y., . . . Alvarez-Buylla, A. (2012). Intrinsically determined cell death of developing cortical interneurons. *Nature, 491*(7422), 109–113. doi:10.1038/nature11523

Spaulding, S., & Breazeal, C. (2015). Affect and inference in Bayesian knowledge tracing with a robot tutor (pp. 219–220). *Proceedings of the Tenth Annual ACM / IEEE International Conference on Human-Robot Interaction.*

Spergel, D. N. (2015). The dark side of cosmology: Dark matter and dark energy. *Science, 347,* 1100–1102.

Spira, M. E., & Hai, A. (2013). Multi-electrode array technologies for neuroscience and cardiology. *Nat Nanotechnol, 8*(2), 83–94. doi:10.1038/nnano.2012.265

Sponberg, S., Libby, T., Mullens, C. H., & Full, R. J. (2011). Shifts in a single muscle's control potential of body dynamics are determined by mechanical feedback. *Philos Trans R Soc B, 366,* 1606–1620.

Sporns, O. (2011). *Networks of the brain.* Cambridge, MA: MIT Press.

Sporns, O. (2012). *Discovering the human connectome.* Cambridge, MA: MIT Press.

Sporns, O. (2013a). Making sense of brain network data. *Nat Methods, 10*(6), 491–493. doi:10.1038/nmeth.2485

Sporns, O. (2013b). Network attributes for segregation and integration in the human brain. *Curr Opin Neurobiol, 23*(2), 162–171. doi:10.1016/j.conb.2012.11.015

Sporns, O. (2014). Contributions and challenges for network models in cognitive neuroscience. *Nat Neurosci, 17*(5), 652–660. doi:10.1038/nn.3690

Sporns, O., & Betzel, R. F. (2016). Modular brain networks. *Annu Rev Psychol, 67,* 613–640. doi:10.1146/annurev-psych-122414-033634

Sporns, O., & Honey, C. J. (2013). Topographic dynamics in the resting brain. *Neuron, 78*(6), 955–956. doi:10.1016/j.neuron.2013.05.037

Sporns, O., Tononi, G., & Kötter, R. (2005). The human connectome: A structural description of the human brain (Review). *PLOS Comp Biol, 1*(4), e42. doi:10.1371/journal.pcbi.0010042

Squires, T. M., & Quake, S. R. (2005). Microfluidics: Fluid physics at the nanoliter scale. *Rev Mod Phys, 77,* 977–1026.

Sreetharan, P. S., Whitney, J. P., Strauss, M. D., & Wood, R. J. (2012). Monolithic fabrication of millimeter-scale machines. *J Micromech and Microeng, 22*(5), 055027. doi:10.1088/0960-1317/22/5/055027

Sreetharan, P. S., & Wood, R. J. (2010). Passive aerodynamic drag balancing in a flapping-wing robotic insect. *J Mech Des, 132*(5), 051006. doi:10.1115/1.4001379

Sreetharan, P. S., & Wood, R. J. (2011). Passive torque regulation in an underactuated flapping wing robotic insect. *Auton Robots, 31*(2–3), 225–234. doi:10.1007/s10514-011-9242-3

Srinivasan, M. V. (2010). Honey bees as a model for vision, perception, and cognition. *Ann Rev Entomol, 55,* 267–284. doi:10.1146/annurev.ento.010908.164537

Srinivasan, R., Li, Q., Zhou, X., Lu, J., Lichtman, J., & Wong, S. T. (2010). Reconstruction of the neuromuscular junction connectome. *Bioinformatics, 26*(12), i64–i70. doi:10.1093/bioinformatics/btq179

Srivastava, M., Simakov, O., Chapman, J., Fahey, B., Gauthier, M. E., Mitros, T., . . . Rokhsar, D. S. (2010). The Amphimedon queenslandica genome and the evolution of animal complexity. *Nature, 466*(7307), 720–726. doi:10.1038/nature09201

Standen, E. M., Du, T. Y., & Larsson, H. C. (2014). Developmental plasticity and the origin of tetrapods. *Nature, 513*(7516), 54–58. doi:10.1038/nature13708

Starkey, M. L., & Schwab, M. E. (2014). How plastic is the brain after a stroke? *Neuroscientist, 20*(4), 359–371. doi:10.1177/1073858413514636

Steck, K., Wittlinger, M., & Wolf, H. (2009). Estimation of homing distance in desert ants, Cataglyphis fortis, remains unaffected by disturbance of walking behaviour. *J Exp Biol, 212*(18), 2893–2901. doi:10.1242/jeb.030403

Stegmaier, J., Amat, F., Lemon, W. C., McDole, K., Wan, Y., Teodoro, G., . . . Keller, P. J. (2016). Real-time three-dimensional cell segmentation in large-scale microscopy data of developing embryos. *Dev Cell, 36*(2), 225–240. doi:10.1016/j.devcel.2015.12.028

Steinberg, E. E., Christoffel, D. J., Deisseroth, K., & Malenka, R. C. (2015). Illuminating circuitry relevant to psychiatric disorders with optogenetics. *Curr Opin Neurobiol, 30*, 9–16. doi:10.1016/j.conb.2014.08.004

Stephen, D., Hsu, W., Young, D., Saltzman, E., Holt, K., Newman, D., . . . Goldfield, E. (2012). Multifractal fluctuations in joint angles during spontaneous kicking reveal multiplicativity-driven coordination. *Chaos, Solitons, and Fractals, 45*, 1201–1219.

Stephenson-Jones, M., Samuelsson, E., Ericsson, J., Robertson, B., & Grillner, S. (2011). Evolutionary conservation of the basal ganglia as a common vertebrate mechanism for action selection. *Curr Biol, 21*(13), 1081–1091. doi:10.1016/j.cub.2011.05.001

Stocker, R. (2012). Marine microbes see a sea of gradients. *Science, 338*(6107), 628–633. doi:10.1126/science.1208929

Stoll, B. J., Hansen, N. I., Bell, E. F., Shankaran, S., Laptook, A. R., Walsh, M. C., . . . Human Development Neonatal Research Network. (2010). Neonatal outcomes of extremely preterm infants from the NICHD Neonatal Research Network. *Pediatrics, 126*(3), 443–456. doi:10.1542/peds.2009-2959

Stoner, R., Chow, M. L., Boyle, M. P., Sunkin, S. M., Mouton, P. R., Roy, S., . . . Courchesne, E. (2014). Patches of disorganization in the neocortex of children with autism. *N Engl J Med, 370*(13), 1209–1219. doi:10.1056/NEJMoa1307491

Straw, A. D., Lee, S., & Dickinson, M. H. (2010). Visual control of altitude in flying Drosophila. *Curr Biol, 20*(17), 1550–1556. doi:10.1016/j.cub.2010.07.025

Studholme, C. (2015). Mapping the developing human brain in utero using quantitative MR imaging techniques. *Semin Perinatol, 39*(2), 105–112. doi:10.1053/j.semperi.2015.01.003

Subramanian, S., Blanton, L. V., Frese, Steven A., Charbonneau, M., Mills, David A., & Gordon, Jeffrey I. (2015). Cultivating healthy growth and nutrition through the gut microbiota. *Cell, 161*(1), 36–48. doi:10.1016/j.cell.2015.03.013

Sumbre, G., Fiorito, G., Flash, T., & Hochner, B. (2005). Neurobiology: Motor control of flexible octopus arms. *Nature, 433*(7026), 595.

Sumbre, G., Fiorito, G., Flash, T., & Hochner, B. (2006). Octopuses use a human-like strategy to control precise point-to-point arm movements. *Curr Biol, 16*(8), 767–772. doi:10.1016/j.cub.2006.02.069

Sun, T., & Hevner, R. F. (2014). Growth and folding of the mammalian cerebral cortex: from molecules to malformations. *Nat Rev Neurosci, 15*(4), 217–232. doi:10.1038/nrn3707

Sun, Y., Jallerat, Q., Szymanski, J. M., & Feinberg, A. W. (2015). Conformal nanopatterning of extracellular matrix proteins onto topographically complex surfaces. *Nat Methods, 12*(2), 134–136. doi:10.1038/nmeth.3210

Sung, C., Demaine, E., Demaine, M., & Rus, D. (2013, August 4–7). *Joining unfoldings of 3-D surfaces.* Paper presented at the IDETC / CIE, Portland, Oregon.

Supekar, K. S., Musen, M. A., & Menon, V. (2009). Development of large-scale functional Brain networks in children. *Neuroimage, Suppl 1, 47*, S109.

Sussillo, D. (2014). Neural circuits as computational dynamical systems. *Curr Opin Neurobiol, 25*, 156–163. doi:10.1016/j.conb.2014.01.008

Sussillo, D., & Barak, O. (2013). Opening the black box: Low-dimensional dynamics in high-dimensional recurrent neural networks. *Neural Computation, 25,* 626–649.

Sussillo, D., Churchland, M. M., Kaufman, M. T., & Shenoy, K. V. (2015). A neural network that finds a naturalistic solution for the production of muscle activity. *Nat Neurosci, 18*(7), 1025–1033. doi:10.1038/nn.4042

Sussillo, D., Stavisky, S. D., Kao, J. C., Ryu, S. I., & Shenoy, K. V. (2016). Making brain-machine interfaces robust to future neural variability. *Nat Commun, 7,* 13749. doi:10.1038/ncomms13749

Sutton, R. S., & Barto, A. (1998). *Reinforcement learning: An introduction.* Cambridge, MA: MIT Press.

Suver, M. P., Mamiya, A., & Dickinson, M. H. (2012). Octopamine neurons mediate flight-induced modulation of visual processing in Drosophila. *Curr Biol, 22*(24), 2294–2302. doi:10.1016/j.cub.2012.10.034

Svoboda, K., & Yasuda, R. (2006). Principles of two-photon excitation microscopy and its applications to neuroscience. *Neuron, 50*(6), 823–839. doi:10.1016/j.neuron.2006.05.019

Swanson, L. W., & Lichtman, J. W. (2016). From cajal to connectome and beyond. *Ann Rev Neurosci, 39,* 197–216. doi:10.1146/annurev-neuro-071714-033954

Taber, L. A. (2014). Morphomechanics: Transforming tubes into organs. *Curr Opin Genet Dev, 27,* 7–13. doi:10.1016/j.gde.2014.03.004

Tabot, G. A., Dammann, J. F., Berg, J. A., Tenore, F. V., Boback, J. L., Vogelstein, R. J., & Bensmaia, S. J. (2013). Restoring the sense of touch with a prosthetic hand through a brain interface. *Proc Natl Acad Sci U S A, 110*(45), 18279–18284. doi:10.1073/pnas.1221113110

Takahashi, E., Dai, G., Rosen, G. D., Wang, R., Ohki, K., Folkerth, R. D., . . . Ellen Grant, P. (2011). Developing neocortex organization and connectivity in cats revealed by direct correlation of diffusion tractography and histology. *Cereb Cortex, 21*(1), 200–211. doi:10.1093/cercor/bhq084

Takahashi, E., Dai, G., Wang, R., Ohki, K., Rosen, G. D., Galaburda, A. M., . . . Wedeen, V. J. (2010). Development of cerebral fiber pathways in cats revealed by diffusion spectrum imaging. *Neuroimage, 49,* 1231–1240.

Takahashi, E., Folkerth, R. D., Galaburda, A. M., & Grant, P. E. (2012). Emerging cerebral connectivity in the human fetal brain: An MR tractography study. *Cereb Cortex, 22*(2), 455–464. doi:10.1093/cercor/bhr126

Takahashi, E., Hayashi, E., Schmahmann, J. D., & Ellen Grant, P. (2014). Development of cerebellar connectivity in human fetal brains revealed by high angular resolution diffusion tractography. *Neuroimage, 96,* 326–333. doi:10.1016/j.neuroimage.2014.03.022

Takahashi, E., Song, J. W., Folkerth, R. D., Grant, P. E., & Schmahmann, J. D. (2013). Detection of postmortem human cerebellar cortex and white matter pathways using high angular resolution diffusion tractography: A feasibility study. *Neuroimage, 68,* 105–111. doi:10.1016/j.neuroimage.2012.11.042

Takatoh, J., Nelson, A., Zhou, X., Bolton, M. M., Ehlers, M. D., Arenkiel, B. R., . . . Wang, F. (2013). New modules are added to vibrissal premotor circuitry with the emergence of exploratory whisking. *Neuron, 77*(2), 346–360. doi:10.1016/j.neuron.2012.11.010

Takeoka, A., Vollenweider, I., Courtine, G., & Arber, S. (2014). Muscle spindle feedback directs locomotor recovery and circuit reorganization after spinal cord injury. *Cell, 159*(7), 1626–1639. doi:10.1016/j.cell.2014.11.019

Takesian, A. E., & Hensch, T. K. (2013). Balancing plasticity / stability across brain development. *Prog Brain Res, 207,* 3–34. doi:10.1016/B978-0-444-63327-9.00001-1

Tallinen, T., Chung, J. Y., Biggins, J. S., & Mahadevan, L. (2014). Gyrification from constrained cortical expansion. *Proc Natl Acad Sci USA, 111*(35), 12667–12672. doi:10.1073/pnas.1406015111

Tallinen, T., Chung, J. Y., Rousseau, F., Girard, N., Lefèvre, J., & Mahadevan, L. (2016). On the growth and form of cortical convolutions. *Nat Phys 12,* 588–593. doi:10.1038/nphys3632

Talpalar, A. E., Bouvier, J., Borgius, L., Fortin, G., Pierani, A., & Kiehn, O. (2013). Dual-mode operation of neuronal networks involved in left-right alternation. *Nature, 500*(7460), 85–88. doi:10.1038/nature12286

Tan, F., Walshe, P., Viani, L., & Al-Rubeai, M. (2013). Surface biotechnology for refining cochlear implants. *Trends Biotechnol, 31*(12), 678–687. doi:10.1016/j.tibtech.2013.09.001

Tanaka, E. M. (2016). The molecular and cellular choreography of appendage regeneration. *Cell, 165*(7), 1598–1608. doi:10.1016/j.cell.2016.05.038

Tanaka, E. M., & Ferretti, P. (2009). Considering the evolution of regeneration in the central nervous system. *Nat Rev Neurosci, 10*(10), 713–723. doi:10.1038/nrn2707

Tanaka, H., Whitney, J. P., & Wood, R. J. (2011). Effect of flexural and torsional wing flexibility on lift generation in hoverfly flight. *Integr Comp Biol, 51*(1), 142–150. doi:10.1093/icb/icr051

Tang-Schomer, M. D., White, J. D., Tien, L. W., Schmitt, L. I., Valentin, T. M., Graziano, D. J., ... Kaplan, D. L. (2014). Bioengineered functional brain-like cortical tissue. *Proc Natl Acad Sci USA, 111*(38), 13811–13816. doi:10.1073/pnas.1324214111

Tapia, J. C., Wylie, J. D., Kasthuri, N., Hayworth, K. J., Schalek, R., Berger, D. R., ... Lichtman, J. W. (2012). Pervasive synaptic branch removal in the mammalian neuromuscular system at birth. *Neuron, 74*(5), 816–829. doi:10.1016/j.neuron.2012.04.017

Tapus, A., Maja, M., & Scassellatti, B. (2007). The grand challenges in socially assistive robotics. *IEEE Robotics and Automation Magazine 14*, 35–42.

Tau, G. Z., & Peterson, B. S. (2010). Normal development of brain circuits. *Neuropsychopharmacology, 35*, 147–168.

Taube, J. S. (2007). The head direction signal: Origins and sensory-motor integration. *Ann Rev Neuro, 30*, 181–207. doi:10.1146/annurev.neuro.29.051605.112854

Taylor, A. H., Hunt, G. R., Holzhaider, J. C., & Gray, R. D. (2007). Spontaneous metatool use by New Caledonian crows. *Curr Biol, 17*(17), 1504–1507. doi:10.1016/j.cub.2007.07.057

Taylor, G. K., & Krapp, H. G. (2007). Sensory systems and flight stability: What do insects measure and why? *Advances in Insect Physiology, 34*, 231–316. doi:10.1016/S0065-2806(07)34005-8

Tedeschi, A. (2011). Tuning the orchestra: Transcriptional pathways controlling axon regeneration. *Front Mol Neurosci, 4*, 60. doi:10.3389/fnmol.2011.00060

Tennenbaum, M., Liu, Z., Hu, D., & Fernandez-Nieves, A. (2016). Mechanics of fire ant aggregations. *Nat Mater, 15*(1), 54–59. doi:10.1038/nmat4450

Teoh, Z. E., Fuller, S. B., Chirarattananon, P., Perez-Arancibia, N. O., Greenberg, J. D., & Wood, R. J. (2012). *A hovering flapping-wing microrobot with altitude control and passive upright stability.* Paper presented at the IEEE / RSJ International Conference on Intelligent Robots and Systems, Vilamoura, Algarve, Portugal.

Tetsuya, I., Jun, C., & Friesen, W. O. (2014). Biological clockwork underlying adaptive rhythmic movements. *Proc Natl Acad Sci, 111*(3), 978. doi:10.1073/pnas.1313933111

Teulier, C., Lee, D. K., & Ulrich, B. D. (2015). Early gait development in human infants: Plasticity and clinical applications. *Dev Psychobiol, 57*(4), 447–458. doi:10.1002/dev.21291

Teulier, C., Sansom, J. K., Muraszko, K., & Ulrich, B. D. (2012). Longitudinal changes in muscle activity during infants' treadmill stepping. *J Neurophysiol, 108*(3), 853–862. doi:10.1152/jn.01037.2011

Thakor, N. (2013). Translating the brain-machine interface. *Sci Transl Med, 5*(210), 1–7.

Thelen, E. (1979). Rhythmical stereotypies in normal human infants. *Animal Behaviour, 27*, 699–715. doi:10.1016/0003-3472(79)90006-X

Thelen, E. (1981). Rhythmical behavior in infancy: An ethological perspective. *Dev Psychol, 17*(3), 237–257.

Thelen, E. (1989). The (re)discovery of motor development: Learning new things from an old field. *Developmental Psychology, 25*(6), 946–949. doi:10.1037/0012-1649.25.6.946

Thelen, E. (1995). Motor development: A new synthesis. *American Psychologist, 50*(2), 79–95.
Thelen, E. (1996). Motor development: A new synthesis. *Annual Progress in Child Psychiatry & Child Development*, 32–66.
Thelen, E. (2000). Grounded in the world: Developmental origins of the embodied mind. *Infancy, 1*(1), 3–28.
Thelen, E., & Adolph, K. E. (1992). Arnold L. Gessell: the paradox of nature and nurture. (APA Centennial Feature). *Developmental Psychology, 28*(3), 368.
Thelen, E., Corbetta, D., Kamm, K., Spencer, J. P., Schneider, K., & Zernicke, R. F. (1993). The transition to reaching: Mapping intention and intrinsic dynamics. *Child Dev, 64*(4), 1058–1098.
Thelen, E., & Fisher, D. M. (1983). From spontaneous to instrumental behavior: Kinematic analysis of movement changes during very early learning. *Child Dev, 54*, 129–140.
Thelen, E., Fisher, D. M., & Ridley-Johnson, R. (2002). The relationship between physical growth and a newborn reflex. *Infant Behav Dev, 25*(1), 72–85.
Thelen, E., Schöner, G., Scheier, C., & Smith, L. B. (2001). The dynamics of embodiment: A field theory of infant perseverative reaching. *Behav Brain Sci, 24*(1), 1–34; discussion 34–86.
Thelen, E., & Smith, L. (1994). *A dynamic systems approach to the development of cognition and action*. Cambridge, MA: MIT Press.
Thelen, E., & Ulrich, B. D. (1991). Hidden skills: A dynamic systems analysis of treadmill stepping during the first year. *Monogr Soc Res Child Dev, 56*(1), 1–98; discussion 99–104.
Therrien, A. S., & Bastian, A. J. (2015). Cerebellar damage impairs internal predictions for sensory and motor function. *Curr Opin Neurobiol, 33*, 127–133. doi:10.1016/j.conb.2015.03.013
Thompson, D. A. W. (1942). *On growth and form* (2nd ed.). Cambridge, UK: Cambridge University Press.
Thompson, W. R., Rubin, C. T., & Rubin, J. (2012). Mechanical regulation of signaling pathways in bone. *Gene, 503*, 179–193.
Thuret, S., Moon, L. D., & Gage, F. H. (2006). Therapeutic interventions after spinal cord injury. *Nat Rev Neurosci, 7*(8), 628–643. doi:10.1038/nrn1955
Tibbits, S. (2012). Design to self-assembly. *Architectural Des, 82*, 68–73.
Tim, D. W., Gen, S., & Berhane, A. (1994). Australopithecus ramidus, a new species of early hominid from Aramis, Ethiopia. *Nature, 371*(6495), 306. doi:10.1038/371306a0
Tolley, M. T., Shepherd, R. F., Mosadegh, B., Galloway, K. C., Wehner, M., Karpelson, M., . . . Whitesides, G. M. (2014). A resilient, untethered soft robot. *Soft Robotics, 1*(3), 213–223. doi:10.1089/soro.2014.0008
Tomchek, S., & Dunn, W. (2007). Sensory processing in children with and without autism: A comparative study using the short sensory profile. *American Journal of Occupational Therapy, 61*(2), 190–200.
Toyoizumi, T., Miyamoto, H., Yazaki-Sugiyama, Y., Atapour, N., Hensch, T. K., & Miller, K. D. (2013). A theory of the transition to critical period plasticity: Inhibition selectively suppresses spontaneous activity. *Neuron, 80*(1), 51–63. doi:10.1016/j.neuron.2013.07.022
Tresch, M. C., Saltiel, P., & Bizzi, E. (1999). The construction of movement by the spinal cord. *Nat Neurosci, 2*(2), 162–167. doi:10.1038/5721
Trevisan, M., Mindlin, G., & Goller, F. (2006). Nonlinear model predicts diverse respiratory patterns of birdsong. *Phys Rev Lett, 96*(5), 1–4. doi:10.1103/PhysRevLett.96.058103
Trimmer, B. (2013). A journal of soft robotics: Why now? *Soft Robotics, 1*, 1–4.
Trimmer, B., & Issberner, J. (2007). Kinematics of soft-bodied, legged locomotion in Manduca sexta larvae. *Biol Bull, 212*, 130–142.
Truby, R. L., & Lewis, J. A. (2016). Printing soft matter in three dimensions. *Nature, 540*(7633), 371–378. doi:10.1038/nature21003
Tsai, H.-H., Li, H., Fuentealba, L. C., Molofsky, A. V., Taveira-Marques, R., Zhuang, H., . . . Rowitch, D. H. (2012). Regional astrocyte allocation regulates CNS synaptogenesis and repair. *Science, 337*(6092), 358–362. doi:10.1126/science.1222381

Tsai, H.-H., Niu, J., Munji, R., Davalos, D., Chang, J., Zhang, H., . . . Fancy, S. P. (2016). Oligodendrocyte precursors migrate along vasculature in the developing nervous system. *Science, 351*, 379–384.

Tschida, K., & Mooney, R. (2012). The role of auditory feedback in vocal learning and maintenance. *Curr Opin Neurobiol, 22*(2), 320–327. doi:10.1016/j.conb.2011.11.006

Tschida, K. A., & Mooney, R. (2012). Deafening drives cell-type-specific changes to dendritic spines in a sensorimotor nucleus important to learned vocalizations. *Neuron, 73*(5), 1028–1039. doi:10.1016/j.neuron.2011.12.038

Turing, A. M. (2004). *The essential Turing: Seminal writings in computing, logic, philosophy, artificial intelligence, and artificial life, plus the secrets of Enigma*. Oxford: Oxford University Press.

Turner, J. S. (2000). *The extended organism: The physiology of animal-built structures*. Cambridge, MA: Harvard University Press.

Turner, J. S. (2010). Termites as models of swarm cognition. *Swarm Intell, 5*(1), 19–43. doi:10.1007/s11721-010-0049-1

Turney, S. G., & Lichtman, J. W. (2012). Reversing the outcome of synapse elimination at developing neuromuscular junctions in vivo: Evidence for synaptic competition and its mechanism. *PLoS Biol, 10*(6), e1001352. doi:10.1371/journal.pbio.1001352

Turrigiano, G. (2011). Too many cooks? Intrinsic and synaptic homeostatic mechanisms in cortical circuit refinement. *Ann Rev Neurosci, 34*, 89–103. doi:10.1146/annurev-neuro-060909-153238

Turrigiano, G. (2012). Homeostatic synaptic plasticity: Local and global mechanisms for stabilizing neuronal function. *Cold Spring Harb Perspect Biol, 4*(1), a005736. doi:10.1101/cshperspect.a005736

Turvey, M. T. (1990). Coordination. *Am Psychol, 45*, 938–953.

Turvey, M. T. (2007). Action and perception at the level of synergies. *Hum Movement Sci, 26*(4), 657–697. doi:10.1016/j.humov.2007.04.002

Turvey, M. T., & Carello, C. (2011). Obtaining information by dynamic (effortful) touching. *Philos Trans R Soc Lond B Biol Sci, 366*(1581), 3123–3132. doi:10.1098/rstb.2011.0159

Turvey, M. T., Carello, C., Fitzpatrick, P., Pagano, C., & Kadar, E. (1996). Spinors and selective dynamic touch. *J Exp Psychol: Hum Percep Perform, 22*(5), 1113–1126.

Turvey, M. T., & Fonseca, S. T. (2014). The medium of haptic perception: A tensegrity hypothesis. *J Mot Behav, 46*(3), 143–187. doi:10.1080/00222895.2013.798252

Turvey, M. T., Harrison, S. J., Frank, T. D., & Carello, C. (2012). Human odometry verifies the symmetry perspective on bipedal gaits. *J Exp Psychol: HumPercep Perform, 38*(4), 1014–1025.

Tuszynski, M. H., & Steward, O. (2012). Concepts and methods for the study of axonal regeneration in the CNS. *Neuron, 74*(5), 777–791. doi:10.1016/j.neuron.2012.05.006

Tye, K. M., & Deisseroth, K. (2012). Optogenetic investigation of neural circuits underlying brain disease in animal models. *Nat Rev Neurosci, 13*(4), 251–266. doi:10.1038/nrn3171

Tymofiyeva, O., Hess, C. P., Ziv, E., Tian, N., Bonifacio, S. L., McQuillen, P. S., . . . Xu, D. (2012). Towards the"baby connectome": Mapping the structural connectivity of the newborn brain. *PLoS ONE, 7*(2), e31029. doi:10.1371/journal.pone.0031029

Tytell, E., Hsu, C., Williams, T., Cohen, A., & Fauci, L. (2010). Interactions between internal forces, body stiffness, and fluid environment in a neuromechanical model of lamprey swimming. *Proc Natl Acad Sci, 107*, 19832–19837.

Tytell, E. D., Holmes, P., & Cohen, A. H. (2011). Spikes alone do not behavior make: Why neuroscience needs biomechanics. *Curr Opin Neurobiol, 21*(5), 816–822. doi:10.1016/j.conb.2011.05.017

Tytell, E. D., Hsu, C. Y., & Fauci, L. J. (2014). The role of mechanical resonance in the neural control of swimming in fishes. *Zoology (Jena), 117*(1), 48–56. doi:10.1016/j.zool.2013.10.011

Tytell, E. D., Hsu, C. Y., Williams, T. L., Cohen, A. H., & Fauci, L. J. (2010). Interactions between internal forces, body stiffness, and fluid environment in a neuromechanical model of lamprey swimming. *Proc Natl Acad Sci USA, 107*(46), 19832–19837. doi:10.1073/pnas.1011564107

Uddin, L. Q., & Menon, V. (2009). The anterior insula in autism: Under-connected and under-examined. *Neuroscience and Biobehavioral Reviews, 33*(8), 1198–1203. doi:10.1016/j.neubiorev.2009.06.002

Uddin, L. Q., Supekar, K. S., Ryali, S., & Menon, V. (2011). Dynamic reconfiguration of structural and functional connectivity across core neurocognitive brain networks with development. *J Neurosci, 31*(50), 18578–18589. doi:10.1523/JNEUROSCI.4465-11.2011

Uhlhaas, P. J., & Singer, W. (2010). Abnormal neural oscillations and synchrony in schizophrenia. *Nat Rev Neurosci, 11*(2), 100–113. doi:10.1038/nrn2774

Uhlhaas, P. J., & Singer, W. (2011). The development of neural synchrony and large-scale cortical networks during adolescence: Relevance for the pathophysiology of schizophrenia and neurodevelopmental hypothesis. *Schizophr Bull, 37*(3), 514–523. doi:10.1093/schbul/sbr034

Uhlhaas, P. J., & Singer, W. (2015). Oscillations and neuronal dynamics in schizophrenia: The search for basic symptoms and translational opportunities. *Biol Psychiatry, 77*(12), 1001–1009. doi:10.1016/j.biopsych.2014.11.019

Underwood, E. (2016). Barcoding the brain. *Science, 351*, 799–800.

Valero-Cuevas, F. J., Anand, V. V., Saxena, A., & Lipson, H. (2007). Beyond parameter estimation: Extending biomechanical modeling by the explicit exploration of model topology. *IEEE Trans Bio-Med Eng, 54*(11), 1951–1964.

Van den Brand, R., Heutschi, J., Barraud, Q., DiGiovanna, J., Bartholdi, K., Huerlimann, M., . . . Courtine, G. (2012). Restoring voluntary control of locomotion after paralyzing spinal cord injury. *Science, 336*(6085), 1182–1185. doi:10.1126/science.1217416

Van den Heuvel, M., & Fornito, A. (2014). Brain networks in schizophrenia. *Neuropsychol Rev, 24*(1), 32–48. doi:10.1007/s11065-014-9248-7

Van den Heuvel, M., Kahn, R. S., Goni, J., & Sporns, O. (2012). High-cost, high-capacity backbone for global brain communication. *Proc Natl Acad Sci, 109*, 11372–11377.

Van Den Heuvel, M. P., & Sporns, O. (2013). Network hubs in the human brain. *Trends Cogn Sci, 17*(12), 683–696. doi:10.1016/j.tics.2013.09.012

Van der Steen, M. M., & Bongers, R. M. (2011). Joint angle variability and co-variation in a reaching with a rod task. *Exp Brain Res, 208*(3), 411–422. doi:10.1007/s00221-010-2493-y

Van Dijk, K. R., Hedden, T., Venkataraman, A., Evans, K. C., Lazar, S. W., & Buckner, R. L. (2010). Intrinsic functional connectivity as a tool for human connectomics: Theory, properties, and optimization. *J Neurophysiol, 103*(1), 297–321. doi:10.1152/jn.00783.2009

Van Kordelaar, J., van Wegen, E. E., Nijland, R. H., Daffertshofer, A., & Kwakkel, G. (2013). Understanding adaptive motor control of the paretic upper limb early poststroke: The EXPLICIT-stroke program. *Neurorehabil Neural Repair, 27*(9), 854–863. doi:10.1177/1545968313496327

Van Ooyen, A. (2011). Using theoretical models to analyse neural development. *Nat Rev Neurosci, 12*(6), 311–326. doi:10.1038/nrn3031

Van Wassenbergh, S., Leysen, H., Adriaens, D., & Aerts, P. (2013). Mechanics of snout expansion in suction-feeding seahorses: Musculoskeletal force transmission. *J Exp Biol, 216*(Pt 3), 407–417. doi:10.1242/jeb.074658

Varlet, M., Marin, L., Raffard, S., Schmidt, R. C., Capdevielle, D., Boulenger, J. P., . . . Bardy, B. G. (2012). Impairments of social motor coordination in schizophrenia. *PLoS ONE, 7*(1), e29772. doi:10.1371/journal.pone.0029772

Vasung, L., Fischi-Gomez, E., & Huppi, P. S. (2013). Multimodality evaluation of the pediatric brain: DTI and its competitors. *Pediatr Radiol, 43*(1), 60–68. doi:10.1007/s00247-012-2515-y

Vaziri, A., & Mahadevan, L. (2008). Localized and extended deformations of elastic shells. *Proc Natl Acad Sci, 105*, 7913–7918.

Vertes, P. E., Alexander-Bloch, A., Gogtay, N., Giedd, J. N., Rapoport, J. L., & Bullmore, E. T. (2012). Simple models of human brain functional networks. *Proc Natl Acad Sci, 109*, 5868–5873.

Vinther, J., Stein, M., Longrich, N. R., & Harper, D. A. (2014). A suspension-feeding anomalocarid from the Early Cambrian. *Nature, 507*(7493), 496–499. doi:10.1038/nature13010

Vogel, G. (2013). How do organs know they have reached the right size? *Science, 340,* 1156–1157.

Vogel, S. (2003). *Comparative biomechanics.* Princeton, NJ: Princeton Univerity Press.

Vollrath, M. A., Kwan, K. Y., & Corey, D. P. (2007). The micromachinery of mechanotransduction in hair cells. *Ann Rev Neurosci, 30,* 339–365. doi:10.1146/annurev.neuro.29.051605.112917

Volpe, J. J. (2008). *Neurology of the newborn* (5th ed.). Philadelphia: Saunders.

Volpe, J. J. (2009). The encephalopathy of prematurity—brain injury and impaired brain development inextricably intertwined. *Semin Pediatr Neurol, 16*(4), 167–178. doi:10.1016/j.spen.2009.09.005

Volpe, J. J. (2012). Neonatal encephalopathy: An inadequate term for hypoxic-ischemic encephalopathy. *Ann Neurol, 72*(2), 156–166. doi:10.1002/ana.23647

Volpe, J. J., Kinney, H. C., Jensen, F. E., & Rosenberg, P. A. (2011). The developing oligodendrocyte: Key cellular target in brain injury in the premature infant. *Int J Dev Neurosci, 29*(4), 423–440. doi:10.1016/j.ijdevneu.2011.02.012

Vuong, H. E., Yano, J. M., Fung, T. C., & Hsiao, E. Y. (2017). The microbiome and host behavior. *Annu Rev Neurosci.* doi:10.1146/annurev-neuro-072116-031347

Waddington, C. H. (1957). *The strategy of the genes: A discussion of some aspects of theoretical biology.* New York: Macmillan.

Wahl, A. S., Omlor, W., Rubio, J. C., Chen, J. L., Zheng, H., Schroter, A., . . . Schwab, M. E. (2014). Asynchronous therapy restores motor control by rewiring of the rat corticospinal tract after stroke. *Science, 344*(6189), 1250–1255. doi:10.1594/

Wake, H., Moorhouse, A. J., Miyamoto, A., & Nabekura, J. (2013). Microglia: Actively surveying and shaping neuronal circuit structure and function. *Trends Neurosci, 36*(4), 209–217. doi:10.1016/j.tins.2012.11.007

Wallace, A. (2006). D'Arcy Thompson and the theory of transformations. *Nature Reviews Genetics, 7*(5), 401. doi:10.1038/nrg1835

Walsh, M. K., & Lichtman, J. (2003). In vivo time-lapse imaging of synaptic takeover associated with naturally occurring synapse elimination. *Neuron, 37,* 67–73.

Wang, L., Conner, J. M., Nagahara, A. H., & Tuszynski, M. H. (2016). Rehabilitation drives enhancement of neuronal structure in functionally relevant neuronal subsets. *Proc Natl Acad Sci USA, 113*(10), 2750–2755.

Wang, N., Tytell, J., & Ingber, D. E. (2009). Mechanotransduction at a distance: Mechanically coupling the extracellular matrix with the nucleus. *Nat Rev Mol Cell Biol, 10,* 75–82.

Wang, W. C., & McLean, D. L. (2014). Selective responses to tonic descending commands by temporal summation in a spinal motor pool. *Neuron, 83*(3), 708–721. doi:10.1016/j.neuron.2014.06.021

Wang, X. (2016). The Ying and yang of auditory nerve damage. *Neuron, 89*(4), 680–682. doi:10.1016/j.neuron.2016.02.007

Wang, Z., Chen, L. M., Negyessy, L., Friedman, R. M., Mishra, A., Gore, J. C., & Roe, A. W. (2013). The relationship of anatomical and functional connectivity to resting-state connectivity in primate somatosensory cortex. *Neuron, 78*(6), 1116–1126. doi:10.1016/j.neuron.2013.04.023

Warden, M. R., Selimbeyoglu, A., Mirzabekov, J. J., Lo, M., Thompson, K. R., Kim, S. Y., . . . Deisseroth, K. (2012). A prefrontal cortex-brainstem neuronal projection that controls response to behavioural challenge. *Nature, 492*(7429), 428–432. doi:10.1038/nature11617

Warp, E., Agarwal, G., Wyart, C., & al., e. (2012). Emergence of patterned activity in the developing zebrafish spinal cord. *Current Biology, 22,* 93–102.

Warren, W., & Rio, K. (2015). The visual coupling between neighbors in a virtual crowd. *J Vis, 15*(12), 747. doi:10.1167/15.12.747

Warren, W. H. (1984). Perceiving affordances: Visual guidance of stair climbing. *J Exp Psychol: Hum Percep Perform, 10,* 683–703.

Warren, W. H. (1988). Action modes and laws of control for the visual guidance of action. In O. G. Meijer & K. Roth (Eds.), *Complex movement behaviour: "The" motor-action controversy* (pp. 339–380). Amsterdam: North-Holland; Elsevier Science.

Warren, W. H. (2006). The dynamics of perception and action. *Psychol Rev, 113*(2), 358–389. doi:10.1037/0033-295X.113.2.358

Warren, W. H., & Fajen, B. R. (2008). Behavioral dynamics of visually-guided locomotion. In A. Fuchs & V. Jirsa (Eds.), *Coordination: Neural, behavioral and social dynamics* (pp. 45–76). Berlin: Springer.

Weaver, J. A., Melin, J., Stark, D., Quake, S., R., & Horowitz, M. A. (2010). Static control logic for microfluidic devices using pressure-gain valves. *Nature Physics, 6*(3), 218. doi:10.1038/nphys1513

Webb, B. (2004). Neural mechanisms for prediction: Do insects have forward models? *Trends in Neurosciences, 27*(5), 278–282. doi:10.1016/j.tins.2004.03.004

Wedeen, V. J., Rosene, D. L., Wang, R., Dai, G., Mortazavi, F., Hagmann, P., . . . Tseng, W. Y. (2012). The geometric structure of the brain fiber pathways. *Science, 335*(6076), 1628–1634. doi:10.1126/science.1215280

Wehner, M., Park, Y.-L., Walsh, C., Nagpal, R., Wood, R. J., & Goldfield, E. (2012). *Experimental characterization of components for active soft orthotics*. Paper presented at the IEEE RAS / EMBS International Conference on Biomedical Robotics and Biomechatronics, Rome, Italy.

Wehner, M., Truby, R. L., Fitzgerald, D. J., Mosadegh, B., Whitesides, G. M., Lewis, J. A., & Wood, R. J. (2016). An integrated design and fabrication strategy for entirely soft, autonomous robots. *Nature, 536*(7617), 451–455. doi:10.1038/nature19100

Wehner, R. (1997). The ant's celestial compass system: Spectral and polarization channels (pp. 145–185).

Weinberg, D. H. (2005). Mapping the large-scale structure of the universe. (ASTRONOMY). *Science, 309*(5734), 564.

Weinkamer, R., & Fratzl, P. (2011). Mechanical adaptation of biological materials—the examples of bone and wood. *Mater Sci Eng: C, 31*(6), 1164–1173. doi:10.1016/j.msec.2010.12.002

Weir, P. T., & Dickinson, M. H. (2012). Flying Drosophila orient to sky polarization. *Curr Biol, 22*(1), 21–27. doi:10.1016/j.cub.2011.11.026

Weiss, P., & Garber, B. (1952). Shape and movement of mesenchymal cells as functions of the physical structure of the medium. Contributions to a quantitative morphology. *Proc Natl Acad Sci, 38*, 264–280.

Weiss, P., Keshner, E., & Levin, M. (2014). *Virtual reality for physical and motor rehabilitation*. New York: Springer.

Wen, Q., Po, M. D., Hulme, E., Chen, S., Liu, X., Kwok, S. W., . . . Samuel, A. D. (2012). Proprioceptive coupling within motor neurons drives C. elegans forward locomotion. *Neuron, 76*(4), 750–761. doi:10.1016/j.neuron.2012.08.039

Weng, S.-J., Wiggins, J. L., Peltier, S. J., Carrasco, M., Risi, S., Lord, C., & Monk, C. S. (2010). Alterations of resting state functional connectivity in the default network in adolescents with autism spectrum disorders. *Brain Res, 1313*, 202–214. doi:10.1016/j.brainres.2009.11.057

Wenger, N., Moraud, E. M., Gandar, J., Musienko, P., Capogrosso, M., Baud, L., . . . Courtine, G. (2016). Spatiotemporal neuromodulation therapies engaging muscle synergies improve motor control after spinal cord injury. *Nat Med, 22*(2), 138–145. doi:10.1038/nm.4025

Wenger, N., Moraud, E. M., Raspopovic, S., Bonizzato, M., DiGiovanna, J., Musienko, P., . . . Courtine, G. (2014). Closed-loop neuromodulation of spinal sensorimotor circuits controls refined locomotion after complete spinal cord injury. *Sci Transl Med, 6*(255), 255ra133. doi:10.1126/scitranslmed.3008325

Wennekamp, S., Mesecke, S., Nedelec, F., & Hiiragi, T. (2013). A self-organization framework for symmetry breaking in the mammalian embryo. *Nat Rev Mol Cell Biol, 14*(7), 452–459. doi:10.1038/nrm3602

Wenner, P. (2012). Motor development: Activity matters after all. *Curr Biol, 22*(2), R47–R48. doi:10.1016/j.cub.2011.12.008

Werfel, J., & Nagpal, R. (2008). Three-dimensional construction with mobile robots and modular blocks. *International Journal of Robotics Research, 27*(3-4), 463–479. doi:10.1177/0278364907084984

Werfel, J., Petersen, K., & Nagpal, R. (2014). Designing collective behavior in a termite-inspired robot construction team. *Science, 343*(6172), 754–758. doi:10.1126/science.1245842

Werker, J. F., & Hensch, T. K. (2015). Critical periods in speech perception: New directions. *Annu Rev Psychol, 66*, 173–196. doi:10.1146/annurev-psych-010814-015104

Wernegreen, J. J. (2012). Endosymbiosis. *Curr Biol, 22*(14), R555–R561. doi:10.1016/j.cub.2012.06.010

West, G. B. (2012). The importance of quantitative systemic thinking in medicine. *Lancet, 379*, 1551–1559.

West, G. B., & Brown, J. H. (2005). The origin of allometric scaling laws in biology from genomes to ecosystems: Towards a quantitative unifying theory of biological structure and organization. *J Exp Biol, 208*(Pt 9), 1575–1592. doi:10.1242/jeb.01589

White, T., Asfaw, B., Beyene, Y., Haile-Selassie, Y., Lovejoy, C., Suwa, G., & Woldegabriel, G. (2009). *Ardipithecus ramidus* and the paleobiology of early hominids. *Science* (Washington), *326*(5949), 75–86.

Whitesides, G. M. (2006). The origins and future of microfluidics. *Nature, 442*, 368–373.

Whitesides, G. M., & Grzybowski, B. (2002). Self-assembly at all scales. *Science, 295*, 2418–2421.

Whiting, H. T. A., & Whiting, H. T. A. (1983). *Human motor actions: Bernstein reassessed.* Amsterdam: North-Holland.

Whitney, J. P., Sreetharan, P. S., Ma, K. Y., & Wood, R. J. (2011). Pop-up book MEMS. *J Micromech and Microeng, 21*(11), 115021. doi:10.1088/0960-1317/21/11/115021

Whitney, J. P., & Wood, R. J. (2010). Aeromechanics of passive rotation in flapping flight. *J Fluid Mechanics, 660*, 197–220. doi:10.1017/s002211201000265x

Wilson, A., & Lichtwark, G. (2011). The anatomical arrangement of muscle and tendon enhances limb versatility and locomotor performance. *Philos Trans R Soc Lond B Biol Sci, 366*(1570), 1540–1553. doi:10.1098/rstb.2010.0361

Winold, H., Thelen, E., & Ulrich, B. D. (1994). Coordination and control in the bow arm movements of highly skilled cellists. *Ecol Psychol, 6*, 1–31.

Witter, L., & De Zeeuw, C. I. (2015). Regional functionality of the cerebellum. *Curr Opin Neurobiol, 33*, 150–155. doi:10.1016/j.conb.2015.03.017

Wittlinger, M., Wehner, R., & Wolf, H. (2006). The ant odometer: Stepping on stilts and stumps. *Science, 312*, 1965–1967.

Wodlinger, B., Downey, J. E., Tyler-Kabara, E. C., Schwartz, A. B., Boninger, M. L., & Collinger, J. L. (2015). Ten-dimensional anthropomorphic arm control in a human brain¯machine interface: Difficulties, solutions, and limitations. *Journal of Neural Engineering 12*(1), 016011. doi:10.1088/1741-2560/12/1/016011

Wolf, D. H., Satterthwaite, T. D., Calkins, M. E., Ruparel, K., Elliott, M. A., Hopson, R. D., ... Gur, R. E. (2015). Functional neuroimaging abnormalities in youth with psychosis spectrum symptoms. *JAMA Psychiatry, 72*(5), 456–465. doi:10.1001/jamapsychiatry.2014.3169

Wolf, H. (2011). Odometry and insect navigation. *J Exp Biol, 214*(Pt 10), 1629–1641. doi:10.1242/jeb.038570

Wolf, S. L., Winstein, C. J., Miller, J. P., Taub, E., Uswatte, G., Morris, D., ... Excite Investigators. (2006). Effect of constraint-induced movement therapy on upper extremity function 3 to 9 months after stroke: The EXCITE Randomized Clinical Trial. *JAMA, 296*(17), 2095–2104. doi:10.1001/jama.296.17.2095

Wolff, P. H. (1960). *The developmental psychologies of Jean Piaget and psychoanalysis*. New York.

Wolff, P. H. (1973). Natural history of sucking patterns in infant goats. *J Compar and Physiol Psychol, 84*, 252–257.

Wolff, P. H. (1987). *The development of behavioral states and the expression of emotions in early infancy:New proposals for investigation*. Chicago: University of Chicago Press.

Wolpert, L., Jessell, T., Lawrence, P., Meyerowitz, E., Robertson, E., & Smith, J. (2007). *Principles of development* (3rd ed.). New York: Oxford University Press.

Womelsdorf, T., Valiante, T. A., Sahin, N. T., Miller, K. J., & Tiesinga, P. (2014). Dynamic circuit motifs underlying rhythmic gain control, gating and integration. *Nat Neurosci, 17*(8), 1031–1039. doi:10.1038/nn.3764

Wong, T. S., Kang, S. H., Tang, S. K., Smythe, E. J., Hatton, B. D., Grinthal, A., & Aizenberg, J. (2011). Bioinspired self-repairing slippery surfaces with pressure-stable omniphobicity. *Nature, 477*(7365), 443–447. doi:10.1038/nature10447

Wood, R., Nagpal, R., & Wei, G.-Y. (2013). Flight of the Robobees. *Scient Amer, 308*(3), 60–65. doi:10.1038/scientificamerican0313-60

Wood, R. J. (2008). The first takeoff of a biologically inspired at-scale robotic insect. *IEEE Trans Robotics, 24*, 1–7.

Wood, R. J., Avadhanula, S., Sahai, R., Steltz, E., & Fearing, R. (2008). Microrobot design using fiber reinforced composites. *Journal of Mechanical Design, 130*(5), 1–10. doi:10.1115/1.2885509

Woolley, S. C., Rajan, R., Joshua, M., & Doupe, A. J. (2014). Emergence of context-dependent variability across a basal ganglia network. *Neuron, 82*(1), 208–223. doi:10.1016/j.neuron.2014.01.039

Wozniak, M. A., & Chen, C. S. (2009). Mechanotransduction in development: A growing role for contractility. *Nat Rev Mol Cell Biol, 10*(1), 34–43. doi:10.1038/nrm2592

Wu, F., Stark, E., Ku, P. C., Wise, K. D., Buzsaki, G., & Yoon, E. (2015). Monolithically integrated muleds on silicon neural probes for high-resolution optogenetic studies in behaving animals. *Neuron, 88*(6), 1136–1148. doi:10.1016/j.neuron.2015.10.032

Wu, H. G., Miyamoto, Y. R., Castro, L. N., Olveczky, B. P., & Smith, M. A. (2014). Temporal structure of motor variability is dynamically regulated and predicts motor learning ability. *Nat Neurosci, 17*(2), 312–321. doi:10.1038/nn.3616

Wu, M. C., Chu, L. A., Hsiao, P. Y., Lin, Y. Y., Chi, C. C., Liu, T. H., . . . Chiang, A. S. (2014). Optogenetic control of selective neural activity in multiple freely moving Drosophila adults. *Proc Natl Acad Sci U S A, 111*(14), 5367-5372. doi:10.1073/pnas.1400997111

Wu, W., Moreno, A. M., Tangen, J. M., & Reinhard, J. (2013). Honeybees can discriminate between Monet and Picasso paintings. *J Comp Physiol A Neuroethol Sens Neural Behav Physiol, 199*(1), 45–55. doi:10.1007/s00359-012-0767-5

Wyatt, L. A., & Keirstead, H. S. (2012). Stem cell-based treatments for spinal cord injury–Chapter 13. *Progress in Brain Research, 201*, 233–252. doi:10.1016/B978-0-444-59544-7.00012-3

Wyss, A. F., Hamadjida, A., Savidan, J., Liu, Y., Bashir, S., Mir, A., . . . Belhaj-Saif, A. (2013). Long-term motor cortical map changes following unilateral lesion of the hand representation in the motor cortex in macaque monkeys showing functional recovery of hand functions. *Restor Neurol Neurosci, 31*(6), 733–760. doi:10.3233/RNN-130344

Xia, Y., & Whitesides, G. (1998). Soft lithography. *Annual Review of Materials Science, 28*, 153.

Xie, C., Liu, J., Fu, T. M., Dai, X., Zhou, W., & Lieber, C. M. (2015). Three-dimensional macroporous nanoelectronic networks as minimally invasive brain probes. *Nat Mater, 14*(12), 1286–1292. doi:10.1038/nmat4427

Xu, G., Takahashi, E., Folkerth, R. D., Haynes, R. L., Volpe, J. J., Grant, P. E., & Kinney, H. C. (2014). Radial coherence of diffusion tractography in the cerebral white matter of the human fetus: Neuroanatomic insights. *Cereb Cortex, 24*(3), 579–592. doi:10.1093/cercor/bhs330

Xu, X., Zhou, Z., Dudley, R., Mackem, S., Chuong, C. M., Erickson, G. M., & Varricchio, D. J. (2014). An integrative approach to understanding bird origins. *Science, 346*(6215), 1253293. doi:10.1126/science.1253293

Yang, W., & Yuste, R. (2017). In vivo imaging of neural activity. *Nat Methods, 14*(4), 349–359. doi:10.1038/nmeth.4230

Yilmaz, M., & Meister, M. (2013). Rapid innate defensive responses of mice to looming visual stimuli. *Curr Biol, 23*(20), 2011–2015. doi:10.1016/j.cub.2013.08.015

Yiu, G., & He, Z. (2006). Glial inhibition of CNS axon regeneration. *Nat Rev Neurosci, 7*(8), 617–627. doi:10.1038/nrn1956

Yoshizawa, M., Goricki, S., Soares, D., & Jeffery, W. R. (2010). Evolution of a behavioral shift mediated by superficial neuromasts helps cavefish find food in darkness. *Curr Biol, 20*(18), 1631–1636. doi:10.1016/j.cub.2010.07.017

Yu, C.-H., & Nagpal, R. (2009). Self-adapting modular robotics: A generalized distributed consensus framework. *2009 IEEE International Conference on Robotics and Automation* (pp. 1881–1888).

Yu, C.-H., & Nagpal, R. (2011). A self-adaptive framework for modular robots in a dynamic environment: Theory and applications. *International Journal of Robotics Research, 30*(8), 1015–1036. doi:10.1177/0278364910384753

Yuste, R. (2011). Dendritic spines and distributed circuits. *Neuron, 71*(5), 772–781. doi:10.1016/j.neuron.2011.07.024

Yuste, R. (2013). Electrical compartmentalization in dendritic spines. *Ann Rev Neurosci, 36*, 429–449. doi:10.1146/annurev-neuro-062111-150455

Yuste, R. (2015). From the neuron doctrine to neural networks. *Nat Rev Neurosci, 16*(8), 487–497. doi:10.1038/nrn3962

Zagorovsky, K., & Chan, W. C. (2013). Bioimaging: illuminating the deep. *Nat Mater, 12*(4), 285–287. doi:10.1038/nmat3608

Zaidi, M. (2007). Skeletal remodeling in health and disease. *Nature Medicine, 13*, 791–801.

Zeil, J., & Hemmi, J. M. (2006). The visual ecology of fiddler crabs. *J Comp Physiol A Neuroethol Sens Neural Behav Physiol, 192*(1), 1–25. doi:10.1007/s00359-005-0048-7

Zeiler, S. R., & Krakauer, J. W. (2013). The interaction between training and plasticity in the post-stroke brain. *Curr Opin Neurol, 26*(6), 609–616. doi:10.1097/WCO.0000000000000025

Zelazo, P. D., Adolph, K. E., & Robinson, S. R. (2013). The road to walking: What learning to walk tells us about development. In P. D. Zelazo (Ed.), *The Oxford handbook of developmental psychology* (Vol. 1: *Body and Mind*, pp. 1–73). New York: Oxford University Press.

Zhang, A., & Lieber, C. M. (2016). Nano-bioelectronics. *Chem Rev, 116*(1), 215–257. doi:10.1021/acs.chemrev.5b00608

Zhang, F., Gradinaru, V., Adamantidis, A. R., Durand, R., Airan, R. D., de Lecea, L., & Deisseroth, K. (2010). Optogenetic interrogation of neural circuits: Technology for probing mammalian brain structures. *Nat Protoc, 5*(3), 439–456. doi:10.1038/nprot.2009.226

Zhang, H. Y., Issberner, J., & Sillar, K. T. (2011). Development of a spinal locomotor rheostat. *Proc Natl Acad Sci USA, 108*(28), 11674–11679. doi:10.1073/pnas.1018512108

Zhang, J., Aggarwal, M., & Mori, S. (2012). Structural insights into the rodent CNS via diffusion tensor imaging. *Trends Neurosci, 35*(7), 412–421. doi:10.1016/j.tins.2012.04.010

Zhang, J., Lanuza, G. M., Britz, O., Wang, Z., Siembab, V. C., Zhang, Y., ... Goulding, M. (2014). V1 and V2b interneurons secure the alternating flexor-extensor motor activity mice require for limbed locomotion. *Neuron, 82*(1), 138–150. doi:10.1016/j.neuron.2014.02.013

Zhao, B., & Muller, U. (2015). The elusive mechanotransduction machinery of hair cells. *Curr Opin Neurobiol, 34*, 172–179. doi:10.1016/j.conb.2015.08.006

Zhao, H.-P., Feng, X.-Q., Yu, S.-W., Cui, W.-Z., & Zou, F.-Z. (2005). Mechanical properties of silkworm cocoons. *Polymer, 46*(21), 9192–9201. doi:10.1016/j.polymer.2005.07.004

Zhou, K., Wolpert, D. M., & De Zeeuw, C. I. (2014). Motor systems: Reaching out and grasping the molecular tools. *Curr Biol, 24*(7), R269–R271. doi:10.1016/j.cub.2014.02.048

Zhou, Z. (2014). Dinosaur evolution: Feathers up for selection. *Current Biology, 24*(16), R751–R753. doi:10.1016/j.cub.2014.07.017

Ziegler, M. D., Zhong, H., Roy, R. R., & Edgerton, V. R. (2010). Why variability facilitates spinal learning. *J Neurosci, 30*(32), 10720–10726. doi:10.1523/JNEUROSCI.1938-10.2010

Zilles, K., Palomero-Gallagher, N., & Amunts, K. (2013). Development of cortical folding during evolution and ontogeny. *Trends Neurosci, 36*(5), 275–284. doi:10.1016/j.tins.2013.01.006

Zimmerman, A., Bai, L., & Ginty, D. D. (2014). The gentle touch receptors of mammalian skin. *Science, 346*(6212), 950–954. doi:10.1126/science.1254229

Zoghbi, H. Y., & Bear, M. F. (2012). Synaptic dysfunction in neurodevelopmental disorders associated with autism and intellectual disabilities. *Cold Spring Harb Perspect Biol, 4*,1–22. doi:10.1101/cshperspect.a009886

Zrenner, E. (2013). Fighting blindness with microelectronics. *Sci Transl Med, 5*, 1–7.

Zullo, L., Sumbre, G., Agnisola, C., Flash, T., & Hochner, B. (2009). Nonsomatotopic organization of the higher motor centers in octopus. *Curr Biol, 19*(19), 1632–1636. doi:10.1016/j.cub.2009.07.067